松花江流域
生态环境建设报告
（1949～2019）

Report on Ecological Environment
Construction in the Songhua River Basin
(1949-2019)

主 编 **朱 宇**
副主编 **王爱新 许淑萍 王继伟**

社会科学文献出版社
SOCIAL SCIENCES ACADEMIC PRESS (CHINA)

主要编撰者简介

李　平　黑龙江省第十三届人大城乡建设环境保护委员会主任委员，曾任黑龙江省环境保护厅（现更名为黑龙江省生态环境厅）党组书记、厅长。历任黑龙江省环保科研所工作人员、科研办副主任、办公室主任，黑龙江省环保局污染控制处主任科员、副处长、处长，黑龙江省环境监测中心站站长，黑龙江省环保局副局长、局长。

刘　伟　黑龙江省生态环境厅党组成员、副厅长，负责机关政务、安全工作，大气污染防治工作，环境执法、信访、应急工作。历任黑龙江省环境保护局办公室主任科员、副主任，黑龙江省环境保护厅政策法规处处长，黑龙江省环境监察总队总队长，黑龙江省环境保护厅副厅长、党组成员。

朱　宇　黑龙江省社会科学院原院长、原党委副书记，研究员，博士研究生导师，黑龙江省文化名家，曾任黑龙江省级领军人才梯队政治学理论学术带头人，兼任中国新兴经济体研究会副会长、中国俄罗斯东欧中亚学会副会长、中国政治学会常务理事、黑龙江省政治学会会长、黑龙江省政协提案委员会委员。论文《19世纪中叶至20世纪中叶中国乡制的历史变迁》获黑龙江省第十三届优秀科研成果评奖一等奖，重要对策建议《我省产业发展与气候、地缘和资源关系研究》《关于促进我省更好更快发展精神动力研究》《卢布贬值对俄罗斯政局的影响、走势研判及对我国的启示建议》《推进"一带一路"建设与深化中俄经济贸易合作对策建议》《创新东北振兴政策支撑体系的对策建议》等获得省领导重要批示。在创新智库产品和智库平台工作中聚焦发力，为东北全面振兴提供了理论先导，为黑龙江省创新发展提供了智力支持。

王爱新 黑龙江省社会科学院经济研究所所长，研究员，兼任黑龙江省数量经济学会副会长、黑龙江省边疆经济学会副会长、黑龙江省新兴经济体研究会副会长兼秘书长等。主要研究方向为区域经济学、财政金融学、生态环境经济学。近年来主持和参与国际、国家级、省级社科项目 21 项，出版专著两部、编著 10 余部，发表论文、研究报告 30 余篇，其中有多篇研究报告被决策部门采纳、有 9 项成果获奖。

许淑萍 黑龙江省社会科学院政治学研究所副所长，研究员，硕士研究生导师，黑龙江省级领军人才梯队（行政学）学术带头人，黑龙江省文化名家、黑龙江社会发展与地方治理研究院首席专家。主要研究方向为公共政策伦理、公共服务、政府管理创新等。在《中国行政管理》等学术期刊发表学术论文 40 余篇，出版专著 3 部。获黑龙江省社会科学优秀成果专著一等奖 1 项、二等奖 1 项、三等奖 3 项。主持并完成国家社会科学基金项目、黑龙江省社会科学规划项目以及省市有关部门委托课题 20 余项。主要社会兼职为中国政治学会理事，黑龙江省政治学会常务理事、副秘书长，黑龙江省公共关系学会常务理事、副会长，黑龙江省公共管理学会常务理事、副秘书长。

王继伟 黑龙江省社会科学院行政处处长，助理研究员，研究领域为区域经济学、县域经济、国际贸易。撰写论文 10 余篇；编著《新农村建设与县域经济发展》（任副主编）；参与完成课题 20 余项，其中作为执笔人完成的课题有：世界银行项目"哈尔滨市热价制定和收费政策研究"、亚洲开发银行项目"前锋农场至嫩江公路项目经济社会评估——征地和移民安置行动计划"、中央编办课题"事业单位编制控制模型构建"等。

大江奔流

——《松花江流域生态环境建设报告（1949~2019）》序

这是一条风光旖旎婀娜多姿的江，

这是一条绵延千里奔流不息的江，

千百年来它滋润着广袤的黑土地，哺育着沿江两岸勤劳的人们和自然生灵，它是龙江儿女心中的母亲河。

它如一条绿色的飘带镶嵌在龙江大地上，它就是东北"水上丝绸之路"以及"一带一路"的重要通道和出海口，素有"东北亚黄金水道"美誉的——松花江。

曾经的松花江是丰盈的，支流纵横，水草丰茂，鱼虾肥美，沿岸土地肥沃，物产极为丰富，各种山珍野味随处可见，民间一直流传着"棒打狍子瓢舀鱼，野鸡飞到饭锅里"的民谣，这是昔日松花江流域人民生活的真实写照。

曾经的松花江是美丽的，碧水蓝天，百鸟栖息，阳光下天水辉映，碧波里点点白帆，一年四季皆有不同的风景。春的妩媚，夏的热烈，秋的静逸，冬的情趣，这里记录了两岸人民无数的欢声笑语，也吸引着来自全国乃至世界慕名而来的游人。

松花江作为我国七大水系之一，是黑龙江人民的母亲河，在黑龙江省内流经 60 个市（县），流域面积占全省面积的 60%，流域内人口占全省人口的 70%，流域内经济总量占全省 GDP 的 70%。松花江对于黑龙江省的工农业生产、内河航运、人民生活等方面的经济和社会意义极其重要。从某种程度上可以说，松花江的生态决定着国家粮食的安全。

然而，新中国成立后的半个多世纪里，松花江流域的各区域构建了重化工业为主的工业体系，松花江流域的环境和生态破坏问题也日渐凸显。

2005 年，松花江遭遇了一场重大的水污染事件，沿江人民的生产、生活面临了前所未有的危机。

危机让人反思也使人警醒！对松花江生态环境的治理与保护已经是刻不容缓！

"万物并作，吾以观复。夫物芸芸，各复归其根。"在此后的十几年间，按照党中央、国务院对松花江治理的要求，相关部门积极组织对松花江进行全面、系统、深入的综合治理建设，这是一项利国利民的长期工程，也是造福人类的伟业工程。

"平明忽见溪流急，知是他山落雨来。"然而很少有人知道，这十几年间松花江流域的生态环境发生了怎样的变化，《松花江流域生态环境建设报告（1949~2019）》蓝皮书，正是基于这样的一种使命，通过真实的事件、翔实的数据，把那些鲜为人知的史诗般的生态建设与发展的画卷做以客观地呈现，让更多的人了解政府真正为民、利民办实事的责任与担当，了解治理生态环境的建设者们所做出的努力与成就。

《松花江流域生态环境建设报告（1949~2019）》的编著者，既有松花江流域生态环境保护一线干部，又有环境保护和江河治理方面的研究专家；既有黑龙江省社会科学院的研究力量，又引入了省环保相关部门的研究者，实现了科学、合理、协同的研究，探索出松花江流域文明与生态建设的演化路径，具有极高的理论价值和现实意义。

历史值得铭记，因其照亮未来。大江奔流，见证着岁月的变迁，记录着建设的足迹。《松花江流域生态环境建设报告（1949~2019）》必将成为极具价值的经验借鉴、史料留存与精神传承，它将成为建设者们无愧于龙江人民、无愧于时代发展的历史见证！

黑龙江省人民政府原副省长、省政协原副主席

序　二

　　流域治理与可持续发展是贯彻绿色发展理念，推进生态文明建设的迫切要求，也是促进经济发展方式转变，实现高质量发展的有效途径。以生态文明建设发展报告的形式定期公布生态建设的理论与实践成果，不仅有利于总结、记录并评析地方层面流域治理的绩效与进展，也有利于探索督促和核实方法体系，在理论与实践层面为深化可持续发展提供强有力的支撑。黑龙江作为全国生态安全大省，以生态文明建设发展报告来定期披露松花江流域治理与发展成就无疑是一种制度层面的进步。从这部《松花江流域生态环境建设报告（1949～2019）》可以概览近年来黑龙江省紧紧把握国家深入实施五大发展理念、推进生态文明建设的契机，全面、系统、深入推动流域治理与生态文明建设，探索创新不断前行的脚步和成就。多年以来，松花江流域生态文明建设的实践表明，以生态好转促进经济发展方式转变，在推进区域实现可持续性发展上下功夫，是十分明智的战略抉择。

　　这部《松花江流域生态环境建设报告（1949～2019）》具有以下重要特征：

　　（一）展现出强烈的生态文明建设的理论觉醒。中国特色社会主义进入新时代，我国社会主要矛盾已经转化为人民日益增长的美好生活需要和不平衡不充分的发展之间的矛盾。我国稳定解决了十几亿人的温饱问题，总体上实现小康，不久将全面建成小康社会，人民美好生活需要日益广泛，不仅对物质文化生活提出了更高要求，而且在民主、法治、公平、正义、安全、环境等方面的要求日益增长。从《松花江流域生态环境建设报告（1949～2019）》这部蓝皮书中，读者应该能看出一种生态文明的理论觉醒。新中国成立后的半个多世纪里，松花江流域的各区域，构建了以重化工业为主的工业体系，表现出明显的基于自然资源发展的路径依赖。但在经济发展方式的选择上和追求经济发展质量的实践中，松花江流域的各区域较早地展现出生态文明建设的诉求和愿望，这些地方在淘汰资源能源消耗较大的落后产能，培育战略性新兴产业，推进资源型城市转型和发展接续替代产业，建设、利用、修复生态功能区，保护和恢复湿地、森林、草原、流域等生态敏感区等方面，实现了理论上的创新。

（二）展现出流域文明全方位生态建设的史诗画卷。松花江流域生态文明建设与发展实践，是地方经济发展转型探索的过程。在东北地区发展的历史上，即使生态环境保护、资源能源节约和环境污染治理，没有像今天这样受到高度重视，可持续发展的战略发展理念也没有像今天这样深入人心，但松花江流域生态文明建设却始终在不断前行，在挣脱传统经济增长方式束缚、促进产业结构调整、统筹城乡一体化发展、提升区域发展竞争力等方面做了一系列的有益探索与积极尝试。在主要依托自然资源谋求发展转向依托科技资源、人力资源、可再生资源促进发展的尝试中，松花江流域生态文明建设能够被提升到区域发展战略层面，历经准备、启动、深化、转型，整体推进，不断深化。《松花江流域生态环境建设报告（1949～2019）》作为生态文明建设的大部头著述，对于各地开展生态建设的理论与实践，不能不说是一个名副其实、可资借鉴的成功案例。《松花江流域生态环境建设报告（1949～2019）》搜集了大量技术数据，进行统计性描述，增强了历史过程表述的真实性与可信性，把史诗般的生态建设与发展的画卷绘制得更加精确化。

（三）展现出延伸流域层面生态建设的演化路径。生态建设与经济建设的有机结合，形成良性互动关系。这部《松花江流域生态环境建设报告（1949～2019）》最大的学术价值，是向人们展现了一个流域文明与生态建设的演化路径。从该报告提供的大量案例经验与数据关系看，初期的生态保护与经济建设之间存在一定的新旧制度安排的排斥，随着国家可持续发展战略的深入实施，流域治理与生态文明建设成为政策关注的重点，从制度融合角度，促进生态、环境、经济、社会之间的互动整合，实现真正意义上的制度耦合。这些在松花江流域生态文明建设与发展个案中得到了经验事实的检验。松花江流域的生态文明建设，正在通过制度创新和政策安排，将生态资源转化为生态资本优势，其理论价值已经远远超出字面之义。

（四）展现出更具开放性的观察视角与研究范式。这部《松花江流域生态环境建设报告（1949～2019）》打破了地域性的限制，以开放性的观察视角与科学理性的研究范式，向人们展示了通过实证分析可以求证理论假设的政策意义。课题组成员和皮书研创者，既有松花江流域生态文明建设与发展一线的领导干部，又有熟悉生态文明建设领域的专家学者；既依托省社科院的研究力量，又引入了省内外相关领域的专家。在研究方法上采取历史的纵向延伸观察与个案系统剖析相结合，坚持实践探索与理论创新相结合，从整体流域与区域一体化的视角，向人们展现长期以来松花江流域生态文明建设与发展过程的研究成果，强调运用市场、公共和非政府机构的力量，找到一个流域治理、生态保护与经济发展的契合点与有效途径。

黑龙江省第十三届人大城乡建设环境保护委员会主任委员

目　录

一　总报告

二　综合篇

三　专题篇

四　经验案例篇

一 总报告

松花江流域生态环境建设回顾与展望
（1949 ~ 2020 年）

李平 朱宇 刘伟 王刚[*]

松花江作为我国七大河流之一，在黑龙江省内流域面积 29.24 万平方公里，占全省地域面积的近 60%，流域人口占全省总人口的 70%，流域内经济总量占全省 GDP 的 70%，是我国重要的重工业区，也是重要的农业、林业和畜牧业基地。松花江又是一条国际河流，经俄罗斯远东地区入海，是"龙江丝路带"、东北"水上丝绸之路"以及"一带一路"的重要通道和出海口。这条关系到国计民生的重要河流，其生态环境建设意义重大。

改革开放以来，伴随经济扩张松花江流域生态环境逐步恶化，2005 年松花江水污染事件成为全流域环境治理的重要转折点，国家和地方政府采取有力措施对松花江流域生态环境进行治理，特别是"十一五""十二五"期间，黑龙江省全力推进松花江流域水污染防治，水环境质量得到了极大改善。2017 年上半年，松花江流域水质达标率为 79.5%，优良水体比例达 74.5%，松花江干流能够稳定达到Ⅲ类水。面向未来，黑龙江省深入贯彻落实党的十九大精神，坚持人与自然和谐共生，树立和践行"绿水青山就是金山银山"的理念，持续推进松花江流域生态环境建设向更高水平跃升，为建设美丽中国做出新的更大的贡献。

一 丰富生态资源和重要工农业基地

（一）自然资源得天独厚

松花江流经黑龙江、吉林和内蒙古三个省（自治区），流域面积 58.04

---

* 李平，黑龙江省环境保护厅（现更名为黑龙江省生态环境厅）原厅长；朱宇，黑龙江省社会科学院原院长、研究员，研究方向为宏观经济和地方治理；刘伟，黑龙江省生态环境厅党组成员、副厅长；王刚，黑龙江省社会科学院应用经济研究所所长、研究员，研究方向为宏观经济和产业经济。

万平方公里，黑龙江省松花江流域部分面积 29.24 万平方公里，流经哈尔滨等 13 个市（地）、116 个县（区）。

表 1 松花江流域行政区一览

控制区	面积 （万平方公里）	控制单元 （个）	地市行政区 （个）	县级行政区 （个）
内蒙古控制区	15.3	9	3	12
吉林控制区	13.5	8	10	43
黑龙江控制区	29.24	15	13	116
总　计	58.04	32	26	171

1. 流域内地形复杂多样

松花江流域地势大致是西北部、北部和东南部高，东北部和西南部低，既有巍峨连绵的高山和起伏的丘陵，又有一望无际的平原。黑龙江省流域内地貌形态较多，有中山、低山、丘陵、台地、平原等，海拔高度在300 米以上的丘陵地带约占全省土地面积的 35.8%。流域内的土地利用中耕地和林地所占面积最大，其次为未利用土地和牧草地。

2. 特有的土壤植被体系

流域内土壤分 8 个土类、49 个亚类、127 个土属和 271 个土种，土壤为暗棕色森林土和黑土土壤。流域分布着寒温带针叶林、温带针阔混交林和温带草原三个植被区，植被主要有森林、灌丛、草原、草甸、沼泽、水生植被等六个植被类型，58 个群系。森林主要有以兴安岭落叶松林为代表的寒温带针叶林，主要分布于大兴安岭北部；以红松针阔混交林为代表的温带针阔混交林，主要分布于小兴安岭和张广才岭、老爷岭、完达山等东部山地。截至 2009 年底，黑龙江省森林面积 2007 万公顷，活力木总蓄积量 15 亿立方米，森林蓄积量 14.3 亿立方米，森林覆盖率达到 43.6%。草原是以羊草草甸草原为代表的温带草原，主要分布于松嫩平原西部。灌丛以榛、胡枝子等落叶阔叶灌丛为主。草甸以中生、湿中生禾本科植物组成为主。沼泽以湿生或沼生莎草科植物或禾本科植物组成为主。

3. 寒温带、温带大陆性季风气候

全省从南向北，依温度可分为中温带和寒温带。从东向西，依干燥度可

分为湿润区、半湿润区和半干旱区。主要特征是春季低温干旱，夏季温热多雨，秋季易涝早霜，冬季寒冷漫长，无霜期短，气候地域性差异大。年均气温 $-5～4℃$，年温度差达 $38～48℃$，有效积温在 $2400～2800℃$，呈南高北低、平原高山地低的特征。全年平均风速大部分地区在 $3～4$ 米/秒，风速的规律是平原大于山区、南部大于北部、春季风速大于其他季节。流域内多年平均降水 $370～670$ 毫米，$7～8$ 月份降雨量占全年降水量的 60%；冬季干燥，只占全年降水量的 4%；春、秋两季分别占年总降水量的 13% 和 23%。

4. 季节性明显的水文水情

主要支流有嫩江、呼兰河、牡丹江等，松花江干流多年平均径流量为 345 亿立方米，占全省总水量的 48.2%，以雨水补给为主，季节变化明显，$7～8$ 月份径流量占全年总径流量的 40%，10 月至翌年 4 月径流量仅占总径流量的 15%，松花江平均封冰天数为 134 天。黑龙江省松花江流域水资源以地表水为主，地表水资源量约占全省水资源总量的 80%，主要受地表水天然径流量的控制。全省年水资源总量与水资源天然径流量的变化趋势基本一致。从 2003 年到 2008 年，流域内年水资源量呈下降趋势，2009 年由于降水量的增加，全年水资源量达到近十年来水资源量的最高值。黑龙江省水资源时空分布不均匀，汛期水多，非汛期水少；东部水多，西部水少。

（二）松花江流域农业重工业发达

全流域人口约为 6252 万人，其中，城镇人口 3115 万人，城镇化率为 49.8%。松花江流域是我国煤炭、石油、化工、汽车、铁路客货车重要生产基地，重工业发达，综合交通设施密集，工业经济主要集中在哈尔滨、长春等中心城市和地级市；是我国重要的农业、林业、畜牧业基地，是国家重要的商品粮基地。

表 2 松花江流域行政区汇总

省份	地区名称	区县名称
内蒙古自治区	通辽市	霍林郭勒市、扎鲁特旗
	呼伦贝尔市	扎兰屯市、鄂伦春自治旗、阿荣旗、莫力达瓦达斡尔族自治旗、牙克石市
	兴安盟	乌兰浩特市、科尔沁右翼中旗、科尔沁右翼前旗、突泉县、扎赉特旗

续表

省份	地区名称	区县名称
吉林省	长春市	朝阳区、宽城区、二道区、南关区、绿园区、双阳区、九台区、农安县、德惠市、榆树市
	吉林市	昌邑区、船营区、龙潭区、丰满区、永吉县、磐石市、桦甸市、蛟河市、舒兰市
	四平市	伊通满族自治县、公主岭市
	辽源市	东丰县
	通化市	辉南县、柳河县、梅河口市
	白山市	抚松县、靖宇县、江源区
	松原市	宁江区、前郭尔罗斯蒙古族自治县、乾安县、长岭县、扶余市
	白城市	洮北区、大安市、洮南市、通榆县、镇赉县
	延边朝鲜族自治州	敦化市、安图县
	长白山管委会	池北区、池西区、池南区
黑龙江省	哈尔滨市	道里区、道外区、南岗区、香坊区、平房区、松北区、呼兰区、阿城区、双城区、五常市、宾县、尚志市、延寿县、方正县、通河县、巴彦县、木兰县、依兰县
	齐齐哈尔市	龙沙区、建华区、铁锋区、富拉尔基区、梅里斯区、昂昂溪区、碾子山区、龙江县、富裕县、讷河市、依安县、克山县、拜泉县、克东县、甘南县、泰来县
	鹤岗市	工农区、向阳区、南山区、东山区、兴山区、兴安区、绥滨县、萝北县
	双鸭山市	尖山区、岭东区、四方台区、宝山区、集贤县
	大庆市	红岗区、龙凤区、萨尔图区、让胡路区、大同区、肇州县、肇源县、杜尔伯特蒙古族自治县、林甸县
	伊春市	伊春区、南岔区、友好区、西林区、翠峦区、新青区、美溪区、金山屯区、五营区、乌马河区、汤旺河区、带岭区、乌伊岭区、红星区、上甘岭区、铁力市
	佳木斯市	向阳区、前进区、东风区、郊区、桦川县、桦南县、汤原县、富锦市、同江市
	七台河市	新兴区、桃山区、茄子河区、勃利县
	牡丹江市	爱民区、东安区、阳明区、西安区、海林市、宁安市、林口县
	黑河市	北安市、五大连池市、嫩江县
	绥化市	北林区、肇东市、安达市、兰西县、青冈县、明水县、望奎县、绥棱县、海伦市、庆安县
	大兴安岭地区	加格达奇区、松岭区
	鸡西市	鸡冠区、恒山区、梨树区、滴道区、麻山区、城子河区、鸡东县、密山市、虎林市

二 经济建设与生态环境的互动历程

（一）经济扩张伴随着资源环境的破坏

1. 水污染与经济发展紧密互动

伴随着经济扩张，人口城市化水平不断提高，生产、生活用水与各种污染排放水平随之同步提高，使得松花江流域水污染出现了不同的阶段性特征，污染水平经历了先不断上升，并随着综合治理水平与能力的提高，到"十二五"期间污染程度达到峰值并开始呈现下降的良性发展势头。到2018年初，松花江流域水污染得到有效控制，水体质量得到提升。

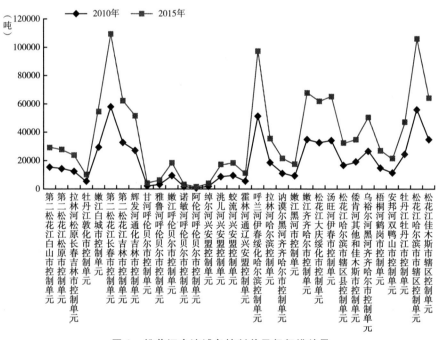

图1 松花江全流域各控制单元氨氧排放量

2. 经济总量提升对水环境承载能力提出挑战

自中华人民共和国成立以来，松花江流域各行政区经济发展经历了由小到大的不断上升过程，尤其是 1978 年改革开放以来，经济水平大幅提高，作为国家重要的工业基地地位不断巩固。1955 年黑龙江省地区生产总值为 38.2 亿元，2016 年为 15386.1 亿元，60 年增长了 401 倍；1955 年吉林省地区生产总值为 21.1 亿元，2016 年为 14886.2 亿元，增长了 704 倍；1955 年内蒙古自治区地区生产总值为 17.5 亿元，2016 年为 18632.6 亿元，增长了 1063 倍。伴随总体经济规模的扩张，生产生活的整体排放水平大大提升，经济对环境承载能力提出更大挑战。

表 3　松花江流域社会经济状况（2010 年）

控制区	总人口（万人）	城镇人口（万人）	城镇化率（%）	GDP（亿元）	第一产业（亿元）	第二产业（亿元）	第三产业（亿元）
内蒙古控制区	776	412	53.1	1203	313	493	397
吉林控制区	2038	1076	52.8	6984	999	3366	2619
黑龙江控制区	3624	1719	47.4	9899	1340	4762	3797
总　计	6438	3207	153.3	18086	2652	8621	6813

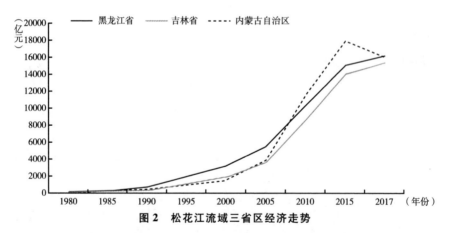

图 2　松花江流域三省区经济走势

3. 流域工业化加速发展

松花江流域产业结构也在不断变化调整。从 1955 年到 2000 年，产业结构由 48∶29∶23 变化为 17∶46∶37。截至 2016 年，黑龙江省产业结构为 17∶29∶54，吉林省产业结构为 10∶48∶42，内蒙古自治区产业结构为 9∶49∶42，工业逐步成为主导产业，特别是重工业的快速扩张为生态环境建设带来巨大压力。

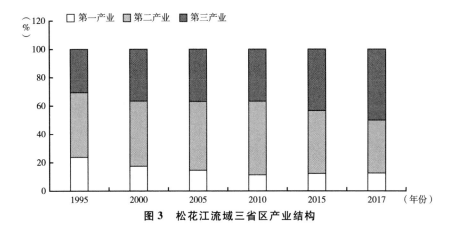

图 3　松花江流域三省区产业结构

（二）工业污染影响水环境质量

1. 工业污染物阶段性变化明显

从时间序列看，东北三省区工业污染源数量呈现较明显的阶段变化特征。1985～1995 年，伴随改革开放带来的经济加快发展，污染源数量呈现增长态势；1995～2004 年，伴随全国经济结构性调整，污染源数量开始下降；自 2005 年以后，伴随国家实施东北老工业基地振兴战略带来的东北地区加快发展，污染源数量又有所回升。从工业废水排放量和污染物种类看，1985～2005 年东北三省区工业废水和污染物排放量具有波动变化特征。其中工业废水排放量先降后升，六价铬、铅、砷、氰化物和石油类排放量不断下降，化学需氧量和挥发酚排放量先降后升，汞排放量先升后降。

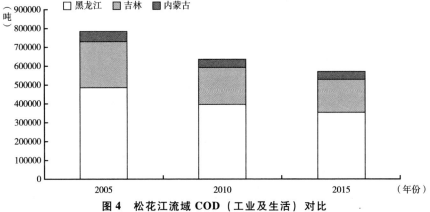

图 4　松花江流域 COD（工业及生活）对比

2. 工业污染物与工业结构高度关联

从工业污染源污染物等标污染负荷评价结构及排序看，1985～2005年，东北三省区工业废水中的主要污染物为挥发酚、石油类和化学需氧量等有机物，重金属类污染物以汞为主。挥发酚的主要污染源是造纸、炼油、有机化工、制药、化肥等行业的工业废水；石油开采与加工是石油类污染物的主要污染源；造纸及纸制品业、金属冶金行业是化学需氧量的主要排放源；有色金属冶炼及压延加工业、有色金属矿采选业是汞排放的主要行业。1958～1982年，有约5.4吨的甲基汞排入松花江，造成严重污染，1982年切断汞污染源后沉积汞转变为次生污染源。

表4 松花江流域重点行业污染源排放的污染物种类

污染源	污染物
黑色、有色金属冶炼	酸、有机物、硫化物、氟化物、挥发酚、氰化物、石油类、铜、锌、铅
火力发电热电	酸、悬浮物、硫化物、挥发酚、砷、水铅、镉、铜、石油类
焦化及煤制气	有机物、悬浮物、硫化物、氰化物、石油类、氨氮、苯类、多环芳烃、砷
煤矿	酸、有机物、砷、悬浮物、硫化物
石油开发及炼制	酸、有、悬浮物、硫化物、挥发酚、氰化物、石油类、苯类、多环芳烃
化肥、农药	硫化物、氟化物、挥发酚、氰化物、砷、氨氮、磷酸盐、有机氯、有机磷
食品工业	有机物、悬浮物、酸、挥发酚、大肠杆菌数
燃料、颜料及油漆	挥发酚、氰化物、砷、铅、汞、石油类、苯胺类、苯类、硝基苯类
制药	酸、有机物、悬浮物、石油类、硝基苯类、硝基酚类、水温
橡胶、塑料及化纤	石油类、硫化物、氰化物、砷、铜、铅、汞、苯类、有机氯、多环芳烃
有机原料、有机化工	挥发酚、氰化物、苯类、硝基苯类、有机氯、石油类、锰、硫化物
机械制造及电镀	挥发酚、石油类、氰化物、六价铬、铅、铁、铜、锌、镍、镉、锡、汞
水泥	酸、悬浮物
纺织、印染	酸、有机物、悬浮物、挥发酚、硫化物、苯胺类、色度、六价铬
造纸	碱、有机物、悬浮物、挥发酚、硫化物、铅汞、本质素、色度
玻璃、玻璃纤维	酸、有机物、悬浮物、挥发酚、氰化物、砷、铅、镉
电子、仪器、仪表	酸、有机物、苯类、氰化物、六价铬、铜、锌、镍、镉、铅、汞
人造纸、木材加工	酸、有机物、悬浮物、挥发酚、木质素
皮革及皮革加工	酸、有机物、悬浮物、硫化物、氯化物、总铬、六价铬、色度
肉食加工、发酵、	酸、有机物、悬浮物、氨氮、磷酸盐、大肠杆菌数、含盐量
制糖	碱、有机物、悬浮物、硫化物、大肠杆菌数
合成洗涤剂	碱、有机物、悬浮物、油、苯类、表面活性剂

（三）农业污染影响水环境质量

1. 农药、化肥施用不合理

农药在施用时，除20%～30%的附着在作物上被有效利用外，70%～80%的散失在土壤、水体和空气中，在灌水与降水等淋溶作用下污染地表水和地下水，或通过食物链进入农产品及生物体内产生危害。农田化肥使用量受多种因素的影响，许多农户为了提高产量，在生产过程中盲目施肥，化肥的施用比例不合理，使用方式也比较粗放。多年来化肥使用量逐年增加，土壤无机化现象普遍，化肥利用率低，对环境的污染越来越严重。农田氮、磷肥料施用量过高，多余的氮、磷养分随着农田径流进入水体，汇入流域，造成水体富营养化，恶化水质，造成地表水和地下水污染，成为松花江流域面源污染的主要来源之一。

2. 畜禽养殖污染环境

畜禽养殖分为规模化养殖和分散式养殖。经济条件较好地区畜禽养殖方式多为规模化养殖，养殖户、养殖场都没有进行环境影响评价，内部环境管理粗放，缺乏干湿分离等必要的污染防治措施，对规模化养殖的畜禽粪便污染的环境管理还处在起步阶段。由于规模化养殖污染物排放强度很大，并不低于某些工业企业，所以污染危害程度更加严重。在经济条件较差地区，畜禽养殖分散，以农村散养为主，一些边远农村人们还过着"人畜共饮，人畜共居"的生活，对畜禽粪便产生的环境污染缺乏正确的认识，畜禽粪尿几乎未经过任何处理，直接或间接排入农田和水体。畜禽粪尿大量进入河流水域，引起水体氨氮量增加，溶解氧急剧下降，造成水体的富营养化。此外，随着"十大工程"中千万吨奶战略工程、五千万头生猪规模化养殖战略工程的实施，畜禽粪便大量增加，特别是雨季到来时，没有采取防治措施的粪便一部分会渗入地下，一部分会随雨水流入附近河流、湖、库、泡中，对浅层地下水造成污染。

3. 垃圾废弃物对水质造成污染

由于农村居民生活水平逐年提高，生活方式更加丰富，人均产生的生活垃圾量在不断增加，垃圾的种类也不断增多，构成成分越来越复杂，甚至还存在工业垃圾。受经济条件的限制，多数农村没有建立垃圾存放点，没有垃圾中转站和无害化处理厂，这使得农村生活垃圾中的有毒、有害、难降解的物质和重金属迅速增加。垃圾露天堆放，随意丢弃，经过日积月累垃圾越堆越多。尤其严重的是垃圾在腐烂的过程中，经过发酵和雨水的浸泡、冲刷，会产生各种更加复杂的、有害的、高浓度的垃圾渗滤液，这种含有大量有机物和重金属的渗滤液，会渗透到周围的环境中，对周围地表水、地下水及土壤产生污染。

三　生态环境约束催生综合施策全面治理

（一）抓组织领导，强化保障，完善水污染防治推进机制

1. 强化组织机构保障

2005 年松花江水污染事件后，黑龙江省政府成立了以省长为组长、分管副省长为副组长，15 个省直部门参加的松花江流域污染防治工作领导小组，相关市（地）县政府相应成立了以行政一把手为组长的污染防治领导小组，强力推进水污染防治工作。建立健全责任考核制度，落实环境保护目标责任制，定期检查，严格考核，落实奖惩。全省形成了政府主导、环保牵头、行业配合，地方推动、企业施治、全社会广泛参与的水污染防治推进机制。

2. 强化政策法规保障

2008 年 12 月，黑龙江省出台《黑龙江省松花江流域水污染防治条例》，流域法制化监管步入全国前列。全省陆续颁布实施了《环境保护条例》《工业污染防治条例》《居民居住环境保护办法》《环境监测管理办法》和《排污费征收使用管理办法》等 10 部法规规章，以及一系列有关水污染防治的规范性文件，环境保护重要法律制度基本建立，水污染防治全面纳入法制化轨道。

表 5　国家及黑龙江省出台的政策法规

法规名称	施行日期	发布机构
《中华人民共和国环境保护法》	2015 年 1 月 1 日	第十二届全国人民代表大会常务委员会第八次会议修订
《中华人民共和国水污染防治法》	2008 年 6 月 1 日	第十二届全国人民代表大会常务委员会第二十八次会议修正

续表

法规名称	施行日期	发布机构
《黑龙江省松花江流域水污染防治条例》	2009 年 5 月 1 日	黑龙江省第十一届人民代表大会常务委员会第七次会议通过
《黑龙江省湿地保护条例》	2016 年 1 月 1 日	黑龙江省第十二届人民代表大会常务委员会第二十二次会议通过
《畜禽规模养殖污染防治条例》	2014 年 1 月 1 日	国务院
《污染源自动监控管理办法》	2005 年 11 月 1 日	国家环境保护总局
《黑龙江省工业污染防治条例》	1997 年 1 月 1 日	黑龙江省第八届人民代表大会常务委员会第二十四次会议通过
《黑龙江省排污费征收使用管理办法》	2004 年 6 月 1 日	黑龙江省人民政府
《排污费征收使用管理条例》	2003 年 7 月 1 日	国务院
《中华人民共和国自然保护区条例》	1994 年 12 月 1 日	国务院

3. 强化舆论宣传保障

充分利用各类媒体，依托"4·22"地球日、"6·5"世界环境日等环境纪念日，组织开展环保法律法规宣传活动，对《水污染防治法》等法律法规进行多层次、宽领域、全方位宣贯。黑龙江省人大连续 20 年开展龙江环保世纪行活动，组织新闻媒体监督《水污染防治法》落实，曝光一大批涉水环境违法行为，为水污染防治营造良好的法治氛围。

4. 强化基础能力保障

省、市共建成污染源监控中心 15 个，安装废水自动监控设施 295 台，省重点废水污染源监测率为 100%。开展松花江流域水生生物监测试点工作，构建河流生态监测指标体系。

（二）抓项目建设，统筹共治，推进流域水污染防治规划

1. 党政统筹抓推进

黑龙江省委、省政府始终高度重视松花江水污染防治工作，历任主要领导都对此项工作做出明确指示并提出具体要求。重点流域规划项目实施历年被作为"一把手工程"纳入省政府重点工作，还被纳入 2014 年全省 34 件民

生实事之中。针对规划项目推进中存在的问题，主管副省长现场办公或约谈进展缓慢的地市主要领导及项目负责人，研究解决问题，督促加快推进。

表6 "十二五"规划重点工程项目

重点工程项目	数量（个）	投资（亿元）	备注
饮用水源地保护项目	41	12.99	
工业污染防治项目	123	28.45	
城镇污水处理设施建设项目	147	97.19	含管网完善及污泥处置
区域水环境综合治理项目	31	24.37	
畜禽养殖治理项目	62	6.01	
合　计	404	169.01	

2. 部门联动抓推进

省环保、发改、监察、建设等部门建立协同推进机制，定期组成联合督查组，深入各地，督促建设。"十一五"期间开展了12次规划项目督查联合行动，约见地市主要领导40人次。省环保部门对规划项目进展缓慢的地市实施通报批评和"区域限批"，对加快项目建设起到明显作用。

3. 实行包干抓推进

黑龙江省政府责成省环保厅牵头，发改委和住建厅配合，采取"厅长包地市，处长包项目"的办法，驻厂推进，掌握情况，发现问题，及时整改。

（三）抓治污创新，重点突破，形成干支流污染同治格局

1. 组织推进单元治污新模式

创造性地提出"以支促干""单元治污"的新理念，在安邦河、呼兰河、鹤立河等9条重点支流全面推行"河（段）长"制，采取"一河一策"的方式，开展支流污染治理，形成了上下游同心、干支流同治、齐心协力做好水污染防治的良好工作局面，重点支流水环境质量得到进一步改善。安邦河、倭肯河、乌裕尔河、呼兰河等支流都退出了劣五类河流。

2. 实施城市内河整治新工程

哈尔滨市"三沟"治理取得重大成果。新建平房、信义、群力3座污水处理厂，日处理污水能力达40万吨，出水水质均达到一级B排放标准。2014年松花江哈尔滨段城区段出界断面水质达标率比2009年提高了25个百分点，松花江水体污染得到有效控制，水质从原来的劣五类提升至景观水标准；牡丹江"三溪一河"、鹤岗小鹤立河、佳木斯英格吐河消灭困扰居民已久的黑臭现象；双鸭山市安邦河、穆棱河鸡西段等城市内河综合整治工程取得显著进展，全省提前完成国家要求的省辖城市建成区到2017底前基本消灭黑臭水体的目标。

3. 严格跨界水质监测和考核

实施严格的流域跨行政区界水质考核体系和江河水质"黄橙红"三色警戒制度。将松花江重点支流断面监测结果同地方政府污染防治工作成效挂钩，建立规划控制断面水质会商制度。强化与松辽委及吉林省沟通协调，认真执行省界缓冲区水质控制断面考核会商制度。

4. 认真组织开展流域生态补偿

开展流域跨界水环境生态补偿试点，逐月考核穆棱河、呼兰河流域3个市、12个县的21个断面，按照"谁保护、谁受益，谁污染、谁补偿"的原则，对水生态环境恶化的市县扣缴预算资金，作为水环境生态补偿专项资金，推进流域内水污染治理。

（四）抓污染减排，总量管控，控制水主要污染物排放量

"十二五"期间国家确定黑龙江省重点水污染物削减任务是：2015年化学需氧量控制在147.3万吨，比2010年减少8.6%；氨氮排放总量控制在8.47万吨以内，比2010年减少10.4%。截全2015年底，化学需氧量排放量为139.27万吨，氨氮排放量为8.13万吨，完成了"十二五"目标任务和总量控制指标。

1. 推进结构减排

累计淘汰落后产能造纸107.11万吨、酒精10.3万吨、印染4400万

米、铅酸蓄电池8.4万千伏安、皮革3万标张。共组织重点行业150余家企业开展清洁生产审核工作，节水500余万吨。

2. 推进工程减排

国家"十二五"主要污染物总量减排目标责任书明确的黑龙江省水重点减排项目共计132项，截至2014年底，完成112项，关停14项，设施建成但企业停产2项，条件变化申请取消1项。

表7　"十二五"淘汰落后工业企业清单

序号	企业名称	所属行业	关闭原因	关闭设施的2010年污染物排放量（吨）	
				COD（吨）	氨氮（吨）
1	黑龙江省完达山乳业股份有限公司尖山分公司	农产品加工	结构调整	56.0	3.0
2	黑龙江省完达山乳业股份有限公司江雪分公司	农产品加工	结构调整	24.0	3.0
3	讷河市代树江粉坊等19家粉坊，龙江县永军粉坊等23家粉坊	淀粉制造业	COD超标	1498.0	4.2
4	讷河市讷南镇生猪定点屠宰厂	屠宰业	COD超标	0.5	0.0
5	克山县天鸿纸业有限责任公司	造纸及纸制品	年产1万吨以下	0.2	
6	克山县恒瑞纸业有限责任公司	造纸及纸制品	年产1万吨以下	1.2	
7	拜泉县耀江制酒厂	饮料制造业	COD超标	2.9	0.0
8	拜泉县兴驰酒厂	饮料制造业	COD超标	3.2	0.0
9	齐齐哈尔农垦晨光亚麻加工有限公司	农产品加工	结构调整	100.0	—
10	黑龙江省完达山乳业股份有限公司赵光分公司	农产品加工	结构调整	36.0	4.0
11	黑龙江省完达山乳业股份有限公司绿色分公司	农产品加工	结构调整	32.0	3.0
12	黑龙江兴安岭乳业有限公司	液体乳及乳制品制造	规模小，不具备治理条件	12.8	0.7
13	齐齐哈尔市嘉辉纸业有限公司	造纸及纸制品	年产1万吨以下	1.1	
14	齐齐哈尔市龙沙区万迪卫生纸厂	造纸及纸制品	年产1万吨以下	1.0	
15	龙江县英兴酒厂等10家小酒厂	饮料制造业	COD超标	186.0	1.9
16	甘南县盛源畜禽屠宰加工厂	屠宰业	COD超标	12.4	0.5

续表

序号	企业名称	所属行业	关闭原因	关闭设施的2010年污染物排放量（吨）	
				COD（吨）	氨氮（吨）
17	齐齐哈尔利得远畜禽加工有限公司	屠宰业	COD超标	49.8	1.9
18	齐齐哈尔碾子山区仁和肉类加工厂	屠宰业	COD超标	9.3	0.4
19	齐齐哈尔富拉尔基弘达肉类加工有限责任公司	屠宰业	COD超标	6.5	0.4
20	齐齐哈尔铁锋区卢屯酒业有限责任公司	饮料制造业	COD超标	29.2	0.2
21	甘南县华丰酒厂	饮料制造业	COD超标	18.9	11.6
22	齐齐哈尔铁锋区鑫和酒厂	饮料制造业	COD超标	14.6	0.1
23	齐齐哈尔铁锋区老东北酒厂	饮料制造业	COD超标	11.7	0.1
24	陶家肉牛育肥糖化饲料	饮料制造业	COD超标	1.6	0.0
25	大庆炼化公司（淘汰部分生产工艺）	炼油化工	优化产业结构，降低能耗	75.0	37.5
26	大庆市龙泉啤酒有限公司	啤酒制造	淘汰年产10万吨规模以下的啤酒企业	180.0	7.5
27	博天糖业有限公司肇源分公司	制糖	淘汰日处理能力800吨以下的甜菜生产企业	45.0	15.0
28	林甸海达纸业有限责任公司	造纸	淘汰3.3万吨/年纸机装置	48.0	—
29	双城市宏波造纸厂	造纸及纸制品	以废纸为原料、年产1万吨以下的造纸生产线	2.9	
30	双城市金海岸纸业有限责任公司	造纸及纸制品		20.3	
31	黑龙江新华卫生专用造纸有限责任公司	造纸及纸制品		34.8	
32	阿城市腾飞造纸厂	造纸及纸制品		24.4	
33	哈尔滨市呼兰区孟家福利造纸厂	造纸及纸制品		35.5	
34	黑龙江省完达山乳业股份有限公司绥滨分公司	农产品加工	结构调整	24.0	3.0
35	黑龙江省完达山乳业股份有限公司八五九分公司	农产品加工	结构调整	24.0	2.0
36	七台河市招发焦化有限公司	焦化	落后产能	24.7	2.5

续表

序号	企业名称	所属行业	关闭原因	关闭设施的2010年污染物排放量（吨）	
				COD（吨）	氨氮（吨）
37	七台河市矿业精煤集团有限责任公司煤气厂	焦化	落后产能	139.9	55.3
38	七台河市美华焦化有限责任公司（淘汰部分生产工艺）	焦化	落后产能	80.4	31.8
39	七台河乾丰能源股份有限公司	焦化	落后产能	165.0	16.0
40	黑龙江省完达山乳业股份有限公司海林分公司	农产品加工	结构调整	40.0	2.0

3. 推进科技减排

全力推进实施国家"水专项"，先后开展了"阿什河流域水污染综合治理技术及工程示范""松花江哈尔滨市辖区控制单元水环境质量改善技术集成与综合示范"等课题研究。在全省筛选出东宁县等6个小城镇污水治理示范项目，探索出投入小、运行简单的小城镇污水处理新模式。

（五）抓生态保育，治理面源，改善流域水生态环境质量

1. 深入实施生态建设和保护工程

坚持生态保护优先原则，大力实施造林绿化、湿地保护、水土保持、自然保护区建设等一系列生态建设和保护重点工程，全省生态环境质量逐步提高。全省各类自然保护区达248个，其中国家级自然保护区36个，省级85个，数量居全国首位。

表8 黑龙江省国家级自然保护区名录（36个）

名称	所在县（市、区）	级别
黑龙江扎龙	齐齐哈尔市、大庆市	国家级
黑龙江乌裕尔河	富裕县	国家级
黑龙江凤凰山	鸡东县	国家级
黑龙江东方红湿地	虎林市	国家级

续表

名称	所在县（市、区）	级别
黑龙江珍宝岛湿地	虎林市	国家级
黑龙江兴凯湖	密山市	国家级
黑龙江宝清七星河	宝清县	国家级
黑龙江饶河东北黑蜂	饶河县	国家级
黑龙江友好	伊春市友好区	国家级
黑龙江新青白头鹤	伊春市新青区	国家级
黑龙江丰林	伊春市五营区	国家级
黑龙江凉水	伊春市带岭区	国家级
黑龙江乌伊岭	伊春市乌伊岭区	国家级
黑龙江红星湿地	伊春市红星区	国家级
黑龙江茅兰沟	嘉荫县	国家级
黑龙江三江	抚远县	国家级
黑龙江八岔岛	同江市	国家级
黑龙江洪河	同江市	国家级
黑龙江挠力河	富锦市、饶河县	国家级
黑龙江三环泡	富锦市	国家级
黑龙江牡丹峰	牡丹江市东安区	国家级
黑龙江小北湖	宁安市	国家级
黑龙江穆棱东北红豆杉	穆棱市	国家级
黑龙江大沾河湿地	黑河市	国家级
黑龙江胜山	黑河市爱辉区	国家级
黑龙江中央站黑嘴松鸡	嫩江县	国家级
黑龙江五大连池	五大连池市	国家级
黑龙江明水	明水县	国家级
黑龙江绰纳河	大兴安岭地区	国家级
黑龙江多布库尔	大兴安岭地区加格达奇区	国家级
黑龙红呼中	大兴安岭地区	国家级
黑龙江南瓮河	大兴安岭地区松岭区	国家级
黑龙江双河	塔河县	国家级
黑龙江大峡谷	五常市	国家级
黑龙江太平沟	鹤岗市	国家级
黑龙江老爷岭东北虎	牡丹江市	国家级

表9 黑龙江省省级自然保护区（85个）

名称	所在县（市、区）	级别
黑龙江哈东沿江湿地	哈尔滨市道外区	省级
黑龙江呼兰河口湿地	哈尔滨市呼兰区	省级
黑龙江安兴湿地	依兰县	省级
黑龙江龙口	通河县	省级
黑龙江平顶山	通河县	省级
黑龙江山河林蛙	阿城市	省级
黑龙江松峰山	阿城市	省级
黑龙江拉林河口湿地	双城市	省级
黑龙江黑龙宫林蛙	尚志市	省级
黑龙江龙凤湖	五常市	省级
黑龙江仙洞山梅花鹿	齐齐哈尔市	省级
黑龙江齐齐哈尔沿江湿地	齐齐哈尔市梅里斯达斡尔族区	省级
黑龙江哈拉海	龙江县（农垦）	省级
黑龙江龙江哈拉海	龙江县	省级
黑龙江讷谟尔河湿地	依安县	省级
黑龙江二龙涛湿地	泰来县	省级
黑龙江鹿角湖梅花鹿	齐齐哈尔市克东县	省级
黑龙江双阳河	齐齐哈尔市拜泉县	省级
黑龙江尼尔基	讷河市	省级
黑龙江乌裕尔河 - 双阳河	依安市	省级
黑龙江曙光天蚕	鸡东县	省级
黑龙江虎口湿地	虎林市	省级
黑龙江铁西	密山市	省级
黑龙江绥滨两江湿地	鹤岗市	省级
黑龙江细鳞河	鹤岗市	省级
黑龙江嘟噜河	萝北县	省级
黑龙江水莲	萝北县	省级
黑龙江安邦河	集贤县	省级
黑龙江七星砬子东北虎	集贤县	省级
黑龙江东升	宝清县	省级
黑龙江大佳河	饶河县	省级
黑龙江龙凤湿地	大庆市龙凤区	省级
黑龙江肇源沿江湿地	肇源县	省级
黑龙江伊春河源头	伊春市	省级
黑龙江翠北湿地	伊春市五营区	省级

续表

名称	所在县（市、区）	级别
黑龙江乌马河紫貂	伊春市	省级
黑龙江碧水中华秋沙鸭	伊春市带岭区	省级
黑龙江朗乡	伊春市带岭区	省级
黑龙江库尔滨湿地	伊春市上甘岭区	省级
黑龙江嘉荫恐龙化石	嘉荫县	省级
黑龙江平阳河湿地	嘉荫县	省级
黑龙江佳木斯沿江湿地	佳木斯市	省级
黑龙江桦川湿地	桦川县	省级
黑龙江汤原黑鱼泡	汤原县	省级
黑龙江乌苏里江	饶河县	省级
黑龙江勤得利鲟鳇鱼	同江市	省级
黑龙江富锦沿江湿地	富锦市	省级
黑龙江倭肯河	七台河市	省级
黑龙江西大圈	勃利县	省级
黑龙江东宁鸟青山	东宁县	省级
黑龙江海林莲花湖	海林市	省级
黑龙江镜泊湖	宁安市	省级
黑龙江六峰湖	穆棱市	省级
黑龙江公别拉河	黑河市	省级
黑龙江山口	黑河市	省级
黑龙江刺尔滨河	黑河市爱辉区	省级
黑龙江门鲁河	嫩江县	省级
黑龙江都尔滨河	黑河市逊克县	省级
黑龙江干岔子	黑河市逊克县	省级
黑龙江红旗湿地	孙吴县	省级
黑龙江平山	黑河市	省级
黑龙江逊别拉河	逊克县、孙吴县	省级
黑龙江北安	北安市	省级
黑龙江引龙河	黑河市五大连池市	省级
黑龙江双岔河	绥化市	省级
黑龙江西洼荒湿地	望奎县	省级
黑龙江兰远草原	绥化市	省级
黑龙江双宝山	庆安县	省级
黑龙江绥棱努敏河	绥棱县	省级
黑龙江东湖湿地	安达市	省级
黑龙江肇东沿江湿地	肇东市	省级

名称	所在县(市、区)	级别
黑龙江扎音河湿地	海伦市	省级
黑龙江呼玛河	呼玛县	省级
黑龙江盘中	塔河县	省级
黑龙江北极村	漠河县	省级
黑龙江岭峰	漠河县	省级
黑龙江宾县沿江	宾县	省级
黑龙江蚂蚁河三角洲	方正县	省级
黑龙江巴彦沿江	巴彦县	省级
黑龙江漠河笃斯越橘	漠河县	省级
黑龙江鳌龙	齐齐哈尔市	省级
黑龙江九龙沟	牡丹江市	省级
黑龙江盘古河	大兴安岭地区	省级
黑龙江东兴	大庆市	省级
黑龙江黑瞎子岛	抚远县	省级

2. 提升重点流域源头生态环境质量

积极推进重点生态功能区建设，大、小兴安岭生态功能区实现了森林面积、林木蓄积量和森林覆盖率"三增长"。开展生态示范区创建工作，已建成 49 个国家级生态示范区、65 个国家级生态乡镇、16 个国家级生态村。

3. 开展农村环境连片整治

把松花江流域作为连片整治重要区域，加强农村饮用水水源地保护、生活垃圾处理、生活污水处理和畜禽粪便处理。2012～2014 年共投入专项资金 16 亿元，实施农村环境连片整治示范项目 634 个，共涉及行政村 2085 个，惠及农村人口 570 万人。

（六）抓监管执法，防控风险，健全水污染防控综合体系

1. 严把环境准入关口

把主要污染物排放总量指标作为建设项目环评审批和验收的前置

条件，严控"两高一资"项目建设，从严审批向松花江水体排放重金属和持久性有机物等有毒有害污染物项目。"十一五"期间，退回和暂缓审批 86 个不符合要求的项目。2014 年退回、暂缓审批和否决省审建设项目 11 个。严格控制化工、石化、农药制造等存在水环境风险隐患的项目上马，督促一批工业园区建设和完善集中式污水处理设施和环境风险预警体系。大力推进园区规划环评，已完成 48 个园区规划环评批复。

2. 严厉打击环境违法行为

连续多年组织开展了整治违法排污企业保障群众健康环保专项行动，依法取缔了一批污染严重的企业。全省抽查可能有问题的排污企业总超标率由 2007 年的 88% 下降到 15%。2014 年省本级开展综合执法督查和各类专项执法检查 18 次，行政处罚企业 30 家，督促 749 家企业进行整改。

3. 严格防范环境风险

按照"力争不发生，发生能控制，污染不蔓延，确保不入江"的工作原则，重点防范自然灾害、安全事故、突发事件三类环境风险。每年都对松花江沿岸和饮用水源地上游的环境安全隐患进行拉网式排查，在松花江沿岸确定了 30 家省级重点监管的环境风险企业、48 家环境监察重点企业，建立三级防控体系。

（七）抓分区管理，改善水质，推进控制单元分级分类防治

1. 施行分区管理

依据主体功能区规划和行政区划，划定陆域控制单元，实施流域、水生态控制区、水环境控制单元二级分区管理。全省共划分 60 个控制单元。其中，流域层面重点从宏观尺度明确水污染防治重点和方向，协调流域内上下游、左右岸防治工作；水生态控制区层面重点把握区域水生态保护格局，明确各区域主要生态功能和保护要求；控制单元重点落实水污染防治目标、任务措施、工程项目及总量控制、环评审批、排污许可与交易等环境管理措施。

2. 采取单元控制方法

综合考虑控制单元水环境问题严重性、水生态环境功能重要性、水资源禀赋、人口和工业聚集度等因素，全省共划分 25 个优先控制单元和 35 个一般控制单元，结合地方水环境管理需求，优先控制单元进一步细分为 16 个水质改善型和 9 个防止退化型单元，实施分级分类管理，因地制宜综合运用水污染治理、水资源配置、水生态保护等措施。坚持控制单元分级分类管理。以流域水生态环境功能分区管理体系为框架，实施控制单元分级分类管理，将含有重要饮用水水源、具有重要生态功能以及水质达标难度较大的控制单元列为优先控制单元，强化污染防治，加大资金投入力度。

3. 实施河（湖）长制责任机制

各级地方人民政府是方案实施和水环境保护的责任主体，要建立健全以党政领导负责制为核心的责任体系，坚持党政共同领导，属地管理，分级负责，部门协作，社会共治，确保水环境质量只能更好、不能更坏。

四　松花江流域环境治理主要成绩和经验

（一）松花江流域环境治理主要成绩

黑龙江省委、省政府高度重视松花江流域水污染防治工作，严格贯彻实施《水污染防治法》，水污染防治取得显著成果。

1. 水环境质量持续改善，生态指标全面恢复

2005 年松花江水污染事件前，松花江污染严重，污染负荷居其他流域之首，干流绝大部分水质为四、五类，个别支流为劣五类。《松花江流域水污染防治规划（2006～2010 年）》经国务院批准后，经过十年的持续治理，松花江流域水生态环境明显改善。"十一五"末，流域内水质达标率达到 58.18%，比"十五"末提高了 23.63 个百分点。溶解氧指标处

于一类水体水平，松花江干流解决了冬季长期冰封乏氧问题。"十二五"期间松花江流域水质继续改善，2014年末，19个国家规划考核断面全部达到70%的要求，其中12个断面达标率为100%。水生生物监测结果表明，松花江干流哈尔滨、佳木斯下游江段的水质已经由"十五"期间的重度污染转变为"轻度污染"，干流大部江段水生生物清水种群不断增多，可以满足珍贵鱼类繁衍，鲟鱼和鳌花等稀有鱼类再现松花江中，一些珍贵的水禽如东方白鹳在松花江入黑龙江口的湿地已经有稳定的种群栖息。

2. 规划高效执行，环境基础设施建设成效显著

松花江流域"十一五"规划项目共222个，其中，内蒙古自治区20个，吉林省86个，黑龙江省116个，规划总投资133.7亿元。"十二五"重点流域规划项目404个，总投资169亿元，国家已到位资金19.6亿元，截至2014年底，项目开工率达76.7%，建成率达47.6%，完成投资55亿元。加大了污水处理厂建设、运营和管理力度，从2008年到2014年6年间，全省累计投入污水处理工程建设资金153.97亿元，建成污水处理厂94座，新增污水日处理能力282万吨/日，比2008年增长163.55%。全省现有污水处理厂121座，处理规模达到411万吨/日，其中正式运营的94座，处理规模达到355.07万吨/日，2014年度处理污水量达87666.04万吨。

3. 国际合作不断深化，赢得了邻邦俄罗斯的赞誉

积极围绕松花江流域环境保护和水污染防治，不断加强与俄罗斯相邻州、区环保领域合作。开展了黑龙江、乌苏里江、兴凯湖和绥芬河中俄界河联合监测，加深了双方互信。俄罗斯政府对我国治理松花江污染的努力和成果表示满意，哈巴罗夫斯克当地政府解除了施行多年的游泳禁令，公众对治理松花江污染取得的成效表达了赞誉之情。中俄总理在2010年第15次定期会晤联合公报中，明确提出跨界水体水质有明显改善，预防环境污染工作取得积极成效。

4. 加大良好湖泊生态环境保护，治理成效初步显现

自2012年起，黑龙江省抓住国家设立良好湖泊生态环境保护专项契机，大力开展水质较好湖泊生态环境保护，完成了兴凯湖、镜泊湖、山口湖等3个省内重点湖库湖泊生态环境安全基线调查。编制了湖泊保护总体实施方案，由省政府批复实施，项目总投资28.9亿元。截至目前，中央资金到位5.98亿元，确定实施的44个项目全部开工建设，其中11个项目已建成，完成投资4.58亿元，湖泊保护成效开始显现。其中，国家重点支持的兴凯湖，通过实施流域生态治理与恢复工程，植被恢复面积598亩，增加湿地4860亩，生态治理887亩，退耕6408亩。2014年，穆棱河出界断面水质达到三类标准的比例提升到了87.5%，小兴凯湖三类水体比例提高12.5个百分点。

5. 加强饮用水源地保护，居民饮水安全得到保障

全面落实饮用水水源保护区制度，黑龙江全省共有908个镇级以上水源地获省政府批复，保护区划定走在全国前列。定期开展水源环境执法专项行动，排污口关闭率达100%。强化水源管理长效机制建设，9个省辖城市出台了水源环境保护条例或管理办法，哈尔滨市出台了《磨盘山水库饮用水水源保护条例》，成为全省首个实行水源生态补偿机制的城市。2014年，13个地级城市92.3%的饮用水水源地水质主要指标达到国家标准。

从水源到水龙头全过程监管饮用水安全。各级政府及供水单位定期监测、检测和评估本行政区域内饮用水水源、供水厂出水和用户水龙头水质等饮水安全状况，市级城市每季度向社会公开饮用水水源、供水厂出水和用户水龙头水质等饮水安全状况。自2018年起，所有县级及以上城市饮水安全状况信息向社会公开。开展饮用水水源地规范化建设。制定《黑龙江省集中式饮用水水源地专项治理行动方案（2018～2020年）》，对全省县级以上的101个集中式水源地进行整治，全面推进水源地水质规范化建设。加强农村饮用水水源保护和水质检测，基本完成农村集中式饮用水水源保护区划定，开展定期监测、调查评估工作，依法清理了保护区内违法建筑和排污口。加大问题水源地整改力度。建立问题水源地整改定期调度机制，对于存在问题的集中式饮用水水源地，责成各市地按照分类实施、分批解决的方式进行规范化治理。按照国家统一部署，开展"集中式饮用水水源地环境保护专项行动"，完成县级及以上44个地表水型集中式饮用水水源保护区"划、立、治"三项重点

任务，制定方案，排查问题，制定清单，2018 年完成 18 个市级水源地整改任务。

（二）松花江流域环境治理的主要经验

1. 各级政府高度重视建立联动机制是基础条件

推进松花江水污染防治工作，必须坚持高起点规划、高层次推进，建立和完善组织协调、资金和政策保障制度，形成齐抓共管的工作格局，这是做好工作的基础条件。省委、省政府高度重视水污染防治规划推进实施，常委会专门听取进展情况，省政府连续组织召开专题推进会，主要领导亲自安排部署，主管副省长多次深入现场督办检查。省和市（地）县政府都成立了以行政一把手为组长的污染治理领导小组，完善了组织机构保障。省人大出台了《黑龙江省松花江流域水污染防治条例》，省政府下发了《关于进一步加强松花江流域水污染防治工作的通知》，完善了政策法规保障。

2. 健全权责清晰责任体系是工作推进根本措施

推进松花江水污染防治工作，必须明确职责和落实任务，突出地方政府部门和企业主体责任，不断强化考核和推进，建立权责清晰合力攻关的责任体系，这是做好工作的根本措施。省委将治污工作纳入对市（地）党政主要领导考核体系以及生态省建设和市（地）环境保护目标责任考核体系。省环保、发改、监察、建设等部门建立起协同推进机制，定期组成联合督查组开展联合督查。省政府责成环境保护厅牵头，发改委和建设厅配合，对重点规划项目所在地市采取"厅长包地市，处长包项目"的办法，驻厂推进，加快了项目建设的推进。

3. 攻坚克难的精神状态是做好污染防治工作的关键因素

推进松花江水污染防治工作，必须坚持锲而不舍狠抓落实的工作态度，紧紧围绕推进中的难点问题和关键环节，不断创新工作思路和推进措施，保持敢为人先攻坚克难的精神状态，这是做好工作的关键因素。针对部分地市项目进展缓慢的情况，2008 年首次对项目执行缓慢的地市实施"区域限批"措施，在全国引起了强烈反响。2009 年主管副省长又

"约谈"了项目进展缓慢的5个城市政府主要负责人，有力地增强了各级政府的责任意识。探索实施了全省江河水质"黄橙红"三色警戒制度，将重点支流断面监测情况定期通报辖区政府。探索实施"一河一策"的水环境综合整治方案，在污染较重的支流试行"河长制"，落实治污责任。

4. 加强环境执法是做好污染防治工作的重要保障

推进松花江水污染防治工作，必须坚持"铁心、铁面、铁腕、铁拳"的四铁精神，始终保持高压威慑的执法态势，给予环境违法行为最坚决的打击、最严厉的处罚，这是做好工作的重要保障。多年来，黑龙江省连续组织开展松花江流域专项行动、秋风行动、寒剑行动、后督察等一系列专项检查、督察行动，全省抽查可能有问题的排污企业总超标率下降；针对松花江流域产业布局环境风险高的现状，建立起重点企业三级防控体系。组织完成了多次中俄跨界水体联合监测，俄方关注的突发事件得到圆满解决。从严审批"两高一资"建设项目，"十一五"与"十二五"期间因产业政策等原因退回、暂缓审批和否决省审重大建设项目多个。

五 松花江生态建设面临的主要问题

"十三五"时期是全面建成小康社会的决胜阶段，是补齐生态环境短板、实现环境质量总体改善的攻坚期。虽然重点流域水环境质量有所改善，但与2020年全面建成小康社会的环境要求和人民群众不断增长的环境需求相比，水环境形势依然严峻。

（一）部分水域及城市水体污染依然严重

1. 部分支流污染严重

不少流经城镇的河流沟渠黑臭问题突出，群众反映强烈；水污染物排放量大、水环境负荷重、环境风险高的压力仍未得到有效缓解；结构性污染短期内难以彻底解决，产业结构和布局仍待优化；城镇化持续发展给水环境带来的巨大压力仍将持续。部分湖泊富营养化问题突出、水资源开发利用强度大、生态流量不足、水生态空间挤占严重、水环境承载能力已经达到或接近上限的局面尚未扭转；氨氮、总磷等污染问题日益凸显。

2. 干流断面未达到规划目标要求

干流断面未达到规划目标要求的分别是拉林河口下、嫩江口内、肇源和佳木斯上，主要超标因子为高锰酸盐指数、氨氮；除闭流区外，支流上还有 12 个断面未达到规划目标要求，其中有 3 个断面仍为劣 V 类，为阿什河口内断面、安邦河的黑鱼泡断面和滚兔岭断面，主要超标因子为高锰酸盐指数、氨氮、生化需氧量和石油类。

（二）环境项目推进的整体协调性有待提升

1. 项目推进不协调、缺配套

国家资金下拨速度和项目建设进度要求不匹配。在项目推进过程中，国家配套资金到位滞后影响项目建设进程，给地方按期完成项目建设增加了资金筹措难度。黑龙江省有 10 个污水处理项目概算在 2009 年 7 月底才获国家批复，9.2 亿元的投资计划刚下到省里，下到项目单位还需一段时间。污水处理和区域污染防治项目国家投资所占比例较大，国家资金未能及时到位，无疑将对提前完成项目建设任务这一目标任务造成十分不利的影响。

2. 缺乏项目正常调整渠道

由于规划项目实施周期较长，部分项目情况已经发生很大变化，需调整以适应变化的需要。如部分城镇污水处理项目目前水量明显不足，若仍按原规模建设，势必造成巨大浪费，也无法保证正常运行。还有些企业存在水量减小、近期将关停等情况。对这类项目，缺乏项目变化的正常调整渠道。

3. 利用外资程序复杂影响项目进程

一些利用亚行等外资的污水处理项目均进展缓慢。这些项目不仅在土建阶段需要审批，统一招标，在购置设备时还要走一遍招标程序，严重制约建设进度。

（三）农业源已成为流域水质的重要影响因素

1. 在种植业领域农业面源污染有加重趋势

松花江流域是黑龙江省农村人口经济总量相对集中的区域，沿松花江干流及其主要支流，分布着700多个乡镇，1800多万农村人口，约占全省面积的69%、人口总数的87%、经济总量的85%。流域内的农村每年施用化肥190万吨、农药2.7万吨，化肥、农药施用总量大，有效利用率低，大量残留的化肥农药将污染地表水及地下水。松花江流域分布多个国家粮食基地和甜菜、马铃薯、玉米加工基地，粮食增产任务重，大型灌区农田退水污染问题突出，农业面源污染有加重趋势。

2. 畜禽养殖业污染治理压力大

全省畜禽养殖业占全省化学需氧量排放量的60%以上，畜禽养殖业污染治理程度低，畜禽养殖场、养殖小区的粪便、尿液肥料化、沼气化程度低，畜禽粪便大量增加，其堆积产生的污染物随降水渗透到地下，对浅层地下水造成污染，一半以上的农村饮用水源地没有得到有效保护，饮用水不安全人口达100多万人。

3. 农村生活污水未得到有效处理

黑龙江省人口密度较低，特别是农村地广人稀，除县城外，乡镇的污水处理率不足10%，农村几乎没有污水处理设施，农村污水乱排放的现象没有得到有效管控，一些生活污水直接排入附近河流和沟渠。

（四）流域环境监管及风险防范环节依然薄弱

1. 工作思路有待改变

部分地区工作思路、工作方法仍停留在过去，配套政策措施落实不到位。流域水环境问题的复杂性、紧迫性和长期性没有改变，水污染防治工作仍然十分艰巨。

2. 环境监测标准化建设比较滞后

受人财物等条件限制，环境监察机构标准化建设比较滞后，达标率较低。流域内县区级水环境监测、监察等环境监管能力建设存在设备故障率较高、在线设备维护不到位、对比数据与在线监测数据差异较大等问题，不适应松花江流域重污染产业比重高、水污染风险防控复杂的要求。

六 松花江流域生态建设的展望和建议

习近平总书记在党的十九大报告中指出，加快生态文明体制改革，建设美丽中国。必须坚持节约优先、保护优先、自然恢复为主的方针，形成节约资源和保护环境的空间格局、产业结构、生产方式、生活方式，还自然以宁静、和谐、美丽。要加快水污染防治，实施流域环境综合治理；加强农业面源污染防治，开展农村人居环境整治行动；加强固体废弃物和垃圾处置；提高污染排放标准，强化排污者责任，健全环保信用评价、信息强制性披露、严惩重罚等制度；构建政府为主导、企业为主体、社会组织和公众共同参与的环境治理体系。深入贯彻落实党的十九大精神，为松花江流域生态环境建设带来重大机遇，也提出了更高要求。

总体目标是到2020年松花江流域总体水质在轻度污染基础上进一步改善，具体目标是松花江流域达到或优于Ⅲ类比例总体达到65%以上，劣Ⅴ类比例小于3%。实现这一目标仍然面临一些压力和挑战。资源型省份经济发展方式转变需要渐进过程，短期内资源消耗量和污染物排放量相对较大的局面不会改变，带来的水环境压力将继续加大；推进城镇化进程及发展现代化大农业，生活污水产生量将会增加，农业面源污染防治压力大；松花江径流量减少，流域水环境承载力下降，上游水库蓄水使生态用水量难以保证，粮食增产灌溉用水增加导致河道内水量有所降低，水体纳污能力将面临挑战；流域内人民群众对水环境的要求也越来越高，国际社会高度关注松花江流域，国内外对水环境质量改善的需求日益提高。深入落实国家《重点流域水污染防治规划》（2016～2020年），制定有力措施推动松花江流域污染防治。

（一）推动经济结构转型升级

1. 积极调整产业结构

加快淘汰污染严重企业，依据区域、流域资源环境承载能力，确定各地区造纸、炼焦、炼油、农药等行业规模限值；严格环境准入，根据控制单元水质目标和主体功能区规划要求，细化功能分区，实施差别化环境准入政策。

2. 持续优化产业空间布局

新建企业原则上均应建在工业集聚区，推进企业向依法合规设立、环保设施齐全、符合规划环评要求的工业集聚区集中，并实施工业集聚区生态工业化改造。

（二）统筹流域水资源利用与保护

1. 控制流域用水总量

细化用水总量控制指标，完善取水许可管理，建立健全水资源承载能力监测预警机制。

2. 提高用水效率

强化用水效率目标管理，加强重点监控用水单位监督管理，加强用水定额和计划管理。

3. 保障生态流量

科学制定生态流量标准，强化生态流量对水体水质达标的基础性作用，强化重点河湖生态流量保障。

（三）狠抓工业污染防治

1. 实施工业污染源全面达标排放计划

细化制定和实施污染源监督性监测年度计划和工作方案，逐步完善监管所有企业污染物排放的监督性监测机制；整治超标排放企业，对城市建成区内污染超标企业实施有序搬迁改造或依法关闭。

2. 落实企业污染治理主体责任

督促企业依法履行治污责任，企业应开展自行监测或委托有资质的第三方进行监测，强化环境保护中的公众参与，对企业守法承诺履行情况全面公开监督；加强企业污染防治指导。逐步完善覆盖各行业的企业环境守法导则并定期更新，引导和规范企业环境管理，提升环境守法能力，提高企业的污染防治和环境管理水平。

3. 促进工业清洁生产和循环经济

推进企业清洁化改造，完善各行业清洁生产评价指标体系，建立分行业污染治理先进实用技术公开遴选与推广应用机制，定期更新和发布行业污染治理先进适用技术；促进工业循环经济发展，推动工业园区实行生态工业生产组织方式和发展模式，重点推进国家级经济技术开发区、国家高新技术产业开发区、发展水平较高的省级工业园区或其他特色园区，积极开展生态工业示范园区创建活动；探索推进排污权有偿使用和交易，建立健全排污权初始分配、有偿使用和交易制度。

（四）强化城镇生活污染治理

1. 完善污水处理厂配套管网建设

城镇生活污水收集配套管网的设计、建设与投运应与污水处理设施的新建、改建、扩建同步，充分发挥污水处理设施效益，着力加强松花江流域污水管网建设。

2. 推进污水处理设施建设

根据城镇化发展需求，适时提高城镇污水处理能力，到 2020 年，所有县城和重点镇具备污水收集处理能力，县城、城市污水处理率分别达到 85%、95% 左右；提高再生水日处理能力，完善再生水利用设施，工业生产、城市绿化、道路清扫、车辆冲洗、建筑施工以及生态景观等用水，要优先使用再生水。

3. 强化污泥安全处理处置

污水处理设施产生的污泥应进行稳定化、无害化和资源化处理处置，禁止处理处置不达标的污泥进入耕地。

（五）推进农业农村污染防治

1. 加强畜禽养殖污染防治

优化畜禽养殖空间布局，加大规模化畜禽养殖场改造升级力度，发展生态养殖；推进畜禽养殖粪污资源化利用和治理，将畜牧业发展扶持资金及政策的安排，与畜禽养殖污染防治情况挂钩，优先考虑通过种养结合、种养平衡实现畜禽粪污等废弃物的就地就近利用。

2. 推进农业面源污染治理

大力发展现代生态循环农业，深入实施现代生态循环农业示范基地建设，积极探索高效生态循环农业模式，构建现代生态循环农业技术体系、标准化生产体系和社会化服务体系；大力发展节水农业，实施节水增粮战略；坚持控氮、减磷、稳钾，补锌、硼、铁、钼等微量元素肥料的施肥原则，实施化肥、农药零增长行动；结合深松整地和保护性耕作，加大秸秆还田力度，增施有机肥；适宜区域实行大豆、玉米合理轮作，对大豆、花生等作物推广根瘤菌；推广化肥机械深施技术，适时适量追肥；对干旱地区玉米推广高效缓释肥料和水肥一体化技术；推进重点区域农田退水治理，推动三江平原建设生态沟渠、污水净化塘、地表径流集蓄池等设施，避免上灌下排造成污染物转移扩散，严禁农田排水直接进入河道污染河流水质。

3. 开展农村环境综合整治

根据村庄布局、人口规模、地形条件、现有治理设施等因素，统筹规划布局城乡污水垃圾处理设施；因地制宜采取污水处理厂（站）、人工湿地、氧化塘、土地渗滤等方式，以及垃圾分类资源化利用、收集—转运—处理处置一体化等方式，推进农村污水垃圾处理设施建设。

二　综合篇

松花江流域生态文明建设的
政策体系研究

孙浩进　董正杰[*]

摘　要： 松花江流域是东北地区产业兴起、人口繁衍、城市建设和文明昌盛的重要支撑。松花江流域生态文明建设政策体系是为了配合松花江流域生态文明建设在政治领域建设形成的不同政策相互联系并与松花江流域生态现实相互作用的政策系统，主要内容可分为流域外部政策体系和内部政策体系两个方面，其发展和形成以来，在流域生态文明建设领域取得了众多现实成效，主要可以分为三个方面：污染治理、环境改善和风险预防。应从结构性调整和操作性补充两个方面对松花江流域生态文明建设体系进行调整优化，以进一步推动流域生态文明建设工作的深化推进。

关键词： 松花江流域　生态文明　政策体系

松花江流域是我国重要的水系之一，也是东北地区产业兴起、人口繁衍、城市建设和文明昌盛的重要支撑，近代以来，随着东北地区工业化和城市化进程的加速推进，当地对松花江流域的资源索取也日益加大，对流域生态造成的污染和破坏也日益严重，特别是 2005 年松花江水污染事件的爆发更是引起了国际、国内社会的广泛关注，也坚定了我国展开松花江流域生态文明建设的决心，当前对松花江流域生态文明建设政策体系的研究，有助于深刻了解松花江流域污染治理的状况，有助于解决松花江流域

---

* 孙浩进，黑龙江省社会科学院经济研究所研究员，硕士生导师，理论经济学博士，应用经济学博士后，从事空间经济学、区域发展问题研究；董正杰，硕士研究生，从事区域经济学研究。

生态文明建设中存在的具体问题，以及明确今后松花江流域生态文明建设的发展方向。

一 完善松花江流域生态文明建设政策体系的重要意义

松花江流域生态文明建设政策体系是为了配合松花江流域生态文明建设在政治领域建设形成的不同政策相互联系并与松花江流域生态现实相互作用的政策系统，其完善程度直接决定了现实中松花江流域生态文明建设的进度和质量，因此从全局性考虑，完善松花江流域生态文明建设政策体系对充实松花江流域政府的政策布局和推进生态文明建设工作有着十分重大的战略意义和指导作用。松花江流域位于中国东北地区的北部，东西长 920 千米，南北宽 1070 千米，其流域面积 55.72 万平方千米，是黑龙江右岸的最大支流。松花江水系有南、北两大源头，南源为第二松花江，由长白山天池流经形成的二道白河汇聚而成；北源为嫩江，由大兴安岭发源的南瓮河和二根河汇聚而成，第二松花江和嫩江于吉林省扶余县三岔河附近汇聚形成松花江，之后流经黑龙江省注入作为中俄边界的黑龙江。松花江流域水系发达，流域面积 55.72 万平方千米，涵盖辽宁、吉林、黑龙江、内蒙古四省区，并与俄罗斯边境水系密切联系，但从松花江流域干流来讲，流域面积主要集中在黑龙江省，因此本文对松花江流域生态文明建设政策体系的研究，以黑龙江省为主体部分。松花江流域生态问题关系着东北地区经济社会的健康发展，历史上古代东北地区围绕松花江流域形成了以农渔为主的产业体系和以洪水治理为主的流域治理内容。近代以来，伴随着工业化和城市化进程的推进，松花江流域丰富的自然资源被大量开发和充足利用，为此奠定了东北地区老工业基地和粮食产业基地的国家战略地位，然而在快速推进工业化和城镇化的过程中，由于相关体制机制的不完善等，大量农业废水、工业废水和生活废水在没有得到合理管控的情况下严重污染了松花江流域的生态环境，2005 年松花江水污染事件的爆发更是引起了中国和俄罗斯政府与社会对于松花江流域生态污染的担忧和重视，为此中国在政府层面为加强松花江流域生态文明建设而制定落实相关政策和完善政策体系有着极其重要的现实意义。

二　松花江流域生态文明建设政策体系的发展历程

　　作为东北地区经济社会发展的重要支撑，松花江流域的开发利用和生态治理一直是国家和流域地方政府政策体系中的重要部分。围绕松花江流域生态文明建设所形成的政策体系有一个历史性的生成过程，早期关于松花江流域生态文明建设的政策主要是为了配合经济发展，对松花江流域的政策主要以开发利用为主，如从 20 世纪 50 年代起，水利部就在日伪政府《阿伦河水利计划案》《松花江水力发电计划概要》的基础上对松花江流域进行统筹规划，先后制定了《第二松花江流域综合利用规划报告》和《松花江流域哈尔滨以上地区近期洪水治理方案说明书》等规划方案，并于1959 年在国家层面由松花江流域规划委员会向国务院编制提交了《松花江流域规划初步报告（草案）》，但没有得到批准。其后在 80 年代以后国家计划委员会、水利电力部都曾会同辽、吉、黑、内蒙古四省区研究编制关于松花江流域电力开发、资源利用和航运设计等规划，1994 年国务院正式批复了《松花江流域规划报告》。围绕这些规划，各省区和地方政府相应实施了松花江流域的开发政策。尽管在这一阶段由于时代要求，关于松花江流域的政策体系主要以防洪、水电、航运等经济目标为主，并没有具体提出针对松花江流域生态文明建设的相关政策，但是已经确立了松花江流域规划发展政策体系的整体性布局，而对于松花江流域的生态保护也是有所涉及的，这为以后松花江流域生态文明建设政策体系的构建奠定了基础。进入 21 世纪以来，随着中国经济的快速增长，资源约束日益严峻，环境污染形势日益严重，保护环境与可持续发展日益成为时代的主题，中共十六大以来，党中央丰富形成的科学发展观重点强调了人与自然的和谐发展，之后国务院为解决松花江流域生态问题制定了《松花江流域水污染防治规划（2006～2007 年）》，2008 年黑龙江省十一届人大常委会审议并通过《黑龙江省松花江流域水污染防治条例》，2012 年中共十八大以来，国家层面做出了"生态文明建设"的战略部署，国家环境保护部会同辽、吉、黑、内蒙古四省区持续召开全国环境保护部际联席会议和松花江流域水污染防治专题会，围绕松花江流域污染治理和环境保护展开讨论和做出部署，相关省区根据国家规划制定了各省区《松花江流域水污染防治》

"十一五""十二五"和"十三五"规划，其后 2015 年黑龙江省财政厅和环境保护厅联合印发《黑龙江省穆棱河和呼兰河流域跨行政区界水环境生态补偿办法（试行）》，2017 年黑龙江省环境保护厅颁布《关于转发〈关于落实《水污染防治行动计划》实施区域差别化环境准入的指导意见〉的通知》等，这些法规政策的制定实施为流域防治规划精神的落实配套了相关细则，截至 2017 年 8 月份，就黑龙江省而言，关于生态保护的地方性法规有 52 个，生态保护政府规章 24 个，其中绝大多数法规规章与松花江流域生态文明建设息息相关。随着松花江流域生态文明建设相关政策逐渐到位，流域生态文明建设政策体系最终形成并不断完善，这也为松花江流域生态文明建设工作的有效开展提供了坚实的政策支持。

三　松花江流域生态文明建设政策体系的现状

以行政单位划分，松花江流域生态文明建设政策体系的主要内容可分为流域外部政策体系和内部政策体系两个方面，流域外部政策体系主要是中央政府及各部委对松花江流域生态文明建设所给予的政策支持或监督。松花江流域生态文明建设关系全国生态文明建设全局任务，自 2005 年松花江水污染事件爆发后，松花江流域环境保护和生态治理已经成为地方政府和中央政府共同的目标，具体来说，这部分政策以《松花江流域水污染防治规划》为主要依托，在《松花江流域水污染防治规划》中，国家层面在充分调研松花江生态状况的基础上对松花江流域生态治理明确了具体目标，确定了具体考察指标以及具体治理措施和相关项目财政支持，同时环境保护部、水利部等部门常年联动流域地方政府就松花江流域生态文明建设进行交流、部署，并督促松花江流域生态文明建设工作的具体落实，国家层面的政策对松花江流域生态文明建设政策体系的形成主要发挥支持和监督的作用。

流域内部政策体系主要是流域内各地方政府就松花江流域生态文明建设所颁布和落实的主要政策，在参照国家《松花江流域水污染防治规划》和《水污染防治法》的基础上，流域内各地方政府执行形成了各自范围内的松花江流域水污染防治规划，并围绕防治规划形成了具体的政策安排，具体包括行政组织政策体系、行政法规政策体系、监察考核政策体系和社会参与政策体系。

1. 行政组织政策体系建设有着良好的传统

行政组织体系是指为了流域生态文明建设顺利实现而在组织人事上形成的政策安排，早在 20 世纪 70 年代，鉴于松花江流域水污染日趋严重的状况，吉林和黑龙江省两省革委会就一同向国务院写报告，建议成立松花江水系领导小组，1978 年国务院批复同意后，分别由吉林省和黑龙江省的省委领导担任正、副组长，1981 年后，吉林省和黑龙江省均由分管环保的副省长担任正、副组长，1986 年扩大为松辽水系保护领导小组后，增加了辽宁省和内蒙古自治区分管水利的副省长和松辽水利委员会主任作为副组长。而在黑龙江省内，2007 年，省政府批准成立了以省长为组长、常务副省长和主管副省长为副组长，15 个相关部门参加的黑龙江省松花江流域污染防治工作领导小组，2016 年，为了深化落实《黑龙江省水污染防治工作方案》，将领导小组更名为黑龙江省（松花江流域）水污染防治工作领导小组，并将成员单位增加到 26 个，强力推进水污染防治工作。另外，对于保障松花江流域生态文明建设工作落地生根，黑龙江省从省到乡四级实行由党委和政府主要领导共同担任河长的"双河长治"，并将这种组织架构延伸到了村一级，实现生态文明建设工作组织全覆盖。在这种组织架构下，流域各级政府对松花江流域进行分段治理并落实主体责任，以项目形式颁布和落实各项政策，保障相关资金充分落实，促成松花江流域生态文明建设工作的推进。

2. 行政法规政策体系将水污染防治纳入法制化轨道

行政法规政策体系是指为了推动流域生态文明建设，根据国家相关法律政策并结合流域治理实情在地方法规上所形成的政策安排，如黑龙江省为积极配合国家《松花江流域水污染防治规划（2006～2007 年)》和《水污染防治法》的具体落实而制定实行的《黑龙江省松花江流域水污染防治条例》《环境保护条例》《工业污染防治条例》《居民居住环境保护办法》《环境监测管理办法》和《排污费征收使用管理办法》等法规规章以及一系列有关水污染防治的规范性文件，建立起基本的保护环境重要的法律制度，将水污染防治纳入法制化轨道。

3. 监察考核政策体系督促相关工作加快推进

监察考核政策体系是指为了贯彻流域生态文明建设各项指导性政策的

落实而形成的监察考核安排，如黑龙江省与水利部松辽水利委员会及吉林省强化沟通协调，认真执行省界缓冲区水质控制断面考核会商制度，并实施严格的流域跨行政区界水质考核体系和江河水质"黄橙红"三色警戒制度，将松花江重点支流断面监测结果同地方政府污染防治工作成效挂钩，同时省环保、发改、监察、建设等部门建立协同推进机制，定期组成联合督查组，深入各地，督促建设，针对规划项目推进中存在的问题，主管副省长可以组织现场办公或约谈进展缓慢的地市主要领导及项目负责人，研究解决问题，督促相关工作加快推进。

4. 社会参与政策体系为水污染防治营造良好的社会氛围

社会参与政策体系是指为了调动流域生态文明建设社会参与力量而形成的制度安排，如黑龙江省充分利用各类媒体，依托"4·22"地球日、"6·5"世界环境日等环境纪念日，组织开展环保法律法规宣传活动，对《水污染防治法》等法律法规进行多层次、宽领域、全方位宣贯，黑龙江省人大连续20年开展龙江环保世纪行活动，组织新闻媒体监督《水污染防治法》落实，曝光一大批涉水环境违法行为，为水污染防治营造良好的社会氛围。行政组织政策体系、行政法规政策体系、监察考核政策体系和社会参与政策体系是依据政策体系主体的不同功能对流域内政策体系的划分，它们是流域内政策体系的主要组成部分并与流域外政策体系共同形成松花江流域生态文明建设政策体系的主要内容。

四　松花江流域生态文明建设政策体系的实施成效

松花江流域生态文明建设政策体系在发展和形成以来，在流域生态文明建设领域取得了众多现实成效，主要可以分为三个方面：污染治理、环境改善和风险预防。

1. 在污染治理方面，松花江流域污染情况得到明显遏制

在2005年松花江水污染事件前，松花江污染严重，污染负荷居全国流域之首，干流绝大部分水质为四、五类，个别支流为劣五类，俄罗斯政府曾多次照会中国政府，中国政府对此高度重视。针对以上情况，流域地方政府贯彻落实流域生态文明建设政策，全面治污。如黑龙江省"十一五"

期间在松花江流域累计投入污染防治资金124亿元，完成116个规划项目，被国家评价为全国执行最好的流域治理规划。在"十二五"期间规划重点流域项目404个，总投资169亿元，国家已到位资金19.6亿元，截至2014年底，项目开工率达76.7%，建成率达47.6%，完成投资55亿元。加大了污水处理厂建设、运营和管理力度，从2008年到2014年6年间，黑龙江省累计投入污水处理工程建设资金153.97亿元，建成污水处理厂94座，新增污水日处理能力282万吨/日，比2008年增长163.55%，黑龙江省现有污水处理厂达到121座，处理规模达到411万吨/日，其中正式运营的94座，处理规模达到355.07万吨/日，2014年度处理污水量达87666.04万吨。在流域地方政府全力落实生态文明政策的情况下，松花江流域污染得到明显遏制，流域政府的治污成效得到中俄有关政府部门和社会的肯定。

2. 在环境改善方面，松花江水环境质量持续改善，生态指标全面恢复

"十一五"末，黑龙江省松花江流域内水质达标率达到58.18%，溶解氧指标处于一类水体水平，松花江干流解决了冬季长期冰封乏氧问题，到2014年末，19个国家规划考核断面全部达到70%的要求，其中12个断面达标率为100%。另外，水生生物监测结果表明，松花江干流哈尔滨、佳木斯下游江段的水质已经由"十五"期间的重度污染转变为"轻度污染"，干流大部江段水生生物清水种群不断增多，可以满足珍贵鱼类繁衍，鲟鱼和鳌花等稀有鱼类在松花江生存繁衍，一些珍贵的水禽如东方白鹳在松花江入黑龙江口的湿地已经有稳定的种群栖息。俄罗斯哈巴罗夫斯克政府解除游泳禁令，松花江及黑龙江生态重现勃勃生机。

3. 在风险预防方面，构建河流生态监测指标体系并组织开展流域生态补偿制度

流域政府对环境安全管理基础薄弱的工业园区、涉重金属企业加强环境监管，确保污染防治设施稳定运行；组织开展整治违法排污企业专项行动，加大对重大环境风险源和饮用水水源保护区排查整治力度，依法对违法排污污染源从重处罚；定期披露相关企业环境信息，接受公众、社会组织监督和环保行为评价，同时建成污染源监控中心，做好松花江鱼类资源

调查和标本收集工作，开展水生生物多样性、生物毒理和残留、生物预警等监测，构建河流生态监测指标体系和流域生态补偿制度。

五　松花江流域生态文明建设政策体系存在的主要问题

松花江流域生态文明建设政策体系的主要特点就在于它的现实针对性，它是为了根本解决松花江流域人与自然和谐发展所面临的生态难题，推动松花江流域真正意义上的可持续发展而在现实应用中不断发展完善的。松花江流域生态文明建设政策体系在取得现实成效的同时也存在一些问题，这些问题具体可以分为结构性问题和细节性问题两个方面。

1. 流域生态文明建设政策体系中存在的结构性矛盾

主要表现为推动流域生态文明建设的过程中，相应的政策体系只是一个自我封闭的体系，一直以一种专项整治的形式推进生态文明建设，并没有充分协调好经济发展、政治支撑和社会繁荣与生态文明建设间的关系，而且在专项行动中必须依靠中央政府或省级政府强行整合各部门力量方能有力推进生态文明建设，这充分暴露出当前我国生态文明建设中存在力量薄弱、涣散以及工作主体权责混乱等行政体制问题。例如，流域生态治理一直以中央项目资金支持为主，地方并没有将生态文明建设整合进当地的经济社会系统中，而一旦中央财政支持减少，流域生态治理力度将随之减弱，而且流域政府对于流域生态文明建设认识不足，相关政策一直停留在治理污染和改善环境阶段，并没有真正落实到文明建设之中，一些地方政府甚至受制于经济增长的压力，对污染事件重视不够，对污染主体惩治力度不够，对污染产业的监管和取缔不够，没有在政治领域形成健全的生态文明建设长效机制。而且一直以来，生态文明建设中的主体责任由环境保护部门落实，但现实中污染治理、生态修复、资源保护等生态文明建设各项具体内容的执行权力却分散在农业、农垦、国企、住建等部门，由于权限原因，环境保护部门落实主体责任有很大难度。另外，地方政府在流域生态文明建设过程中，特别在经济发展和生态保护环节没有形成有效的约束与补偿机制，生态文明建设政策体系尚处于治标层次。

2. 流域生态文明建设政策体系中存在的细节性问题

主要有生态文明建设资金保障滞后、生态保护基础设施建设重量不重质、农村地区生态治理落后、中央与地方政府生态治理目标与指标不对称等。就财政状况而言，松花江流域生态治理一直以来以中央专项资金支持为主，近年来中央投入不断缩减而且相关资金不能及时准确到位，地方在生态文明建设领域财政投入不够，加之东北地区面临振兴任务，导致流域生态文明建设不能有效深入推进。而对于流域生态保护基础设施建设重量不重质的问题主要体现在虽然流域地方政府加大了生态保护方面的基础设施建设，但质量并没有得到保障，大量县级污水厂处理运营管理水平不高且运行不稳定，影响减排效果，如黑龙江省污水处理率不足74%，低于全国平均水平10个百分点。另外，在流域广大农村地区，畜禽养殖以散户为主，面源污染问题突出，农业污染尚未得到有效控制，同时由于农村普遍缺乏污水收集和处理系统，生活污水对流域水体环境破坏较大。中央与地方政府生态治理目标与指标不对称问题主要为松花江流域生态系统与其他流域不同，森林覆盖率和土壤有机质含量较高，而且流域地方发展情况与其他流域也有区别，在制定松花江流域生态文明建设目标和考核指标时，由于中央和地方信息存在偏差，如果不能有效沟通协调，会对流域生态文明建设产生不利影响。

六 进一步完善松花江流域生态文明建设政策体系的对策

当下松花江流域生态文明建设中存在的现实问题，是流域生态文明建设政策需要进一步完善的直接体现，可以从结构性调整和操作性补充两个方面对流域生态文明建设政策体系进行调整优化，以进一步推动流域生态文明建设工作的深化推进。

1. 松花江流域生态文明建设政策体系的结构性调整

松花江流域生态文明建设政策体系的结构化调整是指将流域生态文明建设置于流域经济发展、政治革新、社会治理、文化繁荣等系统共同构成的区域发展大环境中，通过对经济、政治、社会、文化、生态等系统协同发展的整体把握，在流域生态文明建设政策体系内部重新调整生态文明建设与经济发展、政治革新和社会治理的结构性关系。根据国家"五位一体"总体发展布局和"五大发展理念"指导思想，当下流域生态文明建设政策体系内部应该基本确立经济发展与生态文明建设包容、政治改革与生态文明建设协调、社会治理与生态文明建设共享和文化繁荣与生态文明建设交融的四大结构性关系，其中经济发展是动力，政治革新是支撑，社会治理是依靠，文化繁荣是方向，而生态文明是成果。流域生态治理难题来源于区域经济发展，其治理又离不开经济发展，经济发展的目的是人与自然的和谐相处，不能让生态治理成为经济发展的掣肘因素，因而在当前流域生态文明建设政策体系内部应重视经济发展与生态文明建设的包容性，保证经济发展不能以牺牲生态为前提。这就需要在政治领域进行改革，例如产业政策的绿色更新、政治考核指标中经济增长指标与环境指标的权重调整与生态立法、执法的全面推进等，确保政治革新与生态文明建设的有效协调。生态文明建设具体工作的开展离不开具体政府部门和社会组织的负责实施，这就需要在行政领域有效整合各方环境保护力量，建立权责明晰、权责匹配的新时期中国特色环境保护政府部门和社会组织。生态文明建设也离不开社会的广泛参与，可以促成生态文明建设与社会治理部分内容的融合，广泛调动社会力量参与生态文明建设，同时又让生态文明建设成果为社会共享。生态文明建设始终是一项文明建设，生态是内容，文明是形式，只有将生态保护纳入文化体系的发展轨道中，才能推动生态建设的文明化发展。因此，经济发展、政治革新、社会治理、文化繁荣、生态文明是交融发展的五大基本系统，松花江流域生态文明建设政策体系的结构性调整是对五大系统交融发展的政策性反应。

2. 松花江流域生态文明建设政策体系的操作性补充

松花江流域生态文明建设政策体系的操作性补充就是针对当前生态文明建设现实中出现的问题在政策层面所做的具体性补充，主要有五方面内容。

（1）松花江流域生态治理政策

作为松花江流域生态文明建设的第一步，流域生态治理的成功与否关系到生态文明建设能否成功推进。对于松花江流域干流区与中俄边界区的污染治理问题，流域生态文明建设政策体系已经收获了初步成效，但是对于广大支流区域，特别是农村及偏远地区，松花江流域的生态治理工作还远远不够，应深入调研这些地区的污染状况和污染成因，针对这些地区的产业结构及时做出调整，例如对于黑龙江省畜禽大范围内散户养殖的特点，可以组织专家对当地畜禽养殖进行规划指导，减轻农业发展给当地生态造成的破坏。另外，完善全流域特别是重点污染区域污水收集、处理和考核等污水处理体系，加大投入力度确保流域水系污染源的整治消除是流域生态治理工作的直接措施，这些都需要在政策层面给予支持。

（2）松花江流域生态保护政策

在松花江流域地方各省区中，仅黑龙江省各类自然保护区就达 248 个，其中国家级自然保护区 36 个，省级 85 个，数量列全国首位，同时松花江流域有着丰富的湿地、森林、山川、生物等生态资源，"绿水青山就是金山银山"，这是习近平总书记在新时期对科学发展观的深度推进，因而当前松花江流域生态文明建设中心任务应由生态治理向生态保护积极转变，首先是对流域生态状况展开全面摸查，以综合性、具体性指标对流域生态资源、生态状况进行保质保量的摸查登记；其次是注重源头治理和保护，对小兴安岭林区、长白山地区、生活饮用水水源地等流域水源地设立重点保护区，现阶段内严禁开发和破坏；最后是针对流域生态保护任务创建不同等级的生态示范区，以经济发展的"金山银山"调动当地民众守住"绿水青山"的参与热情，促进流域生态文明建设的可持续发展，当然这些都需要在政策层面给予反映和补充。

（3）松花江流域生态开发政策

如前所述，松花江流域有着丰富的生态资源，与生态资源相联系的是资源开发，以往松花江流域的生态问题是粗放式的开发方式所直接导致的，而生态资源开发方式又与东北老工业基地"原字号""初字号"的产业结构模式息息相关，因而针对当前"振兴东北老工业基地"国家战略，流域政府应及时把握区域产业结构优化升级的战略机遇，合理转变松花江流域生态资源开发方式，可持续开发利用松花江流域生态资源。例如，以前吉林、黑龙江作为流域主要省份，生态资源开发利用以矿产开采、林木砍伐、农业养殖等为主，这种开发方式不仅造成严重的生态破坏，而且开发程度和资源利用率极低，所得产品利润也不高，而转变发展方式后的流域产业结构应以现代绿色产业、高新技术产业和现代服务业为主，在流域生态保护的前提下，构建以现代农业养殖、旅游服务、休闲娱乐和新能源、新技术开发应用为主的现代生态资源开发体系，这种转变不仅要在经济建设中实现，更应该在当前松花江流域生态文明建设政策体系中体现。

（4）松花江流域生态监管政策

松花江流域生态文明建设政策体系能否具体落实，关键在于其中监管政策的完善与否，当前面对松花江流域严峻的生态污染形势，流域地方政府虽针对重点污染领域、水面和企业实施了严密的监管方案，这是地方政府将松花江流域生态治理作为一项国家专项计划展开整治的必然结果，如清理一批污染企业，退回或延缓一些污染项目，集中处理和惩罚一些污染行为等，然而在政策层面还没有形成比较完善的政策体系，最鲜明的表现就是当前监管政策主要集中于生态治理环节，相关监管只有在行为体触犯生态红线后才会实施，而对于生态保护、生态开发、生态建设等其他领域的监管责任却没有落实到位，例如如何保证生态资源的勘定统计、开发利用和保护建设，如何保障全面建设生态文明等具体政策的落地生根，如何注重事前预防和事后追责的有机结合，这些都需要在松花江流域生态文明监管政策中集中体现。

（5）松花江流域生态补偿政策

生态补偿是实现生态可持续开发利用的有效基础，以往生态资源开发方式存在的主要问题就在于没有配套建设相关的补偿机制，作为污染主体的企业或自然人为了追求自身利润的最大化而忽视生产活动的外部性问题，这是在一段时期内造成松花江流域大范围严重污染问题的最直接因素。现代产权理论认为，只有建立规范明确的产权制度，才能保证经济活动的理性运行。以产权理论为指导，当前有经济学者指出，产权应不仅仅局限于正效用的收益性所属关系，还应当包括负效应的责任性或补偿性所属关系，例如环境污染问题，只要将环境污染绑定为行为人从事经济活动的责任产权，行为人必须对自身活动所造成的污染问题负责并可以将这种产权转让，那么就可以有效约束经济行为人的环境污染活动，而经济行为人对污染环境所负的经济或法律责任对生态本身来说则是一种补偿作用，合理的生态补偿机制可以有效规范企业生产经营活动，解决经济发展中的污染难题。当前我国对于生态补偿问题的相关理论探讨和实践应用还处于发展阶段，并没有形成一种可普遍应用的共识，因而松花江流域地方政府可与中央层面积极探讨商议，争取先行先试权，大胆开展流域内生态补偿政策试验，继续支持黑龙江省穆棱河、呼兰河流域开展流域跨界水环境生态补偿试点工作的推进，打开松花江流域生态文明建设新局面，当然这种政策试验还需要进一步调查讨论和总体规划，这也是今后松花江流域生态文明建设政策体系不断丰富完善的重点工作。

　　总体来说，松花江流域生态文明建设工作在取得初步成效的基础上已步入攻坚阶段，今后很长一段时期内仍面临严峻形势，这是东北老工业基地振兴系统任务中的重要一环，这一点流域地方政府和民众有着比较清醒的认识。因而流域地方政府应趁着目前生态治理取得的良好局面充分调动人民群众参与生态文明建设的积极性，在集中力量继续治理一批生态破坏和污染环境典型问题的同时修复流域生态，通过连续性治标工作换取阶段性治本的实现。可以确定，随着流域生态文明建设实践的深入推进，相关问题和经验也会在政策层面得到反映，相信在不久的将来，松花江流域生态文明建设政策体系会最终得以进一步完善并发挥更大的功效。

松花江流域生态环境建设中的
政府应急机制研究

许淑萍*

摘　要： 松花江是黑龙江在中国境内的最大支流，突发性的重大水污染事故，不仅对流域内的经济、社会和生态环境造成了巨大的损失，而且威胁着流域内的水环境质量和广大人民的生命财产安全。有效地预防突发性水污染事故的发生，以及事故发生后及时有效地对事故进行应急处置，其重要意义不言而喻。本文将从政府建立松花江流域应急机制已取得的成就出发，进一步探讨在松花江流域生态环境建设中，政府建立应急机制过程中存在的问题，并提出相应的对策。

关键词： 松花江　生态环境　应急机制

引　言

松花江是黑龙江规模最大的一条支流，总长达 1900 公里，流域面积为 54.56 万平方公里，约占东北三省总面积的 70%。径流总量超过了黄河，高达 759 亿立方米，流经黑龙江省、吉林省的大部分地区以及内蒙古自治区东部地区。"十一五"期间经历的 2005 年吉林化工厂硝基苯泄漏松花江污染事件、俄罗斯油污染事件、吉化物料桶入江事件等，对松花江流域生态环境以及沿江居民的生产生活产生了极大的影响。由此可见，建立针对松花江流域突发环境事件的应急机制的重要性就不言而喻了。自中华人民共和国成立以来，政府在防治松花江流域水体污染、改善流域水环境质量、保障用水安全、建立污染防治的长效机制等方面采取了一系列措施，同时，尤其是对于

---

* 许淑萍，黑龙江省社会科学院政治学研究所副所长、研究员，主要从事行政学研究。

松花江流域的应急机制建设给予了高度的重视，并在应急机制建设方面取得了丰硕的成果。

一　松花江流域应急机制建设成果回顾

2005 年松花江特重大突发环境事件是对突发环境事件应急机制完善与否的一次全面检验，在认真总结应对此次突发事件的经验并吸取教训后，政府积极高效地投入并展开了一系列应急机制建设工作，并取得了丰硕成果。

（一）建立流域内应急协调机制

为了加强对松花江流域生态环境污染事件的应急管理，加强上下游应急的协调和沟通，根据《国家突发环境事件应急预案》，黑龙江省政府和吉林省政府于 2006 年签署协议，共同建立松花江流域两省环境应急协调机制。根据协议，两省在以下五个方面对松花江流域的生态环境保护建立了应急协调机制。一是建立突发环境事件预防机制。开展经常性的环境风险隐患排查工作，采取有效措施，及时消除环境安全隐患，降低松花江流域环境风险，最大限度地减少松花江流域水环境污染事件的发生。每年松花江枯水期，两省开展一次联查、互查行动，确保沿江群众饮水安全。二是建立省级信息通报机制。两省实行每月信息通报机制，重要情况随时通报。松花江流域发生突发环境事件，可能导致松花江干流污染时，上游应及时向下游通报有关信息，并适时邀请下游实地考察事发地应急措施实施情况。三是建立联合应急监测机制。两省环保部门实行环境应急监测数据共享。发生突发环境事件后，当地环保部门要立即开展应急监测工作，及时预测并监控污染物流动及转化趋势。根据需要，两省在吉林松原国控断面实行联合监测，同步取样、同步分析。四是建立协调信息发布机制。发生突发环境事件后，要及时发布准确、权威的信息。对于较为复杂的事件，可分阶段发布，先简要发布基本事实。上游政府和环保部门要及时向下游政府和环保部门通报有关信息发布情况；下游政府和环保部门要依据上游政府和环保部门信息发布内容和本省的应急措施，适时发布本省污染防控信息。当污染物进入松花江干流时，两省采取联合发布或同时发布。五是建立联合防控机制。当污染物进入松花江干流后，两省采取有效措施，控制或禁止本辖区相关企业相同污染物的排放；组织有关地方环保局对本辖区排放相同污染物的企业实施驻厂督查，控制污染物排放，直至应急终止。流域内应急协调机制的建立，保证了信息在不同地区之间的准确沟通和数据共享，实现了及时的相互协调，加强了流域间环境监管的协调性，实现了上下游城市之间的联动，在整个流域内形成健全的污染控制和保障应急机制。

（二）启动应急预案并开展应急演练

国家制定了国家突发环境事件的应急预案后，黑龙江省也制定了相应的应急方案，重大突发性公共危机应急处置预案开始运行。为认真贯彻全国环境执法暨应急管理工作会议、黑龙江省环境执法暨应急管理工作会议精神，围绕探索环境应急管理新体制、新机制，妥善处置各类突发环境事件，加强防范，强化基础，积极推进环境应急全过程管理，确保全省环境安全大局稳定。2009 年发布的《2009 年全省环境应急管理工作要点》中规定了要加强深入开展风险隐患排查，增强突发环境事件防范能力方面的工作。并强调了要加强应急队伍、应急能力建设，对沿松花江企业三级防控体系建设（总排口截止阀）情况、环境应急预案制定演练情况、应急物资储备情况，进行专项检查，并进一步排查、整治松花江流域环境安全隐患，努力实现"力争不发生、发生能控制、污染不蔓延、保证不入江"的防控目标。

黑龙江省在应对突发环境事件工作方面具有丰富的实战经验，"十一五"期间经历了 2005 年的吉林化工厂硝基苯泄漏松花江污染事件、俄罗斯油污染事件、吉化物料桶入江事件等环境应急监测的实战，积累了应对突发环境事件环境应急监测的宝贵财富，为今后开展应对突发环境事件打下了坚实的基础。为进一步加强应急意识、提高应急能力，黑龙江省环保厅认真组织省环境监测中心站、哈尔滨市环境监测中心站、省宣教中心等相关部门，于 2011 年 8 月 16 日在哈尔滨市松花江畔举办了黑龙江省环境应急监测演练活动。活动采用的分析方法科学、标准，现场仪器选用得当。经过全体环境监测人员的辛勤努力，环境应急监测演练活动获得圆满成功，得到了环保部和市政府各级领导的认可，并给予高度评价。此次活动的成功主要得益于领导重视、组织严密、精心准备、周密策划、分工协作、组织有序等，使得演练取得了成效，通过环境应急监测演练，锻炼了队伍，完善了应急机制，总结了经验，找出了不足，应急监测演练活动达到了预期的目的。至今一直保持着定期开展应急演练的传统。

（三）积极加强国际联合监测

黑龙江省在 2005 年松花江流域突发环境事件发生后，第一时间就建立了统一的对外通报制度，及时把防控工作的真实情况向社会公布，以确保社会稳定。在事件发生后，政府本着坦诚相见、增信释疑的原则，及时向俄方通报水污染最新动态，与俄方专家积极协作，联合开展水质监测，及时向国际社会发布信息，主动加强与联合国环境署等有关国际组织的交流，政府所及时采取的行动和措施得到俄方和国际社会的一致肯定。与国际社会开展联合监测工作自此开始，黑龙江省环境保护厅外事部门与俄哈巴边区环境保护部门持续保持通话，及时通报黑龙江省工作情况，就联合监测方案等达成共识，并持续加强与俄方的交流和沟通，做好与俄方联合监测可能出现问题的处理预案，同时注意防止媒体炒作，掌握舆论主动权。

（四）开展应急科技专项研究

松花江流域突发环境事件发生后，政府积极组织开展应急科技方面的专项研究工作，并予以高度重视。由黑龙江省科技厅、吉林省科技厅、哈尔滨市科技局主持，哈工大承担的"松花江水污染应急科技专项"项目提出的针对污染现场的修复和沿江饮用水应急处理处置预案，不仅对于解决硝基苯污染问题有作用，对于今后类似事件的解决也具有指导意义，项目所取得的研究成果为政府解决松花江重大水污染事件及时地提供了技术支持。此外，"十二五"期间，在北京召开的全国水专项实施推进大会上，环保部和住建部联合发文，松花江流域专家组成立，流域专家组是水专项在流域集成和体现流域示范区水质目标改善的技术责任主体之一，为松花江流域水专项领导小组提供咨询和技术支撑。流域专家组与主题专家组分工协作，共同负责流域内有关项目、课题实施过程中的技术指导和协调，确保流域内各主题间项目、课题实施不偏离流域实施方案确定的目标。流域专家组和主题专家组是实现水专项矩阵式管理的需要而设置的技术管理组织，两者互为补充，共同构成水专项技术管理体系。水专项课题研究对于松花江流域水环境污染防治工作具有重要意义，为黑龙江省的水环境管理工作提供了更好的科技支撑。政府将继续对水专项课题提供服务协调工作，并针对松花江流域冰封期和农业面源污染等问题，积极谋划"十三五"期间新项目，以水专项研究成果推动落实"水十条"。

二　松花江流域应急机制亟须解决的问题

建立流域内应急协调机制，启动应急预案并开展应急演练，加强国际联合监测，并开展应急科技专项研究，使应急机制取得了很大的进步与完善，政府在松花江流域应急机制建设上所取得的这些成绩是值得肯定的。与此同时，我们还需要发现和正视应急机制存在的短板，尤其是2005年松花江污染事件所折射出的问题，值得我们警惕与正视。

（一）预警监测有失准确

预警监测作为应对突发性公共事件的首要环节，其准确性关系到政府防治和处理流域生态环境突发性事件的时机。准确的预警监测能够帮助政府在环境突发性事件发生之前，或者在环境突发性事件处于较低程度的发展状态时，及时消除其根源，避免事件进一步恶化，从而起到用少量资金预防、不用大量资金治疗的效果。因此，保障松花江流域环境预警监测的准确性是至关重要的，需要不断地提高。2005年11月发生的松花江水污染事件暴露了早期预警监测机制的弊病，导致政府错失防治的最佳时机。在双苯厂爆炸的11月13日，各项监测数据都还没有准确消息。两天后，当地媒体报道指出，经吉林市环保部门连续监测，爆炸现场及周边空气质量合格，松花江水质未受影响。然而，国家环保总局却于11月23日将此次污染事件定性为"重大环境污染事件"。同日，黑龙江省环境保护科学研究院得出结论，松花江水受到污染的直接原因是消防人员用水冲洗爆炸现场时，硝基苯与其他有机物一起被冲刷出来，并被当成污水排放，流入松花江。倘若吉林市环境保护部门能够在早期预警监测环节准确检测出爆炸现场的污染物，那么就可以阻止污染物排入松花江，从而在源头上避免此次污染事件。

（二）应急信息的及时性缺乏保障

应急信息是政府对突发性事件做出决策的前提，同时也能为公众如何应对突发性事件做出指引。及时传递客观的信息，有助于政府制定出科学的处理方案，并能有效地扼杀谣言，避免社会因为以讹传讹而陷入恐慌。然而，松花江污染事件却反映出，吉林省环保局在信息传递上公开化不足，存在一定程度的封闭性，不利于防止事态的进一步恶化。当黑龙江省政府接到松花江水体苯超标的通报时，距离爆炸案发生已有 5 天（即 11 月 18 日）。而处于下游的哈尔滨市政府则在 11 月 21 日上午接到相关报告，然后就连发两个原因完全不同的停水公告，先是称因水管网设备检修停水，后称因吉化爆炸停水，这种前后矛盾的公告引发了公众一定的疑惑和不解。而当国家环保总局及吉林省副省长致歉时，距离污染事件已经过去了 10 天，这无疑会使致歉的诚意大打折扣。黑龙江省政府于 11 月 23 日下午召开新闻发布会，分别就哈尔滨停水事件及松花江污染情况向全国媒体进行通报，同时对地震事件进行辟谣。但这些消息对很多当地市民来说是不够及时的。

（三）应急储备有待充足

应急储备在突发性公共事件中发挥着重要作用，因为它能够影响到政府应急行动的进程和效果。但是，突发性公共事件的发生和发展存在很多不确定因素，所需要的人力资源和物力资源也具有不确定性，这就给应急储备制度的建设带来了难题，难以确定和把握资源储备的合理的总量。而 2005 年的污染事件则凸显出应急储备存在不充足的问题，导致应急处理的效率受到一定的影响。一是用来除去苯类等有害物质的活性炭纤维毡等过滤器材储备不足，存在多达 700 吨的缺口，直到三天后才得以填补。二是当地的饮用水资源储备不足。当人们得到全市停水的消息后，就出现了抢购饮用水的现象，平时 12 元一箱的矿泉水由于供不应求而不得不涨到 20 元。此外，全市具有生产矿泉水能力的企业全部满负荷运转。在停水的第一天，部分地区供暖用水出现紧张局面，市政府除了向其他省份求援，还不得不投入巨资打井取水。三是人力资源储备不足。此次污染带由于移动时间和流经区域的延长，对水环境和大气环境进行监测所需要的技术设备和人员力量就大幅度提高，各类应急机构和人员一直处于长时间工作状态。此次污染事件告诫我们，应急储备的总量还需进一步加大，平时就要做好积累，并给予相应的制度保障。

三　松花江流域应急机制完善策略

以上亟须解决的应急机制隐患，为其进一步的建设和完善明确了方向。对此，我们需要运用科学的危机管理理论，借鉴国外的成功经验，并紧密结合当前我国国情，从以下几方面入手。

（一）建立环境污染危险源数据库

建立松花江流域"潜在突发性危险源数据库"，可以为预警监测机制更为准确和及时地运作提供有力的技术支持。危险源数据库通过筛选优先监测污染物，为控制有毒化学品环境污染进行基础工作。这就需要根据松花江流域周边化学工业污染物种类、污染特点，尤其是生产量、使用量、排放量大的有毒化学品的种类、数量及各种理化性质及主要危害，建立具有该流域特色的化学污染物"黑名单"。污染物"黑名单"既便于环保部门对易发生环境突发事件的污染物进行管理，更有助于对突发事件进行必要的预警监测。突发事件一旦发生，便能够快速、准确地判断污染物种类、作用方式，从而进行有效的监测与处理。环境监测部门还可借助"黑名单"有的放矢地进行必要的监测技术开发与储备。建立这种突发环境事件危险源数据库，则需要付出一定的时间和精力去调查对松花江流域有毒有害危险品或潜在危化品的种类、存放地点、理化性质、毒性毒理、染毒症状、环境行为、导致事故发生的可能途径、危害范围、发生概率、环境标准与法规以及采样、分析、处理技术措施等内容，然后登记、建立档案和计算机信息库。建立一个标准的数据库，必须要把化学品信息和隐患单位联系起来，实现"危险要素户籍化"。当点击某种化学品，在显示该化学品基本信息的同时，能显示出与其相关的数家从业单位信息，反之亦然。只有这样，在突发事件发生的时候，才能从数据库内第一时间获知事件发生地的全部信息，确保应急处置工作快速、有效、有序地开展。

（二）为应急信息的及时传递设立法律和制度保障

应急信息发布的主体需要具备权威性。目前，应急信息发布的主体在法律上是模糊不清的。如《环境保护法》第31条规定："因发生事故或者其他突发性事件，造成或者可能造成污染事故的单位，必须立即采取措施处理，及时通报可能受到污染危害的单位和居民……"据此，应急信息的发布权似乎赋予了肇事企业或个人。这种规定的弊端在于，肇事者存在故意隐瞒事实真相、发布虚假信息的可能性。即便肇事者愿意传递真实信息，也会由于自身能力有限，无法通知所有的利害关系人。对此，美国的经验是值得借鉴的。美国的《危机处理与社区知情法》将应急状态下信息发布的权力赋予了两级机关：州危机处理委员会和社区危机处理委员会。它们是整个危机处理和预防框架的核心，也是信息采集和发布的主体。将发布应急信息的主体规定为当局，可以保障应急信息的发布更有权威性和及时性。我国法律也应当明确规定，只有地方各级人民政府才具有发布应急信息的权力。

应急信息的报告需要在法律上设置传递时限。对于突发性公共事件而言，时限是行政效率的最好体现。相关法律需要规定应急信息发布的时限，促使地方政府及时准确地发布应急信息，从而把事故造成的损失降低到最低限度，行政效率也能实现最大化。实际上，很多国家都制定了专门的法律，来规定应急事件中的时限，倘若行政机关违反有关时限的强制性规定，法院可应行政相对人的申请判决其承担相应的法律责任。这一点是值得我国学习和借鉴的，建议省级人民政府在接到突发性事件发生的报告后，在24小时内向国务院行政主管部门报告；县级以上地方人民政府行政主管部门在接到突发事件报告后，24小时内向本级政府和上级行政主管部门报告，并同时向国务院行政主管部门报告；突发事件监测机构和有关单位发现应当报告的事项时，应当在规定的时间内向所在地县级人民政府行政主管部门报告；任何单位和个人都有权向人民政府或者政府部门报告突发事件，有权举报政府及有关部门的失职行为，对举报有功的给予奖励。这样便能在制度上保障应急信息发布的及时性。

（三）动员社会力量保证充足的应急储备

应急储备主要包括应对突发事件所需要的人力资源和物质资源，如具备专业知识的应急救援队伍，各类应急物资、水、电、吸附物质等、应急设施防灾抢险装备、检测仪器等和专项应急资金。在物资储备上，需要按照环境灾害发生的规律，建立应急物资储备制度，保障应急设施和物资既能适应快速反应的需要，也不浪费闲置。对紧缺物资实行实物储备，常规物资实行生产储备。政府部门可以通过与相关企业签订物资供应合同，以确保突发事件发生后的物资供应。除了物资储备，应急经费储备也同样是值得注重的地方。政府在制定财政预算时，应加大灾前主动性投资的比例，将处理突发环境事件的经费预留出来。此外，还可以尝试建立环境事件应急基金、灾害保险及社会救助制度，使政府与社会合作，筹集灾后灾民生活救济的款项，以解决减灾资金不足的问题。同时大力完善社会、企业、单位、个人捐赠资金的管理办法，发挥红十字会等社会组织和团体的救助作用。

在应急储备建设中，除了需要着眼于物质资源，人力资源同样不容忽视。一是环境科研机构建设需要进一步加强，设立针对松花江流域生态环境突发事件的研究项目，加大环境安全监测、预测、预警、预防和应急处置技术研发的投入，建立健全环境安全应急技术平台，提高松花江流域生态环境安全科技水平。与此同时，各化工企业特别是省重点危险源企业应加强本企业环境安全领域的研发。二是要注重人才储备，制定突发环境事件应急反应队伍建设规划和培养计划，从各级各类环保机构中选拔一批政治素质高、业务能力强的专业人员，建立突发环境事件应急处理专业人才库。制定应急处理高层次人才培养和引进计划，对应急处理所需的环境督察、环境监测和应急处置高层次人员进行有计划的培训。

松花江流域重点生态功能区
生态补偿机制研究

李　栓*

摘　要： 本文首先介绍了松花江流域重点生态功能区环境保护工作的现状，归纳了环境保护所取得的成效及面临的主要问题，分析了工业化和城镇化的快速发展、资源过度开发、基础能力和风险防范能力不足等原因对松花江流域生态环境的影响。在借鉴了国内外一些比较有效的生态补偿政策和模式，如政府主导模式、市场主导模式，财政补偿资金的来源、支付方式、监管和评估等基础上，提出了完善松花江流域重点生态功能区生态补偿机制的建议和措施。主要包括：完善生态补偿法律制度；健全生态服务价值评估制度；完善生态补偿的激励与评价考核机制；健全生态补偿的约束与监督制度；完善配套产业支撑体系等。

关键词： 松花江流域　重点生态功能区　生态补偿机制

在松花江流域总面积 55.68 万平方公里中，第一批国家重点生态功能区包括了大小兴安岭森林生态功能区 34.7 万平方公里，长白山森林生态功能区 11.19 万平方公里；第二批增补名单中又增加了内蒙古、龙江、大兴安岭、吉林、长白山森工（林业）集团所属 87 个林业局，国家重点生态功能区面积占松花江总流域面积的 82% 以上，其中黑龙江省就有 51 个县在国家重点生态功能区范围内。国家制定重点生态功能区的目标是进一步提高生态产品供给能力和国家生态安全保障水平，因此，研究如何在保障松花江流域内重点生态功能区生态安全的前提下，满足当地经济社会稳步

---

* 李栓，黑龙江省社会科学院农村发展研究所助理研究员，研究方向为农业经济。

发展的要求，达到有效保护生态环境和各类资源，维持生态平衡的目的，具有重要的意义。

一 重点生态功能区环境现状

1. 生态功能区的生态环境状况

2000 年以后，随着经济快速发展，功能区内出现了很多环境问题：大气污染、土壤退化、水质变差等，因此，近几年来，生态文明建设成为主要的发展方向，在经济稳步增长的同时，要保护好生态环境，并取得了一定的成效："十二五"时期黑龙江省环境保护工作成效显著，水环境质量持续改善。全省地表水好于Ⅲ类水体比例为 50%，出境断面（同江）水质稳定在Ⅲ类。重点流域规划稳步实施，19 个规划断面水质全部达到考核目标要求，其中有 10 个断面达标率为 100%。松花江流域重点支流水质明显改善。黑龙江、乌苏里江及兴凯湖的水环境、生态环境保护与治理取得一定成效。省政府批复 915 个市、县、乡级集中式饮用水水源地保护区。生态环境保护工作稳步推进。全省已建成 126 个国家级生态乡镇、16 个国家级生态村、2 个省级生态市、47 个省级生态县（市、区）、754 个省级生态乡镇和 3962 个省级生态村。生态保护红线划定工作稳步推进，顺利完成木兰县生态保护红线划定试点工作。全省已建成自然保护区 249 个，总面积占全省面积的 16%，其中国家级 36 个，省级 87 个，国家级自然保护区数量位列全国第一。重点生态功能区考核成绩优良。同时，环境经济政策也逐步完善。黑龙江省积极探索运用财政、税收、价格、信贷和保险等经济手段推动环境保护发展。有序推进排污权有偿使用和交易试点工作，在 4 个市开展了排污权交易试点。推进水环境横向生态补偿，在呼兰河、穆棱河两个流域的 4 个市和 11 个县开展跨界水环境生态补偿试点。开展了环境污染责任保险试点工作。初步建立了环境损害鉴定评估制度。

2. 生态功能区生态保护的目标

在制定"十三五"规划时，黑龙江省对生态功能区保护的目标是：确定重点生态功能区边界，强化大小兴安岭森林生态功能区和三江平原湿地生态功能区保护建设。围绕建设大小兴安岭生态安全屏障战略目标，对大小兴安岭森林生态功能区采取更加严格的生态保护措施；维护三江平原湿地生态功能区生物多样性，控制农业开发和城市建设强度，改善湿地环境。持续提升重点生态功能区所在县域生态状况，实施生态移民，引导人口和产业有序转移。加强开发建设活动的生态监管。不断加强生态创建工作，发挥地方政府在创建工作中的主体作用，鼓励开展生态文明建设先行示范区、环境保护模范城市等创建工作，大力推进绿色城镇和美丽乡村建设，加强生态示范创建，发挥典型引路和示范带动作用，总结推广成功经验，不断提高全省生态文明建设水平。

二　松花江流域重点生态功能区保护工作的主要内容

为了提高重点生态功能区的环境质量，维护生态环境良性循环发展，黑龙江省对松花江流域生态功能区的保护工作具体从以下几方面入手。

1. 制定科学规划，稳步推进实施

黑龙江省在重点生态功能区保护方面主要工作包括：制定了五年一期的《黑龙江省环境保护规划》、《黑龙江省生态建设规划纲要》、《黑龙江省生态功能区规划》、《黑龙江省重点生态功能区县域生态环境质量监测评价与考核工作实施方案》、《黑龙江省1999～2050年生态环境建设规划》等。

2. 推出流域内的生态补偿政策

在生态补偿方面，2015年黑龙江省以穆林河和呼兰河流域跨行政区为试点，出台《黑龙江省穆棱河和呼兰河流域跨行政区界水环境生态补偿办法》，两河流域涉及哈尔滨、绥化、伊春、牡丹江和鸡西5市，以及庆安、肇东、穆棱、虎林等12个县。按照"谁考核、谁监测"的原则，黑龙江省环保厅每月对各市县的出入境水进行监测，按照污染物升高比例分别扣缴20万元至200万元不等的生态补偿金，按照水质类别差异，水质改善一级奖励100万元。政策实施以来，各市县均不同程度地加强了水污染治理，水体总体呈现改善趋势。鉴于穆林河和呼兰河跨行政区生态补偿试点工作的成功经验，黑龙江省环保厅在接下来的工作中将制定《倭肯河和讷谟尔河两个流域开展跨界水环境生态补偿》，进一步完善跨区域生态补偿机制。

黑龙江省提出，到2020年，在全省重点生态功能区、生态环境敏感区、脆弱区、禁止开发区和其他重要区域基本划定生态保护红线，并完成生态保护红线配套管控政策制定工作，推动重要生态功能区域、重要生态系统、主要物种及繁衍地、栖息地得到有效保护。

3. 强化重点生态功能区保护

确定重点生态功能区边界，强化大小兴安岭森林生态功能区和三江平原湿地生态功能区保护建设。围绕建设大小兴安岭生态安全屏障战略目标，对大小兴安岭森林生态功能区采取更加严格的生态保护措施；维护三江平原湿地生态功能区生物多样性，控制农业开发和城市建设强度，改善湿地环境。持续提升重点生态功能区所在县域生态状况，实施生态移民，引导人口和产业有序转移。加强开发建设活动的生态监管。

4. 加强自然保护区建设与管理

推进国家级自然保护区规范化建设，加强监督和管理。积极争取国家专项资金，加强省级自然保护区管理机构能力建设，提高自然保护区管理质量。科学规划，加快推进自然保护区提档升级，基本形成类型多样、功能健全、区域分布趋于合理的自然保护区体系。依法规范管理，提升自然保护区监管水平。到2020年，全省国家级自然保护区达到45个。不断加强生态创建工作，发挥地方政府在创建工作中的主体作用，鼓励开展生态文明建设先行示范区、环境保护模范城市等创建工作，大力推进绿色城镇和美丽乡村建设，加强生态示范创建，发挥典型引路和示范带动作用，总结推广成功经验，不断提高全省生态文明建设水平。进一步加大中俄跨界自然保护区建设力度，拓展中俄跨界自然保护区合作交流领域，制定中俄跨界自然保护区交流机制和合作计划，探索跨界自然保护区管理模式。

5. 加强保护重要生态系统

对全省林区采取更加严格的生态保护措施，全面停止天然林商业性采伐，继续实行封山育林、巩固退耕还林成果，构建健康稳定的森林生态系统，促进林区的可持续发展。推进防护林体系建设，完成防沙治沙任务。启动大小兴安岭森林生态功能区生态环境质量监测和评估工作。推进国家公园试点工作。加强各类自然保护地规划、建设和管理的统筹协调，提升重要生态系统的科学保护和可持续利用水平。以保护全省草地生态安全为前提，加快转变草原经济发展方式，进一步加大草原生态保护和退化草原的治理力度，继续实施退牧还草，努力恢复草地生态系统服务功能。加强湿地生态系统保护与恢复，遏制天然湿地生态系统退化趋势，重点推动"一湖、两网、一带"湿地生态功能区建设。采取水量调度、生态补水、河湖水系连通、严格地下水管理等措施，确保重要湿地生态用水。采取退耕还湿、退化湿地修复等措施，开展湿地综合整治，治理退化湿地。维护三江平原、松嫩平原湿地生物多样性，开展湿地自然保护区、湿地公园和湿地保护小区建设，扩大保护范围，加大扎龙、三江、洪河和兴凯湖等8个国际重要湿地保护力度，改善湿地环境，提高湿地水源涵养能力。

6. 加强保护生物多样性

编制生物多样性保护优先区域规划，加强保护与监管。保护、修复和扩大珍稀濒危野生动植物栖息地，建设野生动植物救护繁育中心。注重生物多样性的迁地保护，规范植物园、动物园和野生繁育中心经营与管理。加大水生野生动物类自然保护区和水产种质资源的就地保护和迁地保护力度，在具有较高经济价值和遗传育种价值的水产种质资源主要生长繁育区域建立水产种质资源保护区。加强动植物检疫，严格外来物种引入管理，严防外来有害生物物种入侵，确保外来入侵物种和转基因生物安全可控。加强封育保护与生态自然修复，防治水土流失。继续推进黑土区侵蚀沟治理，遏制侵蚀沟蔓延扩大，加大小流域治理力度，坚持以小流域为单元进行综合治理，构建科学完善的水土流失综合防护体系。

7. 积极推进资源型城市转型发展

推进资源型城市转型过程中绿色发展、循环发展、低碳发展，提高资源型城市可持续发展能力。煤炭城市加强矿山地质环境恢复治理，推进废弃土地复垦和生态恢复，生态保护红线区域内禁止新增矿产资源开发活动。油城大庆加快构建新产业体系，着力培育替代产业集群，强化重点污染物防治，推进节能减排。林区以森林生态功能区建设为核心，建设国家储备林基地；实施林区经济多元发展模式，推进经济转型；加快发展旅游、健康养老、森林生态产品及深加工等特色产业，在替代产业发展上创新路径。

三 黑龙江省松花江流域重点生态功能区保护面临的问题

在重点生态功能区环境保护工作中，主要面临着以下问题。

1. 工业化、城镇化进程加快，环境压力加大

黑龙江省作为农业大省，农村人口多，农业比重大，目前正处于工业化、城镇化加速发展阶段，大量农村人口和劳动力逐步向城镇转移进入第二、三产业，工业和城市污染排放将急剧增加，经济快速增长所产生的巨大资源需求和对环境的破坏性影响将对全省的可持续发展形成严重挑战。

2. 产业发展产生的污染物减排任务相当艰巨

黑龙江省是典型的资源型省份，"一油四煤"的能源产业成为全省经济发展的"擎天支柱"，制度性、体制性、结构性矛盾一直是困扰全省工业发展的"症结"。虽然全省正在加快工业结构调整与优化升级，但随着世界经济的触底反弹，能源需求将快速回升，在短时间内全省能源结构以煤炭为主，产业结构以资源能源消耗型为主的格局不会改变，资源消耗量和污染物排放量相对较大的局面不会改变，粗放的经济增长对资源环境压力依然较大，污染减排形势不容乐观。

3. 松花江水质持续改善压力大，污染防治任务艰巨

虽然松花江水环境质量和水生态环境逐步趋好，但水环境仍处在有机污染尚未根本解决阶段，一些水体达不到水环境功能区划的要求；自然原因和水资源分配导致生态用水逐年减少；松花江流域地表植被和土壤有机质含量较高，致使一些支流中高锰酸盐指数偏高；支流污染严重，面源污染所占比重较大；环境保护基础设施建设能力不足；水体环境容量有限，污染物总量持续削减空间较小；在资金、技术、政策和管理等方面依然存在一些矛盾和问题。

4. 农村面源污染还没有得到有效控制

由于农村环境保护职能分散，监管能力薄弱，加之农村环境保护工作

起步晚，相关法律法规不健全，基础设施落后，农村环境污染形势严峻。突出表现为点源污染与面源污染共存，生活污染与工业污染叠加，工业及城市污染向农村转移速度有加快的趋势，农牧业生产的废弃物污染日益加剧，浅层地表水污染趋势加快。

5. 资源开发引发的环境资源问题突出

长期大规模和超强度的资源开发，造成了生态环境的严重破坏甚至生态失衡。随着全省工业化的不断推进和城市化步伐的加快，资源需求将持续增加，由此带来的资源供需矛盾和环境压力将越来越大。在此形势下，应重视资源开发过程中的环境问题对社会发展的影响。

6. 保护国际界河水环境质量的外部压力不容忽视

黑龙江省与俄罗斯远东地区山水相连，黑龙江省的生态环境保护，尤其是松花江流域的水污染防治，既关系本地区可持续发展，也影响中俄关系和国家安全。近年来，俄罗斯经常通过高层交往提出改善水质的要求，给我国造成很大的压力，因此，加强跨界水体的污染防治，已经成为一项不容忽视的工作。

7. 基础能力建设仍滞后于环境管理需求

近年来，虽然在加快推进环境保护队伍建设和环境保护监测、监察能力建设上取得了一些成绩。但基础能力建设总体仍然滞后于环境管理的需要。尽快使环境监测和监察机构达到标准化要求，建立环境保护长效机制和完善环境法制建设体系仍然是当务之急。影响环境安全的因素增多，环境违法行为时有发生，突发环境事件呈高发态势，自然灾害引发的次生环境问题不容忽视，核安全、辐射安全压力不断加大，尤其是松花江流域的企业多是高污染、高风险的重化工企业，环境安全隐患突出。

四 国内外关于生态补偿机制的相关研究

在工业化背景下，生态保护责任主体与受益主体不一致加大了生态保护难度。一方面，重点生态保护区在发展工商业方面受到严格的限制，导致保护区的民众和政府不仅缺乏生态保护资金，而且因为实施生态保护进一步陷入贫困；另一方面，工业发达地区相对富裕，但同时也往往是高排放、高污染源和生态资源的高消费地区。

国际上对跨区域生态补偿的研究起步较早，早在20世纪70年代就陆续侧重对跨区域生态补偿制度的研究，到20世纪80年代更加注重从样本的选择、变量选取、模型设计等方面来检验跨区域生态补偿的协调关系，认为跨区域协调是多个相连行动者共同追求的目标，提出可以采用契约、伙伴关系及网络三种形态协调合作，协同发展。我国的跨区域生态补偿机制研究和实践始于20世纪90年代后期，起初生态补偿只作为生态环境赔偿的代名词，研究甚少，到了21世纪初期开始注重对跨区域生态补偿机制、生态效益的研究，国内部分学者就跨区域生态补偿的特征、概念进行了综述，侧重对跨区域生态补偿的运行、机制架构等内容的研究。也有学者侧重对区域、流域生态补偿地方政府间利益博弈关系的研究和探索。主要包括以下几种生态补偿模式：

1. 政府主导的生态补偿模式

政府主导的生态补偿模式包括财政资金来源、资金支付和资金用途监管与绩效评估三方面的内容。政府主导模式首先是要确保生态补偿财政资金来源，其次是通过财政转移支付制度确保资金被实际支付到生态保护的义务主体手中，最后要确保生态补偿财政资金真正用于生态保护（森林、草原、生物多样性、湖泊、河流、湿地、沙漠化防治、耕地保护等）或改善保护区内民众的生活，使保护区内民众放弃对生态保护具有破坏性的生产活动（如森林砍伐、过度放牧、过度狩猎、过度捕捞、过度耕作等），也即生态保护财政资金的用途监管与绩效评估。

（1）生态补偿财政资金的来源

在生态补偿财政资金的来源方面，有财政统筹资金、财政专项资金、生态补偿基金、环境与资源税费等多种渠道可供选择。例如哥斯达黎加通过财政统筹设立基金对通过植树提供森林生态服务的土地拥有者进行补偿；墨西哥建立森林保护基金，按照每年、每公顷一定金额的标准补偿提供的森林生态服务；厄瓜多尔首都基多成立流域水土保持基金用于对上游水土以及生态保护区的保护；德国于1999年通过立法增加生态税（即消费税中附加的能源消耗税），2009年度的生态税收入已达175亿欧元，部分用于生态补偿。

（2）生态补偿财政资金的支付

生态补偿财政资金的支付可以分为直接支付和转移支付两种。直接支付即政府直接将财政资金支付给实施生态保护的主体，其性质属于政府补贴，如美国政府实施的"土地休耕保护计划"。该计划是一项全国性农业环保项目，以农民自愿参与为原则，农民进行休耕还草、还林等植被恢复保护活动产生的费用由政府补贴。又如英国北约克"莫尔斯农业计划"系根据英国野生动物保护与农业法由政府财政提供资金，与当地农户签约，用于改善野生动物环境。转移支付又分为统筹转移（纵向转移）和区际转移（横向转移）支付两种类型。所谓统筹转移支付，即由国家统筹生态保护财政资金的来源，并且由中央财政向地方财政转移支付。所谓横向转移支付，则是根据法律制度的安排，按照一定的标准，由受益地区和保护地区协商转移支付的数额。例如在德国各州依法收取的消费税附加的生态税收，在扣除了划归各州消费税25%后剩余部分直接由工业发达的州按照法定标准作为补助金拨给经济落后的州。横向转移支付有助于改变不同区域间的生态保护主体与受益主体间"生态收支"的不公平性，实现区域间财政资金的平衡。又如美国纽约市为确保纽约的饮用水源而向上游地区的相关主体支付生态补偿金。

（3）生态补偿财政资金的用途监管与绩效评估

为有效地实施生态补偿制度，仅有财政资金来源和财政资金的支付是远远不够的，还必须建立严格的资金用途监管和绩效评估制度。首先是对生态补偿财政资金的转移支付的监管。西方国家对此都有严格的财政资金审计制度，无论是政府直接发放生态补贴，还是政府的财政转移支付资金，都有严格的审核程序，以防止作假或资金的挪用。

其次是生态补偿财政资金的绩效评估。绩效评估制度在于检验所支付的生态补偿财政资金的投入是否减少了生态"净损失"，例如生物多样性的增减，森林、湖泊、湿地面积的增减或质量的改善等。如英国莫尔斯计划经评估非常成功，但西班牙针对生态补偿的环境影响评价（EIA）研究结果表明，该制度并不能有效地防止生态的"净损失"，偏离了可持续发展目标。对新西兰的绩效评估则表明，全国所支付生态补偿财政资金仅实现了70%的生态保护目标。

2. 市场主导的生态补偿模式

传统的生态环境保护模式之所以失灵，在于仅仅依靠政府手段，而忽视了市场的巨大力量。生态保护制度在创新的同时也催生了巨大的生态保护市场。所谓市场主导的生态补偿模式，即在"生态市场"的全新理念之下，建立和规范"生态生产"与"生态消费"两大市场，通过市场机制提供的"补偿"来防止"生态净损失"。一是因为法律强制规定的生态保有量而实施的"生态保护指标交易"（"占补平衡"）。例如美国法律要求任何活动都不得导致美国湿地面积的减少。倘若某房地产开发商占用了美国某地的湿地，则该房地产开发商必须为别处的湿地恢复或湿地改善支付费用。通过市场的力量，一方面防止了湿地"净损失"，另一方面也确保了重点生态功能区为恢复或改善湿地所必要的资金投入。

二是"生态产品市场"的建立和规制。这其中最重要的就是"绿色产品"认证和监管制度。例如美国给予在生态和自然条件下生产的农副产品认定标签，消费者可以自行选择这些价格高于一般产品的产品，从而间接偿付保护自然的代价。欧盟成员国也广泛推行了绿色产品的认证和标签制度。例如在德国的超市，蔬菜、禽畜产品中，标有环保标志的"绿色产品"的价格远远高于普通产品的价格。

三是为保障生态产品的质量或数量而由企业向相关主体支付的"绿色偿付"。例如法国毕雷矿泉水公司对为保持水质而在水源区周围采用环保耕作方式的农民给予补偿，该公司与农户自行协商减少水土流失和杀虫剂的使用，并在合约期限内为农户提供技术支持和承担新农业设备费用。又如为确保河流的水质，哥斯达黎加的水电站为上游的森林保护活动支付费用。

四是"清洁生产市场"的建立和规制。《京都议定书》和各国政府制定的节能减排目标催生了碳排放交易市场和排放许可证交易市场。例如美国政府通过法律、规划或者许可证为环境容量和自然资源用户规定了使用的限量标准和义务配额，超额或者无法完成配额，可以通过市场买卖来自行调节。又如澳大利亚通过排放许可证交易，使生态服务商品化，并在市场交易中使生态服务提供者获得收益。不仅如此，国际碳汇交易市场也正在形成和发展之中。如哥斯达黎加统计国内林业碳汇总量，并将额外的碳汇作为国家碳汇储备，适时出售给外国企业，所得收入大部分补偿给林主。德国的企业也尝试与中国的生态保护区合作，进行碳排放交易的探索。

五 完善松花江流域重点生态功能区生态 补偿机制的建议

重点生态功能区内环境保护的工作任重道远，需要投入大量的人力物力，仅靠政府相关部门难以实现。生态补偿机制的建立不仅可以弥补受偿者的损失，而且可以促进受偿地区产业结构的调整，提高其自我发展能力。生态补偿机制的实质是利益的协调机制，涉及中央与地方，地方政府之间，政府与企业、农户、组织等各方面利益的调整，需要生态补偿机制微观主体的一致行动，还需要政府在宏观层面予以协调并提供配套政策作为配套支持体系。松花江流域生态功能区建设过程中需要有完善的生态补偿相关制度、政策、配套产业发展以及科技创新等相关配套体系作为支撑，方能进一步完善生态补偿机制。

1. 完善生态补偿法律制度

健全生态补偿立法是完善生态补偿机制的一项重要内容，建立完善的不同法律级次的生态补偿相关法律、法规，有助于明确生态补偿机制的法律地位，是生态补偿工作得以顺利开展的法律保障。然而受立法程序烦琐和立法前瞻性不足的影响，目前中国生态补偿相关法律制度建设明显滞后于生态补偿的实践，无法提供基本的立法保障，出现了无法可依的局面。目前关于生态补偿的主要法规是《中央森林生态效益补偿基金管理办法》，该办法对很多深层次的问题还不能解决，且其法律地位也比较低，难以从根本上保障国家可持续发展的战略要求。因此应首先确立生态补偿的宪法地位，生态补偿是推进可持续发展的重要措施，将生态补偿的重要性写入宪法中才能实现生态环境的可持续发展。其次应修改现有的环境基本法和《森林法》《野生动物保护法》等单行法，使现有生态补偿法律制度更完善、更科学。此外，我国政府应尽快出台高层次的、独立的环境基本法——《生态补偿法》。《生态补偿法》应以法律形式明确生态补偿的原则、补偿目的、补偿途径、补偿主体、补偿客体、补偿标准、补偿范围、补偿方式和补偿的法律责任等内容，做出原则性的规定，但不宜过细，而一些具体的细节性内容可以通过出台《生态补偿法实施条例（或细则）》来做出规定。同时允许各地区在不违背《生态补偿法》和《生态补偿法实施条例》基本原则的情况下，根据区域差异，制定与各地区实际情况相适应的补充性法规和政策。考虑到我国生态补偿的实践开展时间尚短，出台《生态补偿法》的时机尚不成熟，可以考虑由国家和省级政府先出台《关于生态补偿政策的指导意见》，然后随着生态补偿实践的逐步开展，发现问题及时修订，在此基础上出台《生态补偿实施条例》。按照确定的补偿标准及补偿途径等在某些地区进行试点，在试点过程中查找不足并及时加以修订后，在大范围内推行，待时机成熟再正式出台《生态补偿法》。生态补偿的相关法律、法规出台后，还要加强执法力度，严格执法。由于生态补偿与环境问题本身的复杂性，有些问题需要多部门联合才能解决，但目前存在多头执法的问题。因此需要明确各部门的具体职责和分工，理顺各部门之间的关系，健全执法监督体系，确保严格执法。

2. 健全生态服务价值评估制度

现阶段的生态补偿由于财力的不足，无法按生态服务功能价值进行补偿。按前述森林生态系统补偿标准计算模型，即使是以成本法为基础进行补偿，也需要考虑生态产品所发挥的生态效益，而且也不排除在经济发达、财力雄厚时，以生态产品所提供的生态服务功能价值作为补偿标准，因而逐步建立生态环境资源价值评估制度，是很有必要的。健全生态服务价值评估制度，一方面，可以提高社会各界对享用生态效益要付费的意识，督促全社会自觉保护生态环境；另一方面，也可以为生态补偿或相关生态产品的市场交易确定交易价格基础。健全的生态服务价值评估制度的确立，应注意以下关键问题。

首先，应建立专门的价值评估机构。由于生态产品的价值评估非常复杂，有时要借助于遥感等技术的运用，其价值评估往往要由生态学及具有相关专业知识的专家、学者才能做出比较科学的评估。现阶段比较现实的做法是由政府牵头成立专门的价值评估机构，组织有关专家学者进行生态产品的价值评估工作，并由政府支付相应的评估费用。待时机成熟，也可以考虑成立类似会计师事务所的中介机构作为专门的价值评估机构，因为这类中介机构不挂靠任何单位，具有独立性，所评估出的结果更加客观真实，但是对这种价值评估机构的资质及从业人员的资质必须做出严格限定。

其次，应完善价值评估方法体系。只有采用科学的评估方法才能得出恰当、科学的评估结果，从长远看，完善的价值评估方法体系是健全生态补偿机制，合理确定生态补偿标准的关键。然而目前理论界关于生态服务功能价值评估的方法种类较多，争议较大，尚需要一定时间来取得共识。通过借鉴国际上比较先进的生态服务功能价值评估方法，争取找到一套适合现阶段的、综合性的生态服务功能价值评估方法，克服现有方法的缺陷，建立评估成本相对较低、精确度较高的科学评估体系。

3. 完善生态补偿的激励与评价考核机制

要建立健全生态补偿的长效机制，构建能激励生态功能区政府的动力机制是很有必要的。将生态功能区建设中创造的生态效益水平的提高与其业绩考核相结合，一方面可以使生态功能区政府及领导有更大的积极性投入生态功能区建设，另一方面通过产业转型也会提高生态功能区的收入，地方财政收入的提高将减少单纯对中央财政转移支付的依赖。要健全生态补偿激励与评价考评机制，摒弃原来只注重经济利益的做法，避免地方政府只是单纯追求产值、攀比经济发展速度，而不顾及资源损毁和环境的恶化。由于生态功能区产业发展受限，其主体功能不是发展经济而是生态保护。相比传统的核算方法，绿色核算可以体现出经济社会发展所付出的资源环境代价，有助于正确引导地方政府相关领导的决策行为，纠正只片面追求产值而不顾及可持续发展的倾向。推行绿色考核机制，使领导干部正确对待经济增长与生态环境保护的关系，推动生态功能区政府更好履行生态管理职责，充分发挥政府的综合管理能力，促进重点生态功能区经济、社会、资源与环境的和谐发展。

4. 健全生态补偿的约束与监督制度

激励机制对生态补偿机制的建立和完善必不可少，而为保证生态补偿得以顺利实施，还需要建立健全生态补偿的约束与监督制度。在生态补偿过程中应依照相关法律法规的规定，对于违反生态功能区生态补偿并造成损失的破坏行为，以及出现重大失误等问题追究责任，并给予适当的处罚。生态补偿的约束与监督要依赖于详细的政策及相关制度规定来推动和实施，例如在生态补偿基金管理办法中应明确管护责任与标准、管护技术规范等制度，这些详细的制度一方面可以明确行为规范，确立行为准则，避免工作的随意性，另一方面对违反相关制度者进行处罚也可以维护政策的权威性。

为了更好地约束生态补偿相关利益方的行为，应建立相应的监督管理制度。如对上级财政部门拨付的财政资金，应建立资金使用动态监督系统，使上级政府主管部门可以随时监控生态补偿资金的使用，确保生态补偿资金专款专用，提高资金的利用效率，以防出现职务侵占等问题。还应建立生态建设工程的监督管理制度，以防出现质量不合格的生态建设工程，浪费了巨额资金却无法达到生态建设的目标。对生态工程建设过程中的监督是非常有必要的，可以委托专门的监理公司或由政府组织有关专家进行工程质量的监督，确保生态建设工程质量。同时还应建立生态环境的监控制度。生态补偿额度的多少要与生态环境的监测结果挂钩，提供优质生态环境的地区应当多得到生态补偿，而生态环境监控要有具体明确的标准，生态环境监控要做到标准化、信息化和制度化。

5. 完善配套产业支撑体系

尽管生态修复和环境保护是重点生态功能区承担的主体功能，但该区域仍然要坚持适度开发、点状发展，因地制宜发展特色产业的方针。因为按照我国目前的财力水平还不足以支付全部的重点生态功能区建设及生态补偿等支出，生态功能区仍然要承担部分发展经济的任务。生态功能区作为限制开发区域，其发展生态产业的产业组织政策、产业布局政策及产业技术政策的选择都应以区域内特色生态资源的分布和富集程度为基础。生态功能区应对现有产业结构做战略性的调整，大力发展接续产业和替代产业，对于有利于生态资源保护与培育的产业加大扶持力度，优先发展。构建以生态为主导、与生态功能区"生态保护"主体功能定位相适应的产业体系。积极发展生态资源培育型产业，将重点生态功能区内的生态优势转化为产业优势，发展生态资源支撑型产业及生态资源反哺型产业。应结合地区资源优势，大力培育和发展以生态旅游及特色种植、养殖等为主导的生态型经济。生态主导型产业体系的构建，应将重点生态功能区内的产业按生态资源类型进行整合，优化区域内的优势资源，整合产业集群的价值链，实现优势资源的共享与合理的专业化分工，发挥产业集聚的规模经济效应。政府要加强产业政策的引导，促进支柱产业集群的形成和发展，制定完善的产业政策体系，包括充分运用优惠贷款、生产控制、政府采购等投资鼓励政策，建立和健全财政、税收、金融及外贸等与产业政策相配套的保障体系，使产业政策与相关政策进一步协调，推动产业集群的发展。

国外江河流域水环境治理经验借鉴

周传杰[*]

摘　要： 从 20 世纪 60 年代开始，江河流域污染事件频频发生已成为世界性普遍问题，引起人们的高度重视。近些年来，我国随着经济的快速发展，工业化和城市化进程加快及流域人口增长，越来越多的污染物排入河流，早已超过了河流自身的净化能力，使河流受到不同程度的污染，流域生态系统遭到破坏，导致流域水体污染问题日益严重。国外从 20 世纪 60 年代起就对严重污染的江河流域进行治理，并取得了一定的成效，本文通过对一些典型的国外江河流域综合整治经验的梳理和归纳，期望能够对我国江河流域水环境治理提供借鉴参考。

关键词： 国外江河流域　水环境治理　经验借鉴

19 世纪末至 20 世纪初，流域水环境的综合治理就引起欧美国家的重视，但早期的流域治理仅限于防洪、供水、航运等单一目标。20 世纪 50 年代以来，随着流域经济快速发展和人口剧增，人类对流域水资源利用和水环境污染、破坏的强度不断加大，流域水污染控制与治理逐步成为这一时期流域治理的重要内容。进入 20 世纪 90 年代，注重全流域自然与人文各要素的综合治理，即以流域协调发展为目标的流域综合治理得到越来越多的共识和认可。

一　国外江河流域水环境治理的回顾

国外的江河流域水环境治理基本上走的是一条先污染后治理的道路。

---

* 周传杰，黑龙江省社会科学院应用经济研究所副研究员，主要从事区域经济、生态经济研究。

首先经历了水资源综合利用阶段，然后进入大规模水资源开发和工业污染物随意排放导致流域水质恶化，加强污染治理和水资源保护的阶段；现在国外流域水环境治理基本由以水污染综合防治、水生态环境恢复为目的的治理转变为协调性的流域自然资源—生态环境—经济发展的综合治理。

回顾国外流域水环境综合治理发展的历程，大致可以概括为以下三个阶段。

（一）以流域水资源的综合利用为目标的治理阶段（19 世纪末至 20 世纪 50 年代以前）

工业革命发生后，西方国家工业和人口的快速增长，水资源需求激增导致水资源短缺现象严重，协调水资源供需一度成为流域治理的重要内容。随着科技进步和人们认识水平的提高，自 20 世纪 30 年代起，逐步开始了以水资源调配、水土保持、洪水灾害治理、航运、发电和旅游等为目的的多目标统一规划。在这一阶段，世界各主要国家相继建立不同形式的流域管理机构，以求趋利避害、最大限度地开发利用水资源。

美国田纳西河流域管理局的建立及发展大致代表了国际上流域治理这一阶段的发展历程。美国田纳西河流域管理局具有政府职能，同时运行灵活、兼具私人企业组织优点，开始全权处理流域水土资源综合开发利用问题，如控制洪水、改善航运条件、水能发电、恢复植被和控制水土流失等。至 20 世纪 40 年代中期，田纳西河流域已开发了 1050 千米的航运水道，同时成为美国水电生产能力最大的流域，同时，流域内的经济得到了空前发展，农业生产更为合理，森林植被明显恢复。

（二）以水环境治理与保护为主要目标的流域一体化治理阶段（20 世纪 50 年代后至 20 世纪末）

20 世纪 50 年代后，人口数量和经济迎来了新一轮激增，对自然资源的过度开发和工业污染物的大量排放导致水质下降、生物多样性锐减等问题严重。而且许多国家、地方政府为发展经济而进行的一些流域开发工程项目，使得流域问题更加严重。

1972 年，著名的人类环境会议在瑞典的斯德哥尔摩召开，发表了具有里程碑意义的《人类环境宣言》，强调在保持经济发展的同时，必须高度重视生态环境保护。水环境问题的日益加剧，促使流域治理由单纯的资源开发利用管理向环境治理与保护的方向倾斜，各国的流域治理大都增加了水污染控制和生态环境保护的内容，并颁布污染控制与环境保护相关法律。此后，西方发达国家开始了对环境的认真治理，工作重点是制定经济增长、合理开发利用资源与环境保护相协调的长期政策。20 世纪 70 ~ 80 年代，这些国家在治理环境污染上不断增加投资，如美国、日本的环境保护投资占国民生产总值的 1% ~ 2%。它们十分重视环境规划与管理，制定各种严格的法律条例，采取强有力的措施，控制和预防污染，努力净化、绿化和美化环境。到 80 年代，西方国家基本上控制了污染，普遍较好地解决了国内的环境问题。

（三）以人类生活、生态环境与经济协调发展为主要目标的流域水环境治理新阶段（20 世纪末至今）

1992 年 6 月，联合国环境与发展大会在巴西里约热内卢召开。此次会议正式否定了工业革命以来"高生产、高消费、高污染"的传统发展模式，标志着包括西方国家在内的世界环境保护工作又迈上了新的征途——从治理污染扩展到更为广阔的人类发展与社会进步的范围，环境保护和经济发展相协调的主张成为人们的共识，"环境与发展"则成为世界环保工作的主题。会议讨论并通过了《里约环境与发展宣言》与《21 世纪议程》等纲领性文件，明确提出了"可持续发展"的新战略和新理念：人类应与自然和谐一致、可持续地发展并为后代提供良好的生存发展空间。

目前，人们认识到解决日益严重的人口、资源、环境与发展问题的有效途径之一是，以流域为单元对自然资源、生态环境及经济社会发展进行系统综合治理。英国 Gardiner 正式提出以流域可持续发展为目标的流域综合治理理念，使得以流域资源可持续利用、生态环境建设和社会经济协调发展为目标的流域综合治理在澳大利亚、美国、英国等发达国家广泛兴起。即从水资源协调利用到单一污染控制再转向协调发展的综合治理，从单纯重视河流自身转变为对整个流域区域的治理；从单一规范流域水资源逐步演变为统筹考虑流域内所有环境资源要素，从流域系统整体功能进行流域治理，强调流域生态保护与社会经济发展的关系，从经济、环境、社会问题的角度进行流域生态系统的综合治理。

二　国外江河流域水环境治理经验及成效

在生态危机威胁着人类生存与发展的今天，在许多发展中国家依然重蹈发达国家覆辙的情况下，重新审视与研究发达国家环境污染与治理的历史，学习这些国家治理污染的经验，就显得十分必要和迫切。世界上一些著名江河流域的水污染防治，经历了几十年甚至上百年的时间，取得了显著的成效，积累了许多宝贵经验，对于解决目前我国面临的重点江河流域水污染防治的紧迫问题，具有重要借鉴意义和启迪作用。

（一）英国伦敦泰晤士河的治理经验

1. 治理前水环境的状况

泰晤士河全长402公里，流经伦敦市区，是英国的母亲河。19世纪以来，随着工业革命的兴起，河流两岸人口激增，大量的工业废水、生活污水未经处理直排入河，沿岸垃圾随意堆放。1858年，伦敦发生"大恶臭"事件，政府开始治理河流污染。

2. 主要治理思路及措施

一是通过立法严格控制污染物排放。20世纪60年代初，政府对入河排污做出了严格规定，企业废水必须达标排放，或纳入城市污水处理管网。企业必须申请排污许可，并定期进行审核，未经许可不得排污。定期检查、起诉、处罚违法违规排放等行为。

二是修建污水处理厂及配套管网。1859年，伦敦启动污水管网建设，在泰晤士河南、北两岸共修建七条支线管网并接入排污干渠，减轻了主城区河流污染，但并未进行处理，只是将污水转移到海洋。19世纪末以来，伦敦市建设了数百座小型污水处理厂，并最终合并为几座大型污水处理厂。1955～1980年，流域污染物排污总量减少约90%，河水溶解氧浓度提升约10%。

三是从分散管理到综合管理。自1955年起，逐步实施流域水资源水环境综合管理。1963年颁布了《水资源法》，成立了河流管理局，实施取水许可制度，统一水资源配置。1973年《水资源法》修订后，全流域200多个涉水管理单位合并成泰晤士河水务管理局，统一管理水处理、水产养殖、灌溉、畜牧、航运、防洪等工作，形成流域综合管理模式。1989年，随着公共事业民营化改革，水务局转变为泰晤士河水务公司，承担供水、排水职能，不再承担防洪、排涝和污染控制职能；政府建立了专业化的监管体系，负责财务、水质监管等，实现了经营者和监管者的分离。

四是加大新技术的研究与利用。早期的污水处理厂主要采用沉淀、消毒工艺，处理效果不明显。20世纪五六十年代，研发采用了活性污泥法处理工艺，并对尾水进行深度处理，出水生化需氧量为5~10毫克/升，处理效果显著，成为水质改善的根本原因之一。泰晤士河水务公司近20%的员工从事研究工作，为治理技术研发、水环境容量确定等提供了技术支持。

五是充分利用市场机制。泰晤士河水务公司经济独立、自主权较大，其引入市场机制，向排污者收取排污费，并发展沿河旅游娱乐业，多渠道筹措资金。仅1987~1988年，总收入就高达6亿英镑，其中日常支出4亿英镑，上缴盈利2亿英镑，既解决了资金短缺难题，又促进了社会发展。

3. 水环境治理效果

经过150多年的治理，泰晤士河水质逐步改善，20世纪70年代，重新出现鱼类并逐年增加；80年代后期，无脊椎动物达到350多种，鱼类达到100多种，包括鲑鱼、鳟鱼、三文鱼等名贵鱼种。目前，泰晤士河水质完全恢复到了工业化前的状态。

（二）欧洲的莱茵河治理经验

1. 治理前水环境的状况

莱茵河是欧洲最重要和最著名的河流之一，发源于瑞士境内阿尔卑斯山，自南向北穿越瑞士、奥地利、德国、法国、卢森堡、比利时和荷兰后流入北海。全长1320千米，流域面积185000平方千米。其流域人口高度密集，工业化程度非常高，干流沿岸有6个世界闻名的工业基地，是欧洲和世界重要的化工、食品加工、汽车制造、冶炼、金属加工、造船工业中心。沿岸人口和工业高度集中，产生大量含耗氧物质、重金属、有毒污染物的生活、工业污水，部分污水直排河道，严重污染了莱茵河水质。

莱茵河这条"映照着整个欧洲历史和文明的辉煌与自豪的骄傲之河"，

从 18 世纪中期开始出现环境问题。20 世纪 50 年代，莱茵河水资源环境进一步恶化。到了 70 年代，莱茵河的生态灾难也达到顶峰。大量没有经过处理的工业废水排入河中，河水中溶解氧含量极低，莱茵河基本丧失自净能力。

2. 治理思路及措施

一是成立专门的跨国管理和协调组织。保护莱茵河国际委员会（ICPR）是莱茵河环保工作的跨国管理和协调组织，于 1950 年 7 月 11 日在巴塞尔成立，成员国包括瑞士、法国、德国、卢森堡和荷兰。该组织的主要任务有 4 项：①根据预定目标，准备国际的流域管理对策和行动计划以及开展莱茵河生态系统调查研究；对各对策或行动计划提出合理有效的建议；协调流域各国家的预警计划；综合评估流域各国行动计划效果等。②根据行动计划的规定，做出科学决策。③每年向莱茵河流域国家提供年度评价报告。④向各国公众通报莱茵河的环境状况和治理成果。

二是重建生态系统。除了改善水质，生态恢复主要是指实施"莱茵河行动计划"的第一条，即"鲑鱼 2000 计划"。莱茵河沿岸国家为去除鲑鱼溯游障碍采取了一系列措施：①莱茵河三角洲地区从 2008 年到 2012 年，哈灵水道开放部分泄水闸。累克河已在拦河坝旁新建三条水道。②下莱茵河地区进一步改造、降低鲁尔河、乌珀河和齐格河支流水系的堰坝，计划修建实验性设备以保护鱼类免受涡轮伤害。③中莱茵河地区从 1996 年到 1999 年，圣巴赫—布鲁克斯水系成功改造了六座河堰，还有六座正在计划改造中。④上莱茵河地区从依费茨海姆到巴塞尔共 164 公里的法德河段中存在 10 座拦河坝。法、德以及周边水电站的运营者共同出资，在依费茨海姆水坝建造了一条鱼道。⑤高莱茵河地区自 1996 年计划定溯游障碍以来，高莱茵河支流威斯河、比尔河和埃戈尔茨河中已有 8 处障碍得到改造。

三是促使公众参与。环境管理涉及每一个人的利益，理所当然需要公众的广泛参与，以使环保政策得到普遍的认同和执行。例如德国在 1994 年颁布了《环境信息法》，规定了公众参与的详细的途径、方法和程序，在立法上保证公众享有参与和监督的权利。公众参与水资源利用、保护的途径包括听证会制度、顾问委员制度以及通过媒体或互联网获取监测报告等公开信息，这就保证了流域管理措施能够切实符合广大公众的利益。公众环保意识高涨，以各自不同的方式自觉地保护莱茵河，成为对流域立体化管理的重要组成部分。

四是谁污染谁买单。充分运用经济手段保证环保法规的法律效力，因为对于流域管理中的外部不经济问题，法律化的经济手段最为有效。例如德国在 1976 年制定了《污水收费法》，向排污者征收污水费，对排污企业征收生态保护税，用以建设污水处理工程。同时，相关法规令污染企业得不到银行贷款，企业声誉和形象也会受到影响，这就促使企业不得不重视环境利益。

五是提高工业部门的管理水平，避免污染事故发生。在德国现行环境法规中，风险预防是一项最基本的原则，其核心内容被表述为"社会应当通过认真提前规划和阻止潜在的有害行为来寻求避免对环境的破坏"。例如，德国在 1975 年制定了《洗涤剂和清洁剂法规》，规定了磷酸盐的最大值，又于 1990 年对含磷洗涤剂加以明文禁止，有效避免了含磷洗涤剂和化肥的过量使用，遏制了莱茵河的富营养化趋势。

3. 水环境治理效果

1987 年，开始实施旨在保护莱茵河的"莱茵河 2000 行动计划"，莱茵河流域的生态环境出现改善；1992 年，莱茵河所有污染物实现了 50% 以上削减率的目标，部分污染物排放减少了 90%。作为治理效果试金石的"鲑鱼 2000 行动计划"效果显著：1990 年，鲑鱼出现在莱茵河支流；1994 年，鲑鱼鱼卵在同河段被发现。2003 年，河水基本清澈。水中溶解氧饱和度达到 90% 以上，氮、磷等营养物质和非点源污染实现有效控制，河水富营养化明显改善，水体中氯化物显著下降，重金属浓度控制在较低水平。莱茵河"死而复生"。

（三）德国埃姆舍河的治理经验

1. 治理前水环境状况

埃姆舍河全长约 70 公里，位于德国北莱茵—威斯特法伦州鲁尔工业区，是莱茵河的一条支流；其流域面积 865 平方公里，流域内约有 230 万人，是欧洲人口最密集的地区之一。该流域煤炭开采量大，导致地面沉降，致使河床遭到严重破坏，出现河流改道、堵塞甚至河水倒流的情况。

从 19 世纪下半叶起，鲁尔工业区的大量工业废水与生活污水直排入河，河水遭受严重污染，曾是欧洲最脏的河流之一。

2. 治理思路与措施

一是雨污分流改造和污水处理设施建设。流域内城市历史悠久，排水管网基本实行雨污合流。因此，一方面实施雨污分流改造，将城市污水和重度污染的河水输送至两家大型污水处理厂净化处理，减少污染直排现象。另一方面建设雨水处理设施，单独处理初期雨水。此外，还建设了大量分散式污水处理设施、人工湿地以及雨水净化厂，全面削减入河污染物总量。

二是采取"污水电梯"、绿色堤岸、河道治理等措施修复河道。"污水电梯"是指在地下 45 米深处建设提升泵站，把河床内历史积存的大量垃圾及浓稠污水送到地表，分别进行处理处置。绿色堤岸是指在河道两边种植大量绿植并设置防护带，既改善河流水质又美化河道景观。河道治理是指配合景观与污水处理效果，拓宽、加固清理好的河床，并在两岸设置雨水、洪水蓄滞池。

三是统筹管理水环境水资源。为加强河流治污工作，当地政府、煤矿和工业界代表，于 1899 年成立了德国第一个流域管理机构，即"埃姆舍河治理协会"，独立调配水资源，统筹管理排水、污水处理及相关水质，专职负责干流及支流的污染治理。治理资金的 60% 来源于各级政府收取的污水处理费，40% 由煤矿和其他企业承担。

3. 水环境治理效果

河流治理工程预算为 45 亿欧元，已实施了部分工程，预计还需几十年时间才能完工。目前，流经多特蒙德市的区域已恢复自然状态。

（四）法国巴黎塞纳河治理经验

1. 治理前水环境的状况

塞纳河巴黎市区段长 12.8 公里、宽 30～200 米。巴黎是沿塞纳河两岸逐渐发展起来的，因此市区河段都是石砌码头和宽阔堤岸，三十多座桥梁横跨河上，两旁建成区高楼林立，河道改造十分困难。20 世纪 60 年代初，严重污染导致河流生态系统崩溃，仅有两三种鱼勉强存活。污染主要来自四个方面，一是上游农业过量施用化肥农药；二是工业企业向河道大量排污；三是生活污水与垃圾随意排放，尤其是含磷洗涤剂使用导致河水富营养化问题严重；四是下游的河床淤积，既造成洪水隐患，也影响沿岸景观。

2. 治理思路与措施

工程治理措施主要包括四个方面：

一是截污治理。政府规定污水不得直排入河，要求搬迁废水直排的工厂，难以搬迁要严格治理。1991～2001 年，投资 56 亿欧元新建污水处理设施，污水处理率提高了 30%。

二是完善城市下水道。巴黎下水道总长 2400 公里，地下还有 6000 座蓄水池，每年从污水中回收的固体垃圾达 1.5 万立方米。巴黎下水道共有 1300 多名维护工，负责清扫坑道、修理管道、监管污水处理设施等工作，配备了清砂船及卡车、虹吸管、高压水枪等专业设备，并使用地理信息系统等现代技术进行管理维护。

三是削减农业污染。河流 66% 的营养物质来源于化肥施用，主要通过地下水渗透入河。巴黎一方面从源头加强化肥农药等面源控制，另一方面对 50% 以上的污水处理厂实施脱氮除磷改造。但硝酸盐污染仍是难以处理的痼疾。

四是河道蓄水补水。为调节河道水量，建设了 4 座大型蓄水湖，蓄水总量达 8 亿立方米；同时修建了 19 个水闸船闸，使河道水位从不足 1 米升至 3.4～5.7 米，改善了航运条件与河岸带景观。此外，还进行了河岸河堤整治，采用石砌河岸，避免冲刷造成泥沙流入；建设二级河堤，高层河堤抵御洪涝，低层河堤改造为景观车道。

除了工程治理措施外，还进一步加强了管理。一是严格执法。根据水生态环境保护需要，不断修改完善法律制度，如 2001 年修订《国家卫生法》要求，工业废水纳管必须获得批准，有毒废水必须进行预处理并开展自我监测，必须缴纳水处理费。严厉查处违法违规现象。二是多渠道筹集资金。除预算拨款外，政府将部分土地划拨给河流管理机构（巴黎港务局）使用，其经济效益用于河流保护。此外，政府还收取船舶停泊费、码头使用费等费用，作为河道管理资金。

3. 水环境治理效果

经过综合治理，塞纳河水生态状况大幅改善，生物种类显著增加。但是沉积物污染与上游农业污染问题依然存在，说明城市水体整治仅针对河道本身是不够的，需进行全流域综合治理。

三　国外江河流域水环境治理经验借鉴

国外江河流域水资源开发保护和污染治理经验因各国国情不同而不尽相同，但江河湖泊有共同的属性，水资源开发保护和水污染治理有共同的规律，发达国家的做法和经验，对我国江河流域水资源开发保护和污染治理具有重要的借鉴意义。

（一）制定并实施严格完备的法规体系

从发达国家环境法律制度的变迁轨迹看，基本上都是沿着从碎片化到系统化的方向发展演进的。18世纪的英国在环境立法初期，其处理污染问题的立法规定具有明显的碎片化特点，法律之间缺乏有效衔接和联系，是单项性的，系统性欠缺。直到20世纪中后期，随着环境问题的增多、复杂化，环境立法数量骤然增加，环境法律也由此步入系统化轨道，立法范围覆盖了环境污染、环境保护的各个方面。20世纪60年代，法国在总结法律制定实施经验教训的基础上，开始对分散的法律法规进行归并，逐步建立起了完备的、呈不断强化细化趋势而且能够有效实施的环境保护法律体系。德国的环境立法特色鲜明，它是以保护人类生命、健康与尊严为目标，以预防原则、责任人、合作等为准则，具有环境法律法规逐步增加和细化、环境法内容的生态化、环境法的一体化、环境法机制的间接化，以及环境法的区域化和国家化等鲜明特征，各种法律规定非常完备严谨、具体详细，具有很强的可操作性。美国的《国家环境政策法》作为环境基本法，对环境与经济、社会发展的关系做出了重要界定，以此为指导，形成了环境污染控制和环境资源保护两大类环境法律体系，全面细致地对环境污染控制的目标、手段和职责做出规定，保证了美国环境法的实施效果。

目前，发达国家均统筹水源、水量、水质、水能、水域、水环境，地上水、地下水、地表水、土壤水，防洪、供水、用水、节水、排水、污水处理及其回用，建立"塔式法律法规和技术规范体系"，将预防、监督、强制执行贯穿于整个环保法律、法规体系之中，权责规定清晰，处罚规定透明度高，具有极强的可操作性。美国联邦政府颁布了水环境保护主要法律《清洁水法》，制定了《安全饮用水法》《水资源规划法》《水资源开发法》《水资源研究法》《土壤和水资源保护法》《洪水控制法》《流域保护和洪水预防法》等专门法律。欧盟制定了《欧盟水框架指令》（2000/60/EC），为欧盟成员国所有水域的管理与保护制定一套严格且符合实际的行动计划。澳大利亚制定了《澳大利亚水法》，并制定实施环境水和饮用水水质、水环境监测、地下水与农村水、城市污水等 21 个方面的指导文件。日本形成了现在的以《公害对策基本法》《环境基本法》《水质污染防治法》等法律规定为内容的水污染防治的法律有机体系。其中，《水质污染防治法》是具体的实施法，对行政管理措施、赔偿责任和对违法者的行政处罚等作出明确的规定，尽可能解决执法中出现的各种问题。新加坡有 40 多部环境法律法规，涉及 10 个生活领域，针对水污染防治、水资源、水环境设施等不同领域分别立法。

（二）建立相对集中的管理体制

西方发达国家建立完善以各级政府为主导的水资源管理体制，并且把水资源污染防控作为政府的一项重要职责，由环境保护部门主要承担水污染防治工作，基本实现了水、土、气等环境要素治理一体化。一是地方行政区域管理为基础合并流域管理的管理体制。美国、澳大利亚和加拿大三国的宪法规定了水资源的所有权归各州（省），实行"谁拥有谁管理"的原则，同时也规定联邦政府有权控制和开发国家河流，并占主导地位。美国田纳西河流域管理局则由国家通过立法赋予其明确的权力、责任和义务，直接向国家或州的行政首长负责。澳大利亚政府进行以控制水需求为主的改革，组建了由政府控股的供水公司，建立了委员会协商机制和通过工程对水资源实现高度控制的管理体制。加拿大环境部主要负责出台宏观政策，将管理自然资源和保护环境质量有效结合，以促进合理开发利用。各州负责对本州水资源的规划、开发、利用、保护和管理等立法，并依法设立相应的水资源组织和机构，规定其权限和职能。二是以自然流域为基础实行"综合性流域管理"体制。欧盟国家普遍实行"综合性流域管理"的水资源管理模式。英国设立国家流域管理局，并在 10 个流域区设立了河流管理处，负责水污染监测、水资源管理、洪水防御等。法国设立可持续发展和环境理事会（部级协调机构），对全国性水资源管理和分配规划提出意见，提供咨询。意大利在全国设立了 8 个流域管理机构（River Basin Authority），负责与大区政府协调确定流域目标和制定流域规划。流域管理机构受意大利环境、领土和海洋部统一领导。三是按功能不同分部门管理的管理体制。日本水权由国家统一管理，水资源开发与管理由国土厅、建设省、厚生省、通商产业省、环境厅、自治省、农林水产省、科学技术厅等 9 个部门按职责分工管理，其中环境厅负责水污染防治。

（三）实施严格的治理保护政策措施

发达国家通过规划总体水环境政策，包括水环境保护的总体目标、目的和战略，为行动勾画了总体方向和进程。一是建立统一的水环境管理制度。美国的环境标准是以环境法规的形式颁布的，水质标准由各州参照联邦环保局公布的水质基准和本州的水体功能负责制定。二是建立协调的水环境管理目标。欧洲制定了对水生生态进行一般性保护，对独特的、有价值的栖息地进行特殊保护；对饮用水源进行保护；对洗浴用水进行保护等主要目标，并要求实施综合源头控制。三是制定详尽的流域水环境管理计划，有详尽的说明、确定可行的时间表。

（四）采用先进的治理和管理技术

发达国家都十分重视开发利用先进的水资源污染防控技术，监测点位多，设备精良，广泛运用计算机、微波、遥感技术等各种现代化手段，数据处理很快。欧盟建立了完善的地表水和地下水环境监测网络，由独立的技术支持机构 EEA（The European Environment Agency）统一监测和管理。意大利大区政府负责本区范围内水体水质及气象水文检测与监控。各大区均遵循"监测点实验室—省级信息管理系统—大区信息处理总部—国家环境保护办公室—意大利环境、领域与海洋—欧盟环保办公室"的监测数据获取途径及处理上报流程，监测数据以月报、公报等方式向社会公开。美国几乎所有水利工程都有一个庞大的计算机控制中心，能清楚地观测了解到每个观测站的水位、水质、流量等各种数据，及时进行调配控制。澳大利亚大力发展污水处理和节水技术，在不少地方都建立了占地少、运行成本低、方便回用（灌溉草坪）的小型自动化污水处理厂。

（五）建设与城市群发展相适应的水源涵养区

西方发达国家按照"水区"和城市—区域发展原理，协同建设与城市群发展相适应的水源涵养区，为城市群可持续发展提供保障。纽约在城市以北 161 公里的特拉华河流域和克罗顿河流域建成了包括 19 个水库和 3 个湖泊（能容纳 21.96 亿立方米的水），面积达 5107 平方公里的两块水源涵养区，保证纽约的用水量。伦敦和柏林城市群，尽管水资源先天不足，但由于采取了有效的城市水资源管理措施、高端的水处理技术及循环用水系统，实现了城市水资源的可持续利用。

（六）从源头严控污染物的排放

实行严格的水环境标准和污染物排放标准，制定《地下水环境质量标准》，修订《地表水环境质量标准》，出台《排污权许可证制度管理办法》，实施排污许可证制度。完善排污收费制度，提高排污收费标准。严格用水收费制度，形成合理的价格机制，优化水资源费、自来水费、污水处理费、排污收费在综合水价中的结构。通过经济手段和市场，推动污水处理技术不断提高，鼓励中水回用、节约用水。充分运用经济手段，保证环保法规的法律效力。

发达国家既重视点源污染控制，也重视面源污染控制。如荷兰制定《动物粪便法案》《空气质量计划》《自然保护法案》等国家法规，强化落实"以地定畜、种养结合"的畜禽养殖污染防治理念，实施覆盖了动物生产、物质流通、治污设施、施肥控制等各个方面的畜禽养殖污染防治政策，推广《畜禽养殖污染防治可行技术》，研发畜舍绿色建设技术、温室气体减量化技术、沼液微生物有机质提取技术、沼气发电技术等创新性技术，颁布完整而细致的 N、P 营养元素循环表，进行精细化管理与全程化的管控，降低了农村农业污染物的产生量，达到源头控制的目标。瑞典对使用农药、化肥等能造成环境污染的农业生产活动，实施征税或收费政策，有效地降低了农药化肥污染。

（七）提高公众节水意识和水污染防控意识

澳大利亚建立各种供用水协会，不仅使水资源管理的服务水平得到提高，保证公众得到优质供水，还提高了全社会的水污染防控和节水意识。

日本建立水质监测结果公开制度，专门设立水科学馆，向人们介绍水与生命、工农业生产的关系，宣传水的有关知识。在日本，六一儿童节也是节水日。美国的节水教育已经深入人心，节水已经成为一种有教养的表现融入整个社会文化中。

四 国外江河流域水环境治理经验对我国的启示

江河流域水资源开发保护和污染治理，不仅事关"两个一百年"目标的实现，更关系中华民族的存亡和发展。要站在战略高度，重视和统筹水资源开发保护和污染治理工作，严格遵循水的自然规律和社会规律，统筹安排"山水林田湖"，综合治理"水气土固化（水、大气、土壤、固体废物、化学品）"污染，城市规划、产业布局、社会事业发展要根据水资源分布情况，充分考虑水资源承载能力，以水定规划，以水定产业，以水定发展，把水作为约束性指标纳入未来的中长期国民经济社会发展规划以及区域发展规划、城乡发展规划、环境发展规划等各项规划中。

（一）科学管理，完善体制

在国家层面成立"中国水资源委员会"，由国务院分管领导任主任，环保、水利、住建、国土、农业、林业、交通、工信、财政、发改、卫生等部门和相关领域的专家学者组成团队，负责对我国水量、水质、水资源的统一研究，提出水资源开发保护和污染治理规划建议，协调相关部门水资源管理、水环境保护、水污染治理工作；指导跨省河流水资源委员会工作等。

按照流域即自然地理和水文单元而非管理或行政界线进行管理，将七大流域水利委员会和太湖水利管理局改制为流域水资源委员会，对国务院负责，业务上接受环保部和水利部指导，执行国家有关法律法规，统一流域内水资源开发保护和污染治理，包括水质监测、信息发布、界面考核和补偿等。其他跨省河流成立流域水资源委员会，分别对环保部、水利部负责，实行双管体制；省行政辖区成立省级水资源委员会，河流相应分级建立水资源委员会，负责流域内的涉水事务研究、规划和管理。

（二）法规配套，部门联动

按照全面依法治国，建设法治政府的要求，尽快推动修订涉水相关法，特别是水法、水污染防治法、水土保持法，防洪法、渔业法、船舶法、农业法、林业法等，抓紧制定饮用水保障法、地下水质量标准法，加快构建适合我国国情的涉水管理法律法规体系，确定《水法》作为涉水法律的基本法地位。借鉴国际通则，修订《水污染防治法》，强制城市加强污水处理，达标排放。另外，抓紧制定国务院有关组成部门组织条例，明确生态环境部、住建部、水利部、国土资源部、交通运输部、农业农村部等部门在水资源开发保护和污染治理方面的职责。

（三）严格标准，达标排放

实行严格的水环境标准和污染物排放标准，制定《地下水环境质量标准》，修订《地表水环境质量标准》和《城镇污水处理厂污染物排放标准》，出台《排污权许可证制度管理办法》，夯实排污许可证制度。完善排污收费制度，提高排污收费标准。严格用水收费制度，推进水价改革，形成合理的价格机制，优化水资源费、自来水费、污水处理费、排污收费在综合水价中的结构。实行阶梯式水价、超定额用水加价等制度，确定再生水价格，通过经济手段和市场，推动污水处理技术不断提高，鼓励中水回用、节约用水。

（四）综合执法，分级负责

加强执法监督，建立权责明确、行为规范、监督有效的水污染防治执法体系，强化执法管理，重拳出击，始终保持治水执法监督的高压态势，对各类环境违法行为"零容忍""零缺位"。建立环保、国土、水利、农业等部门联合执法机制，开展综合执法行动，严厉查处和打击违法排污和违法用水。建立基于水平衡测算的取水、用水、排水的动态监管系统，加强定额用水、达标排放的监管，真正实现水环境保护政策的功能，保证水环境质量不退化。严格执行相关法律和标准，对于恶意排污行为从重、从严处罚，其中对恶意向地下排放污水的个人和企业进行严厉的刑事处罚，不设上限。

（五）生态补偿，保护水环境

按照区域间生态共建、资源共享、公平发展的原则，明确上下游、地区间生态建设的权责，把上游的生态保护治理和下流受益方提供补偿提升到法律层面上，形成完善的生态补偿体系和长效补偿机制。尤其要以经济手段调动上游地区政府和群众参与生态建设的积极性，建立地区间共建、共享的长效生态建设机制。制定和实施流域界面水质监测和考核制度，上游水质未达标的要向下游支付补偿费，流域委员会要对超额排放的上游进行处罚，并收取污染治理费。

（六）城乡并举，涵养水源

立法严格保护饮用水源，根据城镇化进程，建立城市群水源涵养区，走"望山见水"的绿色城镇化道路。通过生态移民、生产移民、生活移民等方式调整人口布局。分层次、分阶段、分步骤地推进原始生态系统、农村生态系统和城镇人工生态系统三个子系统的建设，并结合流域和湖泊治理等重点工程，建设生态屏障体系。以保护区域内河流和水库为重点，实行水源及流域的综合治理，防治水土流失，防止污水流入河道和水库。加强空间管制，特别是对国家自然保护区和一级水源保护地划定生态红线，禁止乱采滥伐，禁止规模开发，鼓励植树造林，退耕还林，退田还水。

（七）污水处理，中水回用

城镇所有污水都应经过处理后达标准排放，农村生活污水可通过人工快渗等污水处理设施处理后回灌农田。对工业废水要实行禁排标准、行业标准、地方标准，对工业非常规污染物和有毒有害污染物分别制定行业预处理标准，实施特殊许可，即必须进行预处理或由专业性污水处理厂进行预处理后，才能排入污水管网。大中城市和有条件的城镇要结合新区发展规划和旧城区改造，建设"雨污分流管网工程"、"中水回用管网工程"和"防洪储水工程"，实现污水全部处理，中水充分回用，雨水有效收集。

（八）惜水护水，休养生息

江河湖泊是有生命的水生态系统，要遵循生态规律，科学评估每条江河、每个湖泊的生态状况和自净化能力，制定每日纳污排放量，对超载超负荷的江河湖泊，要采取切实措施，减少纳污量，明确生态恢复目标。加强船舶污染物排放管理和立法，制定严格的标准，进入内河的燃油机动船舶，必须加装油水分离器，减少内河流域船舶污染物排放，严禁倾倒船舶生活垃圾和废物，严禁化学品货船在内河倾倒压舱水和洗舱水。制定网箱养鱼管理办法，提高标准和排污收费水平，减少污染。对于不达标水体，禁止网箱养鱼。对于水电开发，要科学评估，留有余地，限制过度开发水能资源，严格筑坝评估和审批，明确禁止开发河流和河段，对于严重影响河流生态功能的坝体要适时拆除。

（九）节约用水，提高利用率

明确水权，放开水价和水市场，推广节约用水，科学合理利用水资源，建设节水型社会。要制定"节水法"，要求和鼓励城市改造节水管网、铺设中水回用管网；要实行差别水价和阶梯水价，降低工业用水量，提高工业用水效率；鼓励居民使用和更换节水龙头、节水马桶、节水电器；要利用世界水日、环境日等，广泛宣传节约用水，普及节水知识和技术，推广农业节水喷灌滴灌技术，倡导全民节水。

（十）加强引导，减少面源污染

制定土壤质量法，推进农业现代化和科学化，制定标准和激励政策，促进农户和养殖户减少"动物圈舍污染物排放量、动物粪便贮存流失量、肥物操作损失量、作物生氮肥流失量"。按照"以地定畜、种养结合"理念发展畜禽养殖业，实现种养平衡，通过实施财政补贴，鼓励沼气发电技术、沼液微生物生物质提取技术、干粪生物制肥技术、畜舍绿色建筑技术等绿色生态新技术开发和推广，实现循环经济和废物利用最大化。加强农村农田水利工程建设改造和中小水库除险加固工程，干旱地区推广节水灌溉技术，半干旱地区推广"塘田结合"模式收集雨水，防洪地区疏浚河道沟渠，实现水资源的最优化利用，减少面源污染物的入河入湖排放。

（十一）宣传教育，推进国际合作

开展惜水、亲水、爱水、节水宣传教育，坚持信息公开，及时公布水环境质量，建立公众参与机制，鼓励社团等非政府组织发展，加强社会和舆论监督。深化国际交流和合作，系统研究并借鉴国际水资源开发保护和污染治理经验，积极推进跨界水资源利用和保护相关工作，认真履行有关国际公约，建设污染防治国际技术"智汇平台"，服务水污染治理工作，共同呵护江河海洋。

参考文献

［1］汪秀丽：《国外典型河流湖泊水污染治理概述》，《水利电力科技》2005年第1期。

［2］梅雪芹：《"老父亲泰晤士"：一条河的污染与治理》，《经济—社会史评论》，生活·读书·新知三联书店，2005。

［3］郭焕庭：《国外水流域污染治理经验及对我们的启示》，《环境保护》2001年第8期。

［4］《中外生态文明建设100例》，百花洲文艺出版社，2017。

［5］黄德春、陈思萌：《国外流域可持续发展的实践与启示》，《水利经济》2007年第6期。

［6］吴舜泽、王东等：《水治理体制机制改革研究》，中国环境出版社，2017。

［7］刘桂环、张惠远：《流域生态补偿理论与实践研究》，中国环境出版社，2015。

［8］《北美跨界河流管理与合作》，中国水利水电出版社，2015。

［9］《中国—瑞典水环境合作成果汇编》，中国环境出版社，2014。

［10］李雪松：《东北亚区域跨界污染的合作治理研究》，黑龙江大学出版社，2016。

［11］布雷恩·里克特：《水危机——从短缺到可持续之路》，上海科学技术出版社，2017。

［12］付春、刘杰平等：《河湖健康与水生态文明实践》，中国水利水电出版社，2016。

国内江河流域生态环境建设的经验借鉴

李小丽[*]

摘　要：中华人民共和国成立以来，党中央国务院特别重视我国江河流域治理，"九五"以后，全国开始大面积江河流域防治工作，无论是长江、黄河等大的江河湖泊，还是其支流和其他部分小流域治理，都取得了显著的治理成效。国家投入巨资，在治理规划框架下，流域各省区配合出台相应措施，采用科技创新，实施技术引导，运用现代化管理手段，使我国主要江河流域及其干支流域和其他小流域在流域生态环境建设中取得了宝贵的治理经验，并从中得到深刻启示。江河流域生态环境建设是一项"全民工程"，必须人人参与，共建共享。江河流域生态环境建设重在预防，必须做好"事前"预防，减少江河流域污染危机。科技创新是推动流域生态环境建设的驱动力，也是生态环境绿色化发展的支撑力。同时，要运用现代化管理，提高流域污染防控治理效率。

关键词：国内江河流域　生态环境　经验借鉴

中国的江河流域治理于 1994 年 5 月从淮河开始，随后以淮河为先导，着手海河、辽河、太湖、巢湖、滇池等水流域的防治。"九五"以来，全国大面积的防治工作以"三河三湖"等为重点全面展开。"通过开展工业污染源的治理，以及城市水污染的综合治理，部分水域已经基本实现了'九五'确定的阶段性治污防治目标"。进入 21 世纪以来，"重点对水环境

---

* 李小丽，黑龙江省社会科学院农村发展研究所所长、研究员，主要从事农村经济学、收入分配等研究。

治理，按流域依法统一管理好水资源，加强水环境的持续改善和水土保持，促进水资优化配置，大力发展污水处理和饮用水净化处理，以实现水资源的可持续发展和利用，保障流域经济的可持续发展"。①

一 国内部分江河流域生态环境建设成效

我国江河流域众多，几十年来，在党中央、国务院的统一部署下，长江、黄河、珠江、松花江、淮河、海河、辽河等七大流域，及闽江、九龙江、洱海等其他江河湖泊等流域，在加强水环境保护，提高水环境质量，防治水土等生态环境建设方面取得了重大成效。

（一）黄河治沙展新篇

"流不尽的黄河水，冲不尽的黄土地"，是对黄河流域水土流失的真实写照。自古黄河就以"狂野任性"的性格展现在炎黄子孙面前，洪灾泛滥给中华民族带来深重灾难。但作为"母亲河"，黄河养育着全国 12% 的人口、灌溉着 15% 的耕地。② 由于黄河自身复杂的地形地貌因素及人为的过度利用开发，其地表植被破坏、大量水土流失，尤其是黄河中游的黄土高原地区，植被稀少、土质疏松，破碎的地形在较多暴雨的侵蚀下形成了黄河独有的"滚滚黄流，奔腾不息"的景象。据统计，每年黄河至少有 16 亿吨泥沙流入。为了防止上中游水土流失、下游断流及水患的危机，合理利用水资源、减少流域污染，保护本已脆弱的黄河流域的生态环境，自中华人民共和国成立以来党和国家领导人都一贯重视治黄工作，党中央、国务院和各级政府投巨资治理整顿黄河，并将重大的治黄建设纳入国家经济和社会发展规划，采取有力措施推动治黄事业发展并取得了宝贵经验。

经过对黄土高原地区几十年水土流失治理的探索和实践，逐步形成了"拦、排、放、调、挖"的处理和利用泥沙的基本思路，通过水土保持减少、骨干水库拦沙、小北干流放淤、挖河固堤等，减少了进入黄河下游的

① 《流域水污染治理技术研究进展》，http://3y.uu456.com/bp_ 8eod745osm670es7bbcj_1.html，三亿文库网。
② 《以黄河生态文明建设为契机推动上中游流域管理实现新跨越》，http://news.163.com/13/0409/17/8S1LDBSB00014JB6.html，网易新闻网，2013.04.09。

泥沙，截至 2012 年底，累计治理水土流失面积 22.56 万平方千米，建成淤地坝 9 万多座，以及大量的小型蓄水保土工程，年平均减少入黄泥沙 4 亿吨左右。有效地治理和保护了当地生态环境，改善了人民群众的生产生活条件，取得了显著的经济、生态和社会效益。[①] 一是改善生产条件，促进农业高产稳产。二是促进区域经济发展，提高当地群众收入。三是提高区域抗灾能力，减轻下游洪涝灾害。四是改善生态环境，维护国家生态安全。五是改善生活条件，促进社会稳定发展。[②]

（二）赤水河清鱼儿欢

赤水河为我国长江上游支流，水色赤黄、含沙量高。随着工业发展和城镇化推进，赤水河水质日渐恶化、流域生态退化严重。赤水河是联接川、黔两省的水上重要通道，国家及贵州省对赤水河的保护、利用和开发非常重视，先后出台保护规划、政策和措施，贵州省政府明确提出"要像爱护眼睛一样爱护赤水河"。经过多年保护治理，赤水河"岸绿水清鱼儿欢游 天高云淡白鹭蹁跹"，赤水河流域生态环境得到修复，森林覆盖率提高到 46%，流域水环境得到有效改善。2015 年，赤水河流域 10 个监测断面均达到规定水质类别，其中 9 个达到二类水质，占 90%。鲢鱼溪出境断面水质稳定达到二类，水体中 COD 浓度均值为 12.0mg/L，比标准限值低 3mg/L。总体上看，赤水河流域水质实现了"水质恶化趋势得到根本遏制，水质明显改善，稳定达到国家规定的水质功能"的要求。[③]

（三）太湖重现动人美

太湖是中国是第三大淡水湖泊，水域面积 2338 平方千米。太湖流域地处长江三角洲南翼，地理位置优越，以 36895 平方千米的流域面积，养育着约占全国 4.4% 的人口，行政区划分属江苏、浙江、上海和安徽三省一市。太湖流域多年平均本地水资源量为 176.0 亿立方米，流域用水总量达 354.8 亿立方米，远远大于本地水资源量，即使引长江水和上下游重复利

---

① 《黄河流域综合规划（2012~2030）概要》。

② 刘震：《我国水土保持小流域综合治理的回顾与展望》，《中国水利》2005 年第 22 期。

③ 《贵州省赤水河流域生态文明制度改革成效明显》，http://www.gzhjbh.gov.cn/zwgk/tzgg/tzwj/757395.shtml，贵州省环保厅网，2016.03.02。

用弥补本地水资源不足，遇枯水年和特枯水年缺水量仍达 30.6 亿～42.3
亿立方米。[1]

"太湖美、太湖美，最美不过太湖水……"，但 2007 年 5 月蓝藻大爆
发引发的太湖水质恶化，使太湖流域陷入了严重的缺水和污染的危机，引
起了全国关注。经过"铁腕"治理，太湖流域的生态环境得到了很大改
善，流域水质持续向好，连续 8 年实现了国家提出的"确保饮用水安全，
确保不发生大面积湖泛"目标，太湖又重现了昔日的美丽景色。湖体水质
由 2007 年的 V 类改善为 2015 年的 IV 类，综合营养状态指数由中度改善为
轻度；高锰酸盐指数、氨氮、总磷等 3 项考核指标分别处于 II 类、I 类和
IV 类，分别降低 11.1%、83.6% 和 41.6%；参考指标总氮为 1.81mg/L，
连续 2 年消除劣 V 类，较 2007 年降低 35.5%。流域 65 个国控断面水质达
标率较 2011 年提高 17.3 个百分点。15 条主要入湖河流年平均水质由 2007
年的 9 条劣 V 类改善为全部达到 IV 类以上。[2]《中国环境状况公报》显示，
太湖在全国"三湖"（太湖、巢湖、滇池）治理中成效最好。

（四）洞庭湖畔山水翠

"八百里洞庭"曾被誉为"鱼米之乡""天下粮仓"，但由于过度的湿
地开垦、严重的泥沙淤积，透着灵秀的洞庭湖面临着"水窝子缺水"、湖
边城镇"破老旧""脏乱差"，生态岌岌可危的境况。洞庭湖最大的水的优
势已然变成最大的水问题，缺水与水污染成为阻碍洞庭经济社会发展及生
态安全的最大威胁。经过多年治理，尤其是"十二五"时期，湖南省在
"创新、协调、绿色、开放、共享"发展理念指引下，抢抓国家批复洞庭
湖生态经济区规划的重大战略机遇，强力推进引水、蓄水、活水、清水、
防水、节水"六水"联动机制，将洞庭湖的水环境治理和水生态安全作为
重大任务进行落实，使历经沧桑的洞庭湖正逐步恢复生机，重现活力。湖
区环境质量大为改善，水质由 2006 年的劣 V 类改善至 III 类。通过河湖连通
布局，"在现有水系的基础上，布置 24 个相对独立的河湖库渠水网连通工

---

① 诸发文、伍永年、姚淑君：《城镇化快速发展背景下的太湖流域重大水利问题和科技需求》，
http：//www.tba.gov.cn/tba/content/TBA/xwzx/jczt/tba30/huigu/0000000000005949.html，太
湖网，2014.12.10。

② 《江苏省"十三五"太湖流域水环境综合治理行动方案》（苏政办发〔2017〕11 号），
http：//www.h2o - china.com/news/view？id＝253817&page＝1，中国水网，2017.1.18。

程、9 个生态湿地公园、7 个主城区绕城滨水景观带、6 个平原水库、4 条休闲内河，以此构建一个洞庭湖区突出生态特色的生态水利工程体系"[①]。

（五）闽江流域水质优

闽江是福建省最大的河流，被称为福建人民的"母亲河"。闽江主干流长 559 公里，涉及福州、南平、三明、龙岩、宁德、泉州等所辖的 36 个县；5 大支流包括建溪、富屯溪、沙溪、古田溪和大樟溪等。闽江流域是福建重要的生态屏障，流域人口和经济总量均约占全省的 1/3。随着工农业发展和城市化进程加快，由工业污染、畜禽养殖污染、城镇生活污染等带来的点源、面源污染，对闽江流域的生态环境造成严重威胁。从"九五"开始的闽江流域水系治理已初见成效，根据环保部门监测，2015 年上半年闽江流域水域功能达标率、Ⅰ类～Ⅲ类水质比例分别为 99.4%、97.1%[②]，尤其是福州段水质达标率达到 100%。

二 国内江河流域生态环境建设的经验借鉴

江河流域生态环境建设是一项长期的系统工程，国内著名的江河流域如黄河、长江及其支流和其他许多小流域生态环境的治理与建设的成功经验非常值得借鉴。

（一）规划先行，保障生态环境建设战略实施

生态建设，规划先行。我国从"九五"开始到"十三五"，连续发布全国重点流域水环境治理与建设规划，全面部署国内重点江河流域生态环境建设中长期战略，同时，配合《全国生态环境建设规划》《水污染防治行动计划》等一批专项规划的实施，加快各流域生态环境建设，推进流域水污染治理进程。纳入重点流域范围的多条江河流域，在国家总体战略框架下对本流域制定具体治理规划，如长江、黄河、珠江、淮河、海河、松花江、闽江、九龙江、太湖等干支流流域，严格按照规划的要求对本流域

---

① 《洞庭湖生态规划与治理》，http://blog.sina.com.cn/s/blog_c65f33420102wdfs.htm，一览水利博文，2015.08.11。
② 《福建省重点流域水环境综合整治取得阶段性成效》，http://roll.sohu.com/20150727/n417597824.shtml，搜狐新闻网，2015.07.27。

的污染和水资源环境进行防治建设。

一是确立治理或建设目标。根据本流域先前污染和水质情况以及污染源的隐患，确定一个时期内流域生态建设目标。《黄河流域综合规划（2012～2020年）》《江苏省"十三五"太湖流域水环境综合治理行动方案》《闽江流域（福州段）水环境保护"十二五"规划》等国内著名江河流域以及许多小流域规划，分别将"维持黄河健康生命，支撑流域经济社会可持续发展"和"确保饮用水安全，生态持续恢复"及"促进区域社会、经济与环境保护的协调发展"确立为流域治理开发与保护的长远目标。

二是确立流域生态环境建设与保护任务。各流域规划都以修复生态和提高资源利用率为目的，深化对流域点、面源污染的全面防控。对流域形成污染威胁的工业企业，对其实行关、停、并、转；"调整种植业结构，全面推进连片生态循环农业示范区（农业面源污染防治示范区）建设工程，推广生态、循环、绿色农业发展模式"；优化城镇布局，加快实现城镇生活垃圾和污水处理科学化。

三是制定政策措施，确保流域治理建设任务的顺利完成，切实将流域生态环境保护规划实施到位。

（二）巨额投入，保证水环境治理资金运用

中华人民共和国成立以来，党中央、国务院高度重视我国的江河流域治理和水环境保护工作，并投入大量资金，有效地保证江河流域治理效率和水环境的保护效果。"十二五"时期，国家安排重点流域水污染防治仅中央预算内投资约340亿元，再加上各流域的地方政府投资、企业自筹和社会融资，总体投资超过万亿元。预计"十三五"时期，重点流域水污染防治中央预算内投资安排规模将超过"十二五"时期的投入。[1]

巨额的资金投入，是各流域治水和治污工程项目得以顺利进行的重要保证，以太湖为例，"十二五"时期，仅江苏省通过各级财政支持并带动全社会资金共计投入1000多亿元，达到良好的治水效果，太湖在全国"三湖"治理中成效名列前茅。[2]

---

① 国家发展改革委：《十三五"重点流域水环境综合治理建设规划》，2016年8月1日。
② 《"十二五"治水效果显著 太湖治理迎来新拐点》，http：//www. fenglinshi. org/new_ view. asp？id＝1417，中国风淋室网，2017. 2. 10。

"十二五"时期，洞庭湖治理项目共争取总投资 79.9309 亿元，其中国家投资 43.6673 亿元，落实省配套 8.4795 亿元。[①]

（三）河长制，提高流域治理管理效率

"河长制"是从河流水质改善领导督办制、环保问责制所衍生出来的水污染治理制度。"河长制"由江苏省无锡市在 2007 年首创。2008 年，江苏省政府决定在太湖流域借鉴和推广无锡首创的"河长制"，此后，江苏全省 15 条主要入湖河流已全面实行"双河长制"。每条河由省、市两级领导共同担任"河长"，"双河长"分工合作，协调解决太湖和河道治理的重任，一些地方还设立了市、县、镇、村的四级"河长"管理体系，这些自上而下、大大小小的"河长"实现了对区域内河流的"无缝覆盖"，强化了对入湖河道水质达标的责任。作为"河长制"首创的无锡在"河长制"管理体系建设方面积累了很多经验，一是"一河一策"是"河长制"采取的治污新办法；二是实行"三包"政策即领导包推进、地区包总量、部门包责任，是"河长制"实施的新措施；三是设立"河长制"管理保证金专户，保障了"河长"们治理资金使用，在这种人人有压力、大家有动力的治污体制下，河流治理取得了很好的效果。推行"河长制"，表明环保问责不再是空头口号。

2016 年 12 月 11 日，中共中央办公厅、国务院办公厅印发《关于全面推行河长制的意见》，意见要求，地方各级党委和政府要强化考核问责，根据不同河湖存在的主要问题，实行差异化绩效评价考核，将领导干部自然资源资产离任审计结果及整改情况作为考核内容。今后，中国 31 个省级行政区党委或政府"一把手"将有一个新头衔："总河长"。

目前，北京、天津、江苏、浙江、安徽、福建、江西、海南 8 省市已全境推行"河长制"，16 个省区市部分实行"河长制"。

（四）创新科技，推进水环境治理先进性

目前国内外广泛使用的污染河流水体治理技术主要归结为物理、化学和生物（生态）三种方法。除此之外，现代信息技术的应用为国内外流域水环境治理提供了重要手段。以地理信息系统（GIS）为核心的 3S 技术，即遥感

---

① 《湖南扎实推进洞庭湖治理工作成效显著》，http：//news. sina. com. cn/o/2015 - 11 - 04/doc - ifxkhchn6068867. shtml，新浪新闻网，2015. 11. 04。

技术（RS）、地理信息系统（GIS）和全球定位系统（GPS），是空间技术、传感器技术、卫星定位与导航技术和计算机技术、通信技术相结合，对海量水环境数据进行处理分析、分类，得出准确数据而进行的应用。根据河流具体情况采取不同处理技术或多种技术方法相结合，能够提高治污防污效率，起到事半功倍的效果。国内应用现代科技治理水环境比较典型的经验如下。

一是长江流域水利科技对水环境保护和治理的技术支撑。在大保护的前提下，长江流域采取了（1）水环境与水生态监控技术，（2）湖库富营养化一体化防治技术，（3）水系连通的生态水文调控技术，（4）干流水沙与营养盐调控技术。应用物理、化学、生物及其融合技术，为长江经济带产业规划和布局中的生态环境提供技术支撑。[1]

二是太湖流域水污染防治三矩阵整装集成技术体系，对于推进"一湖一策"精准治太的治湖理念提供技术支撑。依据"三矩阵"集成技术体系，划分了三十五个太湖流域三级防控单元，通过诊断识别各防控单元的主要环境问题，分析归类出十五类防控单元系统。针对各防控单元小流域的典型污染特征和生态类型，筛选适宜的处理技术与修复手段进行技术集成与整装，形成了包括农田面源污染治理、养殖污染治理、农村生活污水治理、城镇生活污水治理、工业点源污染治理、河网湖荡湖滨湿地生态修复、水源涵养林区修复等在内的七大治理与修复技术整装集成模块。系统评价了技术集成处理模式的污染物削减和生态修复效果，为太湖流域近中远期水环境精细化治理与修复提供了技术基础。[2]

三是河口村水库的信息遥感技术为坚固堤坝提供技术支撑。河口村水库伫立在沁河跃出莽莽太行的最后一段峡谷，地质条件复杂，涉及大小断层14条，水库工程面临巨大考验。在创新科技思路的引领下，工程共采用新技术、新材料10余项，其中GPS全球定位系统的应用，实现了对大坝施工过程和施工质量的实时监控，同时，为日后水库的水体防污和保护提供了数字化的技术手段。[3]

---

[1] 李青云、曹慧群、王振华：《长江流域如何在大保护下求发展？》，《中国生态文明》2016年第5期。

[2] 《"十二五"治水效果显著　太湖治理迎来新拐点》，http：//www.fenglinshi.org/new_view.asp？id＝1417，中国风淋室网，2017.2.10。

[3] 《现代治水理念的成功实践——河口村水库工程建设回眸》，《河南日报》2016年1月27日。

（五）大示范区建设，防止水土流失见成效

大示范区是指按照项目组织实施、建设规模较大、建设内容丰富、措施配置合理、建设机制灵活、科技含量高、示范作用强、效益显著，能够集中体现水土流失综合防治特点和统筹社会各方面力量的水土保持生态建设项目区。大示范区建设，能够全面提升水土流失综合防治水平，是值得探索的水土保持生态建设的路径选择。国内流域大示范区建设在防治水土流失与生态环境建设上都取得了宝贵的经验。

一是区域连片，项目集中管理效率高。江河流域治理是系统工程，水体污染是山、水、林、田、路及生产、生活等多种因素所致，因此，需将流域覆盖的多个区域统筹规划、全盘考量、因地制宜、科学布局、连片治理。山西省临汾市昕水河水保大示范区总面积 1011.36 平方公里，水土流失面积 837.99 平方公里。昕水河在水土流失治理中按照"以大流域为骨干、小流域为单元，山、水、田、林、路、渠综合配套，因地制宜、科学设计，一步到位，分年实施的总体思路"，具体实施中实行"'六结合'即塬、坡、沟综合治理结合；主、支、毛沟统筹结合；大、中、小型淤地坝结合；封、治、育措施结合；户、专、群、干齐抓共建结合；建、管、用结合"。经过区域连片整治，流域变成了"集农田、果园、苗圃、旅游为一体的水保生态型旅游景区"。①

二是精品工程，示范带动作用明显。青海省西宁市小流域建成生态大示范区。在治理中"结合西宁地区的实际情况，坚持全面规划、统筹兼顾、标本兼治、综合治理的原则"，在实施中以"三结合三为主"即"工程措施与生物措施结合以生物措施为主；生态修复与人式辅助结合以生态修复为主；乔灌草相结合以灌草为主"的方式，使区域内的水土流失得到有效控制，综合防护功能增强。通过集中连片式的综合治理，有效带动了大通、湟源、互助、乐都等县的水土保持示范区建设。西宁示范区的示范带动作用，开创了大范围治理与开发的新局面，为青海省水土保持与生态环境建设树立了样板。②

三是多省联动，齐抓共管见成效。长江生态环境保护关系到长江及全

---

① 贾自胜：《昕水河水保大示范区建设成效与经验》，《中国水土保持》2006 年第 9 期。

② 田磊、李向瑜：《青海省大示范区建设特点及成效》，《中国水土保持》2009 年第 8 期。

国经济社会发展，流域覆盖上海、江苏、浙江、安徽、江西、湖北、湖南、重庆、四川、云南、贵州等11个省份，面积205.8万平方公里，以大约全国1/5的面积承载着全国近1/2的人口，生态环境保护与建设十分重要。习近平总书记在2016年1月5日于重庆召开的推动长江经济带发展座谈会上指出，"当前和今后相当长一个时期，要把修复长江生态环境摆在压倒性位置，共抓大保护，不搞大开发"。长江生态区建设适应于大规模、大保护、大示范、大项目，在大保护战略下进行项目的整体推进，破除按行政区治理的传统方式，以大项目选定治理区域，多省联动、齐抓共管，统筹兼顾、各司其职。中国社会科学院生态文明智库的研究人员认为，长江的大保护应当"以法治手段推进长江水污染防治；全面落实最严格水资源管理制度；强化重要生态系统修复与保育；大力提升经济发展绿色化水平"①。长江流域，只有在保护生态的条件下有序推进发展，才能走出一条真正可持续的绿色发展之路。

三 国内江河流域生态环境建设的经验启示

长江、黄河、闽江等国内著名江河湖泊流域治理经验，能够启发我们对待江河流域生态环境必须防患于未然，江河流域治理是一项长期的系统工程，必须持久地坚持下去，创新思维，利用科学手段和现代化的管理方式，推进流域生态环境建设可持续发展。

（一）全民参与，搞好江河流域生态环境建设

江河流域生态环境建设是一项"全民工程"，必须人人参与，共建共享，相关政府部门应做好组织和动员工作。加强宣传和引导，树立"生态联结生命"理念，增强全民生态环境保护意识，保护建设好我们赖以生存的生态环境，让每位社会成员充分认识到保护水源、保护生态是全社会的责任和义务。

（二）"事前"预防，减少江河流域污染危机

江河流域生态环境建设重在预防，采取严密的防治措施，将所有可能

---

① 秦尊文：《长江怎么"大保护"》，《湖北日报》2016年3月2日。

发生的流域污染扼制在"萌芽"状态。做好"事前"预防，要整治生活污染、工业污染和农业污染，一是淘汰落后产能，严把流域企业准入关；二是转变生产方式，采用先进手段进行生产；三是杜绝生活垃圾和生活污水对流域的污染，从源头上清洁流域环境。

（三）常抓不懈，使流域生态环境建设可持续发展

江河流域生态环境建设是一项具有全面性、前瞻性、长期性的系统工程，也是人类赖以生存的基础工程，因此应常抓不懈。一是加强流域内现有的林地、草场等植被保护，防止土地沙漠化和水土流失。二是加强综合治理，加大资金投入力度，保障流域内水利项目的顺利实施。三是改善生产和生活条件，创建绿色家园，提倡健康文明的生活方式和爱护环境的文明行为，让环保理念植根于每个人的心中。

（四）科技引领，推动流域生态环境建设创新驱动

科技创新是推动流域生态环境建设的驱动力，也是生态环境绿色化发展的支撑力。在新一轮科技革命和工业 4.0 的背景下，必须依靠科技力量，通过科技因素引领，改变业已形成的流域污染，加快流域生态环境建设进程。一是优化产业结构，转变生产方式，形成一批绿色环保、节能降耗的战略性新兴产业，使洁净技术、节能技术普遍应用于企业生产。二是利用物理、化学及生物等技术治理流域污染。目前国内外普遍应用的技术有曝气技术、环保疏浚技术、机械除藻等物理技术；絮凝沉淀技术和化学除藻等化学技术；生物膜技术、生物修复技术、人工浮岛技术等生物技术。

（五）现代化管理，提高流域污染防控治理效率

江河流域生态环境建设需要现代化管理，一是现代化的管理组织能够协调不同区域流域治理，通过建立协调机制调解不同层次和多元化的治理结构。二是现代化的管理手段能够提高流域综合治理效率，通过信息化手段，建立环境管理数据库，实行网格化精细管理，从而全面掌控流域综合治理情况。三是现代化的管理制度能够有效制约和监督流域治理过程中的违规违法行为，为流域生态环境建设提供有力的制度保障。

参考文献

［1］《流域水污染治理技术研究进展》，http：//3y. uu456. com/bp_ 8eod745osm670
es7bbcj_ 1. html，三亿文库网。

［2］《以黄河生态文明建设为契机推动上中游流域管理实现新跨越》，http：//
news. 163. com/13/0409/17/8S1LDBSB00014JB6. html，网易新闻网，2013.04.09。

［3］《黄河流域综合规划（2012～2030）概要》。

［4］刘震：《我国水土保持小流域综合治理的回顾与展望》，《中国水利》2005 年
第 22 期。

［5］《贵州省赤水河流域生态文明制度改革成效明显》，http：//www. gzhjbh. gov. cn/
zwgk/tzgg/tzwj/757395. shtml，贵州省环保厅网，2016.03.02。

［6］诸发文、伍永年、姚淑君：《城镇化快速发展背景下的太湖流域重大水利问
题和科技需求》，http：//www. tba. gov. cn/tba/content/TBA/xwzx/jczt/tba30/
huigu/0000000000005949. html，太湖网，2014.12.10。

［7］《江苏省"十三五"太湖流域水环境综合治理行动方案》（苏政办发〔2017〕
11 号），http：//www. h2o－china. com/news/view？id＝253817&page＝1，中国
水网，2017.01.18。

［8］《洞庭湖生态规划与治理》，http：//blog. sina. com. cn/s/blog_ c65f33420102wdfs.
htm，一览水利博文，2015.08.11。

［9］《福建省重点流域水环境综合整治取得阶段性成效》，http：//roll. sohu. com/
20150727/n417597824. shtml，搜狐新闻网，2015.07.27。

［10］《"十三五"重点流域水环境综合治理建设规划》，2016.08.01。

［11］《"十二五"治水效果显著 太湖治理迎来新拐点》，http：//www. fenglinshi. org/
new_ view. asp？id＝1417，中国风淋室网，2017.02.10。

［12］《湖南扎实推进洞庭湖治理工作成效显著》，http：//news. sina. com. cn/o/
2015－11－04/doc－ifxkhchn6068867. shtml，新浪新闻网，2015.11.04。

［13］李青云、曹慧群、王振华：《长江流域如何在大保护下求发展？》，《中国生
态文明》2016 年第 5 期。

［14］《"十二五"治水效果显著 太湖治理迎来新拐点》，http：//www. fenglinshi. org/
new_ view. asp？id＝1417，中国风淋室网，2017.02.10。

［15］《现代治水理念的成功实践——河口村水库工程建设回眸》，《河南日报》
2016 年 1 月 27 日。

［16］贾自胜：《昕水河水保大示范区建设成效与经验》，《中国水土保持》2006 年
第 9 期。

［17］田磊、李向瑜：《青海省大示范区建设特点及成效》，《中国水土保持》2009 年第
8 期。

［18］秦尊文：《长江怎么"大保护"》，《湖北日报》2016 年 3 月 2 日。

松花江流域生态环境建设的宣传教育和公共环境意识变化研究

王嘉宝*

摘　要： 习近平总书记在全国生态环境保护大会上强调，要自觉把经济社会发展同生态文明建设统筹起来，加大力度推进生态文明建设、解决生态环境问题，推动我国生态文明建设迈上新台阶。生态兴则文明兴，黑龙江省委、省政府始终把生态文明建设和环境保护摆在更加突出的位置，开展全民环境教育工作，增强全民环境意识，在全社会形成保护环境的良好风尚，对保护松花江流域生态环境安全和可持续发展，具有重要意义。本文分析了关于松花江流域生态环境建设宣传教育取得的成效、面临的挑战，提出了新形势下，强化松花江流域生态环境宣传教育的保障措施和经验与启示。

关键词： 松花江流域　生态环境建设　宣传教育　公共意识

全面贯彻习近平新时代中国特色社会主义思想，开展全民环境教育工作，增强全民环境意识，对促进松花江流域生态环境质量持续恢复和改善，保护松花江流域生态环境安全和可持续发展，提升生态环境质量，全面推进生态龙江、美丽龙江建设，具有重大而深远的意义。

一　强化环境建设宣传教育　公共环境意识全面提升

根据《黑龙江省生态建设规划纲要》《黑龙江省 1999～2050 年生态环

---

* 王嘉宝，黑龙江省社会科学院智库办公室专员、院团委书记。

境建设规划》《黑龙江省人民政府关于开展全民环境教育工作的决定》《黑龙江省环境保护"十二五"规划》和《黑龙江省生态环境保护"十三五"规划》，环境宣传教育工作坚持围绕中心、服务大局，进一步加强环境新闻发布和舆论引导，广泛组织形式多样的环境宣传活动，积极开展学校环境教育，扎实推动环境信息公开和公众参与，着力提升社会各界特别是党政领导干部生态文明和环境保护意识，与时俱进，开拓进取，为促进黑龙江省环保事业发展做出了积极贡献。

（一）强化新闻宣传和舆论引导

突出宣传主渠道作用，正确引导社会舆论，《黑龙江日报》刊发松花江水污染防治专题得到时任副总理李克强同志的亲自批示。环境宣传以"六进"活动为载体推进全民环境教育。集中力量在主流媒体、重点版面、黄金时段开展环境新闻宣传。黑龙江省主流媒体通过集中组织典型宣传，及时反映社情民意，传达主渠道声音，全面提高了驾驭和引导社会舆论的能力，为各级政府和环境保护部门解决环境问题营造了良好的舆论环境。中宣部组织国内主流媒体连续推出松花江休养生息重点报道，《中国环境报》以松花江水污染防治为内容，以整版篇幅分别对省政府主要领导进行专题访谈。新华社对松花江污染防治和休养生息政策落实情况进行了连续深度报道。2009年在《黑龙江日报》、黑龙江电视台头版头条重要位置发表报道70多篇，全省各级媒体报道4800多条、刊发播出环境公益广告7000多次。2010年在各类媒体刊发环境教育稿件8000多条（次）。2011年在各类媒体上刊发环境教育稿件2800多件（次）。2012年在各类媒体上刊发环境教育稿件2600多件（次）。2013年在各类媒体上刊发环境教育稿件2600多件（次）。2014年在省级以上刊物发表稿件700条，增长70%。开通"龙江环保"官方微博、微信，发布信息1940条。2014年在省级以上刊物发表稿件700条，增长70%。2015年"龙江环保"官方微博、微信和网站运行良好，发布信息4300条。2016年发布"龙江环保"官方微博、微信2900条。

（二）开展各类环境主题教育活动

着力提升环境文化的影响力和传播力，教育全民树立绿色发展理念，践行"生产方式绿色化，生活方式绿色化"。利用环保重大纪念日，开展主题宣传，大力弘扬生态文明价值观，结合6·5中国环境日暨世界环境日环境保护活动、纪念4·22地球日活动持续系列主题宣传活动；持续数十年深入开展"龙江环保世纪行"活动，重点关注农村环境问题，得到全国人大表彰；开展生态文明"让空气清新，我们在行动"一年一主题活动；开展生态安全宣传活动；开展以"低碳环保"为主题的宣传活动。举办"聚焦环保，和谐龙江"大学生网络环保主题随手拍摄影大赛。举办"我们的环保行为——2015年全省中学生环保绘画大赛"。举办以"力量青春，环保先行"为主题的纪念活动。以"保护母亲河"为主题，分别开展了黑龙江省"保护母亲河"行动、扮靓母亲河——捡拾垃圾等系列活动，向社会发出倡议，希望全社会积极行动起来，自觉参与到呵护母亲河——松花江的行动中来，汇聚起保护环境、关爱地球的强大力量。举办的"永远消失的动物们大型环保艺术体验展"活动，通过活动号召社会公众从身边小事做起，践行绿色生活，节约利用资源。开展以"绿色环保，低碳生活"为主题的"环保小卫士"杯青少年书法、绘画大赛。举办"我们的爱"大型亲子城市徒步活动，通过行走，吸引社会各界切身体验绿水青山，永固"绿水青山就是金山银山"生态文明意识，尊重自然、顺应自然、保护自然，自觉践行绿色生活，共同建设美丽中国。举办东北亚地区青少年环境体验宣传画展，进一步增强了黑龙江省青少年环境保护意识，提高青少年对可持续发展的认识，丰富青少年环境教育内容，引导他们践行低碳环保的绿色生活。

（三）利用地缘优势开展青少年环境宣传交流合作

组织中小学生赴韩国参加中俄日韩蒙东北亚五国中小学生环境教育体验活动。利用地缘优势开展对俄环境宣传交流合作，组织好青少年体验活动等系列活动。中俄双方青少年生态体验代表团分别于2014年7月28日至8月1日、8月11~15日开展了环境教育交流互访活动。2015年5月20日"国际生态学校"授旗仪式在黑龙江省省直机关省政府第二幼儿园"国际生态学校"举行。黑龙江省环境保护宣传教育中心及幼儿园师生和家长代表共500余人参加了仪式。2017年8月7~11日俄方青少年代表团一行11人访问黑龙江省哈尔滨市，开展了生态环保体验访问活动。

（四）以"六进"活动为载体，开展丰富的环境教育活动

国家全民环境教育试点省建设纳入国家行动计划，2007年全省环境教

育普及面平均达60%，中小学环境教育课程开课率达95%。在全省发放节能减排宣传挂图20万张。开展环境教育进学校、进社区、进企业、进机关、进军营、进农村等"六进"活动。到2012年建成了15个省级环境教育基地。在各地市主要公路出入口设立了环境教育公益广告牌。哈尔滨环境教育信息中心获得国家最高环境奖——第五届中华环境奖。开展表彰活动，对全省环境教育先进集体和先进个人予以表彰。聘任黑龙江省环境保护形象大使。

（五）利用环境教育培养公众环境意识

通过开展环境环保宣传教育，社会环境意识由较低的水平，得到全面提升。环境意识是人们对环境和环境保护的认识水平和认识程度，是人们参与环境实践活动的客观反映。环境意识包括两个方面的含义：一是环境价值观念，二是人们保护环境行为的自觉程度。《联合国里约环境与发展宣言》指出，环境问题最好在全体有关市民参与下促进和鼓励公众意识和参与，彰显了提高公众环境意识水平在环境保护中的重要性。"十一五""十二五"以来，黑龙江省环境宣传教育工作坚持围绕中心、服务大局，全面贯彻落实《黑龙江省人民政府关于开展全民环境教育工作的决定》《全国环境宣传教育行动纲要（2006～2010年）》《全国环境宣传教育行动纲要（2011～2015年）》，在全省范围内开展全民环境教育工作，增强生态省创建意识和参与意识。新发展观和可持续发展理念深入人心，环境保护法律法规有效实施。通过环保教育活动、舆论宣传、主体日教育活动，提升公众环境意识、促进公众环保参与、改善公众环保行为。一是政府充分发挥传媒优势，利用网络、电视、报纸等媒体宣传普及环境保护的知识和政策，让市民更多地了解本市的环境状况。二是突出抓好新闻宣传，发挥新闻媒体的宣传堡垒作用，牢固树立"绿水青山就是金山银山，冰天雪地也是金山银山"理念，做好新形势下环境信息发布和政策解读工作，切实提高环境信息发布和舆论引导工作水平，做到电视媒体有影像，纸媒有文字报道，增强舆论引导能力。三是充分发挥新媒体作用，保障环境舆情监测运行有序，营造有利于推进环保事业发展的良好氛围，凝聚全社会保护环境、齐心协力推动生态文明建设的正能量。通过开展环境保护教育，提高了公众对环境保护的认知程度，环境保护基本知识得到普及，增强了环境保护的国策意识和全面、协调、可持续发展意识；公众保护环境、防治污染及生态破坏的自觉性普遍提高，增强了保护环境的责任意识和资源珍稀意识。增强了环境道德意识、环境法治意识和自我保护意识；公众逐渐认识到环境保护的紧迫性和重要性，全社会自觉保护环境的良好风尚逐步形成。

二　松花江流域生态环境建设宣传教育工作面临的挑战

"十三五"环保工作明确以改善环境质量为核心，环境宣传教育工作面临新的挑战：松花江流域生态环境建设改善的复杂性、艰巨性、长期性，松花江流域生态环境保护优化经济发展的紧迫性、必要性，需要得到公众的理解和支持。

（一）环境问题本身为环境保护教育带来的挑战

黑龙江省环境保护工作面临的诸多挑战，对环境教育工作构成了很大的挑战。一是结构性污染突出，高污染、高消耗产业所占比例较大，清洁能源使用率低，化石能源消费占比仍然较高。二是煤城、油城等资源型城市环境保护工作存在历史"欠账"，经济发展与环境保护的矛盾日益显现。三是城镇化快速发展与环境基础设施建设运行相协调同步面临较大考验，生活型污染排放以及城市生态空间安全格局压力持续增长。四是群众关心的饮用水安全、劣Ⅴ类水体和城市黑臭水体治理任务艰巨。大气污染由煤烟型污染向复合型污染转变，区域性、季节性大气环境问题突出，大气污染防治工作任重道远。土壤污染防治工作滞后，黑土地有机质含量下降，化肥和农药污染防治仍需加强。五是重点生态功能区生态环境保护力度需加大，森林、湿地、草原等重要生态系统不同程度遭到破坏，部分自然保护区基础设施薄弱，管理能力需加强，生物多样性保护工作需进一步推进。面对这些环境问题的挑战，全民环境教育工作任务仍然十分繁重。公共环境意识仍需进一步提升；环境教育基础仍需进一步夯实，教育形式和教育手段仍需进一步拓展，环境知识传播渠道仍需进一步畅通，重视环境保护的舆论氛围仍需进一步强化；从我做起、人人参与环境保护的意识仍需进一步加强。

（二）对传统媒体和新兴媒体融合发展适应性不足

新媒体的快速发展、网络舆论环境日益复杂，环境信息的传播形式和方法亟待调整。实现传统媒体与新兴媒体真正的融合发展，恰恰是最难的阶段。其之所以难，是因为有几大因素在制约：第一个制约因素是从业人员的意识问题。对于媒体的领导层来说，是否真正有决心进行融合。第二个制约因素是融合的形式问题。也就是说，在同一个报业机构内，传统媒体与新兴媒体用什么形式融合，谁融合谁，在融合过程中谁应该占主动地位。第三个制约因素是融合的方法问题。从这个角度讲，如果不解决好融合后的媒体职能分配与新闻资源利用办法，融合后的传播平台对传统媒体的负面影响可能会更大，不仅不能起到促进传统媒体止跌上升的作用，反而会对传统媒体造成更大的冲击。

（三）生态文化产品供给能力不足

生态文化是一种价值观，政府要加大生态文化传播力度，培养人们的生态道德素质，促进生态文明道德和行为的养成，把增强生态文明意识、强化生态文明理念上升到提高全民素质的战略高度，形成自觉保护生态环境的良好社会风尚。人民群众对生态文化产品的需求不断增强，生态文化公共服务体系建设任重道远。习近平总书记在党的十九大报告中指出："我们要建设的现代化是人与自然和谐共生的现代化，既要创造更多物质财富和精神财富以满足人民日益增长的美好生活需要，也要提供更多优质生态产品以满足人民日益增长的优美生态环境需要。"提升生态产品供给能力是应对社会主要矛盾变化的着力点，是推进生态惠民、加强生态扶贫的有力抓手。

生态产品是指保持生态功能、维护生态平衡、保障生态安全的自然因素，分为有形生态产品和无形生态产品。优质生态产品主要包括宜人的气候、充足的阳光、清新的空气、清洁的水源、肥沃的土壤、宁静的环境、和谐的氛围、美丽的景色等。生态产品几乎涵盖了人们生活的方方面面，是人们赖以生存和发展的自然条件。

目前，生态产品已成为社会严重短缺、人们非常期盼的公共产品，生态产品的供给能力成为衡量人们获得感和幸福感的重要指标。

（四）宣传教育手段创新突破不足

宣传教育手段创新突破不足、与公众有效沟通不够的问题，仍然比较明显。如何减少"说教"、增加"说服"，与公众有效互动、沟通交流，海外一些把专业术语以漫画形式生动呈现的做法值得借鉴。除了诚心诚意、手段丰富，环保宣传还要具体入微、有针对性，帮助解决实际问题。不大而化之地宣教，而是针对具体问题，搭建公众易于参与的平台，让更多的公众参与到环保行动中来，在大家喜闻乐见的形式中，不断接受环保熏陶，提高环保意识。此外，环保宣传应注意别扎堆，而要"长流水"。应该更多地向社会公众开放，开展丰富多彩的宣传活动。各地可以创新求变，根据当地实际，开展形式新颖的宣教活动，凸显地方特色。

环境意识的形成，非一朝一夕之功，提高社会各界的环境意识，需要一个长期的过程。环保宣传教育不宜集中"大水漫灌"，需要"细水长流"，贯穿于公众日常生活中，贯穿于社会公共活动中，实现常态化，营造关注、支持和参与环保的良好社会氛围。如此，环境宣传教育才能春风化雨，生态环保理念才能在广大公众中"入心化行"，促进天蓝水碧的美丽中国早日成为现实。

三　松花江流域生态环境建设宣传教育的保障措施

（一）加强组织领导，确保规划实施

1. 强化规划实施的组织保障

各级政府切实加强对环境保护工作的组织领导，完善政府环境目标责任制，做到认识到位、责任到位、措施到位、投入到位，不断提高环境规划的权威性，确保规划全面实施。各有关部门各司其职，密切配合，协调解决经济发展与环境保护的重大问题。坚持和完善环境保护部门统一监督管理以及部门间信息共享、环境与发展协商制度，共同落实规划任务，推进规划实施。

2. 加强环境保护工作的政绩考核

建立与科学发展观相适应的领导干部政绩评价体系，把环境保护法律法规执行情况、环境质量改善情况、主要污染物排放总量控制情况等纳入地方党政领导班子和领导干部考核指标体系。地方各级人民政府要把环境保护规划目标、任务、措施和重点工程项目纳入本地区国民经济和社会发展规划，把规划执行情况作为地方政府、领导干部综合评价和企业负责人业绩考核的重要内容。强化规划实施的评估考核，对规划执行情况进行中期评估和终期考核。

3. 严肃环境保护责任追究

各级环境保护部门工作人员要依法履行职责。认真贯彻执行《环境保护违法违纪行为处分暂行规定》，对不执行环境保护法律法规和政策、不认真完成环境保护目标责任制，妨碍环境保护执法检查，造成严重后果的；因违反国家产业政策或违背产业发展导向，违反区域或流域的环境保护规划，在项目审批上决策失误以及行政干预导致环境恶化或生态破坏的；放任、包庇、纵容环境违法行为，或对社会反映强烈的环境污染问题长期不解决或处理不当的，要追究有关单位及其负责人的行政责任。

（二）强化环境法制建设，完善地方环境保护政策法规标准

1. 完善地方环境保护法规标准体系

强化环境法治建设既是防治污染、保护生态环境的需要，也是环境保护部门参与发展综合决策、推动经济发展方式转变的有效措施和手段。加快完善适合黑龙江省省情的地方环境保护法规体系，重点做好《黑龙江省环境保护条例》等法规规章的修订和《黑龙江省农村环境保护条例》等法规、规章的制定工作，填补环境监管法律空白，增强环境监督管理依据和可操作性。加快完善黑龙江省环境标准体系与技术规范，科学确定标准限值，编制和修订更加严格的地方环境质量标准和污染物排放标准，为实现规划目标提供法律标准保障。

2. 加强环境保护管理政策

加大规划环评的执行力度，区域流域开发利用、重要产业发展、自然资源开发和城市建设等规划必须依法开展环境影响评价，并且作为有关建设项目环评审批的前置条件，重点城市首先要实施城市环境保护总体规划制度。加强源头控制和全程管控，探索建立以末端控制为主、体现清洁生产要求、覆盖生产全过程的排放标准体系，并从再生产全过程制定和完善

经济政策，重点加快环境污染责任保险和重污染企业退出机制建设。建立环境功能区划及分区管控的目标，建立生态文明评估指标体系。

3. 完善环境保护经济政策

建立健全污染者付费制度，逐步提高排污收费标准。全面落实污水和垃圾处理收费政策。落实烟气脱硝电价政策，对可再生能源发电和垃圾焚烧发电厂实行优先上网和补贴政策。建立激励清洁能源发展的电价机制，大力推进步进制电价和水价政策。制定并实施促进绿色和低碳发展的政策，深化绿色信贷政策，建立抑制重污染项目和鼓励清洁项目的信贷机制。深化污染减排、松花江流域治理和区域生态环境保护的各项政策。按照"谁污染，谁补偿""谁保护，谁受益"的原则，建立以政府为主导的松花江流域水质生态补偿机制。探索建立排污交易市场，大力推进主要污染物排污权有偿使用和交易。针对高环境风险行业企业，建立环境污染责任保险制度。

（三）加强环境保护宣传教育，提高生态文明水平

加强生态文明建设和资源节约型、环境友好型社会建设的宣传教育工作，多形式、多方位、多层面宣传环境保护知识、政策和法律法规，弘扬环境文化，倡导生态文明，营造全社会关心、支持、参与环境保护的文化氛围，提高全民保护环境的自觉性，增强公民的环境意识和环境责任感，提倡绿色生产、生活与消费方式，推动建立以"善待自然、呵护环境，节约能源、珍惜资源，厚生爱物、促进公平"为主要内容的生态文明道德规范。完善公众参与环境保护机制，发挥非政府组织的积极作用，走环境保护群众路线，建立健全全民参与的社会行动体系。

（四）开展国际合作，扩大对外交流

积极开展环境保护国际交流，大力引进国外先进环境保护理念、管理模式、污染治理技术和资金。在绿色经济政策、环境保护资金投入、项目建设、风险管理、技术研发和转让以及基础能力提升等方面开展交流与合作。加强进出口贸易的环境保护管控，限制"高污染、高风险"产品出口，控制不符合环境保护标准的产品、技术、设施等输入，严格固体废物进口全过程监管。

围绕松花江流域环境保护和水污染防治，加强对俄环境保护交流与合作。由以水质联合监测互动为主向全方位、多层次、多领域合作转变，丰

富对俄环境保护交流与合作内涵。实施跨界水体水质联合监测；落实跨境自然保护区和生物多样性保护规划；开展跨界流域水污染防治技术研讨；进行环境保护法律、法规、规章和环境科技的交流。积极应对中、俄环境新问题，推进两国的环境保护外交。

四 松花江流域生态环境建设宣传教育的经验和启示

切实增强生态环境保护工作的责任感、使命感，把握"绿水青山就是金山银山"的重要发展理念，坚定不移走生态优先、绿色发展新道路，把握良好生态环境是最普惠民生福祉的宗旨精神，着力解决损害群众健康的突出环境问题，把握山水林田湖草是生命共同体的系统思想，提高生态环境保护工作的科学性、有效性。各地区各部门应狠抓贯彻落实，细化实化政策措施，确保能落地、可操作、见成效。严格落实主体责任，加大环境保护督察力度，坚持一切从实际出发，标本兼治、突出治本、攻坚克难，防止急功近利、做表面文章，咬定目标不偏移，稳扎稳打，坚定有序推进工作，扎扎实实围绕目标解决问题，切实依法处置、严格执法，抓紧整合相关污染防治和生态保护执法职责与队伍，确保攻坚战各项目标任务的统计考核数据真实准确，以实际成效取信于民。

（一）加大信息公开力度，增强舆论引导主动性

1. 完善环境新闻发布制度

各级环保部门都要设立新闻发言人，建立健全例行新闻发布制度。每月至少召开1次例行发布会，组织好重点时段新闻发布会。新闻发布会应结合公众关注的热点和现实问题，围绕环保工作重点，提高时效性、规范性、大众性，力求及时准确、通俗易懂。环境政策解读与新闻发布同步进行，积极向公众阐释政策，扩大共识。

2. 确立正确、积极的环境舆论导向

新闻媒体要加大环境新闻报道力度。主要报纸、通讯社、广播电台、电视台及新闻网站应积极开设环保专栏，加强环境形势的宣传和政策解

读，普及环境保护的科学知识和法律法规，报道先进典型，曝光违法案例。各级环保部门要及时与主要新闻媒体记者沟通交流，提供新闻素材和典型案例。办好环境专业媒体，在新闻报道中体现深度、广度和高度，提高社会影响力。开展新闻业务培训，每年组织环境新闻发言人和记者培训，引导媒体及时、准确、客观报道环境问题。

3. 积极引导新媒体参与环境报道

推动环境专业媒体和新媒体融合发展，环保部门主管的报纸、期刊等应开通官方微博和微信公众号，运用新媒体扩大环境信息传播范围，及时准确传递环境资讯。各级环保部门应开通微博、微信等新媒体互动交流平台，加强与关注环保事业的新媒体和网络代表人士的沟通，建立经常性联系渠道。加强线上互动、线下沟通，正确引导公众舆论，提升环保新媒体专业水平和社会公信力。

（二）加强生态文化建设，努力满足公众对生态环境保护的文化需求

1. 加强生态文化理论研究

组织开展马克思主义环境伦理学、社会学、政治学研究，深入研究和阐释生态文明主流价值观的内涵和外延，挖掘中华传统文化中的生态文化资源，总结中国环境保护实践历程，努力建设中国特色的生态文化理论体系。

2. 扶持生态文化作品创作

加强对生态文化作品创作的支持力度，鼓励文化艺术界人士深入了解生态文明建设和环境保护的实践活动，积极参与生态文化作品创作，推出一批反映环境保护、倡导生态文明的优秀作品，繁荣生态文化，满足人民群众对生态文化的精神需求。

3. 加强生态文化公共服务体系建设

充分发挥各类图书馆、博物馆、文化馆等在传播生态文化方面的作用。加强自然保护区、风景管理区等的生态文化设施建设和管理，积极推进中小学环境教育社会实践基地建设，使其成为培育、传播生态文化的重要平台。

（三）加强面向社会的环保宣传工作，形成推动绿色发展的良好风尚

1. 做好不同人群的培训工作

抓好党政领导干部的培训，宣传好环境保护"党政同责""终身追责"等重要内容，树立科学的发展观和正确的政绩观，提高"关键少数"保护环境的责任意识；抓好企业负责人的培训，做好环境法制宣传，每年开展百人以上"企业环境责任"培训，促使企业履行社会责任，提高排污企业的守法意识；抓好公众的培训，加大科普力度，围绕公众关心的环保热点话题，通过线上线下传播途径，每年组织全民大讨论，面向妇女、青少年组织开展科普宣讲培训；围绕公众关心的热点环境问题，面向环保社会组织每年举办专题研讨班。

2. 提高环保宣传品的艺术感染力

围绕环保中心任务和重点工作，结合重点环境纪念日主题，紧扣人民群众广为关注的雾霾、核电、化工、垃圾、辐射、水污染、土壤污染等热点、焦点问题，每年组织编写群众喜闻乐见的宣传材料，策划制作宣传挂图、宣传短片、公益广告、动漫和微电影，不断提升各类环保宣传品的质量，增强艺术性，扩大覆盖面，提高影响力。

3. 打造环保公益活动品牌

充分发挥环境日、世界地球日、国际生物多样性日等重大环保纪念日独特的平台作用，精心策划、组织全国联动的大型宣传活动，形成宣传冲击力。深入推进环保进企业、进社区、进乡村、进学校、进家庭活动，每年组织具有较大社会影响力的宣传活动，培育绿色生活方式。进一步贴近实际、贴近生活、贴近群众，努力打造一批环保公益活动品牌。把"绿色中国年度人物""中华环境奖""中国生态文明奖"评选表彰做大做强。

（四）推进学校环境教育，培育青少年生态意识

1. 培育中小学生保护生态环境的意识

总结各地各部门环境教育立法实践，支持推动地方性环境教育法规的

立法工作。适时修订《中小学环境教育专题教育大纲》和《中小学环境教育实施指南（试行）》。中小学相关课程中加强环境教育内容要求，促进环境保护和生态文明知识进课堂、进教材。加强环境教育师资培训，编写环境教育丛书。积极发挥全国中小学环境教育社会实践基地的作用，组织开展环境教育课外实践活动。

2. 提高高校环境课程教学水平

加强高等院校环境类学科专业建设，根据学校特点有针对性地培养研究型、应用型人才。加强环境类专业实践环节和教材开发力度。鼓励高校开设环境保护选修课，建设或选用环境保护在线开放课程。积极支持大学生开展环保社会实践活动。

3. 培养环保职业专业人才

发挥环保职业教育教学指导委员会的作用，加强对环保职业教育人才需求预测、专业设置、教材建设、师资队伍、校企合作等方面的指导，培养更多更好的环境保护专业人才。推行全国统一的国家环保职业资格证书制度，健全环保技术技能人才评价体系，完善环保职业岗位规范，全面提高环保职业从业者专业水平。

（五）积极促进公众参与，壮大环保社会力量

1. 保障公众环境保护知情权

规范环境信息公开制度。提升环境信息和数据通俗性及便民度，帮助公众及时获取政府发布的环境质量状况、重要政策措施、企事业单位的环境信息、企业环境风险及相关应急预案信息、突发环境事件信息等。加强环境信息库建设。推进企业发布环境社会责任报告。

2. 拓宽公众参与渠道

完善公众参与的制度程序，引导公众依法、有序地参与环境立法、环境决策、环境执法、环境守法和环境宣传教育等环境保护公共事务，搭建公众参与环境决策的平台。建立环境决策民意调查制度。开展公众开放日活动。制定和实施重大项目环境保护公众参与计划，在建设项目立项、实施、后评价等环节，有序提高公众参与程度。

3. 发挥环保社会组织和志愿者积极作用

加强环保社会组织、环保志愿者的能力培训和交流平台建设。支持环保志愿者参与环保公益活动，引导培育环保社会组织专业化成长，鼓励符合条件的环保社会组织依法对污染环境、破坏生态等损害社会公共利益的行为开展公益诉讼。鼓励开展向环保社会组织购买服务。

参考文献

［1］《黑龙江省人民政府关于开展全民环境教育工作的决定》。
［2］《全国环境宣传教育行动纲要（2006～2010年）》。
［3］《全国环境宣传教育行动纲要（2011～2015年）》。
［4］《全国环境宣传教育行动纲要（2016～2020年）》。
［5］《黑龙江省生态环境保护"十三五"规划》。

松花江流域水污染防治保障机制研究

李　峰*

摘　要： 近年来，国家和黑龙江省对松花江流域的生态环境治理高度重视，黑龙江省环保厅根据国家和省委、省政府的要求，加大了松花江流域生态治理的力度，全力推进松花江流域水污染防治，水环境质量得到提升，松花江流域特别是黑龙江省段生态环境得到了明显改善。总结经验可以发现，松花江流域生态治理的成效离不开一系列的保障机制和措施，主要包括组织保障、制度保障、技术保障和资金保障四大方面，更得益于党政统筹抓推进，强化责任落实、加强顶层设计，扩大协调保障、社会资金和技术保障不可或缺、建立激励机制、调动环保积极性等。

关键词： 松花江流域　生态治理　保障机制

一　松花江流域水体污染防治的概况

（一）提升松花江水体质量的重要性

习近平总书记强调，"水安全是涉及国家长治久安的大事，全党要大力增强水忧患意识、水危机意识，从全面建成小康社会、实现中华民族永续发展的战略高度，重视解决好水安全问题"。松花江作为我国七大河流之一，流经内蒙古、吉林、黑龙江和辽宁四省区，流域总面积56.12万平方公里，其中黑龙江省27.04万平方公里，松花江干流沿岸涉及哈尔滨市、佳木斯市、肇源县、肇东市等17个市、县（县级市），8个国有农场和方

---

*　李峰，黑龙江省社会科学院政治学研究所副研究员，研究方向为地方治理。

正、兴隆、清河 3 个林业局。松花江干流由肇源县西南三岔河口向东北流至同江市汇入黑龙江，河道全长 939 公里。流域面积占全省面积的近60%，流域人口占全省总人口的 70%，流域内的经济总量占全省 GDP 的70%。松花江流域是我国重工业基地的重要组成部分，也是我国重要的农业、林业和畜牧业基地。松花江是“龙江丝路带”、东北“水上丝绸之路”以及“一带一路”的重要通道和出海口。同时，松花江又是一条国际河流，从黑龙江省蜿蜒穿过，进入俄罗斯远东地区入海。由此可见，加强松花江流域生态保护建设，实现水质安全，不仅是确保流域居民饮水安全、生命安全的迫切需要，还决定着流域的水土保持、水利灌溉、农作物生长，在某种程度上也决定着我们国家的粮食安全。加强松花江流域生态保护建设，提升水体质量，也是深化中俄全面战略协作伙伴关系的需要，是我国承担起大国国际责任的具体体现。

（二）松花江流域水污染防治的成绩

近年来，国家和黑龙江省对松花江流域的生态环境治理都给予了高度重视，特别是“十一五”“十二五”期间，黑龙江省环保厅全力推进松花江流域水污染防治，水环境质量进一步提升，松花江干流水质上升为三类水体，“水十条”考核的 62 个断面中，有 61 个达到 2020 年国家水质目标要求，阿什河口内等断面首次实现达标。目前，全省设置国、省控断面133 个、河流 107 个、湖库 26 个，松花江干流及 31 条支流设有 78 个监测断面。2017 年上半年，松花江流域水质达标率为 79.5%，同比提高 7.6 个百分点；优良水体比例为 74.5%，同比提高 5.2 个百分点；劣 V 类水体持平。松花江干流能够稳定达到 Ⅲ 类水。松花江流域水污染防治的成效离不开一系列保障机制的建立，保障机制为松花江流域生态治理奠定了基础。

二　建立保障机制的主要举措

松花江流域水污染防治成效离不开一系列的保障机制，主要有组织保障、制度保障、技术保障和资金保障四大方面。

（一）有力的组织保障是基础

松花江流域生态治理是一个系统工程，是需要各部门分工协作、密切配合的工作，因此组织保障不可或缺。

1. 建立健全组织机构

松花江流域水质状况及生态治理得到持续改善得益于黑龙江省委、省政府对此项工作的重视。2007 年 6 月，黑龙江省政府成立了以省长为组长、常务副省长和主管副省长为副组长，环保厅、发改委等 15 个相关部门参加的黑龙江省松花江流域污染防治工作领导小组，领导小组下设办公室，设在原省环境保护局。领导小组负责统筹协调推进黑龙江省松花江流域生态治理，小组多次召开高层会议，定期召开工作会议重点部署，落实各级地方政府责任。省政府的举措就是风向标，各地市向上看齐，成立了以行政"一把手"为组长的松花江流域水污染防治领导小组，有机整合力量开展规划项目建设。全省上下形成了政府主导、上下联动、横向协调的推进格局。2015 年国务院发布了《水污染防治行动计划》，为了进一步深化水污染防治工作，经省政府领导同意，将领导小组更名为黑龙江省（松花江流域）水污染防治工作领导小组，并将成员单位增加到 26 个。领导小组每年都召开专题推进会，由省主要领导亲自安排部署松花江污染防治工作。主管副省长深入地方和治污项目现场调研、督办。省、市、县各级水污染防治工作领导小组的建立，为松花江流域治理提供了重要的组织机构保障。

2. 贯彻落实国家河长制

黑龙江省从 2008 年开始，在污染较重的安邦河、呼兰河、鹤立河等 9 条松花江重点支流推行"河（段）长"制，地方行政领导担任河段长，指导各重点支流成立协调机构，建立工作机制，由河长单位牵头编制全河段综合治理规划。目前，哈尔滨、鸡西、双鸭山、鹤岗、佳木斯等市都成立了专门协调机构，对治理不力、水质不达标的河流和断面，河长或段长将受到警告、通报批评直至行政处分。2016 年 12 月，中办和国办联合发布了《关于全面推行河长制的意见》。2017 年 2 月 24 日和 3 月 13 日，省委、省政府印发了《关于设立黑龙江省总河长、省级河长和市级河长的通知》和《关于加强河长制组织体系建设的通知》，完成了设立省总河长、省级河长和市级河长，黑龙江省实行双总河长制，省委书记、省长共同任总河长，进一步加强了全省推行河长制工作的组织领导。通知要求市、县、乡级由党委、政府主要领导共同担任河长；村级由党支部书记、村委会主任共同担任河长，实行"双河长制"，建立省、市、县、乡、村五级河长体系。河长制覆盖黑龙江省50平方公里以上的2881条河流和1平方公里以上的湖泊。6月30日省委办公厅和省政府办公厅联合印发了《黑龙江省实施河长制工作方案（试行)》。

（二）刚性的制度保障是重点

制度具有根本性、全局性、稳定性和长期性，松花江流域治理离不开完善的制度保障。近年来，黑龙江省在松花江流域生态治理上十分重视制度建设，用制度保障松花江流域生态治理的稳步推进。

1. 加强政策法规保障

随着经济和社会的迅速发展，松花江流域生态环境受到了严重的破坏，流域内的水污染十分严重，不仅影响黑龙江省经济社会可持续发展，对工农业生产用水和人民生活饮用水安全构成严重威胁，也曾一度引起邻国关注和产生过国际政治影响。因此，制定相应配套的地方法规，把松花江流域水污染防治纳入法制轨道，为松花江流域生态污染治理提供法律保障就成为保障机制的重要环节。为了防治松花江流域水体污染，改善流域水环境质量，保障用水安全，建立污染防治的长效机制，根据《中华人民共和国水污染防治法》等法律法规，结合黑龙江省实际，在总结黑龙江省多年来水污染防治工作经验基础上，经多次省内外调研和认真修改，2008年12月19日黑龙江省十一届人大常委会第7次会议全票通过《黑龙江省松花江流域水污染防治条例》，自2009年5月1日起施行。条例共分七章，涉及黑龙江省松花江全流域的监督管理、跨界协同管理、污染预防和治理及饮用水水源保护等方面。同时确定了流域水污染防治遵循预防为主、防治结合、统筹兼顾、突出重点、明确责任、依法监管、综合治理的原则。《黑龙江省松花江流域水污染防治条例》的施行，标志着黑龙江省流域法制化监管步入全国前列。目前，黑龙江省已颁布实施了《环境保护条例》《工业污染防治条例》《居民居住环境保护办法》《环境监测管理办法》和《排污费征收使用管理办法》等10部法规规章以及一系列有关水污染防治的规范性文件，环境保护重要法律制度基本建立，水污染防治全面纳入法制化轨道。

2. 完善顶层规划设计

松花江流域生态治理工作是一项系统工程，除了一系列政策法规的出台与执行，顶层的规划和设计不可或缺，这些顶层设计为松花江流域生态治理提供了蓝图和目标，成为重要的制度保障。2006 年 8 月，国务院以国函〔2006〕77 号文件的形式，审议并原则通过了《松花江流域水污染防治规划（2006～2010 年)》，松花江流域的水污染治理和"三河三湖"治理一同被列为流域水污染治理重点。规划在思路上紧紧围绕"十一五"环保工作核心思路，提高环境监管能力，以解决松花江沿江人民实际问题为出发点和落脚点；首次在流域治理中建立官员问责制，并提出规划的年度评估制度。规划确定的总体目标是：到 2010 年，力争大中城市集中式饮用水源地得到治理和保护，完成重点城市污水处理和重点工业污染源的治理任务，重点污染隐患得到有效治理和监控，主要污染物排放总量得到有效控制，大中城市污染严重水域水质有所改善，流域水环境监管及水污染预警和应急处置能力显著增强。为科学制订松花江流域治理开发与保护的总体部署，根据国务院关于开展流域综合规划修编工作的总体安排，黑龙江省会同水利部、国家发展改革委等部门，建立了流域综合规划修编部际联席会议制度，与松花江流域其他 3 个省（自治区）有关部门，在深入开展现状评价、总体规划、专业规划、专题研究的基础上，编制完成了《松花江流域综合规划（2012～2030 年)》（以下简称《规划》)。2013 年 3 月国务院以国函〔2013〕38 号批复了《规划》，并要求认真组织实施。国务院在批复中明确提出，《规划》实施要以完善流域防洪减灾、水资源综合利用、水资源与水生态环境保护、流域综合管理体系为目标，坚持全面规划、统筹兼顾、标本兼治、综合治理，注重科学治水、依法治水，协调好兴利与除害、开发与保护等关系，促进松花江流域水资源的合理开发、优化配置、全面节约、有效保护和综合利用，为实现经济持续健康发展和社会和谐稳定提供有力支撑。可见，无论是《松花江流域水污染防治规划（2006～2010 年)》还是《松花江流域综合规划（2012～2030 年)》，这两个顶层设计都为松花江流域生态治理提供了重要的制度保障。

（三）可靠的技术保障是依托

随着社会的快速发展和松花江污染防治规划的实施，加强松花江流域水污染防治的科学研究，开发并实施有效的特征污染物削减技术，建立完善的松花江水质监控技术，对于保障松花江的水质安全与流域可持续发展都有重要的意义。

1. 积极落实国家水专项科技

国家水体污染控制与治理科技重大专项（水专项）是国家十六个科技重大专项之一。"十二五"期间，国家在黑龙江省松花江流域共设立9个课题，总经费约6.21亿元。课题紧密结合"十二五"松花江流域水污染防治规划及重大科技需求，围绕"部分支流污染严重、面源污染负荷较重、冰封期水质污染加剧、跨国界"等流域核心问题，开展了中俄跨境地区水环境风险监控预警、流域污水处理智能化集群调控、傍河取水水质安全保障等关键技术研究。选择牡丹江、阿什河、哈尔滨市辖区控制单元典型支流（区域）开展水质达标区域综合示范，选择下游沿江湿地开展生态功能与生物多样性恢复综合示范，建立了松干粮食主产区农业清洁流域综合示范区。目前，已研发关键技术55项，其中30项关键技术得到具体应用，且运行效果良好。发表论文近300篇，申请发明专利100余项。黑龙江环境保护厅厅长介绍说，水专项紧密结合松花江流域水污染治理重大科技需求，围绕"高风险、跨国界"等流域水环境特征，研发流域有毒有机物削减、风险防控和跨界水环境管理等关键技术，建立流域水环境管理决策支持平台，为松花江流域水质与水生态安全以及跨界水环境管理提供技术支持。由于国家和地方政府的重视，随着水专项推动、流域污染防治规划的实施，目前松花江流域水质趋于好转，总体为轻度污染。

2. 夯实基础技术保障

一是建立技术检查，省、市共建成污染源监控中心15个，安装废水自动监控设施295台，省重点废水污染源监测率为100％。开展松花江流域水生生物监测试点工作，构建河流生态监测指标体系。二是数字化监管，发挥科技标准引领作用，基本建成环境卫星遥感应用平台，形成无人机航测能力。加强"互联网＋"环保执法体系建设，现已建设污染源工况监控、排污费全程信息化、环境监察移动执法、行政处罚自由裁量系统，形成了"污染源网络监控、排污费网络开单、监察执法网络办案、行政处罚自由裁量"的信息化监管模式。三是率先开展水生生物监测。为更加科学评价松花江流域水质改善效果，黑龙江省在全国率先开展水生生物监测，结果表明，松花江干流清水种类逐步增多，种群数量显著增加，鱼体内农药、多环芳烃、多氯联苯和重金属等持久性污染物残留量均达到标准要求，鱼类健康状况良好。四是应急技术保障，根据松花江水源受到苯和硝基苯严重污染的现状，黑龙江省决定开展短期和长期相关课题研究，为治理松花江水污染、改善流域生态环境及沿江各市县实现用水安全提供技术支持。

（四）必要的资金保障是支撑

资金保障是松花江流域生态治理的重要支撑，也是松花江流域生态治理的重要保障之一。

1. 加大财政支持力度

一是争取国家投入，加大中央财政水环境保护资金的争取力度。"十一五"期间，国家确定松花江流域水污染防治重点项目规划总投资 134 亿元，规划项目大体分为城市水源地保护项目、城镇污水处理及再生利用项目、工业污染治理项目三大类。黑龙江省纳入国家规划内的项目共 116 项，总投资 77.5 亿元，占国家在两省一区规划总投资的 58%。其中污染处理及再生利用项目 40 项，投资 54.5 亿元；工业污染治理项目 65 项，投资 17.9 亿元；重点区域污染防治项目 11 项，投资 5 亿元。目前纳入国家规划的污水处理及再生利用项目，80% 以上的完成可研报告并获得批复，大部分工业污染治理项目的可研报告也已编制完成。二是争取科研资金。国家已经在黑龙江省投入"水专项"资金 3.87 亿元，开展了松花江流域重污染行业的有毒有机污染物排放特征、"预处理"关键技术研究，松花江流域有毒有机物特征和行业污染物削减及清洁生产关键技术研究，建立了化工、煤化工、制药、粮食深加工、造纸等行业示范工程。目前建设的 11 个示范工程已进入验收阶段。三是加大省内投入。"十二五"期间，全省实施《重点流域水污染防治规划（2011~2015）》，投资 74 亿元，推进了 235 个项目建设。黑龙江省水污染防治工作方案提出要增加政府资金投入。各级政府要积极筹措资金，重点支持污水处理、污泥处理处置、河道整治、饮用水水源保护、畜禽养殖污染防治、水生态修复、应急清污等项目和工作。环境监管能力建设及运行费用要纳入当地政府年度预算。

2. 广泛吸收社会资金

一是争取亚行贷款。积极申报亚洲开发银行重大投资项目，经过努力争取，亚行表示愿意在贷款规划中纳入更多东北地区的重大投资项目，全力支持松花江流域的污染防治工作。松花江流域环境改善项目被亚行认为是"十一五"规划期间适宜实施的项目，亚行向松花江流域和东北地区提供援助并将长期支持东北地区和松花江流域的发展，并计划投资20亿美元实施松花江流域环境改善项目，其中包括大约10亿美元的外部贷款援助。二是拓宽金融租赁公司资金渠道，鼓励其加大对环保领域的支持力度。积极宣传贯彻国家有关水污染防治政策，鼓励银行业金融机构创新金融产品和服务，以政府性担保机构为重点，推动黑龙江省融资担保机构开展股权项目收益权、特许经营权、排污权等质押融资担保业务。支持水污染治理相关企业通过境内外上市、新三板和省内区域股权市场挂牌以及发行债券等直接融资方式筹措资金，有效利用资本市场做大做强。三是开展社会合作。省政府和清华同方股份有限公司、加拿大北美环境有限公司在哈尔滨华旗饭店举行《黑龙江省水务项目投资战略合作协议书》签约仪式。根据协议，清华同方股份有限公司和加拿大北美环境公司将出资50亿元，用于松花江流域区域性中心城市水资源利用及水污染治理项目、煤炭资源型城市水务项目。

三　经验及启示

松花江流域水污染防治这一系列保障措施的实施，保障了松花江流域生态治理的有序高效运行，总结其经验，得益于党政统筹抓推进，强化责任落实，加强顶层设计，扩大协调保障，社会资金和技术保障不可或缺，建立激励机制，调动环保积极性等。

（一）党政统筹抓推进，强化责任落实

省委、省政府始终高度重视松花江水污染防治工作，历任主要领导都对此项工作做出明确指示并提出具体要求。重点流域规划项目实施历年被作为"一把手工程"，写入省政府工作报告，还被纳入2014年全省34件

民生实事之中。针对规划项目推进中存在的问题,主管副省长多次现场办公或约谈进展缓慢的地市主要领导及项目负责人,研究解决问题,督促加快推进。2016 年由省长签发,发布了《黑龙江省水污染防治工作方案》,形成了较为完善的水污染防治目标任务体系,明确了全省未来 5 年的水污染防治约束性目标和任务要求。根据国家和黑龙江省签订的《水污染防治目标责任书》,将水环境质量目标分解到各市(地)和省直管试点县,由主管副省长代表省政府和各地政府主要负责人签订了《水污染防治目标责任书》。《黑龙江省水污染防治工作方案》共有 137 项具体任务,涉及 46个中省直部门,除环境保护工作外,水资源保护和生态流量保障、产业结构调整、农村畜禽养殖和农业面源污染治理、工业节水、城镇污水处理厂建设、城市黑臭水体治理、湿地保护和恢复、充分发挥市场机制等重点工作,需要水利、发改、农委、工信、住建、林业、财政和物价等部门组织实施。2016 年省委、省政府陆续开展对各地市党委和政府的环境保护督察工作,水污染防治工作是重点内容之一。这一年,环境保护主体责任得到有效落实。省委书记、省长多次召开会议研究部署环境保护工作,现场考察污染治理。相关省领导督导推进各项工作落实。省委、省政府出台了《党委、政府及有关部门环境保护工作职责》《党政领导干部生态环境损害责任追究实施细则(试行)》。

(二) 加强顶层设计,扩大协调保障

部门联动抓推进。环保、发改、监察、建设等部门建立协同推进机制,定期组成联合督查组,深入各地,督促建设。"十二五"期间开展了12 次规划项目督查联合行动,约见地市主要领导 40 多人次。环境保护部定期就松花江流域水污染防治专题举办环境保护部际联席会议,主要由黑龙江、吉林、辽宁和内蒙古三省一区政府及发改委、工业和信息化部、财政部、国土资源部、住房和城乡建设部、水利部和农业部等部委参加。该机制使松花江流域水污染防治工作实现了以保障水环境安全、改善水环境质量为目标,综合运用工程、技术、生态等手段,不断完善政策措施,努力恢复江河湖泊的生机和活力的局面。近年来,黑龙江省一直加强与松辽委及吉林省在松花江流域水质状况方面的协调和沟通,每年由松辽水系领导小组办公室召集召开松辽流域省界缓冲区水质会商会议,实地考察两省交界水质状况,并就相关工作情况进行充分的信息交流。

（三）社会资金和技术保障不可或缺

1. 推行绿色信贷，广泛吸收社会资本

积极发挥政策性银行等金融机构在水环境保护中的作用，重点支持循环经济、污水处理、水资源节约、水生态环境保护、清洁及可再生能源利用等领域。坚持"区别对待、有扶有控"的原则，加大对环境服务业信贷支持力度。定期向银行业金融机构通报相关违法违规企业名单，严格限制环境违法企业贷款。加强环境信用体系建设，加快构建守信激励与失信惩戒机制。环保、银行、证券、保险等单位要加强协作联动，于2017年底前分级建立企业环境信用评价体系；开展环境污染强制责任保险试点。推动落实《关于开展环境污染强制责任保险试点工作的指导意见》（环发〔2013〕10号），鼓励涉重金属、石油化工、危险化学品运输等高环境风险企业行业投保环境污染责任保险。对投保企业信息进行上网公布，以信息公开推动企业环境风险防范长效机制建立。黑龙江省充分引吸纳社会资金进入污水处理行业。隶属于龙江环保股份有限公司的哈尔滨市太平污水处理厂，就是采用吸收社会资本，以 BOT 方式建设运行的，日处理 32.5万立方米污水，不仅工期缩短为 14 个月，处理成本国内同等规模价格最低，企业效益良好。如今，龙江环保股份有限公司在黑龙江省投入近 50 亿元，通过采取 BOT/TOT 并购、委托运营等形式建设运营了 16 座污水处理厂，均运行良好。

2. 用技术进步推进水环境保护事业发展

水专项紧密结合松花江流域重大治理行动，实现了"专项实施支撑流域规划实施""技术突破与应用示范""治理技术与管理技术""上游统筹与出境控制"相结合，突破了松花江流域风险污染物削减和风险管理技术瓶颈，支撑流域"水质改善"和"风险防控"，在松花江流域水污染治理中发挥了重要的科技支撑和引领作用，取得了显著成效。随着水专项课题研究和应用的不断深入，松花江流域水环境质量不断得到提高，各综合示范区水质得到改善，考核断面大部分时段达到水质规划功能，珍稀、濒危鱼类种群增加，松花江流域生物群落的完整性得到初步恢复，对黑龙江省水污染防治具有借鉴和指导意义。国家水体污染控制与治理科技重大专项

紧密结合松花江流域水污染治理重大科技需求，围绕"高风险污染源较多、冰封期水质污染加剧、跨国界"流域核心问题，系统研究松花江的水环境污染特征，开发松花江风险污染物控制与治理、高风险水污染源管理、水环境质量风险监控与管理等方面关键技术，建立松花江水环境风险管理体系，为松花江水污染防治规划的落实提供关键技术，为实现松花江的水质安全与水生态安全以及跨界水环境管理提供技术支持。

(四) 建立激励机制，调动环保积极性

1. 实施流域跨界水环境生态补偿

继续在穆棱河、呼兰河实施流域跨界水环境生态补偿试点，并逐步在省内其他跨界河流推广。进一步完善生态补偿资金使用管理办法，按照"谁污染、谁付费"的原则，将扣缴资金用于改善水环境的污染防治项目。研究建立排污权有偿使用和交易框架体系，制定并实施排污权有偿使用与交易试点方案。

2. 施行"以奖代补"

黑龙江省环保部门联合财政部门制定奖励政策，对形成减排能力的污水处理厂给予运行补助，通过验收的工业项目可获"以奖代补"奖励。省财政已经累计投入 2.6 亿元发放"以奖代补"补贴。

结　　语

经过多年的努力，松花江流域水污染防治基本形成了以黑龙江省（松花江流域）水污染防治工作领导小组为统领，省环保厅具体实施负责的组织保障，以《黑龙江省松花江流域水污染防治条例》等一系列制度为规范的制度保障，以国家水体污染控制与治理科技重大专项和基础技术为根本的技术保障，以国家以财政为主、社会资金为辅的多元投入的资金保障等四大保障举措，形成了合理有效的保障机制。

松花江流域生态环境建设跨省（区）协作机制研究

高洪贵*

摘　要：近年来，东北四省（区）在松花江流域生态环境建设领域建立合作平台，不断完善了以"流域搭台、区域协商、部门协作、联防联治"为特色的"松辽管理模式"，在跨界协作和污染治理等方面有效促进了流域生态环境工作，打开了区域性限制，增强了应对松花江生态保护问题的保障能力，有效整合资源，拓宽了合作空间，为经济社会发展提供了生态安全保障。目前，松花江流域尚未形成以流域为基础的权威、统一、高效的生态环境保护体系，跨省区协作治理的能力和水平需要进一步提升。应从拓宽协同合作领域，创新协同治理方式和完善跨省（区）应急合作机制及工作交流合作机制等方面入手，锻炼提升应急协作水平，实现松花江生态环境跨省区治理的无缝衔接。

关键词：松花江流域　生态环境　协作机制

松花江流域位于中国东北地区北部，包含嫩江、吉林省松花江和松花江干流，流域面积 56.12 万平方千米，占全国面积的 5.85%、松辽流域总面积的 44.92%。松花江流域西部以大兴安岭为界，东北部以小兴安岭为界，东部与东南部以完达山脉、老爷岭、张广才岭等为界，西南部的丘陵地带是松花江和辽河两流域的分水岭。行政区划包含黑龙江省全部、吉林省大部分、内蒙古自治区一部分及辽宁省的小部分。

---
* 高洪贵，黑龙江省社会科学院政治学研究所研究员，研究方向为中国政府与政治。

一　松花江流域生态环境建设跨省（区）协作历史背景与组织机构演变

考察松花江流域生态环境建设跨省（区）协作问题，与我国水资源行政管理体制和流域水资源行政管理组织机构的发展演变过程密切相关。即我国水资源管理和流域水资源管理体制的变化既奠定了松花江流域生态环境保护跨省（区）协作的历史基础，更决定了跨省（区）协作机制的发展走向。

（一）水资源行政管理：由分散向统一与分级、分部门管理相结合的体制转变

中华人民共和国成立之初，水资源行政管理在国家一级实行的是比较分散的管理形式。水利部重点负责防洪、除涝和灌溉等工作，水力发电、农田水利、内河航运及城市供水分别由燃料工业部、农业部、交通部和建设部负责管理。后经变革，水资源行政管理职能逐渐向水利部集中，农田水利和水土保持工作也归属于水利部。《中华人民共和国水污染防治法》于1984年颁布、1996年进行了修正，1989年颁布了《中华人民共和国环境保护法》，各级人民政府的环保部门成为对水污染防治实施统一监督管理的机关。1988年1月《中华人民共和国水法》颁布，规定了对水资源实行统一管理与分级、分部门管理相结合的制度，重新组建水利部，明确水利部作为国务院的水行政主管部门负责全国水资源的统一管理工作，同时国务院其他相关部门按照职责分工协同水利部进行管理。1998年国务院批准水利部是主管水行政的国务院组成部门，国家防汛抗旱总指挥部办公室设在水利部，对地下水的管理职能从国土资源部转移到了水利部，从而强化了水利部统一管理水资源的职能，但对各个排放口的管理职能仍属环保部门，其他部门仍然按照职责分工协同水利部进行管理。[①]

（二）松花江流域水资源管理：由行政区域管理向流域综合管理转变

在流域水资源行政管理方面，我国经历了由行政区域管理向流域综合

---

① 钱冬：《我国水资源流域行政管理体制研究》，昆明理工大学硕士学位论文，2007。

管理的转变，流域组织的职能不断加强。20世纪50年代，我国相继成立了长江流域规划办公室（后更名为长江水利委员会）、黄河水利委员会、治淮委员会、珠江流域规划办公室。但20世纪60～70年代，由于种种原因一些流域机构被撤销，70年代末期才逐渐恢复。20世纪70年代，鉴于松花江流域水污染日趋严重的状况，吉林和黑龙江两省革委会一同向国务院写报告，建议成立松花江水系保护领导小组。1978年国务院批复同意后，分别由吉林省和黑龙江省的省委领导担任正、副组长。1981年以后，吉林和黑龙江均由分管环保的副省长担任正、副组长。1982年，松辽水利委员会在长春成立，属事业单位，地师级，与水利电力部东北勘测设计院合署办公，组建了流域规划处、工程管理处、地方水利处和基本建设处，其他处（室）沿用东北勘测设计院机构设置。1984年3月10日，水利电力部、城乡建设环境保护部水电劳字〔1984〕21号文，决定将松花江水系保护领导小组办公室并入松辽水利委员会，成立水利电力部、城乡建设环境保护部松辽流域水资源保护局，同时作为松花江水系保护领导小组的办事机构，继续承担领导小组办公室的任务，受水利电力部和城乡建设环境保护部双重领导，由松辽水利委员会代管。1987年松辽水系保护领导小组成立后，增加辽宁省和内蒙古自治区分管水利的副省长和松辽水利委员会主任作为副组长。2002年新《水法》明确了国家对水资源实行流域管理与行政区域管理相结合的管理体制，国务院水行政主管部门在国家确定的重要江河、湖泊设立了流域管理机构，在所管辖的范围内行使法律、行政法规规定的和国务院水行政主管部门授予的水资源管理和监督的职责。①

（三）松花江流域管理体制的特征

松花江流域管理体制在纵向和横向上都具有层次性。

从横向来看，第一层为水利部和国家环保总局，最高级别行政权力归属于它们。第二层为松辽水利委员会和松辽水系保护领导小组。松辽水利委员会隶属于水利部，具体负责对流域进行管理；松辽水系保护领导小组于1987年由四省区政府和松辽水利委员会共同组建成立，标志着松辽流域水资源管理工作在流域管理同区域管理相结合方面的进步，这

---

① 钱冬：《我国水资源流域行政管理体制研究》，昆明理工大学硕士学位论文，2007。

一模式被称为"松辽管理模式"。第三层为流域四省区水利、环保部门和支流污染控制防治领导小组。第二层和第三层之间有松辽流域水资源保护局和松辽水系保护领导小组办公室。松辽流域水资源保护局是松辽水利委员会的单列机构，主要受水利部领导，但同时又受到国家环保总局领导，形成了双重领导下的管理体制。位于省级层面的流域四省区水利、环保部门，受到松辽流域水资源保护局的直接领导，本质上归属于水利部和国家环保总局。

从纵向来看，主要分为以松辽水利委员会为代表的流域管理形式和以松辽水系保护领导小组为代表的四省区结合管理形式。

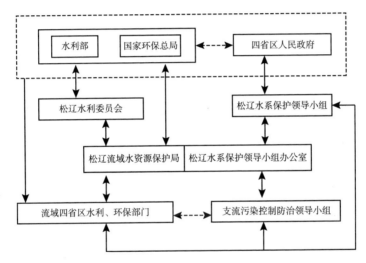

图1　松花江流域管理体制组织机构

资料来源：白轶焱：《松花江流域管理体制研究》，北京化工大学硕士学位论文，2004。

二　松花江流域生态环境建设跨省（区）协作的主要成效

（一）"松辽管理模式"跨省（区）协作成效明显

"松辽模式"是指在松辽流域水质和水环境管理中所采用的模式。它是通过松辽水系保护领导小组及其办公室来开展工作的。松辽水系保护领导小组由各个省政府副省长组成领导小组并轮流担任组长，还有流域机构参与，属自下而上的领导机制。主要谋划制定流域水资源保护和水污染防治规划并就实施作整体的运筹和指导。领导小组下设办公室（在松辽流域水资源保护局内），负责推进计划，协调各方关系，落实工作任务，提供技术服务，处理日常事务。水利和环保都有监测队伍，水利有水文和水质监测，发布水资源公报，环保只有水质监测，发布水质状况公报。① 松辽水系保护领导小组成立以来，已形成了目前全国具有代表性的水系保护协调工作模式。多年来，在东北四省区人民政府的正确领导和松辽委的积极推动下，领导小组依托流域区域结合、行业联合、部门配合的管理优势，汇集各方力量，密切协作，开展了大量富有成效的工作，为东北地区的经济社会发展起到了积极促进作用。2016年，根据工作需要，领导小组对组成人员进行了调整，组长由吉林省副省长隋忠诚担任，副组长由黑龙江省副省长吕维峰、辽宁省副省长赵化明、内蒙古自治区副主席王玉明、松辽委主任齐玉亮担任，成员包括流域内四省区水利厅、环保厅以及松辽流域水资源保护局等9个部门主要负责同志，领导小组办公室主任由松辽流域水资源保护局局长陈明兼任。为进一步促进松花江流域生态环境建设跨省区合作的制度化和规范化，松辽水系保护领导小组于2016年10月制定并印发了《松辽水系保护领导小组工作规则》（以下简称《规则》），明确了松辽水系保护领导小组是松辽流域四省（自治区）人民政府、水利部松辽水利委员会协商组建的流域水资源保护协调机构，负责指导流域区域、行业部门贯彻落实国家水资源保护方针政策，统筹流域重要规划区划编制和实施，协调水资源保护与水污染防治重点工作开展，促进最严格水资源管理制度和水污染防治行动计划落实，服务流域经济社会发展。《规则》进一步明确了水系领导小组的工作总体思路和组织结构形式，提出要建立完善专家咨询委员会、全体会议和协调会议制度，实行请示报告、公文运行、联系通报和工作表彰等制度，不断完善民主协商协调和合作协作工作机制。《规则》还对财务管理、属地管理、履职协作、廉洁从政等进行了规定。多年来的运行效果表明，松花江流域生态环境建设坚持问题导向和效果导向，坚持流域与区域相结合，坚持合力治污、行业联合，坚持协作协商、协同行动，充分发挥指导、统筹、协调、促进、服务作用，

---

① 白轶焱：《松花江流域管理体制研究》，北京化工大学硕士学位论文，2004。

经过多年探索与实践，建立并不断完善了以"流域搭台、区域协商、部门协作、联防联治"为特色的"松辽管理模式"，在法规建设、规划指导、跨界协调、污染治理、基础工作等方面有效促进了流域水资源保护和水污染防治工作，为经济社会发展提供了水安全保障。

（二）松花江流域生态环境建设跨省（区）协作平台初步建立

近年来，东北四省（区）在松花江流域生态环境建设领域建立合作平台，有效整合资源，打开了区域性限制，扩大了工作领域，增强了应对松花江生态保护问题的保障能力，拓宽了合作空间。2010年，东北地区四省（区）区域合作行政首长联席会议胜利召开，签署了《东北地区四省（区）区域合作框架协议》，制定了《东北地区行政首长协商机制》，在大生态、大交通、大电网、大开放等重大合作事项上达成了共识。2011年1月12日，东北四省（区）应急管理合作会议首次联席会议在黑龙江省哈尔滨市召开。会上四省（区）共同签署了《东北四省（区）应急管理合作协议》，标志着东北四省（区）松花江生态环境保护领域合作平台正式建立。2016年3月，召开了首次省界及重要水功能区水质状况月度会商会议。会议听取了省界及重要水功能区月度监测及水质变化情况的汇报，对部分水功能区水质恶化的原因进行了深入分析，研讨形成了会商意见，并确定了近期水功能区监督管理重点工作。启动实施省界及其他重要水功能区水质状况月度会商是创新水功能区监督管理手段的一次重要探索，为水功能区监测成果与协作管理紧密结合提供了有效平台，进一步提高了水功能区监督管理的针对性和时效性。

（三）松花江流域生态环境建设跨省（区）应急协调机制运行良好

历经两次污染事件之后，使松花江水质安全成为举国关注的话题。为了加强松花江流域对水污染的有效治理，强化上下游协调和沟通，根据《国家突发环境事件应急预案》，吉林省政府和黑龙江省政府签署协议，共同建立松花江流域两省环境应急协调机制。根据协议，两省在五个方面建立起松花江流域环境应急协调机制：一是建立了突发环境事件预防机制。二是建立了省级信息通报机制。松花江流域信息交流交换日益加强，全面落实信息交换制度，并尝试开展自动监测数据共享。三是建立了联合应急监测机制。四是建立了协调信息发布机制。五是建立了联合防控机制。不断强化联合执法和部门联动，会同环保部东北督查中心，联合各省（区）水利、环保部门共同开展联合检查、实施联合执法行动，着力解决流域内存在的水资源和水环境问题，不断提升流域水资源保护和水污染防治工作水平。这些合作机制的建立，为跨省（区）共同应对松花江流域重特大突发事件提供了更为完善的处置保障。为完善突发水污染事件应急工作机制，进一步提升应急处置能力，松辽委定期组织应急演练。例如，2017年9月，松辽委组织开展了突发水污染事件应急演练。各成员部门（单位）全员参与、协同配合，以练代战，全面检验松辽委对突发水污染事件应对能力，切实达到理顺密切协作工作机制、熟悉应对程序、锻炼应急队伍，形成应对合力，切实提升应急处置能力和水平。本次演练模拟某市某企业污水处理设施发生故障，导致大量高浓度含油废污水直接排入第二松花江。演练启动后，按照应对流程，开展了事件接警、核实、预警、事件报告、应急会商、应急监测、预测分析等各环节工作；成立应急指挥部、现场调查组和应急监测组，及时赴现场开展事件调查和应急监测工作；在确定本次事件污染物已基本清理，相关河段水质恢复正常，不会对下游城市供水和省界缓冲区产生不利影响后，指挥部宣布终止应急响应。本次应急监测首次使用全自动采样监测船进行水质采样，保障了人员安全，提高了采样效率。此次演练是2016年底《松辽委应对突发水污染事件应急预案》修订印发以来首次启动Ⅲ级应急响应的演练，按实战要求应对，保障演练圆满完成。通过演练，切实增强了应对突发水污染事件的责任意识，有效提升了各部门（单位）间的协作能力，全面提高了对突发水污染事件的应急处置能力和水平。

（四）松花江流域生态环境建设跨省（区）沟通协调机制渐趋完善

近年来，黑龙江、吉林、辽宁和内蒙古三省一区政府加强了各省区水利、环保部门协作，定期开展会商，开展联合监测、联合执法、应急联动、信息共享等工作。环境保护部定期就松花江流域水污染防治专题举办环境保护部际联席会议，主要由黑龙江、吉林、辽宁和内蒙古三省一区政府及国家发改委、工业和信息化部、财政部、国土资源部、住房和城乡建设部、水利部和农业部等部委参加。该机制使松花江流域水污染防治工作实现了以保障水环境安全、改善水环境质量为目标，综合运用工程、技术、生态等手段，不断完善政策措施，达到恢复江河湖泊的生机和活力的目标。另外，近年来，黑龙江省一直都加强了与松辽委及吉林省在松花江流域水质状况方面的协调和沟通，每年由松辽水系保护领导小组办公室召集召开松辽流域省界缓冲区水质会商会议，实地考察吉林省和黑龙江省两省交界水质状况，并就相关工作情况进行充分的信息交流。黑龙江省环保厅在工作中注重加强与松辽流域水资源保护局和位于松花江上游的吉林省沟通协调，认真执行省界缓冲区水质控制断面考核会商制度，在松辽流域水资源保护局组织下每年开展跨省界河流巡查，对发现的违法行为及时通报当地政府和环保部门，进行责令处罚和整改。黑龙江省环境监测中心站和吉林省环境监测中心站、松辽流域环境监测机构近年来进行了多次联合监测，相互交换监测数据，提高跨界断面水质监测数据的准确性、可靠性。此外，受松辽流域水资源保护局委托，黑龙江省环保部门在省内 13 条河流的 14 个断面开展河流源头水水质监测，摸清了省内各河流源头水水质状况，为松花江流域生态环境科学治理提供了决策依据。2015 年 11 月，黑龙江省、吉林省发展改革委在哈尔滨市开展了松花江全流域综合治理协商工作，两省经充分沟通交流后，认为开展松花江流域综合治理工作既是造福百姓的民生工程，也是助推经济社会发展的保障工程，对于提高松花江流域环境承载能力、提升生态文明建设水平、保障区域生态安全意义深远重大。两省提出应进一步加强会商协调，共同谋划，推动形成流域治理一体化机制，促进流域治理的顺利开展。

三 松花江流域生态环境建设跨省（区）协作的经验与启示

随着《水法》《防洪法》《水污染防治法》《水土保持法》等法律法规的颁布实施，松花江流域依法管水和跨省区协作治理取得了很大的进展。但目前松花江流域尚未形成以流域为基础的权威、统一、高效的水资源管理体系，跨省区协作治理的能力和水平需要进一步提升。由于松花江流域管理相关机构众多且层级交错，主要包括国家级、地方级、流域级管理部门、执法部门、协调部门；黑龙江、吉林、内蒙古三省（区）人民政府及其地方政府；各级水利、环保、发改、财政、建设、农业、国土、林业等部门（从国家级到地方级）；松辽水利委员会；松辽流域水资源保护局；松花水系保护领导小组。但是目前，在松花江流域，引起各机构不合作现象的主要是流域水资源和水环境管理问题上的权利、义务、职责划分不清晰，而作为流域管理机构的领导小组，均衡各方利益的权威较弱，也不具有统一管理流域的职责，协调各管理机构间矛盾的效果不明显，在一定程度上影响了流域内生态环境建设协作治理效率的提升。①

松花江流域生态环境治理的目标是实行最严格的水资源管理制度、加强流域综合管理，逐步完善流域涉水法律法规体系，建立流域民主协商决策机制、执行和监督机制；建立健全防洪管理制度体系，建立节水型社会管理制度体系，完善水功能区管理制度体系；严格用水总量控制、用水效率控制和水功能区限制纳污控制；严格执行水工程建设规划同意书、水资源论证、取水许可、防洪影响评价和入河排污口设置审批等水行政许可制度；加强水利信息化等能力建设，开展水利科技重大问题研究，提高流域综合管理能力。②

（一）拓宽协同合作领域，创新协同治理方式

一是有重点地组织一批省（区）级部门间签订合作协议，扩大省（区）级部门之间合作领域。松花江流域生态环境治理涉及的部门很多，除了常规的水利、环保部门，发改、公安、建设、科技、财政、农业、林业、市场监管等部门都有所涉及。为扩大松花江流域生态环境建设协作的深度和广度，上述省（区）部门应加强沟通合作，共同签订不定期的会商协调协议，携手解决松花江流域环境治理中面临的困难和问题。二是以松花江流域内省（区）间边界相邻市、县合作协议为突破口，建立四省（区）的相邻市、县生态环境管理机构之间的交流合作机制，建立区域间各级生态环境管理机构的常态化交流机制。不断加强四省（区）生态环境管理机构的日常联系，推进松花江生态治理区域间合作的深入开展。三是设立四省（区）生态环境建设合作专题小组，发挥各省（区）优势，加强松花江流域生态环境治理的科技项目开发，提高流域

---

① 白轶焱：《松花江流域管理体制研究》，北京化工大学硕士学位论文，2004。

② 王双旺、张金萍、倪伟：《〈松花江流域综合规划〉概要》，《东北水利水电》2013年第7期，第16页。

生态环境治理技术的支撑能力，不断提高跨省区协作治理的研究与实践水平。[①]

（二）完善跨省（区）应急合作机制，提升应急协作水平

一是以跨省（区）松花江水污染事件应急预案为示范，把建立各类型的跨省（区）应急预案纳入合作项目，按四省（区）各自地域特点进行任务分解，适时组织部分专项应急预案的跨省（区）联合演练，促进三省一区间资源整合，同时锻炼应对松花江流域水污染突发事件的专业处置队伍，增强处理突发事件的协同性。二是建设专业化与社会化相结合的应急处置队伍，依据《突发事件应对法》，加强松花江水污染专业应急处置队伍与非专业应急处置队伍的合作，加强跨省区的联合培训、联合演练，提高合成应急、协同应急的能力，整合各方应急队伍合作力量。三是健全完善合作机制，提升整体应急水平。建立和完善区域内省际重特大突发事件会商机制、预警信息同步机制、风险隐患排查机制、社会动员机制，建立健全符合国情和四省（区）情况的巨灾保险和再保险体系，以及应急管理专家队伍、救援队伍、物资储备共享机制，促进四省（区）沟通协调，共同推动突发事件处置能力不断提升。[②]

（三）完善工作交流合作机制，实现生态环境治理无缝衔接

一是利用各省（区）学习资源，建立松花江流域省（区）间生态环境治理工作的干部培训学习制度，每年一次，由东北三省一区政府轮流组织。通过专业化的学习培训，提高东北三省一区从事生态环境治理干部队伍的知识水平和协同合作意识。同时，在四省（区）范围内有计划地组织生态环境建设领域的专职人员挂职交流锻炼。这不仅有利于激发挂职干部自身活力，更是为松花江流域生态环境建设注入新的生机和活力。干部交流挂职对于打破思维定式，拓宽合作视野，积累合作治理人脉资源，会产生积极的作用。二是建立流域内生态环境建设各部门间衔接沟通制度。在各省（区）政府的统一领导下，协调各省（区）专业部门间对接落实，签

---

① 刘春林：《辽、吉、黑、蒙四省区应急管理合作机制的建立、运行与展望》，《中国应急管理》2012 年第 12 期，第 26 ~ 30 页。

② 刘春林：《辽、吉、黑、蒙四省区应急管理合作机制的建立、运行与展望》，《中国应急管理》2012 年第 12 期，第 26 ~ 30 页。

订部门间详细的流域管理合作协议，开展工作交流。三是健全生态环境治理工作交流制度。四省（区）要经常开展多形式、多渠道的工作交流；建立专家信息交流会商制度，为生态环境治理工作提供决策咨询和建议。健全四省（区）合作情况通报制度，交流合作经验，推进协作治理工作向深入发展。此外，健全保障有力的松花江生态环境合作治理物资储备和救援体系，规范应急保障资金投入和拨付制度。[①]

① 刘春林：《辽、吉、黑、蒙四省区应急管理合作机制的建立、运行与展望》，《中国应急管理》2012 年第 12 期，第 26～30 页。

三　专题篇

松花江流域水污染防治规划执行效果研究

王力力[*]

摘　要： 松花江的水环境状况关系流域经济发展和人民群众的切身利益，关系全省经济社会发展大局，更关系到我国作为负责任大国的国际形象和中俄睦邻友好合作伙伴关系，具有重要的战略意义。《松花江流域水污染防治规划（2006～2010 年）》《松花江流域水污染防治规划（2011～2015 年）》（以下简称《规划》）经国务院批准后，黑龙江省委、省政府高度重视，一直坚持把松花江流域水污染防治作为全省环境保护工作的重中之重，在省委、省政府的正确领导下，黑龙江省环保部门深入贯彻落实科学发展观和习近平新时代中国特色社会主义思想，强化政府责任，采取积极有效措施，全面落实让松花江休养生息政策，加快推进松花江流域水污染防治工作，经过多年努力，《规划》项目建设总体进展良好，水环境质量整体得到改善，治污工作取得显著成效。

关键词： 松花江流域　水污染　防治

一　《规划》执行前松花江流域水环境状况

"十五"时期，松花江流域水污染比较严重，主要污染特征呈有机型污染，受冰封影响明显，枯水期水质最差。2005 年全流域干、支流主要水质评价断面中，年均值为Ⅴ类或劣Ⅴ类断面占 34%，冰封期占 45%。水

---

* 王力力，黑龙江省社会科学院经济研究所副研究员，研究方向为产业经济。

污染严重区域集中在城市河段，主要污染指标为高锰酸盐指数、氨氮、总磷、石油类和生化需氧量，高锰酸盐指数和氨氮是主要的污染指标。2005年，流域内水质较差的支流主要有呼兰河、安邦河、讷莫尔河、辉发河、饮马河、伊通河、阿什河、倭肯河、牡丹江敦化段和柴河铁路桥段等，水质基本全年为劣 V 类，对松花江干流水质影响较大。

造成松花江流域水资源污染的主要原因有以下几点：一是粗放型经济增长模式对环境保护带来的不利影响。东北地区是老工业基地，松花江流域长期以来形成了以重化工为主的工业结构，煤炭、石油等资源开发强度大，利用效率较低，污染排放强度高。二是工业污染源治理水平低。工业废水排放量约占流域内废水总量的40%，并且呈不断增长的趋势。石油化工、制药、食品酿造、冶金、造纸等行业是区域内的主导产业，也是污染严重的行业，这些行业里多是有几十年历史的国有大中型企业，设备陈旧，工艺落后，原材料及水资源利用率低，污染治理设施欠账多，历史包袱沉重，不仅难以实现稳定的达标排放，而且污染应急设施缺乏，容易发生水污染事故。2005年11月发生的松花江重大环境污染事件就是一次沉痛的教训。三是城市污水处理率低。流域内污水处理设施建设严重滞后，截至2004年底，只建成城市污水处理厂14座，处理能力156.9万吨/日，实际处理量69.9万吨/日，全流域城市污水处理率不到15%，哈尔滨、大庆、牡丹江等大部分人口50万以上的大城市污水处理率不到40%。大量未经处理的城市污水直接排入河流，成为松花江流域水污染的重要来源。四是农业面源污染影响较大。流域中下游是国家商品粮基地，共有耕地面积5839万亩，化肥年施用量约203.8万吨，平均化肥施用量为34.9公斤/亩，远高于全国平均水平（18.5公斤/亩）和世界平均水平（6.3公斤/亩）。农田退水汇入河流，加剧了流域水污染。

二　《规划》执行的主要措施

黑龙江省委、省政府高度重视水污染防治工作，省环保部门结合本地经济社会发展现实和环境容量特点，全面落实让松花江休养生息政策措施，树立生态文明理念，加快转变经济发展方式，建立健全长效治污机制，严格贯彻实施《规划》，采取了一系列有效推进措施。

（一）组织领导，强化工作保障

1. 强化组织机构保障

2005 年松花江水污染事件后，黑龙江省政府成立了以省长为组长、分管副省长为副组长，15 个省直部门参加的松花江流域污染防治工作领导小组，相关市（地）县政府相应成立了以行政一把手为组长的污染防治领导小组，强力推进水污染防治工作。同时，建立健全责任考核制度，落实环境保护目标责任制，定期检查，严格考核，落实奖惩。目前，全省已形成了政府主导、环保牵头、行业配合，地方推动、企业施治、全社会广泛参与的水污染防治推进机制。

2. 强化政策法规保障

2008 年 12 月，黑龙江省出台了《黑龙江省松花江流域水污染防治条例》，流域法制化监管步入全国前列。黑龙江省已颁布实施了《环境保护条例》《工业污染防治条例》《居民居住环境保护办法》《环境监测管理办法》和《排污费征收使用管理办法》等 10 部法规规章以及一系列有关水污染防治的规范性文件，环境保护重要法律制度基本建立，水污染防治全面纳入法制化轨道。

3. 强化舆论宣传保障

充分利用各类媒体，依托"4·22"地球日、"6·5"世界环境日等环境纪念日，组织开展环保法律法规宣传活动，对《水污染防治法》等法律法规进行多层次、宽领域、全方位宣传贯彻。黑龙江省人大连续 20 年开展龙江环保世纪行活动，组织新闻媒体监督落实，曝光一大批涉水环境违法行为，为水污染防治营造良好的法治氛围。

4. 强化基础能力保障

黑龙江省、市共建成污染源监控中心 15 个，安装废水自动监控设施 295 台，省重点废水污染源监测率为 100%。开展松花江流域水生生物监测试点工作，构建河流生态监测指标体系。

（二）统筹共治，推进项目建设

1. 党政统筹抓推进

黑龙江省委、省政府始终高度重视松花江水污染防治工作，历任主要领导都对此项工作做出明确指示并提出具体要求。松花江流域规划项目实施历年被作为"一把手工程"，写入省政府工作报告，还被纳入2014年全省34件民生实事之中。针对规划项目推进中存在的问题，主管副省长多次现场办公或约谈进展缓慢的地市主要领导及项目负责人，研究解决问题，督促加快推进。

2. 部门联动抓推进

环保、发改、监察、建设等部门建立协同推进机制，定期组成联合督查组，深入各地，督促建设。"十一五"期间开展了12次《规划》项目督查联合行动，约见地市主要领导40人次。省环保部门对规划项目进展缓慢的地市实施通报批评和"区域限批"，对加快项目建设起到明显作用。

3. 实行包干抓推进

省政府责成环保厅牵头、发改委和住建厅配合，采取"厅长包地市，处长包项目"的办法，驻厂推进，掌握情况，发现问题，及时整改。

（三）重点突破，开展治污创新

1. 积极组织推进单元治污新模式

创造性地提出"以支促干""单元治污"的新理念，在安邦河、呼兰河、鹤立河等9条重点支流全面推行"河（段）长"制，采取"一河一策"的方式，开展支流污染治理，形成了上下游同心、干支流同治、齐心协力做好水污染防治的良好工作格局，重点支流水环境质量得到进一步改善。安邦河、倭肯河、乌裕尔河、呼兰河等支流都退出了劣五类河流。

2. 启动实施城市内河整治新工程

哈尔滨市"三沟"治理取得重大成果。新建平房、信义、群力3座污水处理厂，日处理污水能力达 40 万吨，出水水质均达到一级 B 排放标准。2014 年松花江哈尔滨段城区段出界断面水质达标率比 2009 年提高 25 个百分点，松花江水体污染得到有效控制，水质从原来的劣五类提升至景观水标准；牡丹江"三溪一河"、鹤岗小鹤立河、佳木斯英格吐河消灭困扰居民已久的黑臭现象；双鸭山市安邦河、穆棱河鸡西段等城市内河综合整治工程取得显著进展，黑龙江省提前完成国家要求的省辖城市建成区到 2017 年底前基本消灭黑臭水体的目标。

3. 严格跨界水质监测和考核

实施严格的流域跨行政区界水质考核体系和江河水质"黄橙红"三色警戒制度。将松花江重点支流断面监测结果同地方政府污染防治工作成效挂钩，建立规划控制断面水质会商制度。强化与松辽委及吉林省沟通协调，认真执行省界缓冲区水质控制断面考核会商制度。

4. 认真组织开展流域生态补偿

开展流域跨界水环境生态补偿试点，逐月考核穆棱河、呼兰河流域 3 个市、12 个县的 21 个断面，按照"谁保护、谁受益，谁污染、谁补偿"的原则，对水生态环境恶化的市县扣缴预算资金，作为水环境生态补偿专项资金，推进流域内水污染治理。

（四）污染减排，严格控制总量

"十二五"国家确定黑龙江省重点水污染物削减任务是：2015 年化学需氧量控制在 147.3 万吨，比 2010 年减少 8.6%；氨氮排放总量控制在 8.47 万吨以内，比 2010 年减少 10.4%。截至 2014 年底，化学需氧量排放量为 142.39 万吨，累计削减率为 11.65%，达到"十二五"目标削减率的 135.47%；氨氮排放量为 8.49 万吨，累计削减率为 10.16%，达到"十二五"目标削减率的 97.69%，提前一年基本完成"十二五"目标任务和总量控制指标。

1. 推进结构减排

截至 2014 年累计淘汰落后产能造纸 107.11 万吨、酒精 10.3 万吨、印染 4400 万米、铅酸蓄电池 8.4 万千伏安、皮革 3 万标张。共组织重点行业 150 余家企业开展清洁生产审核工作，节水 500 余万吨。

2. 推进工程减排

国家"十二五"主要污染物总量减排目标责任书明确的黑龙江省水重点减排项目共计132项，截至2014年底，完成112项，关停14项，设施建成但企业停产2项，条件变化申请取消1项。

3. 推进科技减排

全力推进实施国家"水专项"，先后开展了"阿什河流域水污染综合治理技术及工程示范""松花江哈尔滨市辖区控制单元水环境质量改善技术集成与综合示范"等课题研究。在全省筛选出东宁县等6个小城镇污水治理示范项目，探索出投入小、运行简单的小城镇污水处理新模式。

（五）治理面源，加强生态保育

1. 深入实施生态建设和保护工程

坚持生态保护优先原则，大力实施造林绿化、湿地保护、水土保持、自然保护区建设等一系列生态建设和保护重点工程，全省生态环境质量逐步提高。根据黑龙江省环保厅统计数据，截至2017年底，黑龙江省共建立各种类型、不同级别的自然保护区238个，其中国家级46个、省级78个，总面积达760万公顷，占全省面积的16.07%。

2. 提升重点流域源头生态环境质量

积极推进重点生态功能区建设，大小兴安岭生态功能区实现了森林面积、林木蓄积量和森林覆盖率"三增长"。截至2017年底，51个县市区列入国家重点生态功能区县域生态环境质量考核与评价，2017年51个重点生态功能区县域共获得中央资金27.44亿元，生态环境呈总体稳定。开展生态示范区创建工作，黑龙江省环境保护厅统计数据显示，截至2017年底，全省已建成国家级生态乡（镇）126个，国家级生态村16个，省级市3个，省级生态县（市区）70个，省级生态乡镇835个，省级生态村5942个。

3. 开展农村环境连片整治

把松花江流域作为连片整治重要区域，加强农村饮用水水源地保护、生活垃圾处理、生活污水处理和畜禽粪便处理。2012～2014 年共投入专项资金 16 亿元，实施农村环境连片整治示范项目 634 个，共涉及行政村2085 个，惠及农村人口 570 万人。

（六）防控风险，加大监管力度

1. 严把环境准入关口

把主要污染物排放总量指标作为建设项目环评审批和验收的前置条件，严控"两高一资"项目建设，从严审批向松花江水体排放重金属和持久性有机物等有毒有害污染物项目。"十一五"期间，退回和暂缓审批 86个不符合要求的项目。2014 年退回、暂缓审批和否决省审建设项目 11 个。严格控制化工、石化、农药制造等存在水环境风险隐患的项目上马，督促一批工业园区建设和完善集中式污水处理设施和环境风险预警体系。大力推进园区规划环评，已完成 48 个园区规划环评批复。

2. 严厉打击环境违法行为

连续多年组织开展了整治违法排污企业保障群众健康环保专项行动，依法取缔了一批污染严重的企业。全省抽查可能有问题的排污企业总超标率由 2007 年的 88% 下降到目前的 15%。2014 年省本级开展综合执法督查和各类专项执法检查 18 次，行政处罚企业 30 家，督促 749 家企业进行整改。

3. 严格防范环境风险

按照"力争不发生，发生能控制，污染不蔓延，确保不入江"的工作原则，重点防范自然灾害、安全事故、突发事件三类环境风险。每年都对松花江沿岸和饮用水源地上游的环境安全隐患进行拉网式排查，在松花江沿岸确定了 30 家省级重点监管的环境风险企业、48 家环境监察重点企业，建立三级防控体系。

三 取得的主要成效

由于黑龙江省对《规划》的高效执行，使两个《规划》在项目建设和运行上取得显著成果，流域水质持续改善，水环境安全得到有力保障，不仅得到了黑龙江省人民群众的赞誉，还得到了俄罗斯高层领导和黑龙江下游俄罗斯地方政府和居民的认可。松花江水污染防治工作取得的显著成果有以下几方面。

（一）松花江水环境质量持续改善，生态指标全面恢复

2005 年松花江水污染事件前，松花江污染严重，污染负荷居所有流域之首，干流绝大部分水质为四、五类，个别支流为劣五类，俄罗斯政府曾多次照会。《松花江流域水污染防治规划（2006～2010 年）》经国务院批准后，经过十年的持续治理，松花江流域水生态环境明显改善。"十一五"末，流域内水质达标率达到 58.18%，比"十五"末提高了 23.63 个百分点。溶解氧指标处于一类水体水平，松花江干流解决了冬季长期冰封乏氧问题。"十二五"期间松花江流域水质继续改善，2014 年末，19 个国家规划考核断面全部达到 70% 的要求，其中 12 个断面达标率为 100%。水生生物监测结果表明，松花江干流哈尔滨、佳木斯下游江段的水质已经由"十五"期间的重度污染转变为轻度污染，干流大部分江段水生生物清水种群不断增多，可以满足珍贵鱼类繁衍，鲟鱼和鳌花等稀有鱼类再现松花江中，一些珍贵的水禽如东方白鹳在松花江入黑龙江口的湿地已经有稳定的种群栖息。

（二）重点流域规划高效执行，环境基础设施建设成效显著

"十一五"期间，黑龙江省累计在松花江流域投入污染防治资金 124 亿元，规划目标、项目建设分别实现"百分百"，116 个项目全部完成，被国家评价为全国执行最好的流域治理规划。"十二五"重点流域规划项目 404 个，总投资 169 亿元，国家已到位资金 19.6 亿元，截至 2014 年底，项目开工率达 76.7%，建成率达 47.6%，完成投资 55 亿元。加大了污水处理厂建设、运营和管理力度，从 2008 年到 2014 年 6 年间，全省累计投入污水处理工程建设资金 153.97 亿元，建成污水处理厂 94 座，新增污水日处理能力 282 万吨/日，比 2008 年增长 163.55%。全省现有污水处理厂 121 座，处理规模达到 411 万吨/日，其中正式运营的 94 座，处理规模达到 355.07 万吨/日，2014 年度处理污水量为 87666.04 万吨。

（三）国际环境保护合作交流不断深化，赢得了友好邻邦的广泛赞誉

积极围绕松花江流域环境保护和水污染防治，不断加强与俄相邻州、区环保领域合作。开展了黑龙江、乌苏里江、兴凯湖和绥芬河中俄界河联合监测，加深了双方互信。俄罗斯政府对我国治理松花江污染的努力和成果表示满意，哈巴当地政府解除了施行多年的游泳禁令，公众对治理松花江污染取得的成效表达了赞誉之情。中俄总理在 2010 年第 15 次定期会晤联合公报中，明确提出跨界水体水质有明显改善，预防环境污染工作取得积极成效。

（四）加大良好湖泊生态环境保护，治理成效初步显现

自 2012 年起，黑龙江省抓住国家设立良好湖泊生态环境保护专项契机，大力开展水质较好湖泊生态环境保护，完成了兴凯湖、镜泊湖、山口湖等 3 个省内重点湖库湖泊生态环境安全基线调查。编制了湖泊保护总体实施方案，已经省政府批复实施，项目总投资 28.9 亿元。截至 2015 年，中央资金到位 5.98 亿元，确定实施的 44 个项目全部开工建设，其中 11 个项目已建成，完成投资 4.58 亿元，湖泊保护成效开始显现。其中，国家重点支持的兴凯湖，通过实施流域生态治理与恢复工程，植被恢复面积 598 亩，增加湿地 4860 亩，生态治理 887 亩，退耕 6408 亩。2014 年，穆棱河出界断面水质达到三类标准的比例提升到了 87.5%，小兴凯湖三类水体比例提高 12.5 个百分点。

（五）加强城镇饮用水水源地保护，居民饮水安全得到全面保障

全面落实饮用水水源保护区制度，全省共有 908 个镇级以上水源地获省政府批复，保护区划定走在全国前列。定期开展水源环境执法专项行动，排污口关闭率达 100%。强化水源管理长效机制建设，9 个省辖城市出台了水源环境保护条例或管理办法，哈尔滨市出台了《磨盘山水库饮用水水源保护条例》，成为全省首个实行水源生态补偿机制的城市。2014 年，13 个地级城市 92.3% 的饮用水水源地水质主要指标达到国家标准。

四　存在的问题

（一）国家对松花江流域资金支持大幅削减，水质改善压力依然较大

国家对松花江流域污染防治项目的资金支持比例由"十一五"的30%降为10%，致使一些项目无法实施，影响水质进一步改善。目前，全省河流水质总体状况仍为轻度污染，黑龙江、乌苏里江、松花江上游个别指标天然背景值较高，指标改善难度较大。流域少数支流的水质改善不明显，流域治污任务艰巨。松花江流域水污染防治影响着中俄关系和国家安全，保护国际界河水环境质量的外部压力较大。

（二）环境基础设施建设滞后，县级污水厂处理运营管理水平不高

"十一五"期间，黑龙江省环境基础设施建设进入了快速发展阶段，到2010年末，城镇污水处理率比2005年增加了40个百分点。但由于污水配套管网建设滞后，2015年黑龙江省污水处理率不足74%，低于全国平均水平10个百分点，与黑龙江省"十二五"污水处理率80%的目标还有一定差距。同时受运行管理水平和运行成本限制，县、镇级污水处理厂运行不稳定，影响减排效果。

（三）畜禽养殖污染尚未得到有效控制，面源污染问题突出

黑龙江省是畜禽养殖大省，每年产生8000万吨畜禽粪便，且规模化程度不高，散户养殖量大，养殖粪便减量化、资源化利用不充分，随意堆放成为农业面源污染的主体。同时黑龙江省农村普遍缺乏污水收集和处理系统，大部分生活污水未经处理直接排放，这些都对流域水体产生严重影响。

五　对策建议

（一）明确目标任务，进行科学防治，进一步提升全省水环境质量

不断改善松花江流域水质。大力推进实施《重点流域水污染防治规划

（2016～2020 年）》，明确水污染防治的目标任务、保障措施和责任分工。系统推进水污染防治和水生态保护，努力形成"政府统领、企业施治、市场驱动、公众参与"的水污染防治新机制。力争到 2020 年，地表水水环境质量在总体稳定的基础上进一步改善，污染严重水体得到有效治理，饮用水安全得到有效保障，全省水环境质量得到进一步改善，到 2020 年，全省地表水质量达到或好于Ⅲ类水体比例为 59.7%。

（二）突出治理重点，完善治污模式，协同推进江河湖泊水污染防治

以项目实施为抓手，以稳定运行为重点，维护呼玛河、甘河、牡丹江、嫩江干流等良好水质，力争松花江干流水质国控断面稳定维持Ⅲ类。进一步深化"以支促干""一河一策""河（段）长制""单元治污，断面控制"的流域治污模式，落实控制单元治污责任，未达到目标要求的 6 个控制单元制定达标方案。公布县级城市黑臭水体名称、责任人及达标期限，大幅提升城市内河水质。加强湖泊流域污染防治，实施湖泊流域生态建设和修复工程，加快建设兴凯湖、山口湖和镜泊湖的生态环境保护项目。全面加强饮用水水源地环境管理，提升饮用水水源水质达标保障水平，加强农村集中式水源保护工作，推进地下水环境保护。

（三）坚持协同控制，实施分类治理，全面控制重点水污染物排放

专项整治"十大"涉水重点行业，集中治理工业集聚区水污染。加强城镇污水处理设施建设与改造，加快城镇污水配套管网建设。力争到 2020 年县城、城市污水处理率分别达到 85%、95% 左右。大力减少农药、化肥施用，总量在现有较低水平的基础上，进一步削减。推进畜禽养殖污染减排工程建设，加强畜禽养殖环境监管。

（四）强化执法监督，严惩违法行为，严格执行环境保护法律制度

进一步完善环境保护、公安部门环境司法联动协作机制，实现行政处罚和刑事处罚的无缝对接。强化新《环境保护法》赋予的按日计罚、查封扣押、停产整顿、行政拘留等行政手段，打好"组合拳"。加强地方性环境立法，做好地方法规修订的基础性工作，制定排污许可证管理办法，完善水污染防治法律制度。

（五）提升基础能力，打造支撑体系，确保完成污染防治目标任务

加快建立水污染防治新机制，构建全民行动格局。强化地方政府水环境保护责任，实行严格的目标责任考核。探索建立多元化投融资机制，推行环境污染的第三方治理，开展排污权交易、生态补偿机制和环境污染强制责任保险试点。完善水环境监测网络，提升饮用水水源水质全指标监测、水生物监测和环境风险防控技术等支撑能力。加大水专项科研攻关。完善流域协作机制，推动东北各省区环境保护合作，巩固和深化与俄罗斯的国际环保交流合作。

松花江流域植被保护研究

宋静波[*]

摘　要： 松花江流域特殊的地理位置、丰富的植物资源和生物多样性决定了其生态地位的重要性。近年来，随着社会经济的发展，松花江流域的整体环境发生了巨大的变化，流域植物保护已经取得了一定的成效，但是也还存在着一些问题，加强流域植被保护与管理、正确处理保护与开发的关系是当前流域植被保护与治理的思路。文章对松花江流域的植物分布进行了概述，对流域植被保护措施进行了梳理，总结了流域植被保护取得的成就，提出了需进一步解决的问题，并提炼出流域植被保护的经验启示，为松花江流域植被保护及植物资源合理利用提供依据。

关键词： 松花江流域　植被保护　生态环境

松花江流域位于我国东北地区，是我国七大流域之一。由于地形地貌气候土壤等多因素的作用，松花江流域形成了其独特的植被类型，并具有明显的地带性。

在流域上游，大兴安岭北部地带原生植物为寒温带针叶林，此类型以南则为小兴安岭及长白山、完达山等东部山区的温带针阔混交林，除小面积的原始林外，森林生态系统以天然次生林和人工林为主，森林覆盖率70%以上。流域中游为针阔混交林、森林草甸带向半湿润半干旱的草甸草原、草原地带过渡的区域，原生的榆树草原植被已被农田生态系统和以杨树为主的各类防护林所代替，目前是我国重要的商品粮生产基地（农田生

---

* 宋静波，黑龙江省社会科学院应用经济研究所助理研究员，研究方向为产业经济学、区域经济学。

态系统），森林覆盖率40%左右。下游平原地带的地带性植被为羊草草原（草地生态系统），以生长多年的生根茎禾草和丛生禾草为主，西部湿地和三江平原分布有以沼泽为代表的湿地植被（湿地生态系统）。

流域自然植被主要有五种，即针叶林、阔叶林、灌丛和萌生矮林、草原和稀树灌木草原以及草甸和草本沼泽，共占流域面积的66.84%。其中，森林植被以落叶松林和黄花松林为代表的针叶林，主要分布在大兴安岭北部，以落叶栎林为代表的阔叶林，主要分布在大兴安岭南部、小兴安岭、长白山和老爷岭等东部地带。草原植被以羊草草原为代表，主要分布在松嫩平原西部。灌丛以榛子、胡枝子、蒙古栎灌丛为主。草甸以香草、杂类草普通草甸为主。植被沼泽以苔草、藓类、柴桦沼泽为主。水生植被以水生植物为主。另外，农业植被分布区域占流域总面积的32.74%，以春小麦、大豆、玉米、高粱、甜菜、亚麻为主。

一　流域植被保护取得的成绩

1. 形成了较为完备的法律法规体系

当前，我国专门的植被保护法尚处于缺失状态，但是政府部门制定并颁布了一系列与自然资源保护管理相关的法律法规。包括一些专门法，如《中华人民共和国森林法》（1984年通过，1998年修正）、《中华人民共和国草原法》（1985年通过并施行）、《中华人民共和国野生动物保护法》（1988年通过，1989年施行）、《中华人民共和国水污染防治法》（2008年通过并施行）、《中华人民共和国环境保护法》（2014年通过，2015年公布并施行）；以及相关的条例法规，如《中华人民共和国国家保护植物名录》（1984年通过）、《森林和野生动物类型自然保护区管理办法》（1985年批准并施行）、《森林法实施细则》（1986年发布）、《森林病虫害防治条例》（1989年通过并施行）、《中华人民共和国自然保护区条例》（1994年颁布并实施）、《中华人民共和国野生植物保护条例》（1996年通过，1997年施行）、《中华人民共和国森林法实施条例》（2000年发布，分别于2011年及2016年修订）、《森林防火条例》（2008年通过并发布）、《国家级森林公园管理办法》（2011年通过并施行）等。

同时，国家部委及相关部门先后发布一系列发展规划，包括《中国跨世纪绿色工程规划》《中国生物多样性保护行动计划》《中国自然保护区发展规划纲要（1996～2010年）》《全国生态环境建设规划》《全国生态环境保护纲要》《全国生物物种资源保护与利用规划纲要（2006～2020年）》《关于加强环境保护重点工作的意见》《中国生物多样性保护战略与行动计划（2011～2030年）》等。

黑龙江省的相关行业主管部门也发布实施了一系列规划和计划。先后颁布并实施了《黑龙江省湿地保护条例》《黑龙江省草原条例》《黑龙江省松花江流域水污染防治条例》《黑龙江省河道管理条例》《黑龙江省森林管理条例》《黑龙江省环境保护条例》，制订了《黑龙江省松花江流域水污染防治"十二五"规划》（此项目获国家重点支持，列入规划项目350个，项目投资150亿元，占全流域规划投资一半以上）等。

总体而言，当前松花江流域已初步形成了法律、法规、条例、部门制度规章和地方法律法规相结合的植物保护相关法律体系，较好地促进了流域植被资源的保护。

2. 实施了多个林业重点生态工程

2001年2月，经国务院批准，国家六大林业重点工程即天然林保护工程（Natural Forest Protection Project），三北和长江中下游地区等重点防护林体系建设工程，退耕还林还草工程（Green for Grain Project），环北京地区防沙治沙工程，野生动植物保护及自然保护区建设工程，重点地区以速生丰产用材林为主的林业产业建设工程开始实施，这六大重点工程按照主导功能及目标的属性进行整合。松花江流域作为天然林保护工程重点实施区域，在天然林保护工程之外，也全面施行了防护林体系建设工程、退耕还林还草工程、野生动植物保护及自然保护区建设工程和林业产业基地建设工程。

长期以来，流域各省坚持不懈地开展造林绿化工作，实施了天然林保护工程、防沙治沙、流域防护林体系、平原绿化、退耕还林、封山育林等一系列林业生态工程，各工程投资金额及重点工程营林造林面积多年一直居于高位，森林覆盖率逐年上升，天然植被保护与修复取得显著成效。流域分地区重点工程造林面积逐年上升，黑龙江省尤为突出，十年间重点工程造林面积由26420公顷上升至92780公顷，上升了2.5倍。流域防护林工程各地区林业投资完成额明显提升，黑龙江省与内蒙古均提升了5倍以上（详见表1～表6）。

表1　2006～2015年流域分地区重点工程造林面积

单位：公顷

年份	造林面积：重点工程:黑龙江	造林面积：重点工程:吉林	造林面积：重点工程:内蒙古
2006	26420.00	35395.00	212031.00
2007	88965.00	18181.00	363860.00
2008	120609.00	25879.00	548861.00
2009	213124.00	30074.00	812223.00
2010	170464.00	80198.00	606397.00
2011	110428.00	35273.00	660392.00
2012	111785.00	21079.00	700942.00
2013	83113.00	51541.00	685036.00
2014	50561.00	19337.00	363897.00
2015	92780.00	74006.00	426278.00

表2　2006～2015年流域防护林工程各地区林业投资完成额

单位：万元

年份	林业投资完成额：流域防护林工程:黑龙江	林业投资完成额：流域防护林工程:吉林	林业投资完成额：流域防护林工程:内蒙古
2006	4870.00	4084.00	6139.00
2007	4842.00	1750.00	4077.00
2008	20538.00	4027.00	20877.00
2009	37562.00	10007.00	32243.00
2010	38119.00	7716.00	34636.00
2011	33811.00	9103.00	46658.00
2012	34222.00	9237.00	35030.00
2013	25857.00	7434.00	21742.00
2014	25633.00	5290.00	34419.00
2015	25340.00	14968.00	33419.00

表3　分地区退耕还林林业投资完成额（2006～2015年）

单位：万元

年份	林业投资完成额：退耕还林:吉林	林业投资完成额：退耕还林:黑龙江	林业投资完成额：退耕还林:内蒙古
2006	39469.00	25639.00	220174.00
2007	54195.00	68287.00	221470.00
2008	54569.00	73529.00	234876.00

年份	林业投资完成额：退耕还林:吉林	林业投资完成额：退耕还林:黑龙江	林业投资完成额：退耕还林:内蒙古
2009	65816.00	196661.00	236162.00
2010	59163.00	93931.00	214168.00
2011	56279.00	114316.00	199111.00
2012	50154.00	51268.00	207693.00
2013	44261.00	56035.00	158656.00
2014	38643.00	47558.00	146215.00
2015	49001.00	42761.00	201839.00

表4 2006~2015年流域防护林工程造林面积

单位：公顷

年份	造林面积：流域防护林工程:黑龙江	造林面积：流域防护林工程:吉林	造林面积：流域防护林工程:内蒙古
2006	24901.00	14641.00	
2007	29160.00	10031.00	33881.00
2008	32263.00	15835.00	72172.00
2009	153193.00	26161.00	234100.00
2010	129792.00	45513.00	154753.00
2011	83064.00	24004.00	125380.00
2012	74744.00	13813.00	122916.00
2013	52619.00	32301.00	85592.00
2014	50561.00	12535.00	123405.00
2015	66432.00	26402.00	150896.00

表5 流域防护林工程：2006~2015年荒山荒地造林面积

单位：公顷

年份	流域防护林工程：荒山荒地造林面积:黑龙江	流域防护林工程：荒山荒地造林面积:吉林	流域防护林工程：荒山荒地造林面积:内蒙古
2006	24901.00	14641.00	41645.00
2007	29160.00	10031.00	33881.00
2008	32263.00	15835.00	72172.00
2009	153193.00	26161.00	234100.00
2010	129792.00	45513.00	154753.00
2011	83064.00	24004.00	125380.00
2012	74744.00	13813.00	122916.00
2013	52619.00	32301.00	85592.00
2014	50561.00	12535.00	123405.00
2015	57041.00	26402.00	150535.00

表6　各地区森林覆盖率变化情况

单位：%

年份	内蒙古:森林覆盖率	吉林:森林覆盖率	黑龙江:森林覆盖率
1998	12.73	37.43	38.72
2003	17.70	38.13	39.54
2008	20.00	38.93	42.39
2013	21.03	40.38	43.16
2015	21.03	40.38	43.16

3. 加快五种自然保护形式环保区建设

目前我国主要有五种自然保护形式，即自然保护区、风景名胜区、地质公园、森林公园和湿地公园。作为五个平行发展的自然保护形式，在我国的自然保护体系中均发挥了巨大的不可替代的作用。其中自然保护区是最基本、最有效、最经济的保护天然植被的方法。

东北地区是我国建立自然保护区较早的地区，自1986年7月长白山自然保护区设立几十年来，自然保护区的建设取得显著成绩。流域三个省区自然保护区实有数量达到484个，其中，国家级85个。自然保护区实有面积逐年上升。截至2015年，黑龙江省的自然保护区数量居全国之首，为251个，自然保护区占辖区面积之比大于20%（见表7）。自然保护区建设

表7　期末自然保护区面积：分地区（2006～2015年）

单位：百公顷

年份	年末实有自然保护区面积:黑龙江	年末实有自然保护区面积:吉林	年末实有自然保护区面积:内蒙古
2006	29058.00	22246.00	98463.00
2007	29417.00	22246.00	98463.00
2008	33429.00	22923.00	104604.00
2009	33252.00	23747.00	104604.00
2010	39073.00	23508.00	104604.00
2011	44740.00	23445.00	106347.00
2012	39557.00	23445.00	106347.00
2013	39557.00	24773.00	105805.00
2014	39611.00	25991.00	105158.00
2015	40693.00	25995.00	104854.00

对松花江流域天然针叶林及阔叶林起到了极好的保护作用，同时保护了松花江流域野生动植物种群以及森林植被类型，在流域涵养水源、水土保持等方面均做出重要贡献，为流域天然植被保护提供保障。通过实施重要湿地及森林公园建设，有效改善生态功能。编制了多项有关法规，积极保护了湿地植被。森林公园数量及湿地面积有效提升，得到较好的保护（详见表8、表9）。

表8　分地区森林公园数量（2006～2015年）

单位：个

年份	森林公园数量:内蒙古	森林公园数量:吉林	森林公园数量:黑龙江
2006	45.00	39.00	100.00
2007	49.00	39.00	98.00
2008	50.00	47.00	101.00
2009	51.00	47.00	100.00
2010	53.00	48.00	104.00
2011	53.00	50.00	105.00
2012	53.00	52.00	102.00
2013	53.00	56.00	103.00
2014	54.00	56.00	103.00
2015	55.00	57.00	103.00

表9　湿地面积及占国土面积比例

单位：千公顷，%

年份	黑龙江:湿地面积	黑龙江:湿地面积占国土面积比重	吉林:湿地面积	吉林:湿地面积占国土面积比重	内蒙古:湿地面积	内蒙古:湿地面积占国土面积比重
2003	4314.80	9.49	1203.40	6.37	4245.00	3.66
2015	5143.30	11.31	997.60	5.32	6010.60	5.08

4. 推进农业源污染防治

流域各省注重发展生态农业和绿色农业，减少化肥农药施用量，提高化肥的利用率。适当应用长效和缓释肥，施行有机肥补贴政策。注重推广生物农药和高效低毒低残留农药。构筑农业优质耕作技能体系，诊脉作物，明确化肥、农药及有机肥应予施用量、施用措施、施用时限。借助整合种植结构，治理农业污染物。2010 年，全国各省（自治区、直辖市）化肥施用量仅有 5 个地区达到国际公认的化肥施用安全上限，黑龙江省位列其一。2017 年黑龙江省印发《黑龙江省土壤污染防治实施方案》，切实加大土壤污染防治力度，改善土壤环境质量，保障土壤生态安全。同时按照黑龙江省出台的《松花江流域水污染防治条例》要求，明确松花江流域黑龙江段污染防治中着重降低工业污染，农业主导产业为绿色农业、特色农业、绿色畜牧业。降低松花江流域化肥农药施用量，提高其有效利用率。加强基本农田设施改造、农村生活能源改造，提高农民收入。2018 年 6 月，第二次全国污染源普查黑龙江省农业污染源普查工作开始推进。

同时，对农田退水污染进行防治。在松花江流域主要粮食产区施行生态拦截示范工程，从过程阻截、末端治理的角度出发，改造现有排水渠，实行灌排分离，利用沟壁和沟渠中作物吸收利用径流中养分，形成植被过滤带，有效拦截农田损失的氮磷养分。采用综合治理措施降低面源污染。在松花湖等湖库周边建设人工湿地、前置库、缓冲带、水陆交错带、生态沟渠等设施，降低氮磷营养物入湖（库）量。鼓励土地集约化种植，建立农技推广体系。

二 流域植被保护存在的问题

1. 森林植被退化没有从根本上得到解决

若想实现流域国民经济和社会可持续发展，必须有稳定、适宜的自然生态系统。经过几十年的努力，启动了网络式保护体系，此体系以自然保护区为主，以湿地及森林公园建设为辅，流域植被保护与建设目前获得了良好的效果。然而从目前来看，松花江流域的自然保护区、湿地保护区和森林公园等涵盖的区域范畴内，仍然存在一部分生态脆弱区域尚未纳入保护范围，前期随意开发引起的自然保护区被蚕食、天然植被骤降或破碎化、湿地枯竭及污染等状况仍十分严重。同时少许自然保护区范围偏小，野生动植物栖居地破碎，造成食物链结构缺损，并遭遇流域周边工农业生产活动的猛烈浸染，造成植被恢复迁缓。加之生态系统被破坏、水土流失等自然灾害导致的现实，使得流域植被很难获得有效保护。以上种种显示流域植被资源保护还存在空白和欠缺，与布局合理、功能齐备、优势互补、效益显著的标准尚有差距，因此在一定程度上形成阻碍可持续发展的一个因素。

2. 湿地过度开垦造成的水环境恶化亟待恢复

早期过度开垦湿地，导致生物多样性锐减，湿地面积日益减少、湿地功能衰弱。尤其是在变北大荒为北大仓的进程中，在三江平原的开荒使用中，掠夺式的开垦湿地导致三江平原下垫面的格局产生了明显的改变，泥沙淤积量增多，水体垂直高度缩短。耕地与湿地的面积及各自所占比重发生了显著的变化。1949 年前后，耕地面积约占三江平原总面积的 7%，而21 世纪伊始，耕地面积上升至约占三江平原总面积的 50%。同时，湿地面积占三江平原总面积的比例亦锐减，由 50% 降至低于 10%。

掠夺式开垦湿地导致水土流失，降水量降低，平均气温升高；加之农药与化肥的频繁使用，水体受到极大的污染。因为有毒有害成分在食物链中的集中及生物的富集影响，流域底栖动物、鱼类和鸟类等数量和群组降低，致使生物群组结构单一、物种逐步退化乃至濒危灭绝，从而造成生物多样性锐减。松花江流域 90% 以上的工矿企业集中分布在流域沿岸的大中城市，工业企业运营发生的废水以及生活污水导致流域水体中各种有害成分严重超标，造成水环境恶化。

3. 接续产业培育不足，区域经济发展乏力

流域植被覆盖区域各经营主体的主要业务收入有 60% 的依然取材于自然资源，因此对森林、湿地乃至土地的依存度一直较高。以天然林保护工程为例，工程计划中涵盖了多项关于民生安置的内容，对职工社会保障的支持亦是天然林保护工程的重要构成部分。然而，国家拟定若干此类政策的根本意义是为促进林业产业的发展，为了森林的休养生息尽快剥离林业企业的社会负担。同时，在林区接续产业后续承接严重不足的情况下，各地方政府并无能力为林区居民供应完备的社会服务，依赖中央财政支撑并非长久之计。相关研究表明，林区居民在收入水平仍然较低的情形下，居民取暖用材等最为基本需要的收入效应占主导地位，只有当收入达到一定水平并具有一定的可持续性，替代效应作用才凸显。也可以说，居民取暖用材在低收入低消费情况下是"正常品"，收入的增加反而会加剧森林资源的消耗。接续产业发展乏力影响流域经济发展，接续产业培育与发展关系到可持续发展的最终实现。

4. 建设管理投入不足，法律法规有待完善

松花江流域植被保护的法律法规缺少系统性，自上而下的方案设计影响管理效率。究其缘由，在于环保部、水利部、林业局、各级人民政府等多部门交叉管理，分流域专项资金投入少，无法满足植物保护的支出。各类保护区设施有待于完善，保护区内缺乏正规的管理机构。法规缺乏动态调节。以天然林保护工程为例，工程中关于各项补助标准依据的仍然是天然林保护工程一期方案的规定，各项补助标准是根据1997年的工资基础和物价水平计算的。2011年，黑龙江省平均工资的水平较1997年增加了3.25倍，森工在岗职工人均工资也增加了2.14倍，而补助标准却10年不变。政策补偿基础漏缺、标准低，而现有的补偿标准无论从绝对数额方面，还是从资金来源渠道方面都需要很大改进。

三　流域植被保护对策建议

1. 中央与地方应加强对流域植被保护的持续投入

植被是流域生态系统的重要组成部分，也是江流生态系统和陆地生态系统之间的过渡带，在调节气候、保持水土、护江防洪方面具有重要功能。生物多样性比较丰富，应对流域植被进行科学分类、统筹规划，组织多学科专家进行流域植被可用性评价和论证。流域植被保护是一项长期的系统的工程，需要长期稳定的持续投资与关注。松花江流域的发展现状显示，目前流域植被保护与污染防治仍然处在一个资源保护与破坏的相持阶段，保护力度的加大使流域林地、湿地、草地等得以休养生息，耕地质量逐步恢复，人民意识得以加强，生态环境持续改善。同时，靠山吃山靠水吃水的基本经济需求和生计方式并未从根本上改变，植被资源长期被破坏的隐患依然存在。为解决这一矛盾，中央与地方需加大流域植被保护与发展的投入。

2. 开发与保护并重，真正实现可持续利用

流域广袤的森林、湿地、耕地等不仅带来巨大的经济效益，而且具有更为重要的生态效益。随着社会的发展时代的进步，生态建设现已列入我

国五大发展理念,因此流域植被生态效益作用更加凸显,把植被保护与流域的工程治理有机地结合,才能实现整个松花江流域生态系统的良性循环。流域植被保护生态工程具有正外部性,此项工程的施行不仅可以向社会供给林木及其林副产品这些有形商品,而且能够固碳制氧、防风治沙、涵养水源,改善生态环境,实现生态和社会效益。在通常的情形下,施行退耕还林所获得的仅仅是一定的林木或林副产品等经济收益,而其所衍生的景观、环境、社会及生态系统等外部效益被附近或其他地区的人无偿共享。

同时,流域植被保护属于公共管理范畴,对于重大工程带来的巨大生态效应而言,增加额外一个人消费该产品不会引起产品成本的任何增加,即消费者人数的增加所引起的产品边际成本等于零。流域植被保护的主要目标是修复以森林、湿地、草原为主的生态系统,改善流域生态环境,为流域可持续发展奠定一个良好的环境基础。流域植物保护虽然有其非公益性内容,如促进区域产业结构调整,提高区域经济发展与生态的协调性等,但从本质上讲是国家公益事业的重要组成部分,是国家组织实施的公共物品生产项目,它理应属于公共管理的范畴。针对松花江流域植被特征和演变规律、生态特点,因地制宜建立生态农业和自然保护区,保护与开发并行,才能实现可持续发展。

3. 提高民众素质,树立生态意识

目前我国流域植被保护实施管理方式仍然是依据政府总体布局,借助政府财政补助,逐级负责。这种以完成交办任务为目的的管理方式是最为传统的公共行政管理,即中央拟定并颁布政策,进而使用行政命令落实政策的管理,传统的公共行政更为注重的是任务完成与否,以及完成的效率。因为大而广之,比较宽泛,因此对施行过程中的各层级人员,尤其是民众如何介入,民众需要与否,工程效益如何乃至政策施行的服务性、公平件、合法性关注明显不够。

事实上,流域植被保护建设应该视为,流域全体公民为获得植被的生态效益,委托政府署理的,借助财政支出来修复生态的过程。对于此项公益事业,政府需要付出的财政投入金额巨大,但是带来的影响亦广而深远。在政府进行决策的过程中,应充分吸纳广大民众以及社会各界与之有关的利益主体,尤其是基层员工群众的想法和意见,而不应仅仅吸纳某一

特定部门或某些专业人员的建议。所以，要重点加强对民众的生态知识的培养与教育，提升民众在生态建设中的参与度，使他们更加深刻地领悟到保护生态环境的必要性与重要性，自觉地在流域范围内遵循生态规律，有秩序地从事生产、生活活动。

4. 健全法制建设，构建科学管理体制

流域植物保护是一项宏大的系统性工作，需要持之以恒，常抓不懈，长期建设。缺失必备的法律法规，将难以保障植被保护的稳定健康发展和可持续性，流域植物保护管理方式的创新也就无从谈起。因为历史的原因，流域基层员工与土地耕作者最忧虑的即为政策的阴晴不定。而与流域植被保护有关的专业化专门化法律法规体系的建立健全，一定会使他们充满信心，消除疑窦，使流域所辖居民长期地、有动力有干劲地投入流域生态建设中。

同时进行普法宣传与贯彻，特别是如《水土保持法》《森林法》《草原法》等与生态息息相关的国家与地方性法律法规的学习，进一步增强全民的法制意识和法制观念。同时，各相关职能部门应尽快拟定和完善相关的配套法规，健全执法体系，强化监督职能，并真正实现依法治理，依法保护成果，保证流域植物保护工作的顺利开展。同时建立科学的管理体制，与社会主义市场经济接轨，按照政企分开原则，将分类经营落到实处。

参考文献

[1] 韩佶兴、王宗明、毛德华等：《1982~2010 年松花江流域植被动态变化及其与气候因子的相关分析》，《中国农业气象》2011 年第 3 期，第 430~436 页。

[2] 郭红、龚文峰、李雁等：《基于 RS 和 GIS 的松花江流域植被覆盖动态变化研究》，《学术研究》2009 年第 6 期，第 60~65 页。

[3] 施季森、张金池：《保护森林，根治水患——98 长江特大洪水成因及森林减灾对策》，《南京林业大学学报》1998 年第 4 期，第 1~5 页。

[4] 吴征镒：《中国植被》，科学出版社，1980。

[5] P. J. Boon, P. Calow and G. E. Petts：《河流保护与管理》，宁远等译，中国科学技术出版社，1997。

[6] 郎惠卿、林鹏、陆健健：《中国湿地研究和保护》，华东师范大学出版社，1998。

松花江流域耕地保护研究

陈秀萍[*]

摘　要：黑龙江省为了保护松花江流域的耕地，采取了一系列措施，包括：建立了完整的耕地保护管理体系；制定了耕地保护相关制度；建立了地方政府耕地保护目标责任制；注重高标准农田建设；创新探索治理、保护和利用黑土地的模式等。经过多年的努力，黑龙江省松花江流域耕地保护取得一定的成效：耕地数量保持了稳定；耕地质量下降的趋势得到遏制；高标准农田、生态高产标准农田建设取得了显著成效；耕地的化学污染逐步得到控制。但是仍然面临着一些挑战：耕地保护与农业生产的矛盾；耕地有机质含量下降问题；化学污染问题仍然比较严重。对此，提出相关对策建议：加快推进水稻无土栽培育秧技术的研发和推广；加快秸秆还田技术的研发、使用和推广等。

关键词：松花江流域　黑龙江省　耕地保护

耕地是农业生产的基础，保证耕地能够永续和合理使用，涉及稳定农业的基础地位和促进国民经济发展的重大问题。松花江流域土地平整、集中连片、土壤肥沃，是世界著名的"黑土带"和"黄金玉米带"，是我国优质粳稻、玉米、高油大豆的重要产区。保护耕地对于实现松花江流域农业的可持续发展具有重要的意义。

---

* 陈秀萍，黑龙江省社会科学院农村发展研究所副研究员，主要从事农业经济理论与政策研究。

一 松花江流域耕地现状

1. 松花江流域概况

松花江流域总面积55.72万平方千米，其中平原区面积21.21万平方千米、山丘区面积34.91万平方千米，占东北地区总面积的44.8%。松花江流经吉林、黑龙江两省。松花江流域是黑龙江右岸最大的支流，由嫩江平原、西流松花江和松花江干流三部分构成，其流域面积占黑龙江总流域面积（184.3万平方千米）的30.2%。松花江干流在黑龙江省长度为939千米（其中哈尔滨市江段长466千米），流经全省60个市（县），流域面积占全省面积的近60%，流域内的经济总量占全省GDP的70%。

2. 松花江流域耕地概况

松花江流域行政区涉及内蒙古、吉林、黑龙江和辽宁4个省（自治区）的24个地级市（盟）的109个县（区、旗、市）。主要城市有长春市、吉林市、哈尔滨市、大庆市、齐齐哈尔市、牡丹江市、伊春市、佳木斯市等。全流域耕地面积20832万亩，土壤类型有黑土、黑钙土、棕壤、暗棕壤、水稻土、风沙土及草甸土等。作为松花江流域主要分布地带的黑龙江省，拥有耕地1594.4万公顷。① 耕地按地区划分，松嫩平原地区耕地665.2万公顷（9978.5万亩），占全省耕地的41.7%；三江平原地区耕地516.2万公顷（7743.0万亩），占32.4%；张广才岭、老爷岭地区耕地132.2万公顷（1983.5万亩），占8.3%；小兴安岭地区耕地266.3万公顷（3994.4万亩），占16.7%；大兴安岭地区耕地14.5万公顷（217.0万亩），占0.9%。人均耕地面积0.416公顷（合6.24亩/人），高于全国人均耕地水平。

二 松花江流域耕地保护采取的措施

（一）建立了完整的耕地保护管理体系

耕地质量不仅是指耕地地力，还包括工程质量、土层厚度、土地平整程

---

① 2015年度黑龙江省二次调查土地变更调查结果。

度、配套设施建设、土壤的无毒无害性能等；耕地质量不仅是粮食生产能力的保障，还是安全、健康、环保、生态的体现，因此，耕地质量保护需要多个部门一起分工协作。① 因此，我国耕地管理体系是一个复杂的体系，涉及各级政府和多个管理部门。按照国家规定，松花江流域所涉及的省份经过多年的努力，都逐步建立一套完整的耕地保护管理体系。以黑龙江省为例，黑龙江省2016年4月21日第十二届人民代表大会常务委员会第二十五次会议通过的《黑龙江省耕地保护条例》中第5条至第11条规定了耕地保护管理体系（见图1）。

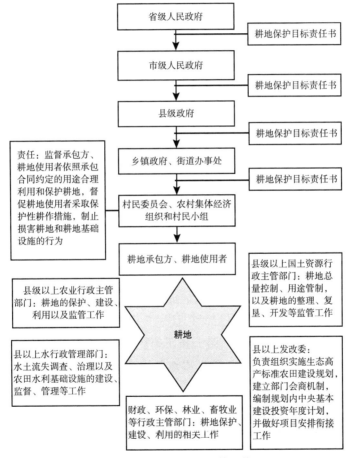

图1 黑龙江省耕地保护管理体系

---

① 《无"质保"的耕地红线是不可靠的——专访国土资源部耕地保护司司长严之尧》，中华人民共和国中央人民政府，http://www.gov.cn/jrzg/2011 - 07/04/content_ 1899191.htm，2011年7月4日。

（二）制定了耕地保护相关制度

1. 建立了地方政府耕地保护目标责任制

耕地保护目标责任制，是指确定一定区域的耕地保护目标任务，措施到位，责任到人，运用目标化、定量化、制度化管理方法，规范各级人民政府、部门以及各级领导的耕地保护工作行为，确保耕地保护基本国策贯彻落实的制度。自1990年以来，耕地保护目标责任制建设在全国范围由点到面、由部门到政府得到逐步推进。除耕地保护目标责任制外，还有基本农田保护目标责任制、土地管理目标责任制、国土资源管理目标责任制等形式。2004年《国务院关于深化改革严格土地管理的决定》（以下简称《决定》）规定，保护和合理利用土地的责任在地方各级人民政府，省、自治区、直辖市人民政府应负主要责任，政府主要领导是第一责任人。要建立耕地保护责任的考核体系，严格土地管理责任追究制。作为《决定》的重要配套文件之一，2005年国务院办公厅印发的《省级政府耕地保护责任目标考核办法》进一步明确，各省（自治区、直辖市）人民政府应对《全国土地利用总体规划纲要》确定的本行政区域内的耕地保有量和基本农田保护面积负责，省长、主席、市长为第一责任人。松花江流域省份及时地建立了各级政府耕地保护目标责任制。黑龙江省、市、县三级建立了以政府主要领导为第一责任人的耕地保护目标责任体系。黑龙江省人民政府发布了《黑龙江省地市级政府耕地保护责任目标考核办法》（黑政发〔2007〕17号），建立了地市级政府耕地保护目标责任制度。2016年黑龙江省颁布的《黑龙江省耕地保护条例》第七条明确规定，"耕地保护实行目标责任制度。各级人民政府应当逐级签订耕地保护目标责任书。乡（镇）人民政府、街道办事处应当与村民委员会、农村集体经济组织签订耕地保护目标责任书"。吉林省人民政府为认真贯彻落实《决定》《国务院关于加强土地调控有关问题的通知》，2008年发布了《吉林省人民政府关于强化和落实各级政府耕地保护目标责任制的通知》。

2. 制定了耕地保护地方性法规

黑龙江省1995年6月30日第八届人民代表大会常务委员会第十六次会议通过了《黑龙江省基本农田保护条例》，1999年12月修正。2016年黑龙江省制定了《黑龙江耕地保护条例》，规定了一些具体的保护措施，包括：耕地的深松耕暄；调整种植结构，建立科学的轮作、休耕制度；禁止在十五度以上的坡地开垦耕地；对十五度以上已经开垦并种植农作物的耕地制定退耕计划，逐步还林、还草；推广采用粉碎还田、造肥还田、过腹还田等方式进行秸秆还田，提高地力。吉林省 1994 年制定了《吉林省土地管理条例》，2010 年制定了《吉林省耕地质量保护条例》，2015 年制定了《建设占用耕地表土剥离技术规范》和《关于推进建设占用耕地耕作层土壤剥离工作的意见》等地方性法规和政策，进一步加强了耕地资源的保护，强化以农产品质量安全、农业生态环境保护、农业废弃物处理与利用、农业水土保持、农业支持保护等为重点的农业立法和制度建设，为农业可持续发展提供有力的法律法规保障。2016 年制定了《吉林省农业可持续发展规划》，对加强耕地和黑土地保护，耕地占补平衡，推行秸秆还田、土地深松、少免耕、地膜覆盖等保护性耕作技术和粮豆轮作、粮草轮作、测土配方施肥、盐碱化耕地改良等农艺措施都做出了详细的规定。

（三）耕地保护理念从注重数量向数量、质量、生态并重转变

从我国 1986 年制定的《中华人民共和国土地管理法》可以看到，这部法律更注重耕地数量的保护，明确提出了耕地保护的目标，即"实现耕地的总量动态平衡"，而关于耕地质量保护的规定较少。松花江流域地方政府关于耕地质量保护的规定也比较少。随着耕地质量的恶化，耕地质量保护问题逐步突出。人们逐渐认识到无质量保证的耕地红线是不可靠的，因此，我国土地管理制度改革进一步深化，耕地数量质量并重保护的理念已逐步转化为耕地保护工作中具体的耕地质量建设和管理。《全国土地利用总体规划纲要（2006～2020 年）》在主要任务中明确提出了"实行耕地数量、质量、生态全面管护"。2011 年我国国土资源部提出，将"守红线坚持数质并重"作为 2011 年"双保行动"的主题；把耕地质量等级监测试点列为 2011 年重点工作。耕地质量不仅仅是指耕地地力，还包括工程质量、土层厚度、土地平整程度、配套设施建设等；耕地质量管理要以加强补充耕地管理为抓手，以土地整治为平台。同一时期，松花江流域各省份也都更加重视通过防止水土流失、耕地沙化、盐碱化、贫瘠化等方式提高耕地的质量。

（四）注重高标准农田建设

2012 年 12 月黑龙江省国土资源厅发布并实施了《黑龙江省农业综合开发高标准农田建设实施规划（2013～2020 年）》，提出"十二五"期间建成高标准基本农田 3200 万亩，明确了高标准基本农田建设条件、类型、标准、规划布局、项目安排等内容，全面推进农田现代化建设。2013 年 4 月，黑龙江省依据国家有关规定及技术标准，制定并出台了《高标准基本农田标准（试行）》。2013 年，国务院确定黑龙江省先行开展现代农业综合配套改革试验，此后，黑龙江省出台了以土地制度改革等为主要内容的总体实施方案，相关部委也陆续研究配套政策。按照国土资源部的批复，将加强对黑龙江试验区农村土地整治的支持力度，实现 2020 年建成 1 亿亩高标准基本农田的目标。《黑龙江省耕地保护条例》（2016）第 17 条规定，建设生态高产标准农田应当以平原区为重点；松嫩平原、三江平原以及中部粮食主产区的中、高产田，应当优先建设为生态高产标准农田。这些区域主要在松花江流域范围内。黑龙江省委、省政府多次召开专题会议组织研究推进高标准农田建设和《亿亩规划》编制，将规划落实列为《黑龙江省促进经济稳增长的若干意见》重要举措，纳入《市级政府耕地保护目标责任制》和《粮食安全市长责任制》考核范畴，强力推进。制定了《黑龙江省亿亩生态高产标准农田规划管理与实施暂行办法》和《黑龙江省亿亩生态高产标准农田项目生成与建设暂行办法》，与《亿亩规划》一并印发执行，严把"三关"，即立项标准关、资金管理关、竣工验收关；制定并出台了《亿亩生态高产标准农田建设重点农业地方标准合集》；省政府出台了《黑龙江省人民政府关于加强和规范农村土地整治工作的意见》，进一步明确了省、市、县三级权力责任，强化了属地化管理职能，规范了项目依法公开运行，加强了放管服综合指导。①

（五）创新探索治理、保护和利用黑土地的模式

近年来，东北黑土地水土流失加剧，耕作层变薄，严重威胁粮食持续稳产。为了扭转这种趋势，2015 年以来，中央财政每年安排 5 亿元专

---

① 《黑龙江省去年建高标准农田 949 万亩》，《黑龙江日报》2017 年 8 月 23 日。

项资金，在东北四省（区）选择 17 个县开展东北黑土地保护利用试点。按照农业部统一部署，从 2015 年下半年起，黑龙江省在双城、呼兰、北林、海伦、克山、龙江、嫩江、桦川、宁安、望奎等 10 个县实施东北黑土地治理试点，连续 3 年定点实施。这 10 个试点县耕地面积 3224.16 万亩，占全省黑土地耕地总面积的 13.5%。试点县实施黑土地保护利用试点面积 90.2 万亩。① 为了提高耕地的肥力，松花江流域各地方政府都制定了深松、轮作、休耕及秸秆还田制度，例如《黑龙江省耕地保护条例》规定了深松耕暄、轮作、休耕、还林、还草、秸秆还田等制度。2016～2017 年度，黑龙江省玉米秸秆粉碎翻埋还田面积 14.3 万亩，玉米秸秆覆盖还田少免耕技术面积 2.4 万亩，水稻秸秆还田 9.7 万亩，米豆轮作面积 11.9 万亩，完成垄作区田、环坡打垄等作业面积 0.256 万亩，示范治理侵蚀沟 213 米。

（六）全面治理农村面源污染

松花江流域各省份为了减少农村面源对松花江的污染，组织实施了以改善农村饮用水水源水质、整治畜禽粪便污染、生活污水污染、生活垃圾污染、农药化肥污染、农业废弃物污染、乡镇工业污染，提高农村生态环境质量为主要内容的农村环境保护"161"工程。积极落实"以奖促治"政策，启动了松花江流域农村环境综合整治专项行动，开展定量考核试点。围绕改善农村生态环境，加强农业源污染治理，开展示范工程建设。实施松花江流域农村环境综合整治联合行动，阿什河流域上游实施种植结构调整，减少污染物流失量。在松花江沿岸粮食主产区开展生态拦截示范工程建设。在三江平原、牡丹江流域等地区加大农田退水治理力度。制定控制农药、化肥、地膜的使用量规定，例如，黑龙江省 2016～2017 年度完成有机肥施用面积 70.7 万亩，应用测土配方肥、生物肥、缓释肥等新型肥料以及水肥一体化等面积 91.7 万亩次。② 吉林省启动了黑土地保护治理工程，大力推进科学施肥施药，重点推广控肥、控药、控水、增施有机肥等技术；化肥和农药的利用率达到 35% 左右，农田灌溉水有效利用系数达到 0.56，遏制耕地质量下降的趋势。

---

① 《黑龙江开展东北黑土地保护提升耕地地力纪实》，《农民日报》2017 年 9 月 2 日。
② 《黑龙江开展东北黑土地保护提升耕地地力纪实》，《农民日报》2017 年 9 月 2 日。

三 松花江流域耕地保护取得的成效

1. 耕地数量保持了稳定

我国实行的是最严格的耕地保护制度与土地用途管制制度，政府主要通过建设占用耕地、基本农田保有量、耕地占补平衡 3 个指标实现对耕地的保护配置。[①] 松花江流域的各省份同样严格执行国家规定，非常重视对耕地数量的保护。中华人民共和国成立初期，松花江流域水土流失面积为 8.82 万平方千米，经过几十年的治理，水土流失面积不但没有减少，20 世纪末期反而增加到 18.3 万平方千米，据 2000 年第二次全国土壤侵蚀遥感普查，松花江流域水土流失面积 15.76 万平方千米，占流域总面积的 28%。近 5 年，黑龙江省新增水土流失综合防治面积 1.49 万平方千米，累计完成 4.33 万平方千米。与《全国土地利用总体规划纲要（2006～2020年）》中规划的耕地保有量对照来看，黑龙江、吉林、辽宁、内蒙古的耕地数量比较稳定（见表 1），耕地保有量目标都超额实现。特别是黑龙江省，"十二五"期间立项实施土地整治项目 505 个，建设规模 2460 万亩，新增耕地面积 40 万亩，新增耕地率 1.63%，总投资 202 亿元。

表 1 黑龙江、吉林、辽宁、内蒙古耕地面积和 2020 年耕地年保有量

单位：千公顷

年份	辽宁省	吉林省	黑龙江省	内蒙古自治区
2000	4174.8	5578.4	11773	8201.0
2010	5031.2	7017.4	15858.0	9187.6
2011	5013.2	7021.2	15849.1	9189.4
2012	4998.9	7013.7	15845.9	9186.9
2013	4989.7	7006.5	15864.1	9199.0
2014	4981.7	7001.4	15860.0	9230.7
2015	4977.4	6999.2	15854.1	9238.0
2020 年耕地年保有量	4063.3	5519.3	13871.3	6977.3

资料来源：2020 耕地年保有量数据来源于《全国土地利用总体规划纲要（2006～2020 年）》；其他数据来源于《中国统计年鉴 2016》。

[①] 王茨：《运用可交易耕地发展权优化耕地非农化配置分析》，《福建农林大学学报》（哲学社会科学版）2012 年第 1 期，第 25～30 页。

2. 耕地质量下降的趋势得到遏制

2009 年的调查结果显示，根据全国农用地分等结果，全国耕地质量的等别状况总体偏低，优、高等地仅占耕地总面积的 33%，平均等别仅处于中等水平；旱地比例超过了一半，水田仅为 26%。2014 年 12 月，农业部发布《关于全国耕地质量等级情况的公报》，2012 年底，农业部组织完成了全国耕地地力调查与质量评价工作，以全国 18.26 亿亩耕地（二调前国土数据）为基数，从立地条件、耕层理化性状、土壤管理、障碍因素和土壤剖面性状等方面综合评价耕地地力，在此基础上对全国耕地质量按照 10 个等级进行了划分。[①] 东北区包括黑龙江、吉林、辽宁（除朝阳外）三省及内蒙古东北部大兴安岭区，总耕地面积 3.34 亿亩，占全国耕地总面积的 18.3%（评价结果见图 2）。评价为一至三等的耕地面积为 1.44 亿亩，占总耕地面积的 43.1%，主要分布在松嫩三江平原农业区，以黑土、草甸土为主，土壤中没有明显的障碍因素。评价为四等的耕地面积为 0.81 亿亩，占总耕地面积的 24.36%，主要分布在松嫩三江平原农业区和辽宁平原丘陵农林区，以白浆土、黑钙土、栗钙土、棕壤为主，土壤质地黏重，易受旱涝影响。评价为五至六等的耕地面积为 0.87 亿亩，占总耕地面积的 26.1%，主要分布在松辽平原的轻度沙化与盐碱地区以及大小兴安岭的丘陵区，以暗棕壤、白浆土、黑钙土、黑土、棕壤为主，主要障碍因素包括低温冷害、水土流失、土壤板结等。评价为七至八等的耕地面积为 0.22 亿亩，占总耕地面积的 6.44%，主要分布在大小兴安岭、长白山地区，以及内蒙古东北高原、松辽平原严重沙化与盐碱化地区，以暗棕壤、栗钙土、褐土、风沙土、盐碱土为主，主要障碍因素包括水土流失、土壤沙化、盐碱化及土壤养分贫瘠等，这部分耕地土壤保肥保水能力差、排水不畅，易受干旱和洪涝灾害的影响。东北区没有九至十等地。从以上可以看到，松花江流域范围内耕地的质量等级是比较高的，远远高于全国平均水平。坚持管控与修复并重、保护与利用统筹、用地与养地结合，加人投入，综合施策，有效提升了黑土耕地质量。至 2018 年 5 月，黑土耕地有机质由 2007 年以前年均下降 0.074 个百分点减缓到 0.023 个百分点，局部区域有机质下降势头得到遏制。近两年，黑龙江省切实把保护利用好黑土地，作

---

① 中华人民共和国农业部：《关于全国耕地质量等级情况的公报》，2014 年 12 月。

为推进农业绿色发展、实施"藏粮于地""藏粮于技"战略、当好粮食安全"压舱石"的重要举措，坚持管控与修复并重、保护与利用统筹、用地与养地结合，加大投入，综合施策，有效提升了黑土耕地质量，为加快推进农业高质量发展奠定了坚实基础。[①] 目前，黑土耕地有机质年均下降0.023个百分点，比2007年以前减缓0.051个百分点，局部区域有机质下降势头得到遏制。

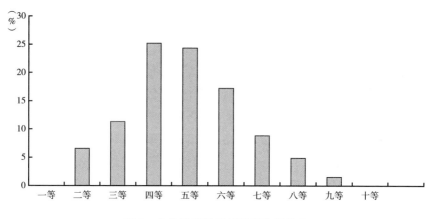

图2 东北区耕地质量等级比例分布

3. 高标准农田、生态高产标准农田建设取得了显著成效

"十二五"期间，国家下达黑龙江省高标准基本农田建设任务3197万亩。截至2015年底，黑龙江省通过国土、发改、水利、农业开发等部门共同建设完成高标准基本农田3501万亩，超额完成304万亩。其中，国土部门通过土地整治建设完成高标准基本农田1556万亩，占总任务量的44.44%。《黑龙江省亿亩生态高产标准农田建设规划（2013～2020年）》提出，到2020年建设生态高产标准农田1亿亩，其中，国土部门建设生态高产标准农田任务为3718万亩。至2016年底，黑龙江省由国土、发改、农业、水利等部门共同建设完成高标准农田4451万亩，超额完成国家"十二五"时期下达黑龙江省的3197万亩高标准农田的建设任务。吉林省计划到2020年，全省建成高标准农田5250万亩，目前已建成高标准农田3211万亩。

---

① 《加大投入综合施策 黑龙江省全力保护黑土地》，《中国商报》2018年5月29日。

4. 耕地的化学污染逐步得到控制

2005 年 11 月 13 日，吉林省吉林市的中国石油吉林石化公司双苯厂发生连续爆炸，同时导致了一百吨苯类污染物泻入松花江中，造成长达 135 公里的污染带，给下游哈尔滨等城市带来严重的"水危机"。从 11 月 24 日起，一个长达 80 公里的污染带沿松花江流入黑龙江境内，对黑龙江省耕地造成一定程度的污染。2008 年黑龙江省松花江流域共有监测断面 55 个（古恰闸口断面没有监测数据），其中国控断面 14 个，省控断面 40 个（古恰闸口断面没有监测数据）。河流整体水质状况为轻度污染，个别河流水质属于重度污染。主要污染指标为高锰酸盐指数、氨氮、石油类和生化需氧量，根据水功能区目标，55 个控制断面中只有 46.3% 的断面达到功能区要求，国控断面占 7.4%，省控断面占 38.9%。[①] 黑龙江省松花江流域土壤的有机质含量较高，森林覆盖率高，致使松花江流域内高锰酸盐指数浓度背景值偏高，经过"十一五"和"十二五"期间的治理，取得了较大的成效（见图 3）。松花江干流近 30 年的数据统计显示，出境同江断面的主要污染指标高锰酸盐指数浓度呈现先升高后降低的波动趋势，尤其是在"十一五"末至"十二五"期间，入境肇源断面的水质无明显变化，出境同江断面的高锰酸盐指数浓度呈现显著的下降趋势（见图 3）。高锰酸盐指数浓度的下降减少了对耕地的污染。其次，松花江流域化肥、农药的使用量得到控制。近两年，农业部农业面源污染防治推进工作组扎实推动，"一控两减三基本"取得明显成效。2016 年 11 月黑龙江省出台《关于深入推进农业"三减"行动的实施意见》，深入推进农业减化肥、化学农药和化学除草剂的"三减"行动，争当全国现代生态农业发展排头兵，推动大粮仓变成绿色粮仓、绿色菜园、绿色厨房。意见明确提出，到 2020 年，全省化肥亩均施用量要减少 10% 以上；化肥利用率要提高 6.7 个百分点；农药利用率提高 9 个百分点；除草剂使用量减少 1.4 万吨以上，减少 20%。黑龙江省各地也结合实际情况，进行了各具特色的"三减"实践，例如，富锦市建设了 20 个总面积 20 万亩的"三减"基地，强化示范引带作用；建三江管理局采取直接和间接两种方式，通过水稻侧深施肥、秸秆还田等

① 黑龙江省环境科学保护研究院：《松花江流域黑龙江省"十二五"水污染防治规划前期研究》。

技术措施，细化了"三减"工作的具体落实。2016年全国化肥使用量首次接近零增长，黑龙江等省份已实现了化肥使用量零增长。

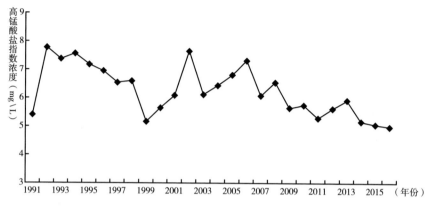

图3 1991～2016年同江断面高锰酸盐指数浓度趋势

四 松花江流域耕地保护面临的挑战

1. 耕地保护与农业生产的矛盾

为了追求更多的产出，在农业生产过程中，常常出现农业生产需求与耕地保护的矛盾。（1）耕地增加与湿地保护的矛盾。一方面为了农业生产的需求，需要扩大耕地面积；另一方面为了生态的保护，需要保护湿地。黑龙江省、吉林省早期稻田面积的增加主要是来自沼泽的开垦。随着农业开发规模的持续扩大，耕地面积特别是水田面积的逐渐增多，对农业灌溉用水的需求也逐渐增加，导致河流流入湖泊和沼泽地的水量减少，也使沼泽地面积趋于缩小，并遭受面源污染的威胁。对于嫩江和松花江干流子流域来说，农田开垦是导致湿地退化的主要原因（李昌峰等，2002）。（2）水稻种植取苗床土问题、建设看护房、挖沟等违法用地情况，这些是违法行为，但也是农业生产的必要条件。例如取苗床土，是为了育苗，如果不从其他地方取土，从自家田里取土，就会严重损害自家耕地的质量，因此一些农民从林地、荒地等地方"偷土"，用于水稻育苗。

2. 耕地有机质含量下降问题

松花江流域耕地质量主要存在的问题是土地瘠薄，黑土层变薄、流失；耕层变薄；地力退化快；有机肥投入不足、有机质含量下降等问题。导致这些问题的主要原因有：（1）自然因素。有些地区由于气候干旱，植被覆盖率下降，导致土壤薄，土壤有机质含量和养分降低。特别是一些坡地，受水蚀和风蚀严重，土壤变薄的速度更快。（2）由于多年小型机械浅翻作业，犁底层紧实，土壤接纳降水的能力降低，容易产生径流，同时，地表长期裸露休闲，破坏了土壤结构，在干旱多风的春季，容易造成表层黑土随风移动，发生风蚀。（3）有机肥使用量大幅度减少。在20世纪80年代以前，农民一直把增施有机肥作为增产的一项重要措施。但是近三十多年来，很多农民认为有机肥费工、费时、见效慢，据调查，80%以上的农户不施用有机肥，连续20年没有施用过有机肥的农户占60%以上。为了迅速提高粮食产量，农村有机肥的用量严重下降，化肥的用量猛增，导致土壤板结严重，影响了土壤肥力的维持和提高。（4）耕地超强度使用。耕地连年超强度使用，没有休耕和调养的时间，导致耕地的质量下降速度较快。这些因素中，除了小型机械浅翻作业的情况改善比较快，目前其余三个因素改善不大。

3. 化学污染问题仍然比较严重

尽管松花江流域耕地的化学污染逐步得到控制，但化肥农药等造成的直接污染仍然比较严重。松花江流域所在的东北四省区都是国家粮食主产区，多年来追求粮食产量不断提高的同时，使用了大量的化肥和农药。例如松花江流域的中下游是国家商品粮基地，共有耕地5839万亩，化肥年施用量约203.8万吨，平均化肥施用量为34.9公斤/亩，远高于全国平均水平（18.5公斤/亩）和世界平均水平（6.3公斤/亩）。近几年来，由于农业化肥用量的增加，有机肥使用很少或不用，化学投入品过多带来严重污染，已成为农业环境中一种主要污染物。大量施用化肥造成土地生态系统失衡，部分土壤出现酸化现象，土壤养分不平衡，化肥利用率不高，肥力普遍下降。施入土壤中的各种肥料只有一部分被作物吸收，大量的营养物质从土壤中流失，有的转化为"难效态"而残留在土壤中，使土壤胶体分散，土壤结构破坏，土地板结，直接影响农业生产成本和作物的产量和质量，并使蔬菜和牧草等作物中硝酸盐含量增加。① 同时土壤污染不容忽视。水污染、耕地污染相互交叉，面源污染、水土流失、土地污染严重。一些地区出现污染不让排在水里，就排在地里的现象。

五 松花江流域耕地保护对策建议

1. 加快水稻无土栽培育秧技术的研发和推广

传统的水稻旱育秧技术需要采用大量的优质旱田土或山地腐殖土做育苗土，因而会造成旱田耕层土壤及山地植被严重破坏。同时由于春季回暖晚，土壤化冻迟，取土难，也会造成不能适时播种。该技术使用大量农药，药害重，影响水稻秧苗的正常生长发育，作物有害物质残留量大，不利于绿色食品的生产。松花江流域水稻种植的面积比较大，需要的育苗土数量巨大，多年来，获取育苗土的问题一直是水稻种植和耕地保护之间无法平衡的矛盾。近几年水稻无土栽培育秧技术已经在国内外被研发、试验和推广。松花江流域各县（市）农业管理部门应高度重视此项技术的研发、引入和推广，加快推进省时、省力、节约成本的水稻无土栽培育秧技术，解决水稻传统的育秧带来的准备营养土困难，连年取土，土壤耕作层被破坏和土壤表层养分流失等难题。

2. 加快秸秆还田技术的研发、使用和推广

松花江流域所涉及的4个省份都是粮食主产区，每年在生产大量粮食的同时也产出了大量的秸秆，但是因为地区的城镇化水平较高，农村住户大量减少，秸秆传统的烧柴、饲料使用量大幅减少，无用的秸秆大幅增加，很多农民不得不将其烧掉，一方面污染了环境，也形成了浪费。因此，加快秸秆还田技术的研发、使用和推广，充分发挥秸秆在提高土壤肥力中的作用，是我们迫切需要解决的课题。秸秆还田有秸秆焚烧还田、秸秆覆盖还田、秸秆翻压还田、秸秆发酵还田、秸秆过腹还田等多种形式，但这些还田形式均有各自的利弊，因此，需要加快秸秆还田技术的研发、使用和推广，推进农业废弃物资源化利用，形成以肥料化和饲料化利用为

---

① 《农业源污染 治理刻不容缓》，《中国环境报》2013年3月4日。

主、基料化、能源化和原料化利用为补充的多元化秸秆利用格局，不断提高秸秆的综合利用率。

3. 培肥土壤，提高地力，实现"藏粮于地"

多种方式培肥土壤，提高地力，实现"藏粮于地"。一是平衡施肥。通过大面积推广测土配方施肥，达到大、中、微量元素的平衡，以满足农作物正常的生长需要，达到高产、高效、优质、低耗的理想目标。二是增施有机肥。黑龙江省、吉林省都是畜牧业大省，有机肥源丰富，今后要加快高效使用有机肥技术的开发和推广，加大"工厂化、商品化"有机肥生产基地的建设力度，鼓励企业生产有机肥，以多种方式鼓励和扶持农户提高有机肥的使用量。三是秸秆还田。秸秆还田是一项培肥地力的有效措施，在杜绝了秸秆焚烧所造成的大气污染的同时，还有增肥、增产作用。它在增强土壤保肥、保水性能，促进土壤团粒结构形成，改善物理性质，加强植物和微生物的生理活性，降解土壤中残留的农药和重金属，保墒和抑制杂草生长等方面都具有重要的作用。四是积极发展循环生态农业。黑龙江省有些地区已经开始大力发展循环生态农业，例如2015年以来，多地区开始试验发展鸭稻、蟹稻种植业，河蟹、鸭子作为治虫、除草、生产有机肥等田间管理的辅助，稻田完全不喷洒农药、化肥、除草剂，不仅为居民提供了有机大米，而且更有利于耕地的保护。地方政府应该积极推广这种生产模式。五是建立适合国情的耕地休耕制度。在部分粮食品种阶段性供过于求的背景下，可根据粮食储存情况，建立适应国情的耕地休耕制度。比如对部分易发生水土流失和低洼内涝的耕地进行休耕、合理轮作，达到养护耕地的目的，实现耕地资源可持续利用，变"藏粮于仓"为"藏粮于地"。

4. 以更严格要求、更有力措施加强农业面源污染治理

要坚持政策推动、协同联动、典型带动、宣传促动，以更严格的要求、更有力的措施，确保农业面源污染防治攻坚战取得明显进展。鼓励农民自愿采用环境友好的替代技术，其主要控制技术有农田最佳养分管理、有机农业或综合农业管理模式、农业水土保持技术措施等，对农业污染进行主动性控制。鼓励和支持耕地使用者使用测土配方肥，增施有机肥、生物肥以及有机无机复混肥，降低化肥使用量。在源头上进行技术措施的控

制，大力开展测土配方施肥，积极推广水肥一体化技术应用。利用现代信息技术，为农民提供精准配肥服务，满足农民群众多样化施肥需求。把畜禽养殖废弃物处理、利用和资源化作为农业面源污染防治工作重中之重，化废为宝，提高耕地的肥力。将推进果蔬、秸秆有机肥替代化肥行动作为防治农业面源污染、推动农业绿色发展方向。

松花江流域污染源治理研究

栾美薇[*]

摘　要： 松花江流域污染以有机污染为基本特征，已形成点源污染与非点源污染共存、生活污水和工业废水污染叠加、各种新旧污染与二次污染相互复合的态势。本文主要分析了点源与面源的污染特征，结合污染源防治的经验借鉴，有针对性地提出治理意见及可行的污染防治对策。如提高点源与面源污染防治工作重要性的认识、做好污染源监测和防治、发展循环型农业等。

关键词： 松花江流域　污染源　污染治理

松花江流域是中国七大江河流域水资源之一，是黑龙江的最大支流，由嫩江和第二松花江汇合而成，跨越黑龙江、吉林和内蒙古三省（区），是国家重要的商品粮基地、林业生产基地和老工业基地，随着经济社会的快速发展，人们执着地向自然索取资源而忽视生态环境保护，导致环境污染问题日益突出，由于松花江地理位置处于寒冷地区，其环境污染特征也不同于国内其他大江河，有其自己的独特性。

一　松花江流域污染源现状

（一）松花江流域的地理概况

松花江流域位于中国东北地区的北部，东西长 920 千米，南北宽 1070千米。涉及黑龙江、吉林两省大部分地区和内蒙古自治区东部地区，共 25

---

* 栾美薇，黑龙江省社会科学院经济研究所助理研究员，研究方向为人力资源与环境。

个市（州、盟）161个县（市、区、旗）。松花江有南、北两源：北源嫩江是比较大的河流。它发源于大兴安岭伊勒呼里山，自北向南流至三岔河，全长1379千米，流域面积28.3万平方千米，占松花江总流域面积的51.9%；流量占松花江干流的31%。南源发源于长白山主峰长白山天池，海拔高达2744米，全长795千米，流域面积78180平方千米，占松花江流域总面积的14.33%。它供给松花江39%的水量。两源在黑龙江省和吉林省交界的三岔河（属吉林扶余市）汇合以后始称东流松花江。由于北源嫩江流域位于大兴安岭地区，地广人稀，所以松花江上游的主要污染源来自南源。

（二）松花江流域污染源现状

"十二五"期间，党中央、国务院高度重视重点流域水污染防治工作。党的十八大以来，党中央、国务院对生态文明建设和环境保护提出一系列新理念新思想新战略，出台了《水污染防治行动计划》，水环境治理力度进一步加大，进程进一步加速，重点流域水环境质量有所改善。

1. 水污染物排放总量下降

2006～2010年上半年，松花江流域化学需氧量新增削减量11.32万吨，其中城镇污水处理厂新增削减量5.81万吨，工业治理和结构减排新增削减量5.51万吨。黑龙江省化学需氧量累计净削减5.03万吨，完成"十一五"减排目标的97.33%。2010年黑龙江省松花江流域主要污染物排放总量分别为：工业源和生活源化学需氧量43.51万吨，氨氮5.51万吨；农业源化学需氧量96.57万吨，氨氮2.92万吨。其中农业源排放COD量占排放总量的近70%，农业源排放氨氮量占排放总量的35%。

表1　松花江流域污染物排放现状（2010年）

控制区	COD排放量（万吨/年）				氨氮排放量（万吨/年）			
	工业	生活	农业	合计	工业	生活	农业	合计
黑龙江控制区	7.16	32.46	90.50	130.12	0.51	4.80	2.33	7.64
吉林控制区	4.24	15.33	41.49	61.06	0.32	2.48	1.44	4.24
内蒙古控制区	1.62	2.65	11.16	15.43	0.14	0.45	0.29	0.88
合　计	13.02	50.44	143.15	206.61	0.97	7.73	4.06	12.76

以 COD（工业和生活）计，松花江流域排放量较大的控制单元包括：第二松花江长春市控制单元、嫩江白城市控制单元、呼兰河伊春绥化哈尔滨市控制单元、嫩江大庆市控制单元、第二松花江吉林市控制单元、松花江佳木斯市控制单元以及松花江哈尔滨市市辖区控制单元，8 个控制单元 COD 排放量占流域排放总量的 52.8%。长春市、白城市、哈尔滨市、大庆市、吉林市、佳木斯市等为重点排污城市。

2. 工业行业排污量下降

2010 年，松花江流域主要排污行业为农副食品加工业、造纸及纸制品业、饮料制造业、化学原料及化学制品制造业。4 个行业的 COD 排放量分别占全流域工业 COD 排放总量的 29.5%、18.6%、15.8%、8.0%。各控制区重点排污行业详见下表。

表 2　松花江流域重点排污行业（2010 年）

单位：%

控制区	污染指标	主要行业	所占比例
内蒙古控制区	废水	造纸及纸制品业,煤炭开采和洗选业,非金属矿采选业	69.1
	COD	农副食品加工业,造纸及纸制品业,饮料制造业	82.2
	氨氮	造纸及纸制品业,农副食品加工业,饮料制造业	87.6
吉林控制区	废水	化学原料及化学制品制造业,造纸及纸制品业,农副食品加工业,化学纤维制造业	61.3
	COD	造纸及纸制品行业,农副食品加工业,化学原料及化学制品制造业,饮料制造业	74.0
	氨氮	化学原料及化学制品制造业,农副食品加工业,饮料制造业,石油加工、炼焦及核燃料加工业	80.7
黑龙江控制区	废水	煤炭开采和洗选业,石油加工、炼焦及核燃料加工业,黑色金属冶炼及压延加工业,造纸及纸制品业	69.3
	COD	农副食品加工业,饮料制造业,造纸及纸制品业,煤炭开采和洗选业	69.7
	氨氮	石油加工、炼焦及核燃料加工业,化学原料及化学制品制造业,农副食品加工业,饮料制造业	73.9

2010 年，河流国控断面高锰酸盐指数、氨氮、COD 平均浓度分别为 6.2mg/L、1.5mg/L、20.7mg/L，较 2005 年分别下降了 20.5%、37.5%、24.2%。根据《松花江流域水污染防治规划（2006～2010）》总量控制目

标，到 2010 年，全流域 COD 排放量（工业和生活）控制在 68.5 万吨，较 2005 年削减 12.6%。以同口径数据进行统计，截至 2010 年底，松花江流域 COD（工业和生活）排放量较 2005 年削减 18.9%。全流域和各省区均完成总量控制目标。

二 松花江流域污染源来源及成因

松花江流域污染以有机污染为基本特征。松花江已形成点源污染与非点源污染共存、生活污水和工业废水污染叠加、各种新旧污染与二次污染相互复合的态势。工业废水的排放量大、污染物种类多、毒性强、成分复杂、净化和处理难度大。工业污染源排放的有机污染物，尤其是有机毒物，由于含量低，对水中 COD 的贡献很微小可忽略不计，而危害程度较大，破坏了松花江生态安全，对沿江人民造成了污染危害。

（一）松花江流域污染源主要来源

1. 工业废水的排放

松花江沿江城市工业废水的排放是松花江主要的有机污染物来源，特别是有机毒物的来源。松花江上游以吉林化学工业集团公司为代表的化工和石油化工企业有机废水的排放造成了非常严重的环境污染，2005 年 11 月 13 日，中国石油天然气股份有限公司吉林石化分公司（简称吉林石化）双苯厂硝基苯精馏塔发生爆炸，造成 8 人死亡，60 人受伤，直接经济损失 6908 万元。事故形成的硝基苯污染带流经吉林、黑龙江两省引发松花江水污染事件，在我国境内历时 42 天，12 月 25 日进入俄罗斯境内。由于饮用水源受到严重污染，哈尔滨市被迫停水 4 天，居民用水紧张，生活、工作受到了极大影响。受松花江上游水质不稳定的潜在威胁，哈尔滨饮用水供水水源地被迫改为磨盘山水库。

排入松花江水中的有机污染物如硝基苯类、酚类、多环芳烃类、多氯联苯类、含氮有机化合物、苯系物、烃类等，除了烃类中分子量相对较小的有机物可以降解，绝大部分是难以降解的，而且其中还含有少量铅、锌等重金属物质。这些不易降解的有机物在水的动力作用下向下游继续迁移流动。除此之外，这些污水在排放过程中形成的二次污染物往往相比一次污染物更复杂，性质不能完全确认，从而导致水体对二次污染物的自净更难以进行。

2. 生活污水的排放

随着城镇化进程的加快，城镇人口数量在不断增长，城市生活污水排放量也在逐渐增长，但污水处理厂的建设却滞后于城市生活污水排放量的增加。一些大城市虽然建成城市生活污水处理厂或正在建污水处理厂，但污水厂处理污水的能力仍不能达到完全覆盖，很大一部分城市污水被直接排入松花江。

黑龙江省的农村居民生活污水处理设施都不完备，大部分生活污水未加任何处理而直接排放到周边的环境中，造成了对地表水、地下水和土壤的污染。并且在农村存在工业废水的排放，一些造纸厂、塑料厂、化工厂、粮食加工厂以及小酒坊、小豆腐坊等小型加工企业各类污染物排放量大，产生的污水多数没有经过处理，被直接排入周围环境中，造成周围河流及地下水的污染。

（二）松花江流域污染源成因

松花江流域的污染主要是由工业点源引起的，但面源污染正在逐年加强，影响越来越大，尤其是农业退水中高残留的农药和化肥对松花江水质造成的污染应引起重视。近几年，农民为提高农田单位面积的农产品产出，大幅度提高农药和化肥的使用量，在增产的同时，对环境造成的影响正在扩大。化肥和农药中的氮、磷等元素在土壤中大量累积，破坏了土壤的正常组织结构。在降水冲刷的作用下，大量有机物，包括化肥和农药中的难挥发性有机物质通过地表径流最终汇入松花江。农业面源污染具有分散性、隐蔽性、模糊性的特点，使得人们对其造成的污染难以进行准确的佔测，但是农业面源污染对松花江水质造成的影响是不容忽视的。

1. 不合理施用农药、化肥对环境的污染

农药在施用时，除 20% ~ 30% 的附着在作物上被有效利用外，70% ~ 80% 的散失在土壤、水体和空气中，在灌水与降水等淋溶作用下污染地表水和地下水，或通过食物链进入农产品及生物体内产生危害。农田化肥使用量受多种因素的影响，许多农户为了提高产量，再生产过程中盲目施

肥，化肥的施用比例不合理，使用方式也比较粗放。多年来化肥使用量逐年增加，土壤无机化现象普遍，化肥利用率低，对环境的污染越来越严重。农田氮、磷肥料施用量过高，多余的氮、磷养分随着农田径流进入水体，汇入流域，造成水体富营养化，恶化水质，造成地表水和地下水污染，成为松花江流域面源污染的主要来源之一。

2. 畜禽养殖污染物对环境的污染

畜禽养殖分为规模化养殖和分散式畜禽养殖。经济条件较好的地区畜禽养殖方式多为规模化，养殖户、养殖场都没有进行环境影响评价，内部环境管理粗放，缺乏干湿分离等必要的污染防治措施，对规模化养殖的畜禽粪便污染的环境管理还处在起步阶段。由于规模化养殖污染物排放强度很大，并不低于某些工业企业，所以污染危害程度更加严重。在经济条件较差地区，畜禽养殖分散，以农村散养为主，一些边远农村还存在"人畜共饮，人畜共居"的现象，对畜禽粪便产生的环境污染缺少正确的认识，畜禽粪尿几乎未经过任何处理，直接或间接排入农田和水体。畜禽粪尿大量进入河流水域，引起水体氨氮量增加，溶解氧急剧下降，造成水体的富营养化。此外，随着"十大工程"中千万吨奶战略工程、五千万头生猪规模化养殖战略工程的实施，畜禽粪便大量增加，特别是雨季到来时，没有采取防治措施的粪便一部分会渗入地下，一部分会随雨水流入附近河流、湖、库、泡中，对浅层地下水造成污染。

3. 水土流失对环境的污染

松花江流域土壤侵蚀现象严重，侵蚀动力和侵蚀类型多样，冬季广泛分布着季节性积雪融水就是其中之一。松花江流域土地退化，会进一步加剧水土流失。土壤侵蚀是当今世界普遍关注的重大环境问题之一。水土流失破坏土地资源，造成淤积、干旱、洪涝等灾害，同时，泥沙颗粒吸附的有机和无机污染物会污染下游水体，是威胁生态安全的重要因素。传统的水土流失量调查方法耗时且周期长，几乎无法确定中等尺度流域的土壤侵蚀量。

4. 垃圾废弃物对水质的污染

由于农村居民生活水平逐年提高，生活方式更加丰富化，人均产生的生活垃圾量在不断增加，垃圾的种类也不断增多，构成成分越来越复杂，甚至还存在工业垃圾。受经济条件的限制，多数农村没有建立垃圾存放点，没有垃圾中转站和无害化处理厂，这使得农村生活垃圾中的有毒、有害、难降解的物质和重金属迅速增加。垃圾露天堆放，随意丢弃，日积月累越堆越多。尤其严重的是垃圾在腐烂的过程中，经过发酵和雨水的浸泡、冲刷，会产生各种更加复杂的、有害的、高浓度的垃圾渗滤液，这种含有大量有机物和重金属的渗滤液，会渗透到周围的环境中，对周围地表水、地下水及土壤产生污染。

5. 气候寒冷对水质的影响

松花江流域地处北方寒冷地区，在冬季冰封期时，不存在大面积的地表径流和水土流失，农药和化肥也不可能进入松花江水体中。所以地理位置原因决定工业废水的排放造成的点源污染要比松花江面源污染严重，占首要因素。

松花江冬季由于冰层覆盖，成为一个大部分被封闭的河流。在此季节地表径流量大幅度减少，没有地表径流带入的污染物，这与全年处于明水期的其他流域不同。冰封期江水温度低，微生物对有机污染物的生物降解能力极低，冰层覆盖使江水中有机污染物失去挥发迁移和光解作用，加之冬季江水流量很小和低温条件下污水处理厂工业废水有机污染物去除效率低等原因，使冰封期松花江有机毒物的污染十分突出。

三 松花江流域污染源治理的经验启示

松花江是一个复杂的生态系统，控制污染源的排放，全面恢复生态功能是一项长期而繁重的综合治理工作。在"十二五"期间，在工业源监管及治理、城镇污水处理设施监管及建设、区域水环境综合整治、农业源综合防治和环境应急能力建设等方面加大了治理和投入力度。

（一）控制污染物排放量

1. 加大工业点源治理力度

以石油、化工、造纸、制革、农副产品加工、食品加工和饮料制造等行业为重点，继续加大污染深度治理和工艺技术改造力度，提高行业污染治理技术水平。加大造纸、煤化工、农药、电镀等重污染企业的监管力度，加强多多药业有限公司、佳木斯龙江福浆纸有限公司等重点监控风险源环境隐患排查，防范环境风险。加强化肥等行业污染控制，提高氨氮治理水平。采取"上大、压小、达标、进园"，促进各污染行业的节能减排。做好淀粉加工、制糖等行业的废水灌溉利用等资源综合利用技术研发及工程示范。

严格环保准入，从严审批高耗能、高污染、资源消耗型的建设项目，停止审批向松花江水体排放重金属和持久性有机物等有毒有害污染物的项目。对重点工业污染源要增加污染物排放监测和现场执法检查频次。

2. 减少主要污染物排放量

加大污染物减排工作督导考核力度，重点抓好减排工程的建设及运营监管。提出淘汰落后工业企业清单，对技术落后、污染严重的企业实行强制性淘汰。推行排污许可证制度，依法按流域总量控制要求发放排污许可证，把总量控制指标分解落实到污染源，实行持证排污；对超过污染物总量控制指标的地区，暂停审批新增污染物排放量的建设项目。积极推进主要污染物排污权交易工作。

3. 发展循环经济推进清洁生产

严格按照《重点企业清洁生产行业分类管理名录》对流域内化工、煤化工、造纸、食品加工等重污染行业及重点企业开展清洁生产、综合利用、循环经济、废水深度治理、应急设施等项目建设；对"双有双超"企业强制性开展清洁生产审核，并抓好审核方案的落实。推动制定和实施地方工业和行业污染物排放标准。把清洁生产作为环保审批、环保验收、环保专项资金申请、核算污染物减排量的重要因素，建设一批清洁生产科技示范项目，从生产工艺上最大限度地降低污染。

大力发展工业园区循环经济。创建生态工业园区，推进优势企业向工业园区聚集，加强循环经济示范园区建设。重视工业园区污水集中处理设施建设和运营管理。

（二）增强对面源污染的治理认识

农业面源污染防治工作很严峻，在提高粮食产量的需求下，有限的耕地面积会诱使农民使用大量的化学投入品，农药和化肥的使用量将会大幅提升，农业面源污染涉及整个农业生产和农村千家万户，问题复杂，控制起来难度大，污染产生的不确定性使得治理难度也较大。

1. 提高化肥农药利用率

按照有机农业标准和生产方式，根据不同的土地类型确定耕作类型和肥料（包括微量元素）的施用量，提高化肥的利用率，适当应用长效和缓释肥，试点有机肥补贴政策。建立农业优良耕作技术体系，推广生物农药和高效低毒低残留农药。阿什河流域上游实施种植结构调整，减少污染物流失量。在松花江沿岸粮食主产区开展生态拦截示范工程。

2. 推进畜禽养殖业污染防治

加强畜禽养殖场规模化管理和污染治理设施建设。科学划定禁养区和限养区，生态敏感区要控制新建规模化畜禽养殖场，对超标排放的养殖企业进行污染治理。随着产业结构调整，畜牧业生产规模会迅速扩大，畜禽粪便等废物也会相应增加。因地制宜对现有分散型养殖户适度集中、规模化发展，污染物统一收集和治理。对部分采用污染严重的水冲粪清理方式的养殖场和养殖小区，进行管理改造，采用雨污分离的污水收集管道系统，改换干清式粪便清理法。对于已有采用干清式粪便清理法的规模化养殖企业，继续进行技术改造，建立废弃物沼气发酵综合利用系统，提高其污水处理标准，增加污水深度处理设施，实现污染减排。2012～2014年黑龙江省共投入专项资金16亿元，实施农村环境连片整治示范项目634个，共涉及行政村2085个，惠及农村人口570万人。

推进畜禽粪污无害化处理和资源化利用技术。鼓励畜禽标准化规模养殖场（小区）建设有机肥生产利用工程，实现农业面源污染的综合治理和循环经济建设。实施四丰乡规模化养殖基地污染控制工程、联喜畜牧粪便发电工程、万宝养殖场和安雄牧业粪便沼气化工程、新曙光牧业粪便颗粒肥工程，提高畜禽养殖废弃物资源化利用率与达标排放率。

3. 加强农村生活污染防治

加快农村生活污染治理设施建设。因地制宜采取简单、实用方式进行污水处理。完善农村生活垃圾收集和转运系统，推动农业生产方式和农村生活方式的转变。根据各地域特点，结合社会主义新农村、生态镇（村）建设，选择对改善松花江水质有显著作用的乡村，试点建设环保新农村。

4. 发展循环型农业

加快推进生态农业、有机农业的发展，促进农业生产环境的好转，有效控制农业面源污染。建立基本农田保护区，发展生态农业、无公害食品、绿色食品和有机食品；开发以秸秆、稻壳等农作废弃物等为主要原料的生物质燃料、肥料、饲料新技术，推广农作物秸秆固化成型燃料，推动农业低碳经济发展。应用有机农业措施，发展秸秆气化技术，节约资源，循环利用，减轻农业废弃物对环境的污染。政府在财政和政策上给予相应优惠扶持，同时鼓励依靠市场机制多方面筹集资金，保证项目顺利进行。

（三）加强流域环境监管预警能力建设

"十三五"期间，在城镇生活污水处理设施建设、工业废水处理设施建设及区域综合整治项目建设方面加大治理和投入力度，环保、水利、城建等相关部门积极配合，加强排污口的监测工作。确保城镇污水处理的正常运行，加强监管力度；加快市区管网建设，提高污水收集率。

1. 加强监测和科研能力建设

加大重点工业污染源、重点区域排污口监测和现场执法检查频次，及时发现和整治环境违法行为，落实和完善重点污染源在线监控制度。黑龙江省抽查可能有问题的排污企业总超标率由 2007 年的 88% 下降到目前的 15%。开展松花江干流及主要支流沿线以石化行业、油田开采等重点行业领域为重点的环境安全隐患排查和监管。

继续推进省、市、县三级监测站标准化建设，增强省、市、县监测站基本能力建设。逐步完善松花江流域生态环境建设，加强松花江流域水污染防治科研能力建设，设立松花江流域黑龙江省水污染防治中心。

2. 加强应急能力建设

持续推进大庆、佳木斯等城市石油化工、危险化学品生产等重点行业企业环境应急预案编制、应急预案演练工作，提高应急预案的针对性和可操作性。建立政府、企业环境应急指挥机构与应急救援队伍，指导、协调、处置突发性环境污染事件。加强流域上下游应急机制的统一协调，建立污染事故风险防范体系和响应联动机制。建立水质联合监测机制、环保信息互通机制和水环境保护联合执法机制，切实做好流域的整体协防和安全保障。

建设松花江下游环境突发事件应急物资储备库工程、环境应急监测指挥中心工程和流动应急指挥平台工程，全面提高松花江下游环境突发事件快速反应能力和应急处置能力，确保界江、界河水环境安全。

松花江流域城市污水治理研究

吕 萍[*]

摘 要： 随着黑龙江省城镇化水平的不断提高，城市生产与生活用水量和排水量都在不断增加，致使排入水体的污染物超出污水处理能力，加剧了松花江流域水质的污染。近年来，黑龙江省政府和环保部门加大污水治理的资金投入，采取多种监管和防治措施，松花江流域水质状况持续好转。本文梳理了松花江流域城市污水治理的举措、取得的成效，剖析目前存在的问题，据此提出加快松花江流域城市污水治理的对策。

关键词： 松花江流域 城市污水 治理对策

城市污水是指排入城镇污水系统的污水，按来源分为生活污水、工业废水和径流污水，例如厂矿、印染、造纸、食品加工等企业的生产废水及城乡人畜排泄和洗刷废水，工业污染是城市污水的主要来源。

松花江流域位于中国东北地区的北部，跨越辽宁、内蒙古、吉林、黑龙江三省一区。多年来，作为国家"一五""二五"时期重点建设的老工业基地，黑龙江松花江流域化工、石化、煤化、粮食加工行业迅速发展，在松花江干流上的大型工业企业有黑龙江化工厂、富拉尔基发电厂等，在流域内还分布着经过城市管网排放污水的其他工业污染大户，导致流域环境形成了高污染、高风险的状况。松花江流域城市工业废水及城镇的生活污水处理率低，多数直接排入松花江，使松花江成了纳污水体。2005 年，松花江流域化学需氧量（COD）排放强度是淮河流域的 1.7 倍，居全国七大流域之首。

---

* 吕萍，黑龙江省社会科学院经济研究所副研究员，研究方向为区域经济、产业经济。

一　松花江流域城市污水治理的举措

近年来，黑龙江省各级政府积极开展松花江流域城市治理工作，松花江流域水质状况持续好转，达标率呈现稳步上升的趋势，从 2001 年到 2016 年，流域内水质达标率提高了 57.8 个百分点（如图 1 所示）。截至 2017 年上半年，松花江流域水质达标率为 79.5%，优良水体比例达 74.5%，松花江干流水质能够稳定达到Ⅲ类。

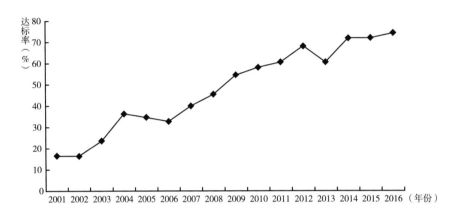

图 1　2001～2016 年松花江流域水质达标率变化趋势

（一）　实施生活污水综合治理工程

随着黑龙江省城镇化进程的不断加快，城市居民的数量也在逐年攀升，导致用水量和排水量都在不断增加。黑龙江省实施综合治理项目，生活污水治理效果明显。哈尔滨生活源为单元主要污染源，城镇生活污水、COD 和氨氮排放量分别约占单元总排放量的 74.4%、87.1% 和 97.0%，单元主要排污区域为哈尔滨市市辖区，主要排污去向为阿什河。"十二五"期间建设的哈尔滨市磨盘山饮用水水源地保护项目工程，保证居民饮用水安全；实施阿什河流域两侧村屯生活垃圾、污水、畜禽粪便综合治理项目，对阿什河流域两侧村屯的农业污染问题进行集中整治；实施阿什河河道（阿什河河口—信义沟段）底泥清理工程，完成阿什河流域成高子灌区农业面源污染治理工程，逐渐恢复流域生态用水。

（二）加大污水设施建设投入

城市污水治理一般由城市排水管网汇集并输送到污水处理厂，通过一系列的物理、化学、生化处理后达到一定的标准再排入自然水体。增加污水处理设施是解决城市生活污水给环境带来压力的有效办法。"十二五"期间，从城市污水处理及配套管网建设等方面加大治理和投入力度。以"管网优先"为原则，加大管网建设力度，提高城市污水收集的能力和效率。例如，牡丹江市加大污水设施建设投入，采取适宜工艺推进有条件的重点建制镇污水处理设施建设，确保海林、林口生活污水得到有效处理，污水处理能力提高。加强对城镇污水处理厂的监管，确保处理设施稳定运行；加快市区管网建设，提高污水收集率。目前，牡丹江市辖区的生活污水处理率达到80%以上。

（三）加强工业源监管及治理措施

黑龙江省工业化进程加快导致工业用水量和排水量都在不断增加，加之个别企业为了追求自身利益的最大化，出现不处理生产污水和偷排的现象，使得排入水体的污染物早已超出污水处理能力，加剧了松花江流域水质的污染。黑龙江省各级政府采取多种监管和防治措施，有效降低了工业污染源。"十二五"期间，佳木斯从加强工业源监管及治理、区域水环境综合整治和环境应急能力建设等方面加大治理和投入力度。严格环保准入，从严审批高耗能、高污染、资源消耗型的建设项目，停止审批向松花江水体排放重金属和持久性有机物等有毒有害污染物的项目；造纸、农药化工、电镀、纺织、食品加工等行业推进污水深度处理和中水回用技术；落实清洁生产审核相关方案，从生产工艺上最大限度地降低污染。

（四）出台控制城市污水的各项规章制度

为了治理松花江流域的城市污水问题，多年来，黑龙江省政府和环保部门强化法制建设，加强执法检查力度，采取多种监管和防治措施。黑龙江省人大于1995年颁布了《黑龙江省环境保护条例》；1996年出台了《黑龙江省工业污染防治条例》。黑龙江省政府于1997年制定出《松花江流域水污染防治行动规划》，进而确定了松花江流域水污染防治工作的目标、主要任务和保障措施，并将此计划纳入《黑龙江省环境保护"九五"计划和 2010 年远景目标》之中，并下达各市、地政府（行署）负责组织实施。省人大常委会连续数年对松花江水污染防治工作进行执法检查。从 1998 年开始，每年都组织由新闻单位参加的"龙江环保世纪行"活动，对松花江水污染治理给予法律和舆论上的监管，有效控制松花江流域城市水污染的态势和突发性污染事件频发趋势。2015 年，黑龙江省政府建立了"推进政府与社会资本合作联席会议制度"，省环保厅作为 15 个成员单位之一，积极参与联席会议，利于建立公平、开放、透明的市场环境，对 PPP 项目予以适度政策倾斜，着力支持 PPP 项目融资能力提升。

二 松花江流域城市污水治理的成效

（一）城市污水治理能力明显提升

多年来，黑龙江省环保部门把松花江污染防治作为核心工作，列为重点加以推进。"十一五"期间，城市污水处理能力增长较快，污水处理能力由 79.95 万立方米/日上升至 219.1 万立方米/日，污水处理率由 16.15% 上升至 56.72%，年增长率在 8% 左右。2012 年城市污水处理率达到 56.72%，比"十五"末提高了近 40 个百分点，污水集中处理率达到 41.98%。黑龙江省全面实施《松花江流域水污染防治规划（2006~2010 年）》，实施了 116 个治理项目，规划投资 77.48 亿元，流域内共建成 45 座污水处理厂，新增处理规模达到 226 万立方米/日。松花江流域水质达标率达到 58.2%，同比提高了 23.6 个百分点；优良水质断面比例 49.1%，同比提高 29.1 个百分点；劣 V 类水体 14.5%，同比下降 5.5 个百分点。"十二五"期间，黑龙江省实施《重点流域水污染防治规划（2011~2015 年）》，投资 74 亿元，推进了 235 个项目建设，建设了 88 座污水处理厂，新增处理规模达到 207 万立方米/日。主要污染物 COD 削减 18.4 万吨，氨氮削减 1.5 万吨。黑龙江省水质达标率为 66.7%，同比提高了 3.7 个百分点。优良水体比例为 60%，同比提高 14.2 个百分点。劣 V 类水体比例为 5.6%，同比下降 3.4 个百分点。目前，黑龙江省设置国、省控断面 133 个、河流 107 个、湖库 26 个，松花江干流及 31 条支流设有 78 个监测断面。2017 年上半年，松花江流域水质达标率为 79.5%，同比提高 7.6 个百分点；优良水体比例为 74.5%，同比提高 5.2 个百分点；劣 V 类水体持平，松花江干流能够稳定达到Ⅲ类水。城市内河黑臭治理加快，在全省范围内开展城市黑臭水体全面排查整治，经过几年治理，目前，以哈尔滨市"三沟"、牡丹江市"三溪一河"、佳木斯市英格吐河、王三五河等为代表的内河综合整治取得了明显成效，省辖城市建成区基本消灭黑臭水体，城市内河环境面貌得到改观，良好水生态宜居环境基本形成。

（二）城市污水处理配套设施建设进展较快

按照《黑龙江省城镇污水处理及再生利用设施建设"十二五"规划》和"三供两治"规划，黑龙江省以完善污水管网、加强污泥处理处置和污水处理设施填平补齐为重点，以"厂网并举、管网优先"为原则，全面完成县级以上城市和 3 万人口以上重点城镇污水处理厂建设。加快污水收集管网建设，推行雨污分流污水收集管道系统，提高城镇污水管网覆盖率以及城镇污水收集率。松花江流域所有城镇污水处理厂必须达到一级 B 排放标准（GB18918-2002），安装消毒杀菌设备。加强医疗废水处理。按照新修订的《医疗机构污水排放标准》，对城市的大型医疗机构进行调查摸底，促使企业对现有污水处理设施进行升级改造。加快生活垃圾场建设。新建城市垃圾填埋场，解决渗滤液污染问题。加大管网建设力度。将建成区污水全部收集并入生活污水处理厂，现有已建成的生活污水处理厂，尽快进行升级改造，增加脱氮除磷设施。2016 年，城镇污水处理厂 126 座，其中市级污水处理厂 54 座，县级污水处理厂 72 座，总设计处理能力 447 万吨/日，实际处理量为 292 万吨/日，规模超过 1 万吨/日以上的污水处理厂107 座。

（三）城市污水治理的市场化进程加快

黑龙江省政府与清华同方签署了污水处理战略合作协议，逐渐扩大引进战略投资者的范围，支持有实力的国内外公司加入合作行列，加快污水处理市场化、产业化进程。据统计，2016 年黑龙江松花江流域城镇污水处理厂有 126 座，其中，市级污水处理厂 54 座，县级污水处理厂 72 座。目前，市场化运营的有 71 座，其中采用 BOT 方式建设运营的有 45 座，采用TOT 方式的 12 座，第三方运营的 13 座。全省 447 万吨/日规模能力中，市场化运行的 328 万吨/日，按处理能力计算，市场化率为 73%。参与污水处理行业市场化运营的省内企业有 25 家，其中，龙头企业龙江环保集团运营了 21 座城镇污水处理厂，其次是哈尔滨北方工程有限公司，运营了 7 座污水处理厂。

三　松花江流域城市污水治理存在的问题

松花江流域城市污水治理方面取得较快的发展，但仍然滞后于城市发展的需要，面临城市污水治理任务重、环保意识不强的形势，绝大多数城市的污水处理能力满足不了实际需要，处理量的增加滞后于污水排放量的增长，两者之间的差距还有进一步拉大的趋势。松花江流域水质恶化的主要原因是排入大量工业废水、生活污水以及农业、生活生产过程中产业的污染通过地表径流污染松花江水质，特别是水污染对地表水和地下水水质的影响非常突出。

（一）注重经济发展，忽视了城市污水的治理

从"一五"时期开始，松花江流域兴建工业，特别是改革开放之后随着经济的迅猛发展，大量工业废水和生活污水排入江中，水体受到污染，江水质量急转直下，近年来，松花江流域水质污染之严重，仅次于海河、辽河、淮河和黄河。据统计，2009 年，松花江每天接纳各种污水 750 万吨。松花江的水体在几十年前，基本是三类以上水体，可以作为饮用水水源。黑龙江省辖市 12 个，大部分集中在松花江流域内，所排放的生产废水和生活污水大部分直接或间接排入松花江，部分城市污水未经任何有效的处理就直接排放到附近的水体，使得原本清洁的河渠变成了污水渠，其中，哈尔滨、齐齐哈尔、牡丹江和佳木斯这四个大的城市的废水排入量约占 76%。近几年来，松花江水体污染越来越严重，很多江段已不宜作为饮用水水源了，流域的中下游水域每况愈下，特别是没有天然水体补给的江段水质污染更加严重。

（二）污水处理厂未完全正常运行，出现"大马拉小车"现象

黑龙江省城镇部分污水处理厂由于管网建设资金不足，不少污水处理厂出现"大马拉小车"现象，有的甚至成为"晒太阳"工程。已建成的污水处理厂并没有完全正常运行，实际运行的工业废水处理厂所处

理的废水总量远低于其处理能力。比如，2005 年底，松花江流域已建成的城市污水处理厂仅 13 座，其中，黑龙江省有 8 座污水处理设施，总设计处理能力 118.5 万吨/日，实际处理能力只有 28.5 万吨/日。目前，建成的工业废水处理厂，仍没有达到国家要求的城市污水处理率应达到的水平。

（三）城市污水处理管网不完善，污水再利用水平较低

黑龙江省城镇污水处理管网建设滞后，不能将污水全部收集处理，存在部分污水直排现象，已建成的管网老化严重、施工不规范等，造成管路渗漏、地下水倒灌，导致污水厂进水碳氮比过低，无机悬浮物固体含量偏高，可生化性差，且污水再利用水平较低。通常情况下，城市污水中含有大量的有机物，如氮、磷、钾、钙、镁、硫等物质，而这些物质是土地肥料的主要成分。就目前的情况来看，在城市污水处理过程中，很少针对其中含有的有用物质进行特殊处理。再加上对城市污水进行特殊处理还会需要一定的资金、人员以及设备支持，缺乏先进的城市污水资源化利用技术，导致城市污水的再利用水平较低。

（四）污水处理市场化运营不完善，与部分省份差距较大

目前，黑龙江省城镇污水处理及配套设施系统按照事业单位方式运营，污水处理行业市场化率仅 44%，基本上相当于全国 2010 年平均水平。污水处理成本普遍在 0.7~0.8 元/吨，在全国处于低端。收缴不到位、拖欠等现象也影响了运营企业的发展。政府或国企运营机构臃肿、专业人才偏少，致使污水处理效率低下，难以适应市场经济发展的需要。其中，龙江环保集团按照市场化运营模式接手后，排放标准一级 A 标准、处理规模 5 万吨/日的 2 座污水处理厂，在职员工仅 30 多人。黑龙江省污水处理市场化程度与部分省份差距较大，如重庆市起步阶段成立了全资国有公司开展建设，公司发展壮大后成为现在的"重庆水务集团"，产值达到 300 多亿元，承担了重庆市所有 40 多家城镇污水处理厂的运营，重庆市做到了城镇污水处理厂全部市场化；辽宁省共有 160 座城镇污水处理厂，其中 100 座是市场化运营，市场化率为 62.5%。其中，国电东北环保产业集团、东达环境集团、北控水务、北京桑德、北京首创、联合环境、中核集团等 7 家国内知名运营公司参与污水处理市场化运营。

四 加快松花江流域城市污水治理的对策

（一）强化城镇污水处理设施建设和运行监管

松花江流域大型城市污水处理工程的特点是规模大、投入多、占地大、设施尺寸大、使用年限长。因此，应选择比较经济和比较稳定可靠的污水处理技术。一是继续对各城镇污水处理厂建设运营情况进行季度通报，强化城镇污水处理工作考核，开展污水处理设施建设和运行专项检查。二是加快推进城镇污水处理设施建设，提高设施运行绩效和管理水平。城镇污水处理厂应全部安装进出水在线监测装置，提高污水处理设施的自动化控制水平，实现污水处理厂进出水的实时、动态、全面的监督与管理，保障污水处理厂的稳定达标。按照"无害化、资源化"要求，指导各地加强污泥处理处置设施建设，确保城市污水处理率达到国家要求。三是出台污水处理费征收使用标准，足额征收污水处理费。流域内所有城市、建设污水处理厂的县（市）必须制定污水处理收费政策，并按标准足额征收污水处理费，收费不到位的城市当地政府应安排专项财政补贴资金，确保污水处理和污泥处置设施正常运行。

（二）提高污水再生利用率与污泥处理水平

深入贯彻执行《城镇污水处理厂污泥处理处置及污染防治技术政策（试行）》，加强污水处理厂污泥处置和综合利用，编制黑龙江省污泥处理规划，遵循稳定化、无害化、减量化和资源化的原则，推进城镇污水处理厂污泥处理处置及污染防治工作。采用分散与集中的方式，建设污水处理厂再生水处理站和加压泵站；扩大中水回用规模，加快矿井水利用。同时，城市污水和污泥的处理应与农业利用密切结合，亦即其出水可用于农田灌溉、水产养殖等，其污泥应用作农田肥料，当污泥重金属含量较高不适于作农田肥料时，可用于经济作物和林场底肥。2015年末，松花江流域污水处理厂再生水回用率达到10%。在哈尔滨、大庆等重点城市建设污泥集中综合处理处置示范工程，并重点推广。国家和地方政府应采取适当的激励或约束政策，鼓励和引导工业或其他用户使用再生水，如江苏省财政每年安排专项资金，用于淮河、太湖流域城镇污水处理工程建设。

（三） 建立健全源头控制与末端补偿的环境机制

新建项目应严格进行环境评估准入，对水体功能不能满足要求的地区某些重污染行业提高环境准入门槛，提高污染物排放标准，对重污染企业实行差别电价，促进产业结构调整和优化。对用水量大、排水量大的企业控制单位 GDP 用水定额，实行阶梯水价，促进节约用水。所有工业企业生产过程中产生的污水必须在企业内部处理后达标排放，未达标的不得直接向水体或城市管网排放。同时，建立末端补偿机制。松花江下游市、县在实行休养生息目标过程中承担着更多的责任和义务，面临更艰巨的挑战，特别是承担末端水环境保护任务和风险控制的多是国家级贫困县和边境县，并且这些县由于水环境保护的需要，经济发展受到制约和限制，国家与地方政府应制定加大财政转移支付等相关政策。

（四） 加快推进多元化的污水处理市场化运营

城市污水处理具有公益属性，政府应切实承担污水处理设施的建设与运营。同时，根据污水处理行业的特点，结合黑龙江省经济发展水平和财政支付能力，采取多元化的运作方式。在政府主导下，积极推进城市污水处理市场化运作，应以饮用水水源地环境综合整治、河流环境生态修复与综合整治、湖滨河滨缓冲带建设、地下水环境修复、污染场地修复、畜禽养殖污染防治、农村环境综合整治、工业园区污染集中治理等为重点，推广 BOT、TOT、PPP 等市场化模式，对项目有效整合，提升整体收益能力，推进环境保护行业市场化。

（五） 完善松花江水污染预警预报监督与应急处理系统

松花江流域重大污染突发事件的紧急处理、救援指挥、应急供水调配的调度、事故污染信息情况发布和传达等亟须尽快建立具有现代化水平的松花江流域重大污染应急指挥中心，并配备整套高效稳定的应急指挥系统。一是建立统一的流域水污染应急指挥系统。推进流域水污染应急管理逐步走向综合防控和预警应急管理的跨越式发展道路。通过松花江流域水污染应急机制建设，实现流域水污染应急管理从注重应急处置向预防、处置和恢复全过程管理的转变；从单项应急管理体制向部门联动、条块结合的综合应急管理体制转变。二是建立跨区域性流域水污染应急合作体系。

在松花江流域地方层面建立跨省区的流域水污染应急合作体系，确保流域水环境安全。

参考文献

［1］石磊、杨丽萍：《城市污水治理的现状、问题及对策建议》，《连云港职业技术学院学报》2014 年第 3 期。

［2］黄凤仙：《城市污水治理中存在的问题及措施研究》，《企业科技与发展》2013 年第 9 期。

［3］夏荣斌：《城市污水处理存在的问题及措施》，《科技与企业》2014 年第 1 期。

［4］黑龙江省社会科学院：《黑龙江省生态建设与发展报告（2009）》，黑龙江人民出版社，2010。

［5］黑龙江省环境保护厅：《黑龙江省污水处理市场化情况汇报》，2016 年 12 月。

［6］黄俊、李琼、郝天文等：《流域城市污水处理工程规划方法研究——以松花江流域为例》，《规划 50 年——2006 中国城市规划年会论文集：城市工程规划与城市安全》，2006。

松花江流域水土流失治理研究

赵　勤[*]

摘　要： 水土流失不仅制约着松花江流域经济社会可持续发展，而且也威胁到国家粮食安全、生态安全。中华人民共和国成立以后，特别是"十一五"时期以来，松花江流域水土流失治理取得显著成效，有力地遏制了人为水土流失，保护了珍贵的水土资源，改善了生态环境和群众生存发展状况，保障了经济社会可持续发展。松花江流域注重保护优先与防护治理有机结合、注重生态建设与经济发展有机结合、注重人工治理与生态修复有机结合、注重因地制宜与集成创新有机结合的水土流失防治之路，为其他地区水土流失治理提供了宝贵经验。当前，松花江流域水土流失综合防治与国家生态建设和小康社会建设的总体目标还有差距。未来，应以合理开发、利用和保护水土资源为主线，全面加快推进松花江流域水土保持。

关键词： 松花江流域　水土流失　治理成效　经验启示

松花江流域地处我国东北地区的北部，总面积为56.12万平方公里，行政区涉及内蒙古、吉林、黑龙江和辽宁四省区，面积分别为15.86万、13.17万、27.04万、0.05万平方公里。流域西、北、东三面环山，中部和东部分别为松嫩平原、三江平原，是我国主要的商品粮生产基地，其粮食生产能力和可持续性，对我国粮食安全起着举足轻重的作用。然而，清末民初以来，随着东北地区人口的快速增长，长期的过度垦殖和掠夺式经营使松花江流域

---

* 赵勤，黑龙江省社会科学院农村发展研究所副所长、研究员，研究方向为农业经济理论与政策研究。

水土流失日趋加剧。中华人民共和国成立以后，东北人民在开发北大荒、建设国家粮食基地的同时，也开展了水土保持等水土流失治理工作，积累了一些的成功经验。但随着垦荒的发展，水土流失已成为松花江流域最为直接的生态问题，不仅制约着流域经济社会可持续发展，而且也威胁到国家粮食安全、生态安全。进入 21 世纪，水土流失问题引起党和国家的高度重视，松花江流域各地也扎实推进水土流失综合治理，取得了显著成效。

一　松花江流域水土流失状况及成因

（一）水土流失状况

20 世纪 30 ~ 40 年代，由于日本对东北长达 14 年的掠夺，加之关内逃荒移民不断涌入，松花江流域垦殖指数不断上升，原有生态环境遭到不断破坏，到中华人民共和国成立初期，松花江流域已有一定程度的水土流失[1]。但由于垦殖指数不高，岗坡、低洼处仍有一定数量的天然次生林、柳条通、草甸和湿生植被，水土流失面积较小，侵蚀程度较轻。

中华人民共和国成立后，1950 ~ 1980 年的 30 年间，中国经历了土地公有制（人民公社）、"大跃进"、三年自然灾害、"文化大革命"等重大历史事件，这个时期也是松花江流域自然资源破坏最为严重的时期。"向草原进军""以粮为纲""大炼钢铁"，加上自然灾害使关内逃荒移民大量涌入，大量毁林毁草开荒，对土地实行掠夺性经营，顺坡起垄，种地不养地，致使林地、草原、湿地遭到严重破坏。到 1980 年，松花江流域天然次生林已经绝迹，天然柳条通、草甸和湿地所剩甚少，侵蚀沟大量增加，水土流失日益严重，流域生态环境已经恶化。黑土层厚度明显变薄，黑土层较厚地块已由中华人民共和国成立初期的 50 ~ 60cm 下降为 25 ~ 30cm，黑土层较薄地块由 25 ~ 30cm 下降为 15 ~ 20cm，开发较早的阿城、宾县、望奎等地区，侵蚀较为严重的地块已出现了一定数量的黄土母质裸露耕地。土壤有机质含量下降，由中华人民共和国成立初期的 5% ~ 8% 下降到 3% ~ 5%，土壤抗蚀性能明显变弱，土壤渗透性和持水性明显降低，地表径流量增加，土壤侵蚀强度上升。

---

① 张兴义、回莉君：《水土流失综合治理成效》，中国水利水电出版社，2015，第 10 页。

根据 20 世纪 90 年代末期进行的第二次全国土壤侵蚀遥感普查数据，松花江流域水土流失面积 15.76 万公顷，占流域总面积的 28%。水土流失按侵蚀营力划分，水力侵蚀 11.02 万公顷，广泛分布在流域内的山地、丘陵和漫川漫岗等地区；风力侵蚀 2.47 万公顷，主要分布在松嫩平原西部地区；冻融侵蚀 2.27 万公顷，主要分布在流域西部大兴安岭地区的西北部。按侵蚀强度划分，轻度侵蚀、中度侵蚀、强烈及以上侵蚀面积分别为 10.99 万公顷、4.12 万公顷、0.65 万公顷。按侵蚀发生的地类划分，水土流失主要发生在坡耕地、疏林地和稀疏草地，耕地、林地、草地及其他水土流失面积分别为 8.31 万公顷、4.08 万公顷、2.75 万公顷、0.62 万公顷。

水土流失造成江河水库淤积。根据水文资料，1980～2000 年，松花江年均输沙量比 1956～1979 年增加 20% 左右，输沙量 0.064～0.127 千克/平方米，松花江哈尔滨江段河床比 20 世纪 50 年代抬高了 30～50 厘米，滨州桥下淤积的沙滩长达 3400 米，淤积量达 490 立方米。水土流失带来了严重的生态环境问题，地表被切割成千沟万壑，加重了风蚀、水蚀、重力侵蚀的相互交融，增大了雨洪及干旱灾害的发生频率，植被破坏、植物退化、生态功能急剧衰退，形成了恶性循环。1998 年，松花江流域发生了百年不遇的特大洪灾。

（二）水土流失原因

松花江流域水土流失是在其特有的地理、地貌、气候、植被等自然因素和人为不合理的社会生产活动共同作用下形成的。

1. 地形地貌

松花江流域地形多为波状起伏平原、台地和丘陵，即"漫川漫岗"地形，坡度较缓，一般在 10°以下，3～7°坡地占绝大部分，但坡面较长，一般达 500～2000 米，长的可达 4000 米。松花江流域坡耕地多，其中山区、低山丘陵区、漫川漫岗区面积占流域总面积的 68% 左右，导致侵蚀作用加强，冲沟发育迅速，地形复杂，易发生水蚀。

2. 土壤特性

松花江流域内土壤类型主要包括黑土、黑钙土、暗棕壤、白浆土、草甸土、风沙土等。黑土、黑钙土、白浆土土质黏重，透水性差，土壤不能大量吸收地表水而增加了地面径流量；白浆土、暗棕壤、风沙土由于表土层薄，理化性质差，表土松散，抗蚀力弱。特别是随着耕地土壤结构受到破坏，土质板结，蓄水保肥能力降低，松花江流域土壤抗蚀能力也在减退。这些不良条件是引起水土流失的内在因素。

3. 气候因素

松花江流域降雨时空分布不均，70%的降水集中在 7～9 月，且多以暴雨形式出现，雨量大，降雨强度也大，容易造成严重的击溅侵蚀、面蚀和沟蚀。另外，松花江流域春季风多风大，每年大于 4 级以上的风天达 120～150 天，大于 6 级以上的风天有 65～80 天，而冬雪融化后地面裸露，植被稀少，土壤结构松散，使土壤的抗蚀、抗冲性能明显降低。松花江流域内大兴安岭东坡较陡，焚风效应明显，容易产生风蚀；大兴安岭北部地区年平均气温在 0℃ 以下，永冻土广泛存在，寒冻和热融交替作用，使地表土体和松散物质发生蠕动、滑塌，造成冻融侵蚀的发生。

4. 植被因素

植被发育是水土保持的有利条件。松花江流域植被覆盖率虽然比较高，但是分布极不均匀，特别是丘陵区、漫川漫岗区、风沙区，森林覆盖率低，涵养水源能力弱，地表得不到有效的保护，水土流失十分严重。

5. 乱砍滥伐陡坡开荒

由于人口增长，松花江流域平地和缓坡地种粮已不能满足社会需要，于是出现无任何规划和预防措施的情况下毁林、毁草开荒、陡坡种植的现象，造成林草植被大面积破坏，使森林、草甸、草原转化为农田，失去了植被涵养水源和保护土壤的作用，生态系统脆弱，致使水土流失加剧。由于过度采伐，位于大兴安岭南侧的原始森林被破坏殆尽，形成了大片的疏林地和秃山荒坡，林缘大幅后退，造成水土流失加速发展。

6. 传统耕作方式粗放

松花江流域部分农村，习惯于顺坡打垄耕种，降雨时，垄沟形成自然排水沟，易形成径流，造成表土和肥料顺流而下，土壤肥力逐年减退。同时，由于黑土层土壤疏松，长期使用小型农机具耕作形成了较浅的

"犁底层"，使土壤的透水能力降低，易形成蓄满径流，加重了表层土壤的流失，易产生面蚀或沟蚀，天长日久，沟壑纵横。农作物种植布局不合理，稀密作物搭配不当，部分农民对耕地重用轻养，滥施化肥，有机肥施用量不足，造成了土壤酸化、板结，物理性状恶化，加速了土壤的侵蚀速度。

7. 开发建设项目频繁

随着经济发展和社会进步，松花江流域开矿、修路、采石、取土等生产建设活动越来越多，破坏地表，忽视水土保持，致使地表植被覆盖率降低，抗蚀能力减弱，土壤流失程度加剧。另外，在没有水保预防措施下，开展的旅游、养殖、工业企业生产活动和城市建设活动等也导致水土流失的发生。

二　松花江流域水土流失综合治理及成效

（一）水土流失治理进程

中华人民共和国成立之后，松花江流域水土流失治理——水土保持工作真正开展起来，概括起来，大致经历了四个时期。

1. 开创时期（1949～1979 年）

20 世纪 50 年代，松花江流域部分省级政府开展了水土保持工作调查。1956 年，黑龙江省人民委员会增设了省水土保护委员会。1956～1959 年，黑龙江省在松花江流域的宾县、尚志、克山、泰来等县建立了水土保持试验站。1960 年 7 月，黑龙江省人民政府发布了《关于加强水土保持工作的命令》。1963 年 8 月，成立了黑龙江省水土保持委员会。松花江流域的宾县、阿城、尚志、克山、拜泉、讷河、绥化、望奎、海伦、林口、依兰、桦南等水土流失较严重的县，水土流失治理面积大幅增加。但 1966 年以后，各级水土委员会被撤销，水土保持科研机构也相应夭折。1964 年以后，"农业学大寨"促进了水利工程建设、土地平整、坡耕地上修建梯田，对松花江流域水土流失治理起到了较大的推动作用。黑龙江省宾县中华人民共和国成立初期修建的梯田，仍部分保存完整，地块整齐，未见新沟生成，土壤肥沃。黑龙江海伦县东风公社和望奎县海峰公社在修梯田的同时，还进行植树造林和修谷坊、塘坝等，是当时松花江流域山、水、田、林、路综合治理水土流失的典型。1977 年以后，松花江流域各县的梯田建设停止，梯田面积也在逐年减少，水土流失开始走向因地制宜、综合治理的道路。

2. 有序治理时期（1979 ~ 1990 年）

改革开放以后，中国经济走向正轨，国家开始重视东北黑土区水土流失防治，松花江流域水土流失治理也走向了正规化、系统化、科学化和规模化。1979 ~ 1980 年，松花江流域部分省区开展了水土保持区划工作，根据土壤侵蚀情况，划分为防治区、治理区进行分区治理。20 世纪 80 年代后，松花江流域水土流失治理也由地块治理转向小流域生态综合治理，山、水、田、林、路统一规划，工程措施、耕作措施与生物措施相互结合，经济效益、生态效益和社会效益相互兼顾。随着农村家庭联产承包责任制的落实，松花江流域出现了以户包或联户承包治理小流域。1983 年，松花江流域吉林段的柳河小流域被列入全国第一个水土流失重点防治工程。20 世纪 80 年代以后，水利部先后在东北地区组织实施了 35 个小流域综合治理试点，其中大多数试点地区在松花江流域，累计治理水土流失面积 340 万公顷，探索了不同类型区水土流失规律和治理模式，为大面积开展治理积累了宝贵的经验。最为典型的案例就是松花江嫩江子流域拜泉县小流域治理。

3. 依法科学防治时期（1991 ~ 2002 年）

1991 年，《水土保持法》颁布并实施。松花江流域水土流失防护由过去传统的防护治理型逐渐转向开发治理型及示范推广型上来，水土流失防治进入依法防治、科学防治的时期。以综合治理与开发相结合，突出经济效益，继续开展了松花江流域试点小流域治理。哈尔滨市石人沟小流域是1988 年启动的一个城郊型小流域综合治理试点，经过 6 年多的治理，成功地探索出了大城市边缘如何搞好水土保持，建立为大城市服务的农副商品基地，把小流域治理与市场开发有机地结合起来的道路。1996 年，乌裕尔河和松花江沿岸哈尔滨江段被列入国家计划开始治理。1999 年，中央经济工作会议把水土保持纳为生态建设的重要内容。这一时期水土保持试点的发展方向主要是以探索高效益水土保持生态建设基地及高新技术推广应用为主要试点目的。

4. 试点工程实施后时期（2003年至今）

1999年，东北四省区联合向国家提交了"松花江、辽河流域中上游水土保持生态环境建设项目建议书"。2002年，松辽水利委员会根据国家发改委和水利部指示精神，组织编制了《东北黑土区水土流失综合防治试点工程可行性研究报告》。2003年，水利部启动实施了东北黑土区水土流失综合防治试点工程。随着试点工程的实施，松花江流域水土保持建设走向国家层面的大规模建设。试点工程项目区选择以小流域为单元并适当考虑行政区划的完整性，松花江流域分别在黑龙江、吉林、内蒙古三省区各选定2个试点项目区，依次为乌裕尔河、松干、辉发河、榆树大沟、雅鲁河、霍林河。试点工程共实施3年，6个项目区累计治理水土流失面积1204公顷，其中黑龙江省700公顷，吉林省204公顷，内蒙古自治区300公顷。试点工程的实施，为松花江流域黑土区实施水土保持生态建设摸索出一系列单项技术和治理模式，组织管理体制、工程管理制度，以及资金投入和管理经验。

继试点工程后，国家农业综合开发办公室和水利部又于2008年、2011年、2014年实施了国家农业综合开发东北黑土区水土流失重点治理工程。

此外，自2010年5月起，为探索山区坡耕地水土流失综合治理经验，为大规模开展治理工作奠定基础、提供示范，国家发改委在20个省区的70个县起启动实施了首批全国坡耕地水土流失综合治理试点工程。其中东北黑土区工程建设试点，四省区均在列。2010年，国家投资7亿元，在东北黑土区9个县市实施坡耕地试点，其中松花江流域有5个县。2011年，国家投资10亿元，在东北黑土区12个县市实施，其中松花江流域有5个县。2015年，中央财政专项安排5亿元资金，支持东北地区17个产粮大县开展黑土地保护利用试点，其中松花江流域有5个县。在东北四省区17个产粮大县开展黑土地保护利用试点，通过控制水土流失、增加有机质含量等方式实现黑土地用养结合，其中大部分县也在松花江流域。

（二）水土流失治理成效

经过不懈努力，松花江流域水土保持建设取得了积极的成效，水土流失得到有效遏制,生产条件和生活环境得到初步改善,特别是在一些项目区和试点县市,黑土资源得到及时保护,部分地区结合当地产业发展,提高了当地群众的收益。

1. 水土流失程度减轻

水土流失矢量是反映水土流失状况的主要指标之一。根据水利部、中国科学院、中国工程院的研究结果,1950~1996 年,松花江嫩江流域水土流失面积约为 5.91 万公顷,从 1980 年后增加,年输沙量从 150 万吨增至近 200 万吨,年水土流失总量约为 4728 万吨;第二松花江上游流失较轻,下游侵蚀较强,流域年水土流失量约为 4164 万吨;干流到佳木斯段,水土流失面积为 23.48 万公顷,年平均流失总量为 3656 万吨,以上三个区占全流域面积的 45.1%,年总侵蚀量约为 1.26 亿吨。1996~2000 年,松花江流域年平均侵蚀量下降为 0.824 亿吨(未计哈尔滨下游多年平均侵蚀量 0.416 亿吨)、产流量下降为 427.94 亿立方米(同上,哈尔滨下游多年平均产流量为 247 亿立方米)。其中,1998 年侵蚀量和产流量均超过平均值,达到 2.216 亿吨、963.5 亿立方米,分别为多年平均值的 268.9%、225.2%。2001~2005 年,流域年平均侵蚀量再次下降为 0.651 亿吨、产流量为 300.1 亿立方米,基本上为多年平均值的 75%,其中 2003 年侵蚀量和产流量分别达多年平均值的 93.3%、86.6%。1996~2005 年的 10 年间,年平均侵蚀量为 0.7 亿吨、产流量为 364.4 亿立方米,均为多年平均值的 784.0% 以上。2001~2005 年的侵蚀量和产流量要小于 1996~2000年,水土流失程度明显减轻。

2. 生态环境得到改善

松花江流域经过多年治理,生态环境发生了较大变化,林草覆盖率提高,环境容量有效扩大,流域整体呈现出山青水绿的秀美景象。以松花江流域黑龙江段的拜泉县为例,2006~2010 年,该县成功实施了东北黑土区治理试点工程和国家综合开发水土保持项目东北黑土区水土流失重点工程,小流域治理速度不断加快升级,拜泉县高效生态经济取得了长足发展。"十一五"期间,拜泉县完成水土流失治理面积 41 万亩,治理侵蚀沟 1800 条,其中修梯田 5.1 万亩,改垄 23.3 万亩,地埂植物带 7.8 万亩,造水保林 4.8 万亩。通过实施小流域治理的各项水保措施,该县小庐山流域、通双小流域、前进小流域、钱串子沟小流域等32个小流域和150个生态建设小区生态环境得到极大改善。到"十一五"末期，拜泉县年可拦蓄径流量为7900万立方米，拦蓄泥沙量为500万吨，土壤有机质含量提高0.51%，空气湿度提高10%～14%，风速降低58%，连续20多年没有出现"风剥地"，有效地规避了自然风险。

3. 社会经济效益得到提高

在松花江流域水土流失综合治理中，对小流域的综合治理、对坡耕地的改造，不仅配套小型水利水土保持工程，增加了基本农田，改善了农业生产条件，而且还引入了一定比例的具有高附加值的农业经营项目，进一步调整了产业结构，提高了粮食单产、经济效益以及农民人均年收入。以松花江流域黑龙江段的拜泉县为例，"十一五"期间，拜泉县采用改垄措施后，坡耕地粮食产量平均每亩提高5～10斤；采用地埂植物带措施的坡耕地每亩增产达7～15斤；采用水平梯田措施的坡耕地每亩增产10～20斤。通过实施水土保持试点工程，项目区内80%的新修梯田、50%的地埂植物带和30%的改垄地上升为一等地，年增产粮食320万公斤，产苕条211万公斤，水保林年增加活立木0.17万立方米，年增加经济收入763.7万元。年均可增产粮食322吨，人均增收700元。2010年全县粮豆薯总产达到17亿斤，是中华人民共和国成立初期的3.8倍。

三 松花江流域水土流失综合治理经验及启示

松花江流域水土流失综合治理持续深入开展，探索出了一条适合当地实际的水土流失防治之路，有力地遏制了人为水土流失，保护了珍贵的水土资源，改善了生态环境和群众生存发展状况，保障了经济社会可持续发展，也为其他地区水土流失治理提供了宝贵的经验与启示。

1. 坚持保护优先、防治结合，做到预防保护与综合治理双管齐下

中华人民共和国成立以来，松花江流域经济社会快速发展，但是长期以来形成的粗放式的增长方式尚未根本改变，资源开发强度大，生态代价高，一直是水土流失治理工作需要解决的突出矛盾。松花江流域60多年水

土流失的综合治理实践证明，水土流失综合防治必须坚决贯彻预防为主、保护优先的方针，严格执法，控制新的人为水土流失，不欠或者少欠新账。同时，加快严重流失区的治理，快还旧账。结合松花江流域实际情况，黑龙江省开展了水土保持区划工作，根据土壤侵蚀情况，划分为防治区、治理区进行分区治理。与此同时，广泛宣传水土流失危害、水土保持基础知识以及《水土保持法》等法律法规，有效增强了全社会的水土保持意识和法制观念；通过宣传和开展水土保持实践活动，增强全民参与水土流失治理的积极性；东北四省区颁布并实施了《水土保持条例》，出台了水土保持补偿费收费办法和收费标准，松辽委等各级水行政主管部门也不断加大督查力度，加强监督管理能力建设。

2. 注重生态建设与经济发展有机结合，实现生态与经济"双赢"

松花江流域水土流失治理工作始终立足于地形地貌、气候等自然特征，坚持以人为本，从服务民生和发展经济入手，着力解决群众生产、生活问题，注重把治理水土流失与当地特色产业发展紧密结合起来，突出水土保持生态效益的同时，大幅度提升经济效益，兼顾社会效益，兼顾实现三大效益的统一，促进农业增效和农民增收。水土流失治理区已建成上百个水土保持生态建设大示范区，培育了一大批水土保持产业基地，成为当地群众脱贫致富的重要支撑，使群众在治理水土流失、保护生态与环境的同时，取得了明显的经济效益，从而进一步激发群众治理水土流失的积极性。

3. 注重人工治理与生态修复有机结合，加快综合治理步伐

松花江流域水土流失量大面广、成因复杂、危害严重，加快水土流失治理进程，大面积改善生态环境，维护生态安全，是水土保持工作面临的艰巨任务。在改革开放以后，松花江流域水土流失治理坚持人与自然和谐，尊重自然规律，符合植被建设规律，充分依靠大自然自身能力修复生态，实现由人工治理为主转向人工治理同生态自然修复相结合。2000年以后，生态自然修复的理念日益深入人心，技术路线逐步成熟，流域各地总结出以草定畜、以建促修、以改促修、以移促修和能源替代等许多做法，取得了很好的生态效果，为流域内大面积封育保护创造了有利条件。例如，从2002年起，松花江流域的绥棱和延寿开展了水土保持生态修复试点，封育保护面积140平方公里，到2006年试点验收通过时，已累计完成水土保持生态修复面积 648.64 平方公里。

  4. 注重因地制宜与集成创新相结合，实现山水田林路村综合治理

  从 20 世纪 50 年代起，在开发北大荒、建设国家粮食基地的进程中，东北地区群众就积极探索水土流失的防治，从最开始的修筑梯田，逐步探索出一整套特色鲜明适于松花江流域的水土保持技术。在技术路线上，坚持以小流域为单元，以坡耕地、坡荒地、侵蚀沟治理为主，因地制宜，科学规划，综合采取工程措施、生物措施和耕作措施，山、水、田、林、路、村综合治理的技术路线，在减少水土流失、改善生态环境的同时，最大限度地提高土地资源的利用率和生产力，实现水土资源的优化配置，妥善解决群众的生产和生活问题，有效协调人口、环境、资源的矛盾，使水土资源得到有效保护，使生态环境得到可持续维护，使水土流失重点县逐步实现生产发展、生态良好、生活富裕，走上生态、经济、社会协调统一、良性循环的发展轨道。小流域综合治理这条技术路线在实践中获得了成功，松花江流域涌现出了一些成功的小流域综合治理模式和典型，得到了广泛认可和推广，也为我国生态建设提供了宝贵的技术经验。

  当前，水土流失综合防治进程与国家生态建设和小康社会建设的总体目标还有很大差距，全社会水土保持意识与建设生态文明的要求还有很大差距，水土保持工作面临着一些亟待解决的问题：水土保持调地和占地问题受现行土地使用管理制度制约；国家单位治理面积投资低，匹配资金到位难；缺少后期养护资金，水土流失治理成果维持难；水土保持科技投入不足、创新不够，缺少有效的水土保持效益评价手段和设备；等等。这些问题不解决，将严重制约松花江流域水土保持建设和流域可持续发展。未来，应以合理开发、利用和保护水土资源为主线，以全面推进落实《中华人民共和国水土保持法》《全国水土保持规划（2015～2030年）》《东北黑土区侵蚀沟治理专项规划（2016～2030年）》《东北黑土地保护规划纲要（2017～2030年）》《松辽流域水土保持规划》为着力点，总结和吸收以往水土保持的成功经验，全面深入分析水土保持发展面临的新形势和新要求，加快推进松花江流域水土流失综合治理。

松花江流域生态环境建设的
水环境特征及演变

朱德鹏[*]

摘　要： 松花江水系的主要污染指标为氨氮、高锰酸盐指数、总磷和化学需氧量，近些年，松花江流域水体污染防治面临挑战，以上指标虽有下降，但不显著，水环境污染从常规的点源污染转向面源与点源相结合的复合污染。对于以上问题，本文提出应重视水环境保护教育、采取积极的水污染防治措施、加强工业点源污染治理力度、提高工业行业环保准入门槛、加大农村生活污染和农业面源污染防治力度、开展水环境综合整治示范工程、加强水环境质量监测体系建设等对策建议。

关键词： 松花江流域　水环境　生态环境

黑龙江省在松花江流域内面积最大。松花江水系在黑龙江省境内有嫩江、松花江干流和牡丹江，是黑龙江省境内最大的河流。由于黑龙江省是我国东北老工业基地之一，化工、造纸、水泥、煤矿等高污染产业的企业较多，同时，黑龙江域内有嫩江黑土区和三江平原，是国家重要的商品粮基地，易形成农业面源污染，长期不合理的开发，对松花江水环境承载力造成很大负担。2005年11月松花江重大水污染事件发生后，松花江流域水环境安全受到高度重视。黑龙江省认真贯彻落实党中央、国务院的决策部署，大力实施让松花江休养生息的政策措施，松花江流域污染治理力度不断加大，松花江黑龙江省境内水环境持续改善，2010年松花江干流水质由轻度污染变为良好。进入新时代，黑龙江省以习近平新时代中国特色社

＊　朱德鹏，黑龙江省社会科学院经济研究所助理研究员，研究方向为区域经济。

会主义思想为指导，认真贯彻习近平总书记对黑龙江省两次重要讲话精神，以打造"两座金山银山"为抓手，坚决打好水污染防治攻坚战，落实总河长制，健全水质会商等机制。经过多年不懈治理，松花江水环境得到明显改善，2017 年黑龙江省国家 62 个考核断面中，Ⅰ类~Ⅲ类水质断面共 41 个，达到或好于三类水体比为 66.1%，高出国家年度考核目标 12.9 个百分点。松花江干流出境（同江）断面水质连续六年稳定在三类水体，一江清水惠及中俄两岸人民。松花江下游佳木斯市松花江干流三类水体达到 100%，努力确保龙江生态更美。

一 松花江流域黑龙江域内水环境特征

（一）2005 年流域水环境概况

河流和湖库仍普遍受到污染，尤其城市下游江段污染严重，枯水期松花江干流严重乏氧，支流水质明显劣于干流，多数水域的使用功能不能保障。主要河流有机污染仍较严重，主要污染指标为高锰酸盐指数、石油类、氨氮和生化需氧量。松花江干流枯、平、丰各水期大部分属于Ⅳ类和Ⅴ类，主要污染指标为高锰酸盐指数、氨氮和石油类。嫩江枯水期水质大部分属于Ⅱ类，平、丰水期水质全部属于Ⅳ类和Ⅴ类，主要污染指标为高锰酸盐指数和石油类。牡丹江枯水期水质大部分属于Ⅲ类，平、丰水期水质主要属于Ⅲ和Ⅳ类，主要污染指标为高锰酸盐指数。

由于 2005 年吉林化工厂爆炸污染松花江事件，与 2004 年相比，影响河流水质的主要污染指标除高锰酸盐指数、生化需氧量和氨氮外，又增加了石油类 1 项。各水期属Ⅴ类或劣Ⅴ类水体的河流长度百分比均比上年同期有不同程度的增加，平水期增加幅度较大。

（二）"十一五"时期流域水环境概况

黑龙江省全面贯彻落实国家《重点流域污染防治规划（2006~2010年）》，部门联动、多措并举，建立污染防治的长效机制，制定了防治松花江流域水体污染，改善流域水环境质量的地方法规《黑龙江省松花江流域水污染防治条例》，"十一五"期间，黑龙江省水环境质量显著改善，各水期Ⅰ至Ⅲ类水质比例总体呈现上升趋势，劣Ⅴ类水质比例下降，松花江干流Ⅲ类水体比例比"十五"末提高 57.1 个百分点,由轻度污染转为良好,珍稀鱼类、鸟类已在沿江有稳定的种群栖息地。流域水污染防治规划项目全部建成投运,目标全面实现。

2010 年松花江水系总体水质状况为轻度污染,断面达标率为 58.2%,同比增加 3.6%,主要污染物为高锰酸盐指数,同比浓度下降 0.69mg/L。松花江干流以Ⅲ类水质为主,比 2009 年有所好转,由轻度污染变为良好,松花江干流高锰酸盐指数浓度降低 0.39mg/L。嫩江、牡丹江以Ⅲ类水质为主,属良好。

(三)"十二五"时期流域水环境概况

"十二五"期间,黑龙江省继续全面贯彻落实国家《重点流域污染防治规划(2011~2015 年)》,扎实启动国务院《水污染防治行动计划》(简称"水十条"),建立了上下游联动、多部门协同治污模式,黑龙江省水环境质量持续改善。黑龙江省地表水好于Ⅲ类水体比例为 50%,出境断面(同江)水质稳定在Ⅲ类,得到俄罗斯边疆地区的高度赞扬,并致信表示感谢。重点流域规划稳步实施,19 个规划监测断面水质全部达到考核目标要求,其中有 10 个断面达标率为 100%。松花江流域重点支流水质明显改善。黑龙江、乌苏里江及兴凯湖的水环境、生态环境保护与治理取得一定成效。省政府批复 915 个市、县、乡级集中式饮用水水源地保护区。

2015 年松花江水系水质状况为轻度污染,主要污染指标为化学需氧量、高锰酸盐指数和总磷。松花江流域Ⅰ~Ⅲ类水质比例为 64.1%,提高 6.2 个百分点。松花江干流水质为良好,同比水质有所好转。嫩江干流水质为良好,同比无明显变化,牡丹江干流Ⅲ类水质比例为 100%,属优,同比水质无明显变化。

(四) 2016~2017 年水系干支流水质监测概况

"水十条"全面贯彻实施。为进一步贯彻落实"水十条",切实加大水污染防治力度,改善全省水环境质量,黑龙江省政府发布了《黑龙江省水污染防治工作方案》,建立了以改善水环境质量为核心的考核体系,形成了以水污染领导小组为统领,部门分工协作,工作统筹安排,任务逐级落实的水污染防治格局,松花江流域黑龙江省境内水质状况持续改善。

1. 2016 年上半年水质监测情况

松花江水系的干流及 31 条支流河流共 89 个断面，水质状况为轻度污染，Ⅱ水质占 2.2%，Ⅲ类水质占 65.2%，Ⅰ～Ⅲ类比例为 67.4%，Ⅳ类水质占 16.9%，Ⅴ类水质占 5.6%，劣Ⅴ类水质占 9.0%。有 63 个断面能够达到其功能区的水质目标要求，达标率为 70.8%，主要污染指标为化学需氧量、高锰酸盐指数和氨氮。与上年同期相比，达标率提高了 3.6 个百分点，Ⅰ～Ⅲ类比例提高了 6.5 个百分点，劣Ⅴ类水质降低了 2.7 个百分点。

松花江干流水质状况为优，Ⅲ类水质比例占 100%。松花江干流上半年氨氮平均浓度为 0.629mg/L，同比降低 0.069mg/L。高锰酸盐指数方面松花江干流上半年平均浓度为 4.96mg/L，同比降低 0.38mg/L。17 个断面中除绥滨入比上年同期升高外，其他断面均比上年同期有所降低。化学需氧量方面松花江干流上半年平均浓度为 17.7mg/L，同比降低 1.1mg/L。17 个断面中除大顶子山和绥滨入 2 个断面比上年同期升高外，其他断面均比上年同期有所降低。吉林来水汇入黑龙江省松花江干流的第一个断面是三岔河，其水质类别为Ⅲ类，属良好，满足其功能区水质目标，同比水质有所好转，水质类别由Ⅳ类变为Ⅲ类，氨氮浓度有所降低。出松花江干流的最后一个断面为同江，其水质类别为Ⅲ类，属良好，能满足其功能区水质目标，同比水质无明显变化。

松花江水系的 31 条主要支流，上半年共监测 30 条支流（通肯河的东方红水库未监测）。其中，水质状况为优良的有 16 条河流，分别是牡丹江、雅鲁河、音河、岔林河、西南岔河、多布库尔河、讷谟尔河、甘河、海浪河、巴兰河、拉林河、蚂蚁河、木兰达河、嫩江、诺敏河和伊春河；轻度污染的有 8 条河流，分别是鹤立河、乌裕尔河、呼兰河、白杨木河、汤旺河、安邦河、倭肯河和梧桐河；中度污染的有 1 条河流，是泥河；重度污染的有 5 条河流，分别是阿什河、安肇新河、蔧克图河、少陵河和肇兰新河。

2. 2016 年第三季度水质监测概况

2016 年第三季度，松花江水系的干流及 31 条支流共设有 89 个监测断面。水质状况为轻度污染，Ⅱ类水质占 4.5%，Ⅲ类水质占 60.7%，Ⅳ类水质占 22.5%，Ⅴ类水质占 4.5%，劣Ⅴ类水质占 7.9%。

松花江干流水质状况为优，Ⅲ类水质比例为 100%。松花江干流氨氮平均浓度降低 0.035mg/L。高锰酸盐指数方面，松花江干流摆渡镇至佳木斯下段浓度同比有所升高，干流平均浓度降低 0.566mg/L。化学需氧量方面松花江干流平均浓度较上年同期降低 3.36mg/L。吉林来水汇入黑龙江省松花江干流的第一个断面是三岔河，其水质类别为Ⅲ类，属良好，满足其功能区水质目标，同比水质有所好转，水质类别由Ⅳ类变为Ⅲ类，氨氮浓度有所降低。出松花江干流的最后一个断面为同江，其水质类别为Ⅲ类，属良好，能满足其功能区水质目标，同比水质无明显变化。

松花江水系的 31 条主要支流，2016 年第三季度共监测 31 条支流。其中，水质状况为优良的有 17 个，分别是阿什河、巴兰河、白杨木河、多布库尔河、甘河、海浪河、呼兰河、拉林河、蚂蚁河、牡丹江、嫩江、诺敏河、梧桐河、西南岔河、雅鲁河、伊春河、音河；轻度污染的有 12 个，分别是安邦河、岔林河、萤克图河、鹤立河、木兰达河、讷谟尔河、泥河、少陵河、汤旺河、通肯河、倭肯河、乌裕尔河；重度污染的有 2 个，分别是安肇新河和肇兰新河。

3. 2016 年流域水环境概况

2016 年松花江水系水质状况为轻度污染，其中Ⅰ～Ⅲ类水质比例为 70.5%，劣Ⅴ类水质占 3.8%。2016 年全年松花江干流水质为良好，同比水质无明显变化。松花江干流化学需氧量浓度同比下降 2.12mg/L，高锰酸盐指数浓度同比下降 0.523mg/L。松花江干流入境断面（肇源）的水质类别为Ⅲ类，达到其功能区水质目标要求，出境断面（同江）的水质类别为Ⅲ类，达到其功能区水质目标要求。2016 年采集到的物种数量和种类均有一定的增加，水生昆虫 EPT 种类有小幅增加，水环境质量处于缓慢改善状态。

4. 2017 年流域水环境概况

深入推进松花江流域水污染防治，水环境质量持续改善。继续深入贯彻落实《重点流域污染防治规划（2016～2020 年）》；全面贯彻实施"水十条"，建立"水十条"重点工作调度和预警机制，强化"水十条"专项督导；深入贯彻省委书记张庆伟巡查松花江哈尔滨段讲话精神。全省考核断面达到或好于三类水体比例为 66.1%，高于年度考核目标 12.9 个百分点。松花江干流出境（同江）断面水质连续六年稳定在三类水体，一江清水惠及中俄两岸人民。佳木斯市松花江干流三类水体达到 100%。

2017 年松花江水系水质状况为轻度污染，其中Ⅰ～Ⅲ类比例为

71.8%，劣Ⅴ类水质占3.8%。主要污染指标为化学需氧量、高锰酸盐指数、总磷。与上年同期相比Ⅰ～Ⅲ类水质提高了1.3个百分点，劣Ⅴ类水质无变化。

2017年松花江干流水质为良好，同比无明显变化；松花江干流化学需氧量浓度同比上升0.26mg/L，高锰酸盐指数浓度同比下降0.26mg/L（具体见图1）。

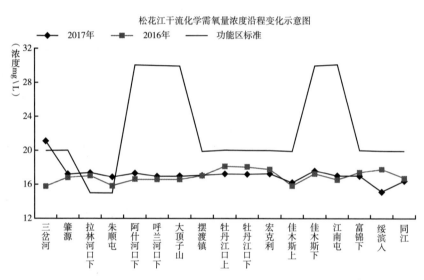

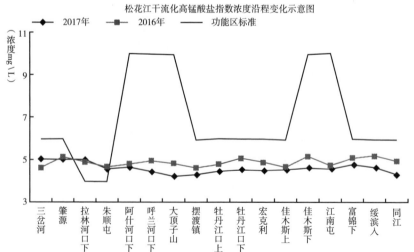

图1　2017年松花江干流化学需氧量和高锰酸盐浓度沿程变化示意图

嫩江干流Ⅲ类水质比例为 85.7%，属良好，同比水质有所变差，由优变为良好。Ⅲ类水质比例下降了 14.3 个百分点。牡丹江干流Ⅲ类水质比例为 100%，属优，同比水质无明显变化。

二 流域水环境治理面临的问题及挑战

（一）用水总量控制面临压力

随着经济社会发展，以及城镇化的不断发展，城镇的供水量和居民用水量均呈逐年上升的趋势，由于居民节约用水意识的淡薄、浪费水资源的事件、节水技术落后或者缺少技术推广支持等多方面的原因，严守用水总量红线面临压力。由于超量使用地表水和地下水，流域内部分水体面积不断萎缩减小。

表1 2004~2016 年黑龙江省用水量情况

指标	2004 年	2005 年	2006 年	2007 年	2008 年	2009 年	2010 年
用水总量（亿立方米）	259.44	271.51	286.21	291.37	297.01	316.25	325
人均用水量（立方米/人）	679.69	712.9	748.95	762.05	776.6	826.69	848.64
农业用水总量（亿立方米）	186.25	192.08	208.26	214.75	218.15	237.4	249.6
农业用水占比（%）	72	71	73	74	73	75	77
工业用水总量（亿立方米）	52.96	55.45	57.49	57.54	57.55	55.71	56.02
生活用水总量（亿立方米）	19.19	20.27	20.03	18.61	18.81	18.78	17.61
人均年生活用水量（立方米）	50.28	53.06	52.39	48.67	49.18	49.09	45.94
生态用水总量（亿立方米）	1.04	3.71	0.43	0.47	2.5	4.36	1.76

指标	2011 年	2012 年	2013 年	2014 年	2015 年	2016 年
用水总量（亿立方米）	352.36	358.9	362.3	364.13	355.3	352.6
人均用水量（立方米/人）	919.1	936.1	944.83	949.74	929.53	928.14
农业用水总量（亿立方米）	272.26	294.9	308.31	316.14	312.5	313.8
农业用水占比（%）	77	82	85	87	88	89
工业用水总量（亿立方米）	53.23	41.7	33.97	28.96	23.8	20.6
生活用水总量（亿立方米）	21.25	16.34	17.07	17.74	16.2	15.6
人均年生活用水量（立方米）	55.43	42.62	44.51	46.28	42.5	41.06
生态用水总量（亿立方米）	5.63	5.97	2.95	1.28	2.6	2.5

资料来源：国家统计局数据中心网站。

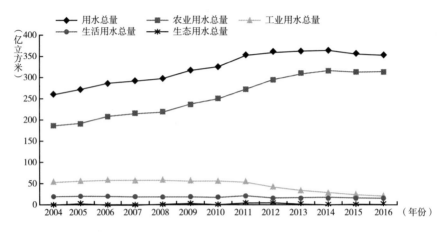

图2　2004～2016年黑龙江省用水量情况

从黑龙江省用水总量及不同用途用水总量数据可以看出，全省用水总量呈现逐年上升的趋势。用水总量从2004年的259亿立方米一直增加到2014年的364亿立方米，十年来增加了100多亿立方米。从2004年至2016年的数据看，黑龙江省农业用水量大，亦呈逐年上升的态势，农业用水占比高，均超过70%，2015年高达88%。农业灌溉用水一般取自地表水，通过引自河流、湖泊等的水渠实现农田灌溉，用水过程除了农药和化肥等的施用，一般不会对水质造成污染。从2004年至2015年黑龙江省工业用水总量数据可知，自2012年以后，黑龙江省工业用水总量呈现逐年下降的趋势。2015年全省工业用水总量为23.8亿立方米，下降到接近2011年水平的44%，而2004～2011年全省工业用水总量都在50亿立方米以上。从2004年至2015年黑龙江省生活用水总量数据可知，生活用水总量最高的年份是2011年，达到21.25亿立方米，生活用水总量最低的年份是2015年，为16.2亿立方米。

（二）水体污染防治面临挑战

造成水体污染和水质破坏的事件和行为时有发生，致使部分地区水生态环境受到破坏，提高主要河段的水质等级存在困难和挑战。例如，向水体里倾倒垃圾废物、未经处理的工业污水废水、在与江河连通的水田里过多使用农药和化肥、往农村的溪流或池塘中倾倒生活污水等行为。

过去松花江流域水系的污染主要表现为工业点源污染，从20世纪90

年代开始，随着点源污染得到一定程度的控制，面源污染逐渐上升为新的环境问题。化肥、农药的不合理使用，迅速发展的集约化养殖以及乡镇企业等造成农业和农村面源污染日益严重；松花江流域水系的水环境污染从常规的点源污染转向面源与点源相结合的复合污染；污染的范围不断扩大，已从内陆水域蔓延到近海水域，从地表水延伸到地下水，从单一污染发展到多元化污染，形成点源与面源污染共存、生活污水和工业废水排放叠加、各种新旧污染与二次污染相互复合以及常规污染物、有毒有机物、重金属、藻毒素、持久性有机污染物、内分泌干扰物等相互作用的复合污染态势。

随着水污染治理力度的不断加大，一些传统水体有机污染物如 COD、BOD$_5$、氨氮、总氮、总磷、大肠杆菌等虽然得到一定程度的控制，但尚未得到彻底解决。新型和有毒有害污染物 POPS、EDS 等的影响日益显著，新型污染物不断涌现，危机人体健康和饮用水安全。目前对有毒有害有机物"家底"不清，还未对其进行严格控制，检测手段不完善，控制对策缺乏。有毒有害有机污染物将成为松花江流域水系下一阶段环境保护的重点领域和急需重点解决的问题之一。目前急需开展一些基础研究，摸清"家底"，为尽早遏制松花江流域水系有毒有害污染物引起的环境质量恶化趋势，强化环境风险管理已势在必行。水污染导致水质性缺水和生态需水的严重不足，水资源短缺和水生态退化形势严峻。

部分工业废水排放不达标，对水体水质造成污染。一些企业的环保意识差，违规乱排污水废水，污废水排放前没有考虑到废水排放对环境造成的污染和破坏。政府部门对一些企业的废水排放缺乏监管，制约和处罚措施落实不严格，导致一些企业对其产生的污水废水不作清洁处理，违规违法偷排污水废水，造成地表水体受到污染。除此，水环境质量面临多方面的污染因素，包括各种生活污水乱排乱放、农药化肥使用过量、危险化学品和有毒有机物泄漏、在河道及沿岸的工程作业不当等对水体造成的污染。

（三）农业面源污染影响流域水质改善

松花江流域是黑龙江省农村人口经济总量相对集中的区域，沿松花江干流及其主要支流，分布着 700 多个乡镇，1800 多万农村人口，约占全省面积的 69%、人口总数的 87%、经济总量的 85%。流域内的农村，每年施用化肥 190 万吨、农药 2.7 万吨，化肥、农药施用总量大，有效利用率低，大量残留的化肥农药将污染地表水及地下水。松花江流域分布多个国家粮食基地和甜菜、马铃薯、玉米加工基地，粮食增产任务重，大型灌区农田退水污染问题突出，农业面源污染有加重趋势。

黑龙江省畜禽养殖业占全省化学需氧量排放量的 60% 以上。黑龙江省畜禽养殖业污染治理程度低，畜禽养殖场、养殖小区的粪便、尿液的肥料化、沼气化程度低。随着"十大工程"中千万吨奶战略工程、五千万头生猪规模化养殖战略工程的实施，畜禽粪便大量增加，其堆积产生的污染物随降水渗透到地下，对浅层地下水造成污染，一半以上的农村饮用水水源地没有得到有效保护，饮用水不安全人口达 100 多万。

三 改善松花江流域水环境的对策建议

（一）重视水环境保护教育，加强水环境质量监测体系建设

通过水环境保护教育，增强群众保护水环境的认识、态度和行为，加强水环境保护的学校教育和社会宣传教育，提升普通群众、企业管理者、公务人员等群体爱护和保护水环境的责任意识，培育公民自觉监督和保护水环境的良好素养。要在社会形成人人节约用水，爱护和保护水环境的良好风气。

不断改进和完善水环境监测技术。加强重要河流、湖泊、水库等水体的水质监测，加强水质监测结果的定期发布和公告。继续推进省、市、县三级监测站标准化建设，增强省、市、县监测站基本能力建设。逐步建设松花江流域水生生物监测网络，建设水生生物检测中心实验室、水生生物监测实验室，着力加强对水体藻类、底栖动物、浮游生物和鱼类等的监测能力，以全面评估流域水污染防治成效。

（二）运用法律行政经济手段，采取积极的水污染防治措施

政府环保部门要恪尽职守，设立环保举报电话，严肃查处破坏水环境的行为。要加强重点工业污染源治理，严格项目环保准入。严格建设项目环评制度，严格把控高能耗、高污染项目的审批，停止审批向松花江水体排放重金属和持久性有机物等有毒有害污染物的项目。

要有效利用排污收费、环境补偿费、排污权交易等经济手段和市场机制,使保护水环境的守法成本和收益远远超出违法成本和收益,才能真正达到保护水环境和水生态的目标。为鼓励植树造林、修补山坡地的水土保持和水源涵养,应当推出奖励政策。要严格落实国家制定的三条用水红线。

(三) 加强工业点源污染治理力度,提高工业行业环保准入门槛

以石油、化工、造纸、制革、农副产品加工、食品加工和饮料制造等行业为重点,继续加大污染深度治理和工艺技术改造力度,提高行业污染治理技术水平。加强化肥等行业污染控制,提高氨氮治理水平。对重点工业污染源要增加污染物排放监测和现场执法检查频次。做好淀粉加工、制糖等行业的废水灌溉利用等资源综合利用技术研发及工程示范。

根据国家产业政策及流域水污染形势,对允许进入流域的工业行业提出环保要求(包括规模、工艺、用水指标、排放标准、污染物种类)。新建项目必须符合国家产业政策,执行环境影响评价和"三同时"制度,从严审批产生有毒有害污染物的新建、扩建项目,切实加强"三同时"验收,做到增产不增污。流域江河源头区禁止新建造纸、印染、化工、皮革、电镀等重污染项目。

(四) 推进清洁生产,发展循环经济

严格按照《重点企业清洁生产行业分类管理名录》对流域内化工、煤化工、造纸、食品加工等重污染行业及重点企业开展清洁生产、综合利用、循环经济、废水深度治理、应急设施等项目建设;对"双有双超"企业强制性开展清洁生产审核,并抓好审核方案的落实。推动制定和实施地方工业和行业污染物排放标准。把清洁生产作为环保审批、环保验收、环保专项资金申请、核算污染物减排量的重要因素,建设一批清洁生产科技示范项目。大力发展工业园区循环经济。创建生态工业园区,推进优势企业向工业园区聚集,加强循环经济示范园区建设。重视工业园区污水集中处理设施建设和运营管理。

(五) 加强农村生活污染防治,加大农业面源污染防治力度

加快农村生活污染治理设施建设。因地制宜采取简单、实用方式进行

污水处理。完善农村生活垃圾收集和转运系统，推动农业生产方式和农村生活方式的转变。根据黑龙江省地域特点，结合社会主义新农村、生态镇（村）建设，选择对改善松花江水质有显著作用的乡村，试点建设环保新农村。提高农业废弃物综合开发利用效率。通过制作有机肥料、沼气、压块燃烧等途径及时清运、合理处置畜禽养殖粪便。开发以秸秆、稻壳等农作废弃物为主要原料的生物质燃料、肥料、饲料新技术，推广农作物秸秆固化成型燃料，推动农业低碳经济发展。政府在财政和政策上给予相应优惠扶持，同时鼓励依靠市场机制多方面筹集资金，保证项目顺利进行。

按照有机农业标准和生产方式，根据不同的土地类型确定耕作类型和肥料（包括微量元素）的施用量，提高化肥的利用率，适当应用长效和缓释肥，试点有机肥补贴政策。建立农业优良耕作技术体系，推广生物农药和高效低毒低残留农药。阿什河流域上游实施种植结构调整，减少污染物流失量。在松花江沿岸粮食主产区开展生态拦截示范工程建设。

（六）开展水环境综合整治示范工程

利用沟塘、湖库、泡沼、湿地以及建立人工湿地，对污水处理厂排水进行深度净化。推广哈尔滨市"三沟一河"治理经验，加强城市河流治理。松花江一级支流沿岸城市要强化境内水体治理。在阿什河、安邦河等污染严重的河流开展河道清淤、护坡等生态恢复工程。三江平原、牡丹江流域等地区要加大农田退水治理力度。加快实施哈尔滨市"百里生态长廊"工程，恢复和增强黑龙江省松花江流域湿地的生态功能，构建生态屏障。

参考文献

［1］《2017 年黑龙江省环境状况公报》，黑龙江省环保厅网站。

［2］《2016 年黑龙江省环境状况公报》，黑龙江省环保厅网站。

［3］于宏兵、周启星、郑力燕主编《松花江流域水生态功能分区研究》，科学出版社，2016。

［4］王业耀、孟凡生等编著《松花江水环境污染特征》，化学工业出版社，2014。

［5］邓红兵、曹慧明、沈园等著《松花江流域生态系统评估》，科学出版社，2017。

松花江流域水电发展研究

邢　明[*]

摘　要： 松花江流域水能资源比较丰富，开发利用较早，是我国东北水电基地重要的组成部分。"十一五""十二五"以来，松花江流域水电开发规划和项目纷纷上马。但仍有很大的开发空间，面临筹集资金困难、入网电价低等制约因素。建议从完善水电开发的激励机制、协调各种规划的统一、注重和加强环境影响评价等方面有效地开发利用松花江流域水电资源。

关键词： 松花江流域　水电开发　水电资源

松花江流域水能资源丰富，开发利用较早。流域面积 55.72 万平方公里，流经东北三省一区；平均年径流量达 762 亿立方米。《松花江流域综合规划（2012～2030 年）》中规划建立 21 级水电站，建成后装机容量将达 415.04 万千瓦，年均发电量可达到 91.55 亿千瓦·时。目前已建成 1 万千瓦以上水电站 8 座，总装机容量已达到 338.81 万千瓦，年发电量 56.69 千瓦·时，是东北水电基地的重要组成部分。

一　松花流域水电资源基本情况

（一）松化江流域水能资源丰富

松花江流域水能资源丰富，以第二松花江干流、嫩江、牡丹江较为集中。流域内水能理论蕴藏量 1 万千瓦以上的干支流河道有 71 条，总的理论蕴藏量为 659 万千瓦。

---

* 邢明，黑龙江省社会科学院农村发展研究所副研究员，主要从事"三农"问题研究。

1. 牡丹江干流

牡丹江为松花江下游右岸一大支流，控制流域面积 37600 平方公里，全长 725 千米，天然落差 1007 米，水能资源蕴藏量 51.6 万千瓦，可开发水能资源总装机容量 107.1 万千瓦，现已开发 13.2 万千瓦（其中包括镜泊湖水电站 9.6 万千瓦，另有几座小型水电站）。

2. 第二松花江上游

第二松花江河道总长 958 千米，天然落差 1556 米，其中可利用落差 614 米；流域面积 73400 平方公里，其中流域面积的 58% 以上由丰满水电站控制；河口处年平均流量为 538 立方米/秒。理论蕴藏水能资源量为 139.7 万千瓦，可开发的水电站的地点有 58 处，现已开发水电站 13 座，装机容量 246.33 万千瓦，占可开发装机的 65%。其中规模较大的有第二松花江干流上的丰满、红石、白山 3 座水电站，共装机 242.4 万千瓦（含丰满扩机 17 万千瓦），占已开发装机容量的 98%。

3. 嫩江流域

嫩江为松花江的上源，从发源地至三岔河口全长 1370 千米，流域面积 297000 平方公里。嫩江的水能资源主要集中在干流及右侧支流的甘河、诺敏河、绰尔河以及洮儿河。可开发的 3 万～25 万千瓦的梯级水电站有 15 座，设计总装机容量可达 126.6 万千瓦。

表 1　松花江流域主要河流水资源基本情况

流域	河道名称	流域面积（平方千米）	河道总长（米）	天然落差（米）	利用落差（米）	理论蕴藏量（兆瓦）
嫩江流域	嫩江干流	297000	1370	4411	180	567
	那都里河	5409	186	450	40	18
	多布库尔河	5760	278	635	25	60
	门鹿河	5464	142	255	19	13
	甘河	19549	447	726	65	232
	诺敏河	25463	448	810	229	252
	绰尔河	17435	514	914	228	291
	毕拉河	7807	216	540	127	80
	洮儿河	28843	553	1165	96	152

续表

嫩江流域	嫩江干流	其他河流					604
							2269
第二松花江流域	第二松花江		73400	958	1156	614	803
		松花河	1810	140	1356	245	87
		二道河	10810	293	1836	115	228
		蒙江	980	69	228	118	10
		头道花园河	411	47	315	160	9
		富尔河	4360	128	644	73	26
		其他支流					234
	总计						1397
松花江流域	松花江干流		186400	939	78	9	1475
		牡丹江	37600	725	1007	333	516
		拉林河	19046	411	450	43	81
		汤旺河	20518	402	453	128	242
		梧桐河	4780	186	268	42	25
		其他支流					589
	合计						2928
	总计						6594

资料来源：柳玉珍《松花江流域水电开发在东北电网中的地位和作用》，《东北水利电力》1993 年第 6 期。

（二）松花江流域水电开发较早

1. 丰满水电站

在吉林省吉林市，位于松花江上游，是我国第一座大型水力发电站，被誉为"中国水电之母"，始建于 1937 年，1943 年第一机组开始发电，当时发电规模较小，至中华人民共和国成立前夕又遭破坏，处于瘫痪状态。中华人民共和国成立后经政府大力修复并加以改建，成为东北电网的主力电厂。1988 年，二期扩建工程上马后共安装 10 台机组，总装机容量 72 万千瓦，三期扩建工程完工后，总装机容量达 100.25 万千瓦。丰满水电站坝高 91.7 米，坝长 1080 米，使湖水形成 67 米的落差。坝上的松花湖是发电、防洪、灌溉、航运、养殖、城市用水、旅游风景区等综合利用的水利枢纽。

2. 白山水电站

东北地区最大的水电站，是一座以发电为主，兼有防洪、养殖等综合利用效益的工程，是东北电力系统主要调峰、调频和事故备用电源。一期主体工程于1975年开工，1983年第一台机组发电。1984年一期工程结束后二期工程继续施工，1992年二期机组发电，1994年6月工程全部竣工。白山水库最大蓄水量64亿立方米。白山水电站是一个以发电为主，兼有防洪、防凌、水产养殖等综合效益的大型骨干电站。白山水电站装机容量150万千瓦。该电站分两期建设，一期工程装机3台，总容量90万千瓦，保证出力16.7万千瓦；多年平均年发电量20.03亿千瓦·时，二期工程装机2台，总容量60万千瓦，多年平均发电量0.34亿千瓦·时。电站以220千伏电压接入东北电力系统。

3. 红石水电站

红石水电站位于松花江上游的吉林省桦甸市，安装4台5万千瓦的轴流定浆式水轮发电机组，1985年末第一台机组发电，设计发电量4.4亿千瓦·时，通过66千伏输电线路向吉林地区供电。红石水电站大坝为混凝土重力坝，最大坝高46米，坝长438米。红石水库最大库容2.84亿立方米。

4. 莲花水电站

莲花水电站位于黑龙江省海林市三道河子乡木兰集村与林口县莲花村交界处，距牡丹江市210千米，总库容42亿立方米，是黑龙江省最大的一座水电站。1993年开始设计施工，到1997年结束。石坝长902米，最大坝高71.8米，装机55万千瓦，设计年发电量7.97亿千瓦·时，是一座以发电为主，有防洪、灌溉、航运、养殖等功能的水电站。电站属一等工程，枢纽由拦河坝（包括大坝和二坝）、溢洪道和引水发电系统等组成。大坝为钢筋混凝土结构。莲花水电站是中国目前在寒冷地区修建的一座混凝土面板堆石坝，每年施工期不足7个月。冬季石料开采或制备不停工，需解决负温下不洒水的坝体填筑质量控制问题。总工程量为土石方开挖624.48万立方米，土石方填筑590万立方米，混凝土浇筑49.69万立方米。工程总投资19.5亿元。水库正常蓄水位218米，回水长度 99.9 千米，淹没范围涉及 2 个县 2 个乡，总计淹没耕地 10.94 万亩，迁移人口 40725 人。

（三）松花江流域水电新项目发展迅速

"十一五""十二五"以来，国家和相关地区相继出台了水电发展规划和长远发展目标规划，为松花江流域水电开发提供了前期规划保障。这期间流域各地充分筹措资金积极探索，开发具有综合利用价值的水利项目。

1. 松花江大顶子山航电枢纽工程

松花江大顶子山航电枢纽工程属大（Ⅰ）型工程。工程等别为一等，主要建筑物级别为 2 级，设计洪水标准 100 年一遇，校核洪水标准 300 年一遇。松花江大顶子山航电枢纽船闸是东北三省第一座船闸，同时也突破多项技术难关，是我国第一座在有封冻期河流上修建的船闸。大顶子山航电枢纽水是按无调节径流发电的河床式水电站，总装机容量 66 兆瓦，安装 6 台单机容量为 11 兆瓦的灯泡贯流式水轮发电机组。最大水头 8.7 米，额定水头 5.23 米，最小水头 2 米。多年平均发电量 3.52 亿千瓦·时，年利用小时数 5334 小时。

2. 小莲花水电站项目

小莲花水电站工程位于林口县莲花村附近的牡丹江上，是衔接上游已发电运行的莲花电站和下游龙虎山（原二道沟）电站的梯级电站。坝址位于莲花乡下游 3 公里附近，距上游莲花电站约 6.6 公里，距林口县城约 80 公里。总投资 6.24 亿元。2015 年 9 月临建工程建设，2016 年 4 月开始建设主体工程，计划于 2019 年 10 月竣工投产。该电站设计正常蓄水位 161 米，校核洪水位 162.26 米，正常蓄水位库容 1252 万立方米，总库容 1784 万立方米，设计装机容量 40 兆瓦，采用 4 大 1 小 5 台灯泡贯流式发电机组，多年平均发电量为每小时 8493 万千瓦，年利用小时为 2123 小时。最大坝高 15.8 米，坝顶长度 599.8 米。这是继已投产的莲花水电站和在建的荒沟抽水蓄能电站后，目前在牡丹江江段中下游开工建设的又一较大水电工程。

二 松花江流域水电发展的机遇与挑战

随着我国经济的持续发展，对能源的需求不断增大，以及人们对科学发展可持续发展认识的增强，加之世界范围的大力发展清洁能源背景下，对水电这一清洁能源的需求必然增加。

（一）水电开发潜力大

随着我国经济增长和综合国力的增强，能源需求不断增加。同时，对可持续发展重视程度不断加强，对清洁能源的需求也不断增加。国家出台的《能源发展"十三五"规划》明确指出："十三五"时期非化石能源消费比重提高到 15% 以上，天然气消费比重力争达到 10%，煤炭消费比重降低到 58% 以下。按照规划相关指标推算，非化石能源和天然气消费增量是煤炭增量的 3 倍多，约占能源消费总量增量的 68% 以上。可以说，清洁低碳能源将是"十三五"期间能源供应增量的主体。水电、核电是"十三五"期间发展的重点。积极有序推进大型水电基地建设的同时合理优化中小流域开发，为了满足电力系统调峰填谷的需要和安全稳定运行的要求，提出了统筹规划、合理布局，加快抽水蓄能电站的建设。"十三五"期间，中国新开工抽水蓄能电站容量约 6000 万千瓦。"十三五"期间将要建立可再生能源绿色证书交易机制。为减少可再生能源对中央财政补贴资金的需求，《能源发展"十三五"规划》提出通过设立燃煤发电企业及售电企业的非水电可再生能源配额指标，要求燃煤发电企业或售电企业通过购买绿色证书作为完成可再生能源配额义务的证明，通过绿色证书市场化交易补偿新能源发电的环境效益和社会效益。这项工作可与国家开展的碳交易市场相对接，降低可再生能源电力财政直补的强度，解决"十三五"期间可再生能源发展的资金不足问题。

（二）松花江流域发展水电优势明显

2008 年制定的《中国十二大水电基地发展规划》，从我国能源构成和河流流域划十二个水电基地，其中就有东北水电基地。2015 年又出台《中国十三大水电基地发展规划》，东北水电基地地位又有所提升。东北水电基地中的黑龙江和鸭绿江为界江，再开发的非技术制约因素多且复杂，开发难度大。因此较容易开发水域基本落在松花江流域，其未来开发前景广阔。《可再生能源发展"十二五"规划》中针对东北电网布局，重点规划了松花江流域的抽水蓄能电站开工项目等。此外，流域内地方政府制定了《松花江流域综合规划（2012～2030年）》等开发规划。

1. 松花江流域水电规划

目前涉及松花江流域的水电及相关规划比较丰富和具体，具有统领作用的是《松花江流域综合规划（2012～2030年）》，该规划拟建21级水电站，总共装机容量达415.04万千瓦，建成后平均年发电量约为91.55亿千瓦·时。《中国十三大水电基地规划》对松花江流域发展水电做了详细的规划，明确了各河段的任务。

2. 牡丹江流域水电规划

牡丹江下游柴河至长江屯之间规划推荐莲花、二道沟、长江屯三级开发方案，莲花为第一期工程（已建成）。这三座水电站总装机容量为82万千瓦，占待开发资源93.9万千瓦的87%。第一期工程莲花水电站，位于海林市三道河乡木兰集村下游2千米处，水库总库容42.14亿立方米，具有多年调节性能，是牡丹江梯级开发的关键性工程。电站装机容量44万千瓦，保证出力6.2万千瓦，年发电量8亿千瓦·时。坝址附近土石料丰富，取料方便，地形便于施工，拟建土石坝。主要问题是淹没影响较大，需淹没耕地8万多亩，移民3.63万人。

3. 嫩江流域水电规划

嫩江流域水能资源主要分布在嫩江干流及其右侧支流（甘河、诺敏河、绰尔河、洮儿河），据初步规划，可开发3万～25万千瓦的梯级水电站15座，总装机容量126.6万千瓦，保证出力26.45万千瓦，年发电量34.28亿千瓦·时。对于干流嫩江镇以上的上游河段，目前初步推荐卧都河、窝里河、固固河、库莫屯4级开发方案，固固河水电站为第一期工程。该电站装机17.5万千瓦，保证出力3.49万千瓦，年发电量4.20亿千瓦·时，水库总库容94.37亿立方米，淹没耕地近9万亩，移民5400多人。干流中段（嫩江镇至布西）的布西水利枢纽，是一个以灌溉、防洪为主，结合发电的大型综合利用工程，也是北水南调工程的重要水源工程。该枢纽水库总库容为 63.12 亿立方米，电站装机容量 25 万千瓦，保证出力 3.73 万千瓦，年发电量 6.60 亿千瓦·时。支流甘河柳家屯水电站的条件较好，已做过两次初设阶段的勘测设计。该电站装机容量 12.33 万千瓦，保证出力 2.46 万千瓦，年发电量 3.31 亿千瓦·时，水库总库容 25.5 亿立方米，淹没耕地约 5.58 万亩，移民约 9500 人。电站开发目标以发电为主，兼顾下游防洪。下游段的水能资源主要分布在右侧支流（诺敏河、绰尔河和洮儿河）上，均属中小型水电站。

4. 各河段的开发任务

嫩江上游，规划布置卧都河、窝里河、固固河、库莫屯 4 级水电站，共利用水头 125 米，总库容 137 亿立方米，共装机 35.84 万千瓦；嫩江中下游规划设置尼尔基和大赍两级水利枢纽。尼尔基枢纽总库容为 82.2 亿立方米，其中防洪库容 24.64 亿立方米，可使齐齐哈尔市防洪标准由 50 年一遇提高到 100 年一遇；松花江丰满水电站以上河段开发任务以发电为主，兼顾防洪。处于最上游的松山枢纽为一引水枢纽，把松花江的源流漫江的水量通过水库调节，用长 12.6 公里的引水洞引到支流松江河，集中两河的水量，由建于松江河上小山、双沟、石龙 3 级水电站发电，共装机 51 万千瓦。支流松江河在白山水电站上游汇入干流。经白山、丰满水库调节可将百年一遇以下洪水控泄为 5500 立方米/秒出库；丰满以下河段规划布置哈达山水利枢纽，总库容 42.2 亿立方米，其中调节库容 33.5 亿立方米。经其调节可多提供水量 81 亿立方米/年。

（三）黑龙江省内拟建综合水电项目较多

2007 年，黑龙江省计划在松花江上建 6 个枢纽工程，用约 15 年时间实现松花江干流渠化，在航行期满载通航，成为黑龙江省自西向东的黄金水道。

其中尚未竣工的包括（1）长江屯水电站。该项目属于新建项目，位于长江村上游 6 公里处，总投资 8 亿元，项目装机容量 5.3 万千瓦。（2）松花江航电枢纽水利工程。该项目属于新建项目，位于依兰县城西侧，牡丹江和松花江汇合处上游 1000 米处。工程主要建设内容包括船闸、电站、大坝、泄水闸等，其中，船闸通航标准为内河三级，并预留二线船闸位置，电站总装机容量为 12 万千瓦。项目总投资估算约 34 亿元。（3）木兰县鸡冠山地质公园服务区建设项目和松花江干流木兰（洪太）航电枢纽工程。该两项工程列入黑龙江省 PPP 项目库。其中，松花江干流木兰（洪太）航电枢纽工程被黑龙江省发改委列入黑龙江省政府 2017 年重点推介的 5 个 PPP 项目之一。（4）康家围子航电枢纽。位于松花江航道里程 424 公里处，距佳木斯上游 19 公里，正常蓄水位 83 米，预计库容 2.2 亿立方米，年平均发电量 3 亿千瓦·时。（5）民主航电枢纽。位于松花江航道里程 383 公里处，距佳木斯上游 60 公里，正常蓄水位 90 米，预计库容 5.15 亿立方米，发电量 5.2 亿千瓦·时。

（四）松花江流域水电发展面临的挑战

水电开发的优势在于相对的环保和可循环利用，但目前的实际制约因素也是存在的。松花江流域除受共性的制约因素影响之外，还有区域特点形成的特殊性。

1. 经济发展水平与地区能源结构的制约

水电项目需要大量的资金投入，开发成本高。松花江流域位于东北地区腹地，经济发展水平一般。最近几年东北三省 GDP 总和不及一个经济发达的省份，而且增速较低。相对缓慢的经济发展直接影响水电开发的资金投入。地区水能资源季节性强，又不能支撑特大型的水电项目。从全国范围看松花江流域水电开发的收益率并不具备优势，而且开发项目又具有防洪、疏通航道等多重属性，造成项目成本增加，所以吸引水电开发的社会资本较难。另外，东北煤炭资源丰富。发展火电基础好，相比较水电而言火电投入低、收益快。因此，从市场的角度上看水电在本地区不具备市场竞争优势。

2. 自然环境影响因素

松花江流域地处高纬度地区，冬季气候寒冷，冰冻期长。相比较我国西南水力蕴藏量大的地区而言，建设难度大，技术要求高。设计和建造必须考虑防冻、防冰凌等环境影响因素。此外，东北松花江流域是我国重要的商品粮生产基地，设计和建造水利设施必须考虑对农业生产的不利影响，涉及区域联动的水电站设计、上下游农业生产水资源分配、农业土地占用和动迁人口转移安置等问题。

3. 水电上网价格低

水电上网价格低，直接影响水电项目发展的进程。黑龙江省 2015 年提高了农村水电的上网电价，水电上网电价低于 0.35 元/千瓦·时的，调整至 0.35 元/千瓦·时；现行电价高于 0.35 元/千瓦·时的，价格保持不变。同期吉林省农村水电上网价格是 0.3757 元/千瓦·时，辽宁省为 0.33 元/千瓦·时。与广东省农村水电上网价格 0.4332 元、浙江省农村水电上网价格 0.45 元和河北省农村水电上网价格 0.42 元相比，更是相去甚远。大型水电价格则是由国家发改委制定，上网价格更低。

三 发展松花江流域水电的对策建议

（一）制定水电发展激励政策

我国《可再生能源法》已经明确规定水力发电属于可再生能源的范畴，是国家鼓励开发的重点领域，尤其是装机容量小的径流式水电站，非常适合于项目开发。鼓励其他行业的大型企业介入水电行业，在土地税收等方面予以鼓励和支持。可采取加大非资金形式的鼓励政策，动用公共资源，比如增加土地划拨、排放指标的调整等措施，促进流域内小型水电开发；采取水风、水煤、水油的捆绑式项目带动水电项目开发方式，利用地区其他优势资源开发带动水电开发；目前水火价差依旧较大，要建立健全水电开发补偿制度，采取前期提高水电上网电价、中后期逐渐降低上网电价的政策，缩短水电投资的资本回收期，或者采取水电火电同价的鼓励政策，中后期用税收政策调节价差。

（二）完善规划衔接

为了更好地开发利用水电资源，国家相关部门及省市等政府部门出台了各种规划，涉及水电发展的有新能源规划、清洁能源规划、水电发展规划、流域发展规划等，涉及的部门包括发改委、环保、能源、土地、交通、航运、民政以及农业等。水电项目规划有重叠、部门有交叉、上下游又跨界，从规划开始就显得杂乱。逐步确立水电规划由单一部门牵头、其他部门配合的规划衔接体制。可由省级环保部门带头，协调省内各部门统

一规划，区域联动修规。对列入规划的项目精简审批程序，做到事前精细
规划，有章可循。

（三）注重环境影响评判

松花江流域是我国商品粮的核心产区，流域内水电项目开发与促进农
业生产必须一致，否则就会因小失大。保障水利资源开发利用的同时不能
影响其他行业，特别是农业生产，这是环境评判中应该着重考虑的部分。
同时应多鼓励和支持农村小水电的投资建设，一方面解决水利设施年久失
修的隐患，另一方面也促进环境保护的推进。除了注重自然环境影响的评
判，也应注重人文环境的影响评判。水电项目的移民一直是水电项目开发
的一大难题，人文环境的评判应包含移民安置、征地补偿等。可以考虑移
民安置城镇化，征地补偿可以考虑水面置换等新方式，促进水电项目开发
和经济社会发展同步进行。

参考文献

[1]《能源发展"十三五"规划》。
[2]《可再生能源发展"十二五"规划》。
[3]《可再生能源发展"十一五"规划》。
[4]《松花江流域规划纲要》，1992年。
[5]《松花江流域综合规划》，2007年。
[6]《松花江流域水污染防治"十二五"规划编制大纲》。
[7]《重要江河湖泊水功能区划（2011~2030年）》。
[8] 韩冬：《2013年我国水电发展现状》，《水力发电学报》2014年第10期。
[9] 严秉忠：《中国水电发展规划目标及保障措施》，《西北水电》2013年第2期。
[10] 吴蓓：《近代松花江流域水利开发研究》，吉林大学博士学位论文，2008。

松花江流域治理的水生态修复研究

王海英[*]

摘　要：党的十八大、十九大报告都提出实施生态修复工程，明确加强生态文明建设，提供更优质生态产品，满足人民日益增长的对优美生态环境的需要。加强生态文明建设，加快松花江流域的水生态修复，还一江碧水清流，有利于加快建设生态强省、再现美丽龙江。本文阐释了黑龙江省"十一五""十二五"期间松花江流域治理在水生态修复方面采取的重要举措，解析了取得的成效，总结了经验及获得的启示，梳理出水生态修复面临的困难和问题，同时，针对松花江流域治理的水生态修复提出了建议，以期能够为松花江流域治理的水生态修复理论研究和工程建设提供参考。

关键词：松花江流域　水污染治理　水生态修复

党的十九大报告指出："实施重要生态系统保护和修复重大工程，优化生态安全屏障体系，构建生态廊道和生物多样性保护网络，提升生态系统质量和稳定性"。水生态是水生态文明的重要组成部分。在生态文明建设背景下，我国河流湖泊生态环境得到更加广泛的关注，建设水生态文明，大力开展水生态保护修复工作是建设水生态文明的关键所在，是实现经济社会可持续发展的重要保障。

松花江流域治理是指通过松花江流域整体的水污染治理，形成跨内蒙古、黑龙江、吉林和辽宁四省区上下游污染同步治理的格局。松花江是一

---

*　王海英，黑龙江省社会科学院应用经济研究所研究员，研究方向为政治经济学、产业经济学、区域经济学。

个复杂的水生态系统，水生态修复分为两个阶段，第一阶段是污染防治阶段，第二阶段是生态修复阶段，目前，松花江流域治理的水生态修复处于以水污染治理为主的第一阶段。

松花江鱼类资源十分丰富，盛产鲤鱼、草鱼、鲶鱼等，"三花五罗"、大白鱼、鳜鱼等名贵品种，优游水中，20 世纪 70 年代，全流域鱼类达 77 种。随着流域的开发，松花江流域水生态环境自我修复能力受到限制，造成水土严重流失及水源涵养能力下降等问题，水生态服务功能退化，导致一些珍贵鱼类分布范围和数量急剧减少。保护和恢复松花江水生态环境，成为我国履行国际河流保护职责的迫切需要。政府作为生态修复的责任主体，承担环境保护法律法规制定职责及环境资源优化配置职责。国家和黑龙江省政府、黑龙江省环境保护厅出台了多项环保政策，实施了多项重大修复工程，致力于松花江流域治理的水环境生态修复。

一 黑龙江省松花江流域水生态修复取得显著成效

松花江流域水生态系统是指松花江流域由河流、湖泊等水域及其滨河、滨湖湿地组成的河湖生态子系统，其水域空间和水、陆生物群落交错带是水生生物群落的重要环境，与包括地下水的流域水文循环密切相关。良好的水生生态系统在维系自然界物质循环、能量流动、净化环境、缓解温室效应等方面功能显著，对维护生物多样性、保持生态平衡有着重要作用。2005 年，松花江流域水质污染已比较严重，主要污染特征呈有机型污染，受冰封影响明显，枯水期水质最差。从维护区域生态安全的大局和保护人民生态权益出发，黑龙江省把松花江流域水环境治理放在环保工作的第一位来抓，全面落实国家松花江流域水污染防治计划，加速推进建设重大环保生态修复工程，通过实施一系列治理工程和环境执法，改善了松花江流域水生态环境。

（一）认真贯彻落实国家"让松花江休养生息"相关政策

松花江是我国第一条实施休养生息政策的大河流。实行休养生息是国家保护松花江和中俄界河黑龙江水质质量所采取的重要举措，休养生息对促进松花江的水质改善和出境水质质量的提高具有重要作用。"十一五"

期间，黑龙江高度重视、认真贯彻"让松花江休养生息"政策的落实，实质性地推进了流域的水污染防治工作。出台了《黑龙江省松花江流域水污染防治条例》，以地方法规的形式规范流域水污染防治工作；顺利完成《松花江流域水污染防治规划（2006~2010年）》，截至2010年底，黑龙江省列入该规划的116个项目全部建成；松花江休养生息所提出的水污染防治6项措施全部得到落实。

1. 全力推进松花江水污染防治规划项目

2005年，吉林石化松花江水污染事件发生以后，国务院批准了《松花江水污染防治规划（2006~2010年）》，松花江和"三河三湖"一样，被列为流域水污染治理的重点，这标志着松花江总体治理工作进入全面推进、重点突破的崭新阶段。《松花江流域水污染防治规划（2006~2010年）》明确了各个河段水质保护目标，其中黑龙江省包括镜泊湖、松花江干流肇源段、松花江干流大庆段、松花江干流伊春段等。黑龙江省重点建设哈尔滨、牡丹江、齐齐哈尔、大庆、佳木斯、绥化、鹤岗、伊春、白城、双鸭山等重点城市和主要支流的县镇的污水处理项目及配水管道、垃圾处理等设施。重点选择建设松花江哈尔滨城市段、松花江佳木斯城市段、牡丹江牡丹江市城区段、嫩江齐齐哈尔段、安肇新河大庆段等城市的水体景观。

为保障松花江流域治理项目落实，黑龙江省政府与各地市签署了规划项目推进责任书，把规划项目分解落实到各市、县政府及有关企业，按年度实施并按时足额落实地方配套资金。松花江流域水污染防治规划目标、项目建设分别实现"百分百"。各地强化项目主体责任，多渠道筹措资金，全力以赴推进工程建设。按照《松花江流域水污染防治规划（2006~2010年）》要求，黑龙江实施的116个项目规划项目（8个调整项目）全部建成，同时增补47个项目。累计投资124亿元，13个地市全部建有城镇污水处理厂。

2. 出台《黑龙江省松花江流域水污染防治条例》

《黑龙江省松花江流域水污染防治条例》于2008年12月19日由黑龙江省第十一届人民代表大会常务委员会第七次会议通过，自2009年5月1日起施行。《黑龙江省松花江流域水污染防治条例》的颁布与实施，增强了环境保护等行政执法部门打击违法排污企业、执行法律法规方面的可操作性，对改善松花江流域的水环境质量将起到积极的推动作用。《黑龙江省松花江流域水污染防治条例》的出台，不仅是黑龙江省认真贯彻落实《中华人民共和国水污染防治法》和国家有关节能减排要求的重要举措，也是建立黑龙江省松花江流域水污染防治的长效机制，全面完成《松花江流域水污染防治规划（2006～2010年)》中确定的各项目标任务的法制保障。

3. 多措并举推进减排，降低流域水污染风险

黑龙江省环境保护厅制定了风险防范机制，配套有相关应急预案。在污染点周边设置有三级防护体系，每级区域储存污水的能力和范围各有不同，一旦发生污染，尽可能把污水控制在区域内，不让外流。"十一五"期间停止审批向松花江排放重金属和持久性有机物等有毒有害物质项目。同时，对上一年未完成"污染减排"和松花江水污染防治阶段性任务、环境影响评价执行率低、造成重大特大环境污染事故、环境风险隐患突出的行政区域，实行"区域限批"措施。"十一五"以来，黑龙江省落实国家"让江河湖泊休养生息"的政策措施，实施了建设城区污水处理厂、控制沿江农业源污染、设禁渔期、投放鱼苗等一系列措施。

（二）域内珍贵鱼类重现，水生态稳步恢复

"十一五"期间，松花江流域黑龙江段水污染防治工作取得了较为突出的成果，随着治污工程的建成和投入使用，松花江流域的水环境质量和水生态环境稳步改善，渔业资源、种群数量得到恢复。环保部发布的数据显示，2010年松花江Ⅰ～Ⅲ类水质断面比例为52.9%，比2005年提高29个百分点；松花江流入黑龙江的断面水质已稳定达到Ⅲ类，松花江干流解决了冬季乏氧问题。2010年，松花江干流受吉林石化污染事件影响时间最长的哈尔滨和佳木斯江段的水质已由重度污染转变为轻度污染。松花江流域水质的改善引发了流域内水生生物种群的变化。沿岸部分湿地已有珍贵水禽种群稳定栖息繁衍。伴随着水生态的恢复，松花江的局部江段发现某些珍贵鱼类，种类数量得到恢复，增加了大约15种，干流大部分江段水生生物清水种群不断增多，可以满足珍贵鱼类繁衍，鲟鱼和鳌花等稀有鱼类再现松花江中，一些珍贵的水禽如东方白鹳在松花江入黑龙江口的湿地已

经有稳定的种群栖息。对水生态环境要求苛刻的哲罗鱼、乌苏里白鲑、黑斑狗鱼、七鳃鳗等珍稀冷水鱼，在松花江不同江段频频出现，鲤鱼、鲫鱼、鲇鱼等经济型鱼类的数量也日渐增多，个体体积增大，水生态环境得到一定恢复。

（三）加强污染监测、实施水专项等措施改善水生态

"十二五"期间黑龙江省持续推进《重点流域水污染防治规划（2011 ～ 2015 年）》规划项目，完成投资 74.6 亿元，已建成项目 235 个，建成率为 67.7%，佳木斯市建成率为 90%，完成考核断面指标。扎实启动《水污染防治行动计划》（"水十条"），编制完成《黑龙江省水污染防治规划方案》，实施水生物试点监测、水生态修复专项和湖泊生态保护工程，松花江流域水生态进一步改善。

1. 完成水生生物试点监测

水生态检测及评价是水生态保护的关键和基础，水生生物是反映松花江流域水生态环境的重要指标。根据国家对重点流域和湖泊的环境提高管理水平的需要，依据国家环境保护"十二五"规划要求，为能够更加全面客观地反映松花江的水生态环境质量，在"十二五"期间，黑龙江省环境保护厅通过生物监测的手段与理化监测的手段，进一步查清了松花江流域水生态环境质量状况，编制了《2013 年度松花江流域水生生物试点监测报告》，完成了 2014 年度黑龙江省、哈尔滨、齐齐哈尔、佳木斯、长春等 5 个监测站松花江流域鱼体有害物质残留分析，完成了加格达奇、伊春、铁力等 5 个背景断面的生物多样性调查和水专项课题"河流生态系统监测与评价体系研究"的样品采集及鉴定工作，有力地推动了松花江全流域水生生态系统的环境监测与评价工作的展开，为全国其他流域开展相关工作提供了宝贵经验。编制完成了《河流水生态环境质量监测技术指南》，由中国环境监测总站下发全国各监测站开始试用。2015 年，在松花江干流及支流牡丹江、嫩江、汤旺河、梧桐河，黑龙江，乌苏里江，以及兴凯湖、镜泊湖、莲花水库、尼尔基水库等水体继续开展水生生物试点监测，主要项目有水生生物群落、鱼类生物残留、鱼类生长观测、水体富营养化等，松花江流域水生生物试点监测是黑龙江省环境监测的亮点工作，得到国家的认可。

2. 水专项助力水生态修复科技发展，成果显著

为实现中国经济社会又好又快发展，缓解我国能源、资源和环境的压力，解决制约我国社会经济发展的重大水污染科技瓶颈问题，我国从"十一五"开始设立水专项。10多年来，在国家水专项的持续支持下，松花江流域水生态保护与修复技术研发与应用取得重大突破。2012年2月，环境保护部和住建部与黑龙江省政府就《共同推进松花江流域（黑龙江段）水体污染控制与治理科技重大专项合作协议》的事项，提出共同推进松花江流域水环境综合治理，实现流域示范区河湖水体水质改善和主要城市饮用水水质全面达标，实现牡丹江、阿什河典型支流水质根本性好转。黑龙江省成立了水专项黑龙江项目领导小组和水专项松花江流域专家组，按照"一河一策"的流域设计思路，提出了松花江流域"十二五"目标、标志性成果和任务部署框架图，同时，建立了由几十位水环境和水生态环境方面专家组成的专家咨询库。

3. 湖泊生态保护持续发力，不断深化

兴凯湖36个环境保护项目全面启动，治理效果初步显现，大、小兴凯湖Ⅲ类水体比例分别达62.5%、50%，较基准年分别提高了25个、37.5个百分点，山口湖6项生态保护工程全面完成，五大连池8项治理工程顺利启动。

（四）流域内多种清洁指示物种出现，水生态进一步恢复

"十二五"期间，松花江流域水环境持续改善，主要江段水生态系统功能逐步恢复。松花江哈尔滨段水质连续五年监测年平均值稳定达到三类水标准。109项指标均在正常范围之内，水质变好。全省河流水质总体为轻度污染，达标率为66.7%。松花江流域水生物多样性不断增加，多种清洁指示物种出现。各类鱼类进入全面恢复性生长和繁殖，使水生生态系统进一步恢复。汀鱼数量增多，表明松花江流域黑龙江段进入水生态恢复期。大马哈鱼等珍贵鱼类重现松花江，水生生物监测结果显示，松花江流域水生生物群落已经较为完整，多样性比较丰富。

（五）全面落实国家、省级水生态保护政策

黑龙江省系统推进水污染防治、水生态保护和水资源管理，全面贯彻实施国家《水污染防治行动规划》，松花江流域水生态持续恢复。

1. "水十条"全面贯彻实施

黑龙江省政府发布了水污染防治工作方案，建立了以改善水环境质量为核心的考核体系，形成了以水污染防治领导小组为统领、部门分工协作、工作统筹安排、任务逐级落实的防污治污格局。实施差异化治水策略，以支流促干流、以支流稳干流，实施了肇兰新河环境综合整治计划，62%的项目已经启动，肇兰新河两侧1公里范围内划定为禁养区，青冈县清淤整修56公里自然沟，控制单元断面水质逐渐改善，加快阿什河治理步伐，阿什河氨氮浓度下降至3.48毫克/升。组织开展穆棱河、呼兰河流域生态补偿试点，共计扣缴生态补偿金4710万元，补偿金额达2700万元。

2. 加大投入保护生态良好水体

对江河源头及现状水质达到或优于Ⅲ类的江河湖库开展生态安全评估，制定实施生态环境保护方案。重点加强镜泊湖、兴凯湖、磨盘山水库等重要湖泊的生态环境保护。兴凯湖、山口胡、五大连池三个水生态良好的湖泊获得国家33亿元资金支持，共安排23个保护修复项目，其中15个项目已经开工建设。

3. 强化湿地生态功能区保护建设

确定重点生态功能区边界，强化大小兴安岭森林生态功能区和三江平原湿地生态功能区保护建设。维护三江平原湿地生态功能区生物多样性，控制农业开发和城市建设强度，改善湿地环境。持续提升重点生态功能区所在县域生态状况，实施生态移民，引导人口和产业有序转移。加强开发建设活动的生态监管。

（六）水生生物多样性不断增加，水生态持续恢复

经过多年治理，松花江水生态环境得到明显改善，有效保护了渔业资源。松花江干流鱼类种丰量增，大部分江段水生生物中指示水体清洁的物种不断增多，野生鱼体污染物残留较低并符合标准，松花江干流呈现鱼种丰、鱼量增的良好状态，实现了"鱼能活、鱼能生、鱼能吃"的目标。

根据松花江流域水生生物试点检测，2016年采集到的物种数量和种类数均有一定数量的增加，水生昆虫EPT种类有小幅增加。

2017 年松花江流域水生生物专项监测显示，2017 年松花江下游藻类丰富度明显高于上游，下游的硅藻门植物显著增加，显示水生态质量环境好于上游；底栖动物物种丰富，多数点位群落物种完整、稳定，指示清洁的 EPT 物种分布广，种类数量多，鱼体内重金属、有机氯农药和多环芳烃达标率为 100%；多氯联苯、氯酚类物质和环境荷尔蒙未检出。鱼类生存状态较好，可安全食用。监测结果年际比较，2017 年监测的 37 个断面，综合评价结果为良好的点位 26 个，比 2016 年增加 3 个；中等污染的点位 10 个，与 2016 年相比减少 3 个；评价结果一般的点位一个，与 2016 年相比保持不变。总体而言，监测区水域水生态良好，且呈现持续恢复状态。

二 松花江流域水生态修复面临的困难和问题

松花江流域水生态问题形成原因是多方面的，气候变化因素、湿地资源过度开发、缺乏统一修复标准、跨流域制度建设等诸多因素，都对松花江流域治理的水生态修复产生一定影响。

（一）地处寒区，季节性因素影响大

生态流量是保障河湖生态健康的基础。松花江流域地处寒区，流域水质季节性变化明显。冬季河流冰封，流量大幅减小，对于鱼类安全越冬造成很大威胁；同时，松花江流域鱼类种类繁多，既包括典型冷水性鱼类，又有较多的大陆性鱼类，不同鱼类在产卵时间、河水流速流量要求等方面均有较大差别。从流域整体角度考虑生态流量目标的保障难度较大。合理确定松花江流域主要干支流的生态需水过程，促进松花江鱼类资源保护，恢复流域健康水生态系统，是一项较为复杂的工程。

（二）松花江流域湿地被过度破坏

水是维持湿地最重要的环境因子，水体污染是湿地生态环境恶化的主要因素之一。黑龙江省老工业基地为国家经济发展做出了重要贡献，由于对环境保护和污染防治重视不够，投入不足，管理不完善，工业污水对松花江水体污染较严重。松花江流域湿地上游的森林、草地破坏严重，导致大量的水土流失，致使湿地水量减少，水位降低，河流泥沙含量增多，河床、湖底上移，湿地面积不断减小、湿地功能衰退。

（三）缺乏标准，修复工程易产生负面影响

不同水生态修复工程的侧重点和修复目标不尽相同，使得对一项水生态修复工程的成功与否缺乏公认的评判标准。许多工程以水生态修复的名义建设，但其"修复"活动可能会对整个生态系统产生不良影响。例如，为了景观美化并促进河流沿岸社会经济发展，强行对城市河流进行修复，人为地将天然蜿蜒型河流改成直线型，不仅对沿岸植被造成严重破坏，还会对河岸和蓄滞洪区产生不利影响，增加了防洪风险。

（四）全流域缺乏统一的污染防治协调监督机制

松花江全流域缺乏统一的污染防治协调监督机制。同时，松花江流域污染治理难度大，也存在着许多体制性的根源。我国的环境保护执法体制，采取的是统管与分管相结合的方式，具有多部门、分层次的管理特点。当涉及多个环节要素的违法问题时，容易出现部门与部门之间互相推诿的现象。《环境保护法》《水污染防治法》虽然规定了跨行政区域水污染纠纷由有关地方人民政府协商解决，或者由上级人民政府协调解决。但是在实际实行过程中，责任有时难以界定，导致很多跨界污染问题得不到有效解决。

三 松花江流域治理水生态修复的对策建议

松花江流域的地形地貌比较多样化，生态类型丰富，其中，水生态系统可细分为河流、湖泊和沼泽等。由于不同的水生态系统存在不同生态环境问题，针对不同问题，需提出不尽相同的水生态修复对策与解决方案，根据松花江流域不同区段的实际情况和具体特点，因地制宜有针对性地选择修复方法。

（一）实现松花江水生态修复的动态平衡

在松花江多年的治理实践中，修建了大量水资源利用工程、防洪工程等（如取水口、排污口、拦河坝、堤防、河流裁弯取直、渠化等），加之各种人为破坏和干扰，河流原始形态和面貌已发生巨大变化，不可能恢复到过去的那种原始条件。由于河流生态系统的一些不可逆转的改变，不再

具备修复到原始状态的条件。此时，应采用修补重建或再造的方法，改善一些生态条件，使河流生态系统的结构和功能部分地返回到受干扰前的状态。即通过生态修复方案的实施，重建具有重要功能的可持续生态系统和栖息地。松花江流域水生态修复过程中，应从尊重历史的角度出发，在满足防洪安全的前提下，进行适当修复，要达到的目标是结合防洪、河道整治和城市景观建设等工程规划，对河流系统必要生态功能和社会功能进行修复，完善河流自调节机制，使其达到新的动态平衡。

（二）以流域综合治理规划为依据，处理好保护与修复的关系

以松花江流域综合治理规划为依据，处理好开发与保护的关系，从松花江流域角度合理规划水生态保护和修复的重点河段和区域，注重与最严格的水资源管理"三条红线"的衔接和协调，注重河湖连通性的维持和重要生境的保留维护。与水污染防治规划、水功能区划等相衔接，突出生态敏感区及保护对象的水质要求和保护。与国家主体功能区规划、生态功能区划等相衔接，注重河流廊道、生境形态等的维护和修复，强化生态需水保障。要坚持保护优先，合理修复。通过水资源的合理配置和水生态系统的有效保护，维护河流、湖泊等水生态系统的健康。针对经济社会发展对松花江流域水域生态系统的影响，着力实现从事后治理向事前保护转变，从人工建设向自然恢复转变，加强重要生态保护区、水源涵养区、江河源头区、湿地的保护。注重监测、管理等非工程措施，注重对各类涉水开发建设活动的规范和控制，从源头上遏制水生态系统变坏趋势。保护松花江流域水和湿地生态系统。加强河湖水生态保护，科学划定生态保护红线。禁止侵占自然湿地等水源涵养空间，已侵占的要限期予以恢复。加强滨河（湖）带生态建设，在河道两侧建设植被缓冲带和隔离带。重点针对松花江流域水生态脆弱河流和地区以及重要生境开展水生态修复，河流修复的目标应该是建立具有自修复功能的系统。

（三）实施生态工程，加大修复力度

1. 加大湿地资源保护与修复力度

湿地是位于陆生生态系统和水生生态系统之间的过渡性地带，广泛分

布于世界各地，拥有众多野生动植物资源，是重要的多功能生态系统。新修订的《黑龙江省湿地保护条例》已于 2016 年 1 月施行，应严格按照"保护优先、科学恢复、合理利用、持续发展"的原则，加强湿地生态系统保护与恢复，遏制天然湿地生态系统退化趋势，丰富湿地生态功能和生物多样性，建立较为完善的湿地保护管理体系。重点推动"一湖、两网、一带"湿地生态功能区建设。通过采取水量调度、生态补水、河湖水系连通、严格地下水管理等措施，确保重要湿地生态用水；通过退耕还湿、退化湿地修复等措施，开展湿地综合整治，治理退化湿地。维护三江平原、松嫩平原湿地生物多样性，开展湿地自然保护区、湿地公园和湿地保护小区建设。扩大保护范围，加大扎龙国家级自然保护区、三江国家级自然保护区、洪河国家级自然保护区和兴凯湖国家级自然保护区等 8 个国际重要湿地生态系统保护力度，改善湿地环境，提高湿地生态系统水源涵养能力。实施三江平原、松嫩平原湿地保护与修复工程、生态廊道建设工程，松嫩平原盐碱地复湿和河湖连通工程，加强兴凯湖及其流域的湿地综合治理，建设"挠力河和乌裕尔河"湿地保护网络，强化以哈尔滨为中心的松花江沿岸湿地保护，打造哈尔滨沿江区域"万顷松江湿地、百里生态长廊"城市自然湿地示范区。

2. 强化水源涵养林建设与保护

松花江流域范围内山岭重叠，密布原始森林，大兴安岭、小兴安岭、长白山等山脉的立木总蓄积约 10 亿立方米，是中国面积最大的森林区。要加强江河源头等重要生态功能区的森林、草地等植被的保护，在水土流失较严重的地区，重点营造江河源头水源涵养林、水土保持林和人工草地。巩固小兴安岭的天然屏障作用。加快推进天然林资源保护二期工程建设。继续推进防护林体系建设，到 2020 年完成防沙治沙任务 92 万亩。

3. 强化补偿机制，加大退耕还林还草还湿力度

强化地方政府和重点国有林区的林地、草原和湿地保护主体责任，加大生态保护补偿力度。按照党的十九大报告的要求"健全耕地草原森林河流湖泊休养生息制度，建立市场化、多元化生态补偿机制"，加快推进退耕还林还草速度，扩大退耕还林还草规模。逐步使耕种农作物的国有林业

用地恢复森林植被；以保护全省草地生态安全为前提，进一步加大草原生态保护和退化草原的治理力度，实施新一轮草原生态保护补助奖励政策和退耕还草工程，努力恢复草地生态系统服务功能。实施退耕还湿，恢复滩涂生态系统；加强水系沟通，增强过洪能力；加大恢复植被力度，增强滩涂生态功能；修复缓冲区，控制人为干扰和过度利用；采用生态型护坡，避免河道直线化和河岸的混凝土化，使其具有作为河流的自然形态。保护水和湿地生态系统，按照《黑龙江省水污染防治工作方案》要求，到2020年实现退耕还湿50万亩，恢复湿地面积100万亩。按照"谁保护、谁受益，谁污染、谁补偿"原则，逐步探索在呼兰河、穆棱河、倭肯河和讷谟尔河等河流域开展跨界水环境生态补偿试点，建立以政府为主导的松花江流域水质生态补偿机制。

（四）实施人工工程进行水生态修复

对已经退化或受到损害的松花江流域水生态采取工程技术措施进行修复，扭转退化趋势，使其转向良性循环。对松花江流域水生态修复采取的工程技术措施应该是综合性的，可以利用现有的工程技术措施，进行合理选配，有相应的配套措施，确保工程技术措施的全面实施，达到削减污染物产生量和进入水体量，提高水体自净能力，改善水质，使其进入优良状态。

（五）做实水生态环境功能分区，实现流域综合治理

《生态文明体制改革总体方案》提出了"树立山水林田湖是一个生命共同体的理念，按照生态系统的整体性、系统性及其内在规律，统筹考虑自然生态各要素、山上山下、地上地下、陆地海洋以及流域上下游，进行整体保护、系统修复、综合治理，增强生态系统循环能力，维护生态平衡"的理念，这与国际上普遍采用的流域水环境管理的理念一致，也为我国水环境管理提出了指导理念。基于流域的水生态环境功能分区体系是支撑我国《水污染防治行动计划》实施、支撑生态文明体制构建的重要保障，松花江流域水生态环境功能分区管理体系明确了各功能区水生态环境保护目标和管理目标，为重点流域水生态功能保护与修复提供了技术支撑。

参考文献

［1］《黑龙江省松花江流域水污染防治条例》。

［2］《黑龙江省水污染防治工作方案》。

［3］《生态文明体制改革总体方案》。

［4］《水污染防治行动计划》。

松花江流域重大水工程研究

王化冰*

摘　要：中华人民共和国成立以来，经过大规模的水工程建设，以防洪工程、水电工程和调水工程为主体的松花江流域水工程体系已基本形成，松花江流域治理取得重大进展，保障了防洪安全、粮食安全、供水安全、经济安全和生态安全。新世纪，随着工业化城镇化深入发展、全球气候变化影响加大以及流域和区域发展战略格局的调整，松花江流域治理和重大水工程建设运营面临新的形势和要求，产生了新的理念和模式。新时代松花江流域治理和重大水工程的建设运营，要在发扬推广既往成功经验的基础上，重点完善防灾减灾体系，完善水资源优化配置体系，完善水生态保护体系。

关键词：松花江流域　水工程体系　重大水工程

水是生命之源、生产之要、生态之基。兴水利、除水害，事关人类生存、经济发展、社会进步，历来是治国安邦的大事。水工程是用于控制和调配自然界的地表水和地下水，达到除害兴利目的而修建的工程，对保障防洪安全、粮食安全、供水安全、经济安全、生态安全、国家安全具有重要意义，还具有发电、旅游、航运、养殖等经济社会功能。重大水工程不仅体现在规模大、投资高，还体现在效果显著、受益广，和众多百姓生活、生产条件的改善息息相关。

---

* 王化冰，黑龙江省社会科学院农村发展研究所副研究员，研究方向为物流经济。

一 水工程体系基本形成

松花江流域是我国重要的老工业基地和商品粮生产基地，也是我国水旱灾害频繁发生的地区。中华人民共和国成立前仅有丰满、镜泊湖两座尚未完工的大型水库（水电站）及少量的防洪堤和水田灌区，中华人民共和国成立后我国政府高度重视松花江流域治理，历经"以蓄为主"阶段（1950~1960年）、"以蓄为主转向防洪治涝，单一建设转向建设与管理并重"阶段（1961~1998年）以及"工程水利转向资源水利"阶段（1999年至今），经过数十年系列大规模的工程建设，松花江流域水工程体系已基本形成。

1. 防洪工程构筑了安全屏障

基本形成了库、堤、蓄滞洪区结合，功能较齐全、设施较完善的防洪体系。松花江干流堤防、尼尔基、丰满、白山等干流控制性水利枢纽工程和胖头泡、月亮泡等流域性蓄滞洪区等共同构成松花江流域防洪工程体系。

2. 梯级电站构成水电工程体系

第二松花江干流的丰满、红石和白山水电站3座梯级水电站，嫩江干流的尼尔基水利枢纽，松花江干流的镜泊湖水库、莲花水库等共同构成松花江流域水电工程体系。

3. 大型调水工程相继发挥作用

尼尔基水利枢纽、哈达山水利枢纽、吉林中部引水工程、吉林西部供水工程、三江联通工程、引绰济辽工程等共同构成松花江流域调水工程体系。

二 重大水工程建设成就

经过数十年的建设，松花江流域内已建成白山、丰满等大型水库20座，总库容273.44亿立方米，还有一些重大水工程正在建设中。

1. 嫩江流域主要建设工程

尼尔基水利枢纽工程为国家"十五"期间的重点工程建设项目和西部大开发的标志性工程，于 2001 年 6 月动工，2006 年 12 月末竣工，是一座以防洪、城镇生活和工农业供水为主，结合发电、兼顾改善下游航运和水环境，并为松辽流域水资源的优化配置创造条件的大型控制性工程。尼尔基水库面积 498 平方公里，水库回水线长度 117.56 公里；水库总库容 86.1 亿立方米，超过了此前黑龙江省所有人工水库的总库容量，其中防洪库容 23.68 亿立方米，兴利库容 59.68 亿立方米。尼尔基水库建成后，本区装机容量达到 35.4 万千瓦，年发电量达 956 亿千瓦小时，可为流域内提供大量水源和电力，对缓解东北电网电力不足起调峰、调频作用。在设计水平年时，水库可为下游城市工业生活供水 10 亿多立方米；提供农业灌溉供水 16 亿多立方米，可使下游灌溉面积发展到 454 万亩；为航运供水 8.2 亿立方米，环境供水 4.75 亿立方米，湿地供水 3.28 亿立方米。工程建成后，通过水库的调蓄作用，提高了下游哈尔滨、齐齐哈尔、大庆等地的防洪安全，可使保护齐齐哈尔和大庆地区的齐富堤防的防洪标准由 50 年一遇提高到 100 年一遇；尼尔基至齐齐哈尔沿江两岸堤防的防洪标准由 20 年一遇提高到 50 年一遇；齐齐哈尔以下嫩江干流堤防的防洪标准由 35 年一遇提高到 50 年一遇；同时，在洪水期承担为下游哈尔滨等地削峰任务，成为嫩江及松花江防洪工程体系的重要组成部分。

月亮泡蓄滞洪区位于嫩江一级支流洮儿河入嫩江河口处，是国务院常务会议确定的 172 项重大水利工程之一，也是 2015 年国家扩大内需、促进经济增长、保持经济平稳发展而开工建设的 27 项重大水利工程之一。蓄滞洪区设计洪水位 134.57 米，最大蓄洪库容 24.58 亿立方米，总面积 802.62 平方公里。建设内容包括修建围堤、护坡、护岸、穿堤建筑物、堤顶道路等。工程建设范围涉及大安市、镇赉县 8 个乡（镇）和莫莫格国家级自然保护区。工程批复总投资 7.14 亿元，建设工期为 3 年。

胖头泡蓄滞洪区是《松花江流域近期防洪规划》确定的干流骨干调蓄工程之一，是保证哈尔滨市防御 200 年一遇标准洪水的关键性工程。工程位于黑龙江省大庆市肇源县西北部，嫩江、松花江干流左岸，由老龙口进水口、老坎子泄水口、外部围堤工程三部分组成。主体工程总工程量 3226 万立方米，其中土方挖填 3073 万立方米，石方 88 万立方米，砼浇筑 65 万立方米。工程总投资 19.41 亿元。主要建设内容包括：新建老龙口分洪闸，总净宽 204 米，对现有老龙口分洪口门进行防渗处理；修建堤防 11 段，长 9.512 公里，南引水库围堤护坡长 14.904 公里，堤顶道路 81.326 公里，涵闸 5 座，桥梁 5 座。安全建设的主要内容包括：新建 4 个安全区，配套新建围堤 17 段，长 26.485 公里，护坡 20.862 公里，堤顶泥结石道路长 26.485 公里，穿堤建筑物 12 座；修建撤退道路 447.39 公里，路下涵、路边涵 231 座。配套建设 3 个管理所。

胖头泡、月亮泡两处蓄滞洪区，总面积 2722 平方公里，总容积 78.86 亿立方米。两蓄滞洪区主要任务是承担分蓄哈尔滨市 100 年到 200 年一遇洪水的超额洪量。当预报哈尔滨水文站断面洪峰流量超过 100 年一遇设计流量 17900m³/s，而且水位还将上涨时，开始启用蓄滞洪区分洪。蓄滞洪区启用顺序是先启用月亮泡，后启用胖头泡。即根据预报，如果月亮泡蓄滞洪区库容或分洪流量无法满足哈尔滨市防洪要求时，即在进水口老龙口堤段破堤分洪，启用胖头泡蓄滞洪区。

吉林西部供水工程充分利用现有供水工程体系，向吉林西部地区的重要湖泡、湿地供水，回补地下水，恢复和改善区域生态环境。至设计水平年年均引水量 5.45 亿立方米。工程估算总投资 33.22 亿元，工程总工期 36 个月。

内蒙古引绰济辽工程从嫩江支流绰尔河引水至西辽河下游通辽市，向沿线城市和工业园区供水，结合灌溉，兼顾发电等综合利用。至设计水平年年均引水量 4.54 亿立方米。工程估算总投资 251.97 亿元，工程总工期 56 个月。

2. 第二松花江流域项目防洪作用大

第二松花江中上游兴建的丰满、白山两座大型水库，调洪库容合计达 3.31 亿立方米，两库控制流域面积占第二松花江的 5%，两库防洪库容占 1995 年特大洪水泄洪量的近 40%，如发生 50 年一遇洪水可削减洪峰 78%，100 年一遇洪水可削减洪峰 74%，防洪作用巨大。

丰满水库是第二松花江中游河段上一座以发电为主，兼有防洪、灌溉、工农业及城市供水、航运、养殖和旅游等综合利用功能的大型水利枢纽，位于第二松花江距吉林市城区东南 24 公里处。大坝按 500 年一遇洪水设计，万年一遇洪水校核，坝顶高程 267.7 米，最大坝高 91.7 米，坝长

1080 米，总库容 109.88 亿立方米。兴利库容 61.64 亿立方米，死库容 26.85 亿立方米。控制流域面积 4.25 万平方公里，占第二松花江流域面积的 57.9%，是白山、红石、丰满梯级开发的最下一级。1937 年开工建设，是东北地区最早修筑的大型水电站。

白山水库是第二松花江上一座以发电为主，兼有防洪、航运、养鱼等综合效益的大型水利枢纽工程，为第二松花江干流已开发梯级水电站群的首座枢纽，下距红石、丰满坝址分别为 39 公里与 250 公里。地处吉林省东部山区桦甸与靖宇两县交界处。1958 年 10 月开工，1962 年 6 月停工缓建，1975 年复工，1992 年 6 月完工。大坝按 500 年一遇洪水设计，5000 年一遇洪水校核，并按可能最大洪水保坝复核。经水库调节后，下泄最大流量 13750m³/s，水库总库容 62.15 亿立方米。白山电站是东北地区电力系统中容量最大的一座电站，担负东北电力系统中的调峰、调频、事故备用等任务。

吉林省中部城市引松供水工程是国务院确定的 172 项重大水利工程之一、国家"十三五"重点项目，是加快吉林省老工业基地振兴和增产百亿斤商品粮能力建设的重点骨干工程，是吉林省有史以来投资规模最大、输水线路最长、受益面积最广、施工难度最大的大型跨区域引调水工程。吉林省中部城市引松供水工程主要建设任务是从第二松花江上游丰满水库引水至吉林省中部地区。输水线路总长 634.53 公里，由干线工程和支线工程两部分组成。干线工程包括渠首枢纽、输水总干线、分水枢纽、长春干线、四平干线和辽源干线。输水总干线和各干线总长 263.45 公里，其中隧洞长 133.98 公里，管线 PCCP（含钢管、现浇涵管）长 129.47 公里。中部引水工程总投资 101 亿元，将从根本上解决了吉林中部地区缺水问题。工程建成后，每年可退还农业用水 1.48 亿立方米，补偿河道生态环境用水 1.4 亿立方米，减少地下水超采量 2.86 亿立方米，新增灌溉面积 71 万亩，解决长春、四平、讠辽源 3 个市及九台、双阳、德惠、农安、公主岭、梨树、伊通、东辽等 8 个县（市、区）和沿线 26 个乡镇的生活和工业用水短缺问题，同时兼有改善农业灌溉和生态环境方面综合效益，受益人口 1060 万人。中部引水工程已于 2013 年 12 月开工建设，计划到 2019 年 12 月全部完工。

哈达山水利枢纽工程位于松原市城区东南约 20 公里的第二松花江干流上，距第二松花江与嫩江汇合口约 60 公里，是第二松花江干流规划中最末一级控制性水利枢纽工程。工程的任务是以工农业和生活供水为主，兼顾生态环境保护、发电等综合利用，并为以后向辽河流域缺水地区供水创造条件。工程由坝区枢纽工程、防护区工程和输水工程组成。坝区枢纽工程由挡水土坝、取水及门库段、溢流坝、河床式电站、重力坝连接段组成，防护区防护工程由防护堤、强排站和排水沟等组成，输水工程则包括渠首闸、输水干渠及其交叉建筑物等。工程总投资 36.25 亿元，是吉林省增产百亿斤商品粮能力建设的重要水源工程。

哈达山水利枢纽工程可以提高粮食综合生产能力，维护国家粮食安全。使松原地区灌溉面积在原有 43 万亩的基础上增加到 285 万亩；松原地区的城乡生活和工业供水可以得到有效解决，地表水将得到充分利用；改善由于过度开采地下水产生的地下漏斗，通过哈达山水库直接补水和灌区退水可向湿地供水 2.04 亿立方米。同时，水体每年向大气输送近 5 亿立方米的水量，可大大提高区域的空气湿度，促进区域水循环，改善小气候，进而修复当地生态环境。

3. 松花江干流流域规划项目综合性强

松花江干流堤防工程是国家 172 项节水供水重大水利工程之一，地处东北松嫩平原、三江平原，涉及吉林、黑龙江两省的 26 个县（市、区）和 7 个农场，是全国的商品粮基地和重点产粮区，并有哈尔滨、吉林、佳木斯等工业生产基地。治理工程设计河道全长 1314 公里，其中丰满坝下至三岔河口河道长 375 公里，三岔河口至松花江与黑龙江汇合口河道长 939 公里。工程建设任务是在现有防洪工程的基础上，根据防洪要求，对堤防进行达标建设和加固，新建和重建护坡、护岸、穿堤建筑物、堤顶道路及上堤引道，使治理河段达到规划确定的防洪标准，即松花江、嫩江沿岸重要城市和重要堤防防洪标准由 20～50 年一遇提升到 50～100 年一遇，哈尔滨市主城区防洪标准达到 200 年一遇。主要工程规模为：修建堤防661.021 公里、修建防浪墙 11.036 公里、修建护坡 691.968 公里、修建护岸 171.657 公里、修建涵闸 74 座。

三江连通工程是国务院确定的 172 项重大水利工程之一，是黑龙江省水利史上最大的工程，初估投资 457 亿元。三江平原是我国东北地区水土资源匹配较好区域，但三江平原腹地农业灌溉用水仍以地下水为主，且用水量极大，农业灌溉和城镇供水正面临着水资源短缺问题。为充分发挥界江过境水量大的优势，解决三江平原腹地用水问题，通过修建引、输、蓄水工程，沟通黑、松干流，并通过引松补挠工程实现黑、松、乌三江连通，实现三江平原区域水资源的优化配置和高效利用。工程的总体布局由"引黑济松、悦来航电枢纽和引松补挠"三部分工程组成，利用天然河网水系、泡沼、湿地和灌排渠系工程，引黑龙江水到松花江流域，再由松花江流域到三江平原腹地乌苏里江支流挠力河流域，总供水范围约1.7万平方公里。通过黑龙江、松花江和乌苏里江三江连通，以及沿线7条主要支流（嘟噜河、梧桐河、安邦河、七星河、外七星河、挠力河干流、青龙莲花河）、5座水库（拟建悦来枢纽、拟建七星河水库、已建龙头桥水库、已建蛤蟆河水库、拟建七里沁水库）和已建3个蓄滞洪区（黑鱼泡蓄滞洪区、三环泡蓄滞洪区、二道岗蓄滞洪区）联合调度，构建纵横交错的松花江南岸引松特大型灌排体系。

工程建成后，黑龙江省将发展灌溉总面积1450万亩，其中水田面积1350万亩（改善水田650万亩、新增水田700万亩），旱田面积100万亩。引松工程灌溉总面积1340万亩，引黑工程灌溉面积57万亩，水库灌溉面积53万亩。松花江南岸总灌溉面积1165万亩，松花江北岸总灌溉面积285万亩。在保证松花江下游航运要求的同时，还可解决鹤岗市城镇工业用水2.22亿立方米和双鸭山城镇工业用水以及煤电化基地的工业用水2.27亿立方米，并为国家级挠力河自然保护区、七星河自然保护区和安邦河自然保护区等补水。

三 重大水工程建设运营成效与经验

1. 工程带来的综合性效益显著

流域整体防洪能力有了显著提高，为流域防洪安全提供了重要保障。通过提高主要江河堤防的防洪能力，防御了松花江流域的1956年、1957年、1960年、1969年、1984年、1985年、1986年、1988年、1991年、1998年、2013年等较大洪水，保障了各江河沿岸人民群众生命财产安全，尤其是保障了哈、齐、牡、佳、长、吉等重要城市经济建设的顺利进行。目前，松花江流域大江大河干流重要堤段可抵御50年一遇洪水，省会城市基本可抵御100~200年一遇洪水，通过一定的抢险措施，流域整体上可抵御中华人民共和国成立以来最大洪水。

通过发展灌溉、治涝工程，松花江流域成为全国重要的粮食主产区和商品粮基地，2016 年黑吉两省粮食产量达到 9775.7 万吨，占全国的15.9%。松花江干流已建成的大、中水电站，是东北供电区的骨干调峰网络。松花江水环境质量持续改善，松花江干流哈尔滨、佳木斯下游江段的水质已经由"十五"期间的重度污染转变为轻度污染，生态指标全面恢复。

2. 建设工程成为防洪体系的基础

统筹全局，发挥防洪工程体系中水库群联合调度作用，用系统性思维最大限度控制洪涝灾害，形成全面的防洪工程体系，是松花江流域防洪工作的成功经验。

第二松花江干流有 3 座梯级水电站，即丰满、红石和白山水电站。丰满电站位于最下游，库容较大，防洪作用大；红石水电站位于丰满上游211 公里处，是一座专门发电的工程，防洪作用较小；白山电站位于第二松花江干流最上游，库容稍大，与丰满水库进行联合防洪调度，配合堤防建设，基本解决了第二松花江的防洪问题。

1991 年，第二松花江发生大洪水，在极为紧张的情况下，联调领导小组科学决策放流 $3000m^3/s$，保护了下游吉、黑两省沿江堤防、城市防洪安全。联调取得成功，获得防洪发电双效益。共计减少灾害损失 2.5 亿元，超发电 4.9 亿 kW·h，同时为下游哈尔滨城市供水、航运环保等用水发挥了很大作用。1995 年，在面对超百年一遇洪水的情况下，联调各方通力协作，精心调度，科学决策，丰满放流 $4500m^3/s$，经过吉林省沿江广大群众奋力抢险，战胜了历史罕见的大洪水，为下游减免经济损失 1768 亿元。

在上游采用分洪的办法解决松花江干流和哈尔滨市的防洪问题也十分有效。松花江干流防洪以堤防为主，考虑丰满、白山、尼尔基和哈达山等控制性水库的防洪作用，在嫩江下游地区设置蓄滞洪区以承担哈尔滨市的部分防洪任务。

首先，丰满、白山、尼尔基、哈达山水库联合调度克服了单个水库作用的有限性，对松花江干流防洪发挥了较大的作用。其次，1998 年特大洪水时，胖头泡、月亮泡一带共分洪 9.3 亿立方米，客观上减轻了松花江干流特别是哈尔滨市的防洪压力，如果胖头泡、月亮泡等处堤防没有溃决分洪，哈尔滨洪峰流量可达 23500m³/s。相应水位为 122.82 米，超过堤顶高程 2.8 米，也超过挡水墙顶高程（12.280 米），哈尔滨市将面临极其严峻的防洪形势，松花江干流可能出现大面积溃堤的严重后果。

四 松花江流域水工程建设的机遇和挑战

随着时代的发展，松花江流域治理和重大水工程建设运营面临新的形势，提出新的要求，产生新的理念，形成新的模式，因此新时代的松花江流域重大水工程建设运营必须把握形势，顺应趋势，因需而变。

1. 准确研判水利建设的新形势

人多水少、水资源时空分布不均是我国的基本国情水情。洪涝灾害频繁仍然是中华民族的心腹大患，水资源供需矛盾突出仍然是可持续发展的主要瓶颈，农田水利建设滞后仍然是影响农业稳定发展和国家粮食安全的最大硬伤，水利设施薄弱仍然是国家基础设施的明显短板。

新世纪，随着工业化、城镇化深入发展，全球气候变化影响加大，松花江流域水利面临的形势更趋严峻，增强防灾减灾能力要求越来越迫切，强化水资源节约保护工作越来越繁重，加快扭转农业主要"靠天吃饭"局面任务越来越艰巨。

2. 把握水利建设的新要求

一是流域和区域发展战略格局的调整对水利提出了新要求。随着振兴东北老工业基地、国家粮食安全战略和蒙东能源基地建设的实施，流域和区域发展战略格局进行了新的调整，城乡用水需求不断增加，水资源供需矛盾更加突出，对今后松花江流域水资源开发、利用、节约、保护和水害防治都提出了新的要求。

二是松花江流域水资源合理配置和高效利用体系尚不完善。松花江流域总体上是我国水土资源匹配较好的地区之一，同时也是相对缺水的地区，人均水资源量为全国平均值的 85%，亩均水资源量仅为全国平均值的 30%。流域水资源分布东多西少、北多南少、边缘多腹地少，与经济发展和生产力布局呈逆向分布，供需矛盾突出。

三是松花江流域防洪减灾体系仍然不容乐观。松花江流域防洪工程基础设施仍然薄弱，与规划目标相比还有较大差距；流域防洪骨干工程月亮泡、胖头泡蓄滞洪区虽已开始应急度汛建设，但与设计蓄洪要求还有很大差距，严重影响哈尔滨市的防洪安全；干支流主要防洪保护区防洪标准偏低，大部分河段未达到规划标准；防洪非工程措施尚不完善。

3. 树立水利工程建设新理念

从水利是"农业的命脉"、"工业与城市的命脉"，发展到水利是"国民经济与社会发展的基础设施和基础产业"，水利事业地位不断提高。1995 年 9 月，十四届五中全会把水利摆在了国民经济基础设施建设的首位，水利事业迎来了前所未有的发展机遇。1998 年灾后，水利部提出了实现由工程水利向资源水利转变的新理念。进入新世纪，流域水利建设从长期注重社会效益到注重与经济、环境效益相统一，流域治理的理念变化表现为以下方面：

一是确保生态安全。重大水利工程建设贯彻"节水优先、空间均衡、系统治理、两手发力"的新时期水利工作方针和"确有需要、生态安全、可以持续"的原则，将节水、提高水资源利用效率作为实施重大水利工程的前提，明确工程规划、设计、建设、运行和调度必须确保生态安全。重大水利工程规划与建设必须确保生态安全，对生态代价难以承受的项目坚决不能"上马"。

二是由控制洪水向洪水管理转变。协调好兴利与除害、开发与保护、整体与局部、近期与长远的关系。注重工程措施与非工程措施联合运用，建设流域防汛抗旱指挥调度系统，制订城市防御超标准洪水预案，制订防洪骨干水库与蓄滞洪区的联合调度运用方案，通过流域管理、风险管理、调度管理、社会管理、洪水资源利用等手段，理性规范洪水调控行为。跨界流域内河流上的大型控制性水利工程，兼顾下游水环境质量，制订调控方案，确定坝下枯水期最小放流量，维护水体的自然净化能力，确保流域生态环境需要。

4. 运用水利建设的新模式

变革建设运营模式。强化水资源的商品属性，依据"谁受益、谁负担"的原则，真正形成"水利为社会、社会办水利"的格局，促进水工程从粗放型增长向集约型增长转变，以水资源的可持续利用支持经济社会的可持续发展。

水利是国民经济和社会发展的重要基础设施，具有很强的公益性，且投资规模大、建设周期长、盈利能力弱，主要以政府投资为主，社会资本参与程度较低，目前不足水利总投资的 20%。2011 年以来，财政水利资金投入稳定增长机制逐步建立，财政水利资金年均增长 19%。但相对于投资巨大的水利需求，仅靠财政资金显然不够。为有针对性地解决社会资本"进不来"和"不愿进"的问题，2015 年 3 月，国家发改委、财政部和水利部联合出台《关于鼓励和引导社会资本参与重大水利工程建设运营的实施意见》，明确除法律、法规、规章特殊规定的情形外，重大水利工程建设运营一律向社会资本开放；建立健全政府和社会资本合作（PPP）机制，鼓励社会资本以特许经营、参股控股等多种形式参与重大水利工程建设运营。

五　未来工作的建议

1. 继续提高认识

国家高度重视松花江流域治理和重大水工程建设，2014 年国务院颁布《关于近期支持东北振兴若干重大政策举措的意见》，指出重点推进松花江、嫩江等主要干流、支流综合整治，完善防洪减灾体系。加快推进吉林中部引松供水、哈达山水利枢纽（一期）、引嫩入白、尼尔基引嫩扩建一期、引绰济辽以及黑龙江、松花江、乌苏里江"三江连通"等重大水利工程建设。

水利，历经农业水利、工程水利，已进入资源水利时代。水利，不仅是农业的命脉，也是工业的命脉、城市的命脉，更是社会进步和国民经济发展的命脉。大力发展水利设施是区域经济社会发展的保障，是东北振兴的重要举措，必须高度重视，常抓不懈。

2. 加大三大体系建设

松花江流域要重点完善防灾减灾体系，完善水资源优化配置体系，完善水生态保护体系。

一是着力提高防洪保障能力。积极推动大江大河、重要支流堤防薄弱环节建设及重点城市防洪能力建设，加快推进月亮泡、胖头泡蓄滞洪区安全建设，全力推动中小河流治理、跨界河流整治及山洪灾害防治。继续完善大江大河洪水防御方案、调度方案，优化蓄滞洪区应急启用方案。协调好区域抗洪关系。

二是着力推进水资源配置工程建设。着力构建"东水中引、北水南调"的水资源配置格局，全力推进吉林中部城市供水、绰尔河引水等水资源配置工程建设，继续推进农村饮水安全工程建设，确保城乡供水安全。

三是着力完善水生态保护体系。以"让江河湖泊休养生息"为理念，以"改善质量—削减总量—防范风险"为主线，构建"治支流、促干流、抓城市、护生态"的防治格局，实施分区防控，巩固成果，推进工作，造福沿江人民群众。

参考文献

［1］松辽委：《科学规划统筹安排开创松花江流域水利发展新局面》，《中国水利报》2013 年 5 月 2 日。

［2］党连文：《松花江流域水利建设成就与展望》，《东北水利水电》1999 年第 10 期，第 1～6 页。

［3］李代鑫等：《嫩江松花江近期防洪战略》，《中国水利》2000 年第 10 期，第 14～15 页。

松花江流域航运发展研究

王彦庆　马成林*

摘　要：黑龙江省政府与航运部门对松花江流域航运发展投入资源，取得了一定成果，但受松花江流域枯水、洪水等自然条件制约与水运需求下降的影响，松花江流域航运发展仍相对滞后。近年来，随着绿色货运、降低成本与旅游发展的要求，松花江流域航运发展迎来新的机遇。本文梳理了松花江流域航运发展的基础与主要问题，面向航运需求，提出了畅通航道通航条件、完善港口建设布局、提升航运服务水平、促进航运装备绿色化等发展路径和具体发展对策。

关键词：松花江流域　航运　港口　航道

一　现状

松花江流域位于中国东北地区的北部，东西长 920 千米，南北宽 1070 千米，流域面积 55.68 万平方千米。松花江有南、北两源，南源为正源。南源西流松花江源于长白山天池，全长 958 千米，流域面积 78180 平方千米，占松花江流域总面积的 14.33%，它供给松花江干流 39% 的水量。北源嫩江也是松花江第一大支流，发源于大兴安岭伊勒呼里山，全长 1379 千米，流域面积 28.3 万平方千米，占松花江总流域面积的 51.9%，它供给松花江干流 31% 的水量。

黑龙江省主要通航河流有黑龙江、松花江、乌苏里江、嫩江和兴

---

* 王彦庆，黑龙江省社会科学院研究员，主要研究方向为交通与物流；马成林，东北林业大学工学博士，主要研究方向为交通运输工程与物流产业。

凯湖、镜泊湖等，通航里程 5495 公里，其中，三级以上航道 1895 公里，四级航道 1209 公里，五级航道 588 公里，四级及以下航道 1803 公里。2016 年航道养护里程 4282 公里。黑龙江、松花江、乌苏里江、兴凯湖、松阿察河等为中俄界河（湖），国界河段航道里程 2593 公里；松花江、嫩江为黑龙江、吉林、内蒙古三省（区）界河，省界河段航道里程 795 公里。松花江是黑龙江省内重要的内河水系，最终汇入黑龙江，松花江流经内蒙古、吉林、黑龙江和辽宁四省（区）的 24 个市（地、盟）、84 个县（市、旗）。松花江流经黑龙江省的哈尔滨、齐齐哈尔、绥化、佳木斯、鹤岗、大兴安岭、黑河等七大城市。2017 年，七大城市人口约占全省总人口的 70%，GDP 占比 50% 以上，社会零售品消费总额占比 70% 以上。松花江流经黑龙江省的区域都是经济发展较为活跃的区域，也是城市发展水平较好的城市，具有较好的发展基础和发展潜力。

松花江与黑龙江是国务院批准的《全国内河航道与港口布局规划》确定的国家高等级航道"两横一纵两网十八线"中最北的两线，高等级航道里程 2873 公里，占全国高等级航道的 15%。利用两条高等级航道的货运能力以及黑龙江界河和对外开放水域的优势，通过黑龙江下游出海的江海联运航线可直达日、韩等国和我国东南沿海港口。松花江将吉林、内蒙古、黑龙江的内河运输，通过汇入黑龙江界河航道，形成了一条江海联运通道，是黑龙江、吉林、内蒙古融入"一带一路"建设的重要纽带，是"中蒙俄经济走廊"、"龙江陆海丝绸之路"经济带重要通道。近年来松花江枯水期不断延长，沿江社会用水量持续增加，松花江通航保证率已不足 50%。

黑龙江省原有港口 28 个，15 个一类水运口岸，177 个泊位码头，总延长 14.4 公里。其中客运泊位 36 个，货运泊位 14 个，共有仓库 21.8 万平方米，堆场 345.8 万平方米，铁路专用线 13952 米。黑龙江省边境水运口岸共有 10 个，分别隶属佳木斯、黑河、鹤岗、伊春、双鸭山五个地级市和大兴安岭地区。从边境口岸贸易规模及发展速度来看，各个边境口岸贸易并不均衡，其中黑河、同江、抚远、饶河口岸贸易规模较大，发展速度快，萝北、逊克、漠河、嘉荫等口岸贸易规模较小。通过市场竞争和规划整合，黑龙江省现有港口 17 个，其中国家主要港口 2 个，分别是哈尔滨港、佳木斯港；地区重要港口 8 个，分别是齐齐哈尔、肇源、漠河、黑河、嘉荫、萝北、饶河、牡丹江港；一般港口7个，分别是呼玛、绥滨、虎林、密山、肇东、兰西、杜蒙港。

（一）港口功能落后，国际水运服务体系不健全

港口战略规划缺乏国际合作，需要考虑到对方相关发展战略。在中俄两国睦邻友好大背景下，随着区域经济一体化发展，着眼黑龙江水系港口布局规划并非我国局部的事情，同时也是俄罗斯远东地区经济发展的需要。中俄两国有关部门已就水系内运输合作和界江建设等事宜进行探讨，但对港口长远战略规划尚未进行深入研究。如把港口规划纳入共同研究的范围，将中俄两国港口资源进行有效整合，无疑对中俄两国乃至日本、韩国、朝鲜等东北亚国家和地区区域经济发展都将产生长远积极影响，对区域经济发展意义重大。

港口整体布局不合理，黑龙江水系港口整体布局与城市发展规划、产业布局、经济腹地分布、内外贸易需求的发展都存在一定程度的错位现象，港口布局规划明显滞后，港口资源没有得到充分利用。例如，黑龙江主要港口能力布局在松花江中上游，但松花江持续枯水造成原有港口能力无法使用，松花江沿岸已有近20%的泊位、约100万吨的吞吐能力不能正常发挥作用。而松花江下游及黑龙江水情好、适航能力强、货源多，但港口通过能力小，无法满足货运需要。

港口盲目发展和重复建设。随着松花江下游和黑龙江航运需求增加，由于缺少统一规划，各地方从自身利益出发竞相建设港口，带来了港口盲目发展、竞相建设、恶性竞争的局面。例如，松花江与黑龙江交汇处同江市区域，以同江港为中心，沿松花江上行78公里是富锦港，再上行176公里是佳木斯港，沿黑龙江上行136公里是名山港，沿黑龙江下行202公里是抚远港。这些港口都在积极扩建，但港口功能相近，主要接卸从俄罗斯进口木材或向俄罗斯出口粮食、建材、蔬菜水果等货物。由于港口定位功能雷同，因此存在激烈竞争。此外，企业码头也参与扩建，如2006年黑龙江德通公司在同江港下游200米处开工建设货主码头，2008年7月投入使用。除了接卸货主自己的木材，还可装卸其他货物，与同江港形成同质竞争格局。区域港口同质化聚集将导致恶性竞争，从而影响港口的规模化经营和可持续发展。

港口功能不适应现代化运输的需要。黑龙江水系港口水上建筑结构形

式以钢筋混凝土重力式为主，还有板装式、斜坡式等形式。绝大部分码头维修不足，码头普遍存在配套设备不足，环保、安全设施匮乏，装卸工艺及管理手段落后，作业区域狭窄，库场面积小，堆场硬化率不足现象，无法适应现代港口装卸作业需要。沿岸港口中只有哈尔滨、佳木斯、富锦、同江四港有铁路装卸线。下游黑河、名山等主要港口没有铁路专用线连接港口，货物集疏运不畅，船舶待泊、货物滞港和货源流失现象时有发生，导致港口竞争力普遍不强。临港工业、生产加工业、物流业、旅游业等配套产业普遍不健全，没有集装箱专业码头和滚装专业码头。

（二）航道条件受限，运输通道常态化保障不足

松花江水利工程综合利用不足，随着全球气候变化，松花江持续枯水，制约了水路交通的发展。国家制定了黑龙江水系航电枢纽综合开发规划，通过航电枢纽工程可以调节水系水量，保持航道水深。既改善了黑龙江粮食生产条件，保证国家粮食战略安全，又可以发电、航运综合利用，利国利民。但航电枢纽工程进展缓慢，仅有大顶子山航电枢纽完工交付使用，尚未形成水系梯级开发综合利用，航道常态化运输难度较大。

（三）航运市场低迷，服务企业创新发展有待提升

黑龙江航运市场整体低迷，与以往相比其原因主要可以归结为自然条件影响、货运量下降、外贸量下滑和运力减少。一是水运条件影响。黑河到俄布市的过江索道和公路大桥建成后，将给松花江经黑龙江到俄罗斯的客货水运带来较大影响。受枯水、洪水等自然条件影响，营运船舶的运营时间减少。二是货运量下降。受省内建筑市场影响，黑龙江省水路主要运输货类矿建材料江砂需求降低，导致矿建材料江砂货运量下降。三是外贸量下滑。受出口蔬菜水果及杂货用品价格影响和出口俄罗斯杂货水运数量减少等因素影响，对俄外贸货物水路运输量同比下降。四是运力减少。部分货运船舶到期淘汰报废，其中驳船净减少 13 艘，船舶载重量减少约7000 吨，货运船舶运力下降。沿江公路和铁路不断延伸和组网，新兴的运输方式迅猛发展，以其方便、快捷、高效和灵活，逐步抢占水运市场，同时受航行条件制约和中俄之间传统资源流通下降的影响，水运传统竞争优势不再明显，然而水运时效性差、通达性低等问题越发凸显。提升水运传

统运能、拓展多式联运服务、强化水运绿色化特性等措施实施的要求更加迫切。市场内的具体服务企业作为实施服务的主体和航运服务创新的主体应适时而动，充分发挥水运运输能力大、生态污染小的优势，结合黑龙江省重工业和农业发展新趋势，开展航运绿色化、无缝化、规模化的运输新模式。

二 举措

（一）推进黑龙江省港口布局建设

"十二五"时期，《黑龙江省港口布局规划》及嘉荫、绥滨等部分港口的总体规划编制完成并获批，为全省港口科学布局和有序建设提供了依据。实施了嘉荫港朝阳镇港区改扩建工程等港口建设项目 9 项，新增客运泊位 16 个、新增旅客通过能力 150 万人；新增货运泊位 5 个、新增货物通过能力 157 万吨，有效提高了港口客货通过能力。"十三五"时期将加快内河主要港口建设，实施哈尔滨港、佳木斯港建设工程，发挥两个内河主要港口优势，推进港口专业化、规模化建设；推进绥滨、黑河、漠河、萝北等界河开放口岸港口建设，发挥港口在界江地区对外开放中的窗口作用；加强客运码头建设，为省内旅游资源的开发及跨境旅客运输提供支持与保障。"十三五"时期规划新增泊位 66 个，其中货运泊位 45 个，新增货物通过能力 760 万吨，客运泊位 21 个，新增旅客通过能力 210 万人。至 2020 年，全省港口泊位数达到 222 个，港口货物通过能力达到 2518 万吨，旅客通过能力达到 700 万人；港口专业化、机械化水平明显提高。

（二）全面完善航运企业监管制度

黑龙江省航运从事水路运输的经营者有 300 家，其中个体经营者 160 家。黑龙江省航运企业以黑龙江航运集团有限公司为龙头，下设企业为航运主体，构成松花江流域航运运营主体。"十二五"期间，黑龙江航运集团有限公司制定完善各类规章制度 41 项，各项工作有章可循；实施所属企业领导班子"三年任期制"并严格考核调整，领导班子队伍建设得到加强；个性化重点工作和督办工作实现了制度化、常态化，有力推动各项工作落实；突出应收账款清收，积极应对法律诉讼，较好解决了企业面临的财务风险和法律风险；妥善处理各类矛盾纠纷和群众上访事件，保持了企业和谐稳定。重大项目建设取得新进展，港口码头设施、船舶运力状况和船舶修造能力得到提高。"十二五"期间，集团共完成基本建设投资 2.46 亿元，先后完成造船、船舶技改、港口码头改扩建及仓储库建设等 20 项任务，项目成效显著。同时完成了"十三五"时期部分项目前期准备工作，有些项目已经启动，如哈尔滨港已完成江堤改线，实现了土地使用功能转换，为转型开发奠定基础；哈尔滨港油库动迁还建工程正在审批，将建设 1 万立方米储油库；港航公司取得水工一级资质，具有良好的发展前景。

（三）拓宽国际航运市场服务范围

受益于黑龙江省出台"用煤环保要求更严格"准入政策，黑龙江"东煤西运"航线运输量将有大幅度增长；受俄罗斯卢布大幅贬值影响，进口粮食呈上升趋势；随着俄远东地区矿产资源开发及中俄两国不断加强能源合作，进口俄罗斯矿石和煤炭具有很大市场潜力。近几年滚装和集装箱运输发展势头较好，黑龙江航运集团有限公司先后开通 4 条对俄滚装运输航线，黑河港对俄集装箱水上运输稳步增长。

（四）提升国际客运航线服务能力

黑龙江水系年客运量 100 万人次，以中俄对应口岸运输为主，主要以黑河至布市、抚远至哈巴、逊克至波亚尔科沃、名山至阿穆尔捷特等国际客运航线和奇克至波亚尔科沃国际轮渡航线为主，港口旅客吞吐量占 95%、运量约占 30%。近年来，受卢布贬值和限制携带行李包裹影响，进境旅客大幅减少，但出境旅客增加明显，在上调票价情况下，黑河港客运量仍然有较大幅度增加；为了促进国际旅游，地方政府主导抚远到哈巴高速客运票价大幅下调，随着中俄经贸和旅游发展，水上客运量呈稳步增长态势。

（五）壮大航运工程建设企业规模

近年来，中俄同江铁路桥、中俄黑河公路大桥、哈佳高铁、三江联通、松花江航电枢纽等大项目建设带来的新兴市场机遇，有利于黑龙江省船舶、浮吊、江砂供应、钢结构加工及水工建筑等企业发展，促进企业增收；黑龙江省航运工程建设企业年产值约为 2.5 亿元，主要是重大航运工程及港口、航道工程，还有沿江地方港口和口岸建设、部队建造港口营房等。规划期黑龙江省规划开工建设依兰、悦来航电枢纽和黑瞎子岛客运码头及漠河、饶河、嘉荫、萝北等界河开放港口，规划开工建设哈尔滨呼兰河煤炭专用码头和佳木斯港宏力港区等内河码头等，将给航运工程建设企业提供更多的市场机会；随着我国沿海港口发展及俄罗斯确立东部地区开发战略，中俄贸易增加将促使俄加大远东地区港口建设力度，省外和俄罗斯水工市场潜力巨大。

三　成效

（一）总体航运能力持续提升

"十二五"期间，黑龙江省航运客运量与货物量逐年提升，航运能力大幅提升。2016 年，水运累计完成货运量 1130.2 万吨，比上年同期下降 9.2%，降幅同比扩大 7.9 个百分点；货物运输周转量 73004.1 万吨公里，比上年同期下降 10.2%。客运量 355.4 万人次，旅客周转量 3910 万人公里，同比分别下降 4.4% 和 4.5%，增速相比上年同期均由正转负。虽然受到国内涉水旅游人数减少和俄罗斯经济环境影响，2016 年的货运量与客运量均有所下降，但是较 2010 年仍然有明显提升。虽然货运量与客运量受需求影响产生明显波动，但是航运能力仍然有明显提升。

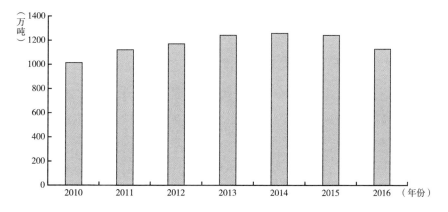

图 1　2010~2016 年黑龙江省货运量

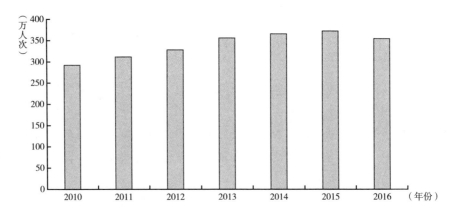

图 2　2010～2016 年黑龙江省客运量

（二）港口作业能力明显提升

全省港口生产用码头长度 11834 米（含自然岸坡，下同），生产用泊位 154 个，货物年综合通过能力 1447 万吨，旅客年综合通过能力 673 万人，港口最大靠泊能力 3000 吨，最大单件货物换装能力 500 吨。2016 年全省港口完成货物吞吐量 1381 万吨，旅客吞吐量 296 万人次。已建设形成一定规模的港口：年货物通过能力在 100 万吨以上的有哈尔滨、佳木斯、黑河 3 个港口，货物通过能力在 50 万吨以上的港口有肇源港，货物通过能力在 10 万～50 万吨的港口有嘉荫、萝北、饶河、绥滨。年旅客设计通过能力在 100 万人次以上的有黑河港，10 万人次以上的有哈尔滨、佳木斯、绥滨、嘉荫等 4 个港口。2016 年规模以上港口完成货物吞吐量 1249 万吨、270 万人次。

（三）航运业务市场不断拓展

黑龙江省航运业务范围与市场空间有了新突破和新发展。同江地区开发对俄外贸木材货源、抚远到俄哈巴高速客运和奇克—波亚尔科沃轮渡航线、同江港开展粮食仓储及木材加工业务；黑河地区开辟黑河—俄布市集装箱运输航线并主导黑河对俄集装箱市场、开辟逊克至波亚尔科沃滚装运输及黑河港滚装粮食运输航线，客运市场稳中有升；哈尔滨地区依托哈港和沙港优势，"门到门"的"东煤西运"航线基本成型。船舶工业初步形成江海协同发展、修造拆并举的产业体系。

四 经验和启示

（一）深入挖掘航运需求

松花江航运需求在分析历年客运量、货运量和货运种类的基础上，充分分析国家政策和产业结构转型对水路运能与清洁能源的倾向，深入挖掘航运需求范围和总体需求量。松花江水系覆盖黑龙江省哈尔滨、齐齐哈尔、绥化、佳木斯、鹤岗、大兴安岭、黑河等七大城市，是黑龙江省粮食、木材、煤炭等大宗货运资源的集聚地和产地，也是黑龙江水系的主要经济腹地，沿江分布的森林、煤炭、粮食、建筑材料、工业产品等一直是黑龙江水运的主要货源。随着中俄经贸的实质化推进与全面小康社会进入决胜阶段，黑龙江对俄贸易与区域间商贸流通将加大，松花江沿江的粮食资源、生态旅游资源、矿产资源等可通过水运完成资源的增值，并且水运作为清洁能源运输更符合沿江生态保护要求和绿色旅游发展需要，因此松花江水运需求将进一步扩大，预计到 2020 年，全省水路货物运输量达到 1500 万吨，货物运输周转量达到 9 亿吨公里；旅客运输量达到 500 万人次，旅客运输周转量达到 5000 万人公里；港口货物吞吐量达到 1900 万吨，旅客吞吐量达到 500 万人次。

（二）畅通航道通航条件

加快航道规划等级提升。航道布局划分为全国高等级航道、重要航道和一般航道三个层次，拓展Ⅳ级以上航道里程，全面改善航道条件，形成现代航道网络体系。实施松花江航道整治工程，提高通过能力和通航保证率。以高等级航道建设为重点，实施松花江中游浓浓河至三站浅滩、松花江下游重点浅滩、松花江大安至林河口航道建设项目，实现新增高等级航道达标里程 457 公里。稳步推进非高级航道建设，实施镜泊湖、嫩江齐齐哈尔至大安等航道建设。实施松花江航道与黑龙江航道的畅通工程，满足对俄贸易、国防建设的需要，有序推进嫩江、松阿察河等非高等级航道建设。

加紧航电枢纽建设。调整松花江干流航电枢纽建设布局。松花江干流航电枢纽由原来规划的 7 个调整为 8 个，渠化航道 579 公里；推进松花江依兰等航电枢纽工程建设，改善航道航行条件。提升航道支持系统服务能力，结合客货运航运特点和松花江、黑龙江整体航道运能，规划建设功能多样、层次匹配、服务全面的松花江干流航电枢纽体系。

加强航道养护。推进航道管理养护体系与能力建设，推动航道养护管理法制化、标准化、规范化、智能化。深化航道管理养护体制改革，明确航道等公共基础设施的管养职责，理顺松花江跨区域航道的管理体制，建立健全运转高效的通航建筑物管理体制。积极推进完善航道管理养护协调机制，进一步完善航道养护指标体系和考核体系。加大省、市、县三级政府养护资金投入力度，加强航道巡查、测量、养护、应急抢通和航标、整治建筑物、通航建筑物等航道设施的专业化管养，加强维护设施和装备建设，增强养护能力，合理推进梯级枢纽通航联合调度和航道养护市场化，确保航道畅通。

（三）完善港口建设布局

系统整合港口资源和优化空间结构。以发挥整体优势为基本原则和出发点，全面系统布局港口，尤其结合黑龙江水系港口整体布局、城市发展规划、产业布局、经济腹地分布、内外贸易需求的发展情况进行错位规划和系统布局，按主要港口、地区性重要港口和一般港口三个层次进行布局规划。鼓励以资本为纽带，跨区域建设经营港口设施，实现区域内港航资源与要素的优化整合，促进区域内港口的合理分工和港口群的优化发展。实施重点区域港口公共资源整合工程，推进不同地区间港口资源的共享共用，推进航运监管、引航服务等的优化整合。加快港口结构优化。实施大宗散货码头专业化改造工程，重点推进粮食、煤炭等大宗干散货码头的专业化改造。按照港城协调发展要求，实施老港区改造工程，有序推进和城市发展矛盾较大港区的功能调整、设施改造。

加强客运码头建设。科学开发沿江未利用岸线资源，推动城市新发展地区客运码头和游艇码头、商务码头规划建设，进一步完善码头功能分区，逐步形成集"文化、生态、休闲、景观、环保、畅通"于一体的沿江城市景观带、精品建筑群、高端产业链、旅游示范区，打造"松花江黄金岸线"。实现设施完善、功能齐全、环境优美、规范有序的沿江岸线新秩序。

完善港口物流服务功能。构建以港口为枢纽，辐射广大腹地的物流网络体系。重点依托集装箱、大宗散货运输，积极开展全程物流、供应链物流，发展粮食、煤炭等专业物流。完善专业化仓储、贸易、展示、交易、与配送等功能。依托港口运输优势，加大港口、航运服务业与对俄贸易、金融服务等业务的融合发展，积极拓展贸易、金融等服务功能。依托港口建设专业化的大宗商品交易市场，提升港口服务的增值服务能力。

引导临港产业集聚集群发展。加强港口规划与省、市、县产业规划的衔接，发挥港口在粮食、煤炭等产业布局调整中的支撑和引领作用，服务生产力布局的优化调整和产业结构的优化升级。以大项目与大企业为引领，按照循环经济发展模式，引导煤炭加工、装备制造、粮油加工等产业依托港口集聚集群发展，促进一批有影响的高水平、开放型、基地型的临港、临江重大产业基地的形成和发展。

（四）提升航运服务水平

优化松花江运输组织，降低运输成本。提高生产效率，拓展服务功能，全面提升客货运服务品质。完善铁水联运，重点实施铁水联运推广工程，加强组织和协调，大力发展集装箱铁水联运和粮食、煤炭等大宗散货铁水联运。优化铁水联运运输组织，提高往返重载比重。

拓展"互联网+"水运新业态。实施"互联网+"行动计划，促进互联网和水运的深度融合，发展航运电商、物流电商，推进水运业与电子商务等的融合。重点支持黑龙江航运集团有限公司集成港口物流信息资源，打造集网上办单、业务受理、电子订舱、电子支付等功能为一体的一站式对外服务平台。

完善航运信息服务体系。规划建设行业管理信息系统、航道维护管理建设系统、应急救助和水上消防安全四大支持保障系统，实行行业管理数字化，建成安全可靠的现代智能运输系统。

（五）促进航运装备绿色化

调整和优化运力结构，推进老旧、落后船舶更新改造和技术升级；规划拟建航务管理船舶、大修船舶、航道维护管理船舶、航道养护趸船、应急救助船舶、卫生监督执法等支持系统船舶，推进水路运输综合管理系统、冰冻河流水运工程实验室、黑龙江省水运培训基地等项目。

资源节约集约利用和有效保护继续推进，绿色低碳发展取得新进展；

船舶能源消耗和污染物排放管理取得新突破，重点海域设立船舶排放控制区。大力推进节能降碳。加快节能、低碳技术创新，扩大新能源和清洁能源的应用，继续推进港口水平运输机械"油改电""油改气"，起重机、带式输送机等港口机械节能减排技术应用。

五　措施建议

（一）加强部门协调

加强部门间和省市间协调配合，完善水运与发改、国土、住建、环保、水利等部门协调机制，加强规划、建设、运行调度等衔接协调。积极理顺通航建筑物管理体制，建立上下游船闸联合调度机制，完善水运与水利水电枢纽协调共建机制。推动航道养护市场化改革，建立购买社会服务的航道养护管理机制。充分考虑航运需求，推动高等级航道和其他重要航道闸坝复航。深化港口、航道、海事、引航等管理体制改革，完善航道、锚地等公共基础设施建养管体制机制，按照中央财税体制改革和事权划分要求，加大简政放权力度，有效整合、合理划分中央及省市县各级水路交通运输部门职责，调整完善与履行职责相适应的机构设置、人员配备和保障机制，构建科学的水路交通运输职责体系。

（二）推进水运行政审批改革

进一步加大水运领域简政放权力度，减少水路交通运输投资建设、生产经营活动等的审批。完善水路交通运输行政审批事项承接落实机制，确保下放的事项承接到位。精简水路交通运输行政审批环节，优化审批流程，完善跨地区联合审批制度，推进网上办理和窗口集中办理，实现审批、管理、监督相分离。制定并公布水运方面的政府权力和责任清单，修改和废止有碍发展的行政法规和规范性文件，创新事中事后监管方式。

（三）争取政府对航道养护和建设的投资

贯彻落实"十三五"规划，按照《航道法》的要求，地方各级政府应当每年在财政预算中安排一定的资金用于航道工程建设。地方各级政府对港口和支持系统建设也应给予适当的投入，并对营运船舶建设企业进行资金补助。拓宽水运基础建设资金来源渠道，县级以上地方人民政府应切实承担起航道等公共基础设施建设、管理、养护的职责，在财政预算中合理安排航道建设和养护资金。

（四）拓展融资渠道

完善水路交通建设投资体制，积极探索实行投资主体、投资渠道与投资多元化，为全省水路交通快速发展提供有力资金保障，探索对航电枢纽、收费船闸采取 PPP 投融资模式，吸引社会资金投入水运建设和发展。积极争取国家和省市财政支持。

（五）加强规划实施的组织和跟踪管理

全省各级水路交通运输主管部门要明确职责，按照"十三五"规划要求做好行业管理和服务，确保规划确定的各项目标和任务得到实现。加强实施组织。充分发挥好省、市、县积极性，做好部门间的政策协调和工作配合，加强各级港航主管部门联动，形成分工负责、各司其职、协同推进的良好工作格局。做好项目前期工作储备，各级政府应解决政府投资项目前期工作相关经费。加强跟踪管理，完善行业统计信息体系，结合水运经济运行分析工作，加强对项目实施的跟踪分析，把握新情况，分析新问题，及时采取相应措施，调整相关政策。

参考文献

[1] 黑龙江省统计局、国家统计局黑龙江调查总队：《2017 黑龙江统计年鉴》，中国统计出版社，2018。

[2] 交通运输部：《水运"十三五"发展规划》，http://www.ndrc.gov.cn/fzgggz/fzgh/ghwb/gjjgh/201707/t20170719_854985.html。

[3] 吕春江：《〈航道法〉施行三年来对黑龙江水运经济影响力分析》，《中国水运》2018 年第 4 期。

[4] 王佳芳、王佳莉、仲维庆等：《黑龙江水路运输运行效率分析》，《商业经济》2017 年第 4 期。

松花江流域灌溉研究

苏惟真[*]

摘　要：松花江流域是我国重工业基地的重要组成部分，是我国重要的农业、林业和畜牧业基地。松花江流域穿越东北粮食的主产区，流域内的水利灌溉发展决定着我们国家的粮食安全。本文从松花江流域灌溉的现状进行分析，并总结了"十一五"与"十二五"期间在灌溉方面的成效，同时针对现在发展的情况，提出了相应的对策建议。

关键词：松花江流域　灌溉面积　节水灌溉

松花江流域位于中国东北地区北部，流域面积 55.68 万平方千米，占全国面积的 5.82%。全流域共分 3 个水资源二级区，13 个水资源三级区，二级区包括嫩江、吉林省第二松花江和松花江干流。其中嫩江面积 29.70 万平方公里，第二松花江面积 7.34 万平方公里，松花江干流面积 18.64 万平方公里。松花江流域西部以大兴安岭为界，东北部以小兴安岭为界，东部与东南部以完达山脉、老爷岭、张广才岭等为界，西南部的丘陵地带是松花江和辽河两流域的分水岭。行政区划包含黑龙江省全部、吉林省的大部分、辽宁省的一小部分、内蒙古自治区三市一盟。黑龙江省占松花江流域总面积的 48.8%，各方面的情况基本可以代表整个松花江流域的现状。

一　松花江流域灌溉的现状

（一）水资源紧缺且农业灌溉用水消耗大

松花江流域属缺水流域且水资源区域分布不均。从时间上看，松花江

---

* 苏惟真，黑龙江省社会科学院农村发展研究所助理研究员，研究方向为农业经济和鲜花产业经济。

流域一年的径流量主要以洪水出现，7~9月径流量占全年径流量的60%~80%，而本区农业灌溉用水的50%以上集中在4~6月。径流量年际变化也很大，嫩江、松花江最大径流量是最小径流量的4~9倍，区内还经常有连续枯水年和连续丰水年的情况出现。从空间上看，水资源的空间分布呈现出"东多西少""边缘多、腹地少"的特点。需水量较大的是松嫩平原、三江平原和吉林省中部城市群，水资源量相对较少且年内分配不均。

松花江区2016年水资源总量为1484.0亿立方米，占全国水资源总量的4.57%，其中地表水资源量为1278.8亿立方米，比2015年增加了2.96亿立方米；地下水资源量为497.0亿立方米，比2015年增加了23.4亿立方米（见表1）。

表1　2016年松花江流域水资源情况

单位：亿立方米

地区	降水量（毫米）	地表水资源量	地下水资源量	地下水与地表水资源不重复量	水资源总量	用水量	农业用水量
松花江流域	523.7	1278.8	497.0	205.2	1484.0	500.7	416.0
黑龙江省	564.2	720.2	285.9	123.7	843.7	352.6	313.8
全国	730.0	31273.9	8854.8	1192.5	32466.4	6040.2	3768

资料来源：《2016年中国水资源公报》。

松花江流域全流域现状水资源开发利用程度为32.89%，其中地表水开发利用程度为25.02%，地下水开发利用程度为64.29%。流域人均水资源量为全国平均值的85%，每公顷水资源量仅为全国平均值的30%，且与生产力布局不协调。现状多年平均情况，在不考虑水质性缺水情况下，缺水接近50亿立方米。

由表1可知，2016年松花江流域水资源总用水量为500.75亿立方米，占水资源总量的33.7%，其中农业用水量为415.97亿立方米，占用水总量的83.1%。

以黑龙江省为例，2016年黑龙江省用水总量为352.64亿立方米，农业用水量为313.82亿立方米，其中灌溉用水量305.8亿立方米，占用水总量的97.4%（如图1所示）。由此可见，农业发展对水资源的依赖程度很高。农业灌溉用水量的多少，直接影响着农业用水量，与农业产量更是息息相关。

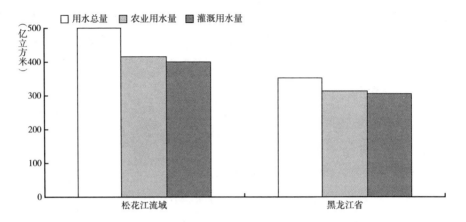

图1 2016年松花江流域与黑龙江省用水量情况比较

资料来源：2016年松辽流域水资源公报。

（二）有效灌溉率不及全国平均水平

以黑龙江省为例，2016年黑龙江省耕地面积为1593.2万亩，其中有效灌溉面积592.5万公顷，耕地有效灌溉率仅为37.4%。但同年比较，我国的耕地有效灌溉率是52%。黑龙江省是我国最大的商品粮基地，为保障国家粮食安全做出巨大贡献，但是支撑粮食生产的有效灌溉率却处在全国平均线以下。松花江流域的有效灌溉率同样不及全国平均水平。

（三）水稻灌溉是最大的灌溉主体

黑龙江省主要灌溉作物是水稻，水稻的播种面积直接影响着农业用水量。由表2可知，2010年以来，水稻的播种面积持续增加，在2014年与2015年时有所回落。2016年因为国家调整了种植结构，要求减少玉米的种植面积，稳定小麦与水稻的产量，所以水稻种植面积增加到400.7万公顷。

表2 2010～2016年黑龙江省水稻播种面积与产量情况

年份	2010	2011	2012	2013	2014	2015	2016
播种面积(万公顷)	297.5	344.8	382	403.1	399.7	384.3	400.7
产量(万吨)	1843.9	2062.1	2171.2	2220.6	2251	2199.7	

资料来源：2016年黑龙江省统计年鉴。

另据资料统计，仅稻田灌溉用水一项已占全省农业用水量的94.2% ~ 96.3%，占全省总用水量的61.7% ~ 72.0%；而同期的水浇地、菜田用水量合计仅占农业用水量的3.7% ~ 5.8%，占全省总用水量的2.5% ~ 3.8%。

2016年黑龙江省水田地表水灌溉面积为148.27万公顷，占全省水田实灌面积的37%；水田地下水灌溉面积为252.46万公顷，占全省水田实灌面积的63%。可见，黑龙江省农业用水量绝大部分消耗于水田灌溉。

（四） 纯井灌区灌溉面积总计最大

松花江流域内，大部分还是采用传统的漫灌方式，水田灌溉模式和旱田灌溉模式比较粗放。按灌区类型分，灌区可分为大、中、小、纯井灌区。其中，大型灌区25处，中型灌区313处，小型灌区23550处，纯井灌区575674处。由表3可知，井灌依然是当前最普遍的灌区类型。

表3 不同灌区实际灌溉面积与用水量情况

	大型灌区	中型灌区	小型灌区	纯井灌区
实际灌溉面积(万公顷)	38.33	64.46	48.78	353.26
灌溉用水量(亿立方米)	49.21	67.20	44.26	145.16

资料来源：网络数据。

（五） 灌溉水利用系数远低于发达国家水平

灌溉水利用系数是指在一次灌水期间被农作物利用的净水量与水源渠首处总引进水量的比值。它是衡量灌区从水源引水到田间作用吸收利用水的过程中水利用程度的一个重要指标，也是集中反映灌溉工程质量、灌溉技术水平和灌溉用水管理的一项综合指标。

松花江流域水田灌溉水利用系数为0.54，远低于发达国家0.7 ~ 0.8的水平，最高的松花江十流为0.55，最低的第二松花江流域为0.52；旱田灌溉水利用系数为0.54，最高的第二松花江流域为0.57，最低的松花江干流为0.51。灌溉工程配套程度低，跑、冒、漏严重，节水灌溉水平较低。

（六） 高效节水灌溉工程快速建设

2016年，黑龙江省水利部门完成高效节水灌溉面积96万亩，超额完成国家下达的 70 万亩目标任务；从 2014 年至 2018 年期间，黑龙江围绕农业供给侧结构性改革和现代农业发展需要，建设高效节水灌溉工程面积 968 万亩，完成高效节水灌溉工程建设投资 90.4 亿元。完成 19 处大型灌区和 19 处大型泵站更新改造工程、55 处中型灌区节水改造及 42 座渠首工程改造。

二　松花江流域灌溉发展取得的成效

（一）灌溉水利用系数连年提高

2017 年全国灌溉水利用系数为 0.542。黑龙江省作为农业大省，粮食产量十二连增，在农业用水总量增加很少的情况下，主要是靠提高水分的利用效率来实现的，灌溉水利用系数值高于全国平均水平，据统计，黑龙江省 2013 年灌溉水利用率为 0.53，2014 年灌溉水利用率为 0.54，2015 年灌溉水利用率为 0.588，计划 2020 年灌溉水利用率达到 0.60。

（二）节水灌溉快速发展

节水灌溉指用尽可能少的水投入，收得尽可能多的农作物产出的一种灌溉模式，目的是提高水的利用率和水分生产率。

1. 有效灌溉面积连续增长

为了进一步保障粮食生产能力，扩大适用面积，黑龙江省农业有效灌溉面积由 2010 年的 400 万公顷，增加到 2016 年的 592.5 万公顷。"十一五"与"十二五"期间的成绩显著。由图 2 可知，2010～2016 年，在黑龙江省耕地面积变化不大的情况下，有效灌溉面积不断增加，有效耕地灌溉率从 2010 年的 24.4%，增加到 2016 年的 37.3%。

从农田结构上看，水田灌溉面积与旱田灌溉面积都能不同程度地提高。"十一五"期间，黑龙江省有效灌溉面积达到 400 万公顷，其中水田灌溉面积 293.3 万公顷，旱田灌溉面积 106.7 万公顷。"十二五"期间，黑龙江省新增有效灌溉面积 147.4 万公顷，其中新增旱田高效节水灌溉面积 93.7 万公顷，达到 191.8 万公顷；新增水田面积 107.1 万公顷，达到 400.7 万公顷（见图 3）。

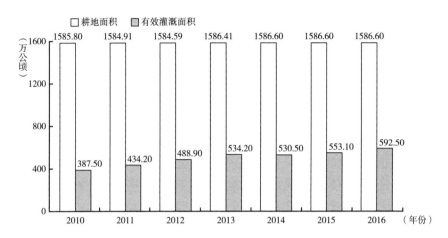

图 2　2010～2016 年黑龙江省有效灌溉面积与耕地面积的比例关系

资料来源：2016 年中国统计年鉴。

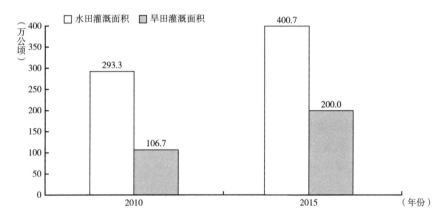

图 3　2010 年与 2015 年灌溉面积情况

资料来源：网络数据。

2. 节水灌溉面积增加速度快

2013 年松花江流域节水灌溉面积为 225.2 万公顷，2015 年黑龙江省灌溉面积为 553.1 万公顷，其中节水灌溉面积达到 169.7 万亩，高效节水灌溉面积 150.2 万公顷，占灌溉面积的 27.1%。2016 年有效灌溉面积为 592.5 万公顷，节水灌溉面积 196.7 万公顷。

3. 高效节水灌溉技术迅猛发展

过去由于我国的节水意识比较落后，节水灌溉的设施和技术发展也不完善，投入成本较高，导致农业灌溉用水的利用效率低下，浪费了大量的水资源。随着我国农业结构战略性调整和优质、高效、现代农业的发展，种植业从过去以粮食为主、兼顾经济作物的二元结构，逐步发展为适应整个经济社会发展需要的粮食作物、经济作物、饲料作物全面发展的三元结构。三元结构的种植业对灌排基础设施的依存程度更高，对灌溉效率和节水灌溉方法与技术提出了许多新的要求。

我国的节水灌溉技术在地表漫灌的基础上发展为喷灌、微灌与滴灌这三种主要技术，水的利用系数从0.3逐步提高到0.98。

（1）喷灌 喷灌比漫灌节水30%，主要用于大田密植作物，适合区域化控制，具有增产、提高耕地利用率等优点，但运行能耗较高，蒸发损失较大，要求大容量水源，并且只能在不超过3级风力的条件下使用。

（2）微灌 微灌属于先进的节水灌溉技术，能够仅对作物需水部位提供所需水量，由"浇地"转换为"浇作物"。微灌用于设施农业和经济作物，适应所有地形和土壤，具有节水、增产效应，灌水均匀，至少可比喷灌节水50%。微灌很容易实现水肥一体化。但微灌对水质及日常系统维护要求较高。

（3）滴灌 滴灌是近年来出现的最先进的灌溉技术。美国、澳大利亚1998年开始对果树、草坪实施地下滴灌研究试验，以色列2004年6月在新疆石河子开始棉田地下滴灌试验。我国则自1996年起，分别在北京、天津、江苏、新疆，对速生林、果树、草坪、城市绿化植物实施地下滴灌，均获成功。地下滴灌的蒸发量极小，能完全不受风的影响，可实施立体精确定位水肥灌溉。水的利用率高达0.98，理论上水的损失微乎其微。设施损耗少，免受紫外线辐射的影响，不易老化。

"十一五"期间，黑龙江喷灌工程面积1334万亩，微灌工程面积198万亩，其他灌溉面积68万亩。"十二五"期间，黑龙江喷灌面积2107万亩，微灌面积130万亩，管灌面积16万亩。在喷灌工程的1334万亩中，大型喷灌工程面积26.4万亩，占2%，其中时针式和平移式喷灌面积11.3万亩；滚移式喷灌面积15.1万亩；卷盘式喷灌工程面积47.2万亩，占3.5%；管道移动式喷灌工程面积820.1万亩，占61.5%；轻小型机组式喷灌工程面积440.3万亩，占33%。

《黑龙江省"十三五"高效节水灌溉实施方案》确定了黑龙江省"十三五"期间，完成新增高效节水灌溉面积 500 万亩的目标，其中喷灌面积达到 420 万亩，微灌面积 45 万亩，管灌面积 35 万亩。总投资 69.63 亿元。初步测算分析，方案实施后，在"储存"514.9 万亩基本农田粮食生产能力的同时，年可节水 3.75 亿立方米，新增粮食作物产量 8.28 亿公斤、经济作物产量 4.94 亿公斤，新增产值 30 亿元。其中，2016 年水利部门完成高效节水灌溉面积 96 万亩，超额完成国家下达的 70 万亩目标任务。

（三）不同历史时期，灌溉工程的发展重点不同

20 世纪 50 年代以兴修水库、塘坝等蓄水工程和河道引水工程为主。20 世纪 60～70 年代，随着国家工业化进程的加快，电网和柴油供应在农村逐步普及，泵站提水灌溉发展迅速。从 20 世纪 70 年代起，由于各方面用水量增加，北方地表水源日益紧张，打井开发地下水成为灌溉发展的重点。20 世纪 80 年代，灌溉面积增长一度出现停滞，工作重点转向"加强经营管理，提高经济效益"。20 世纪 90 年代以后，国家强调把节水灌溉作为革命性措施来抓，明确了新时期灌溉发展的方向和工作重点，并且增加投入，使灌溉面积和效益重新走上稳步发展的轨道。近年来，国家的一号文件都是有关加强农业水利的建设，"水利是农业的命脉，灌区是命脉中的命脉，灌区成为我国粮食安全保障的重要基地"。

以黑龙江省为例，"十二五"期间，各类灌溉水源井达到 77 万眼，小塘坝达到 14090 处；全省万亩以上灌区达到 361 处，其中 30 万亩以上灌区 25 处、中型灌区 336 处；全省建成水库达到 1139 座，其中大型水库 28 座、中型水库 97 座、小型水库 1014 座，总库容达到 267.95 亿立方米。农业灌排能力得到提升。建设 19 处大型泵站更新改造工程、三江平原和松嫩平原大中型涝区工程；建成泰来县抗旱灌溉引水工程的渠首、干渠等骨干工程；66 个小型农田水利重点县项目和灌区田间水利工程项目建设加快推进。

四 发展松花江流域灌溉的对策建议

（一）农业用水实行流域化管理

将流域作为一个整体，综合考虑流域内上下游经济技术条件，通过建

立流域管理机构，统一调配地表、地下水资源，使流域内灌溉农业获得持续发展，流域内农业经济获得最大效益。建立"政府＋流域管理机构＋地方水行政管理机构＋灌区＋用水户协会"共同管理的现代水管理新模式，这种模式在灌溉、防洪、水事协调、水事监察等方面将起到重要作用。

（二）大力提高旱田高效节水灌溉面积

2016 年黑龙江省粮食总产量为 6058.5 万吨，玉米产量 3127.4 万吨，水稻产量 2255.3 万吨，大豆产量 503.6 万吨，小麦产量 29.0 万吨。四大粮食作物产量已占粮食总产的 97.6%。其中玉米、小麦、大豆的产量分别占粮食总产的 51.6%、0.48%、8.31%。依赖灌溉的水稻占全省粮食产量的 37.2%，占全省灌溉面积的 67%。其他主要靠雨养的旱作粮食作物占粮食总产的 62.8%。由此可见，四大粮食作物是黑龙江省粮食作物和农作物的主体，旱作粮食作物在全省当前的作物布局和粮食产能贡献中份额更大。因此，大力提高旱田高效节水灌溉面积可以有效提高全省整体的灌溉面积。

（三）从可持续发展高度重视节水灌溉农业

松花江流域规划中提出，到 2030 年灌溉率可由现状的 21% 提高到 36%，但仍有 64% 的耕地为雨养农业区。规划灌溉面积中旱田灌区主要分布在土地资源丰富，水资源相对不足的流域中西部地区，这些地方降水较少，水资源供需矛盾突出，由于水资源承载能力限制，不可能大规模发展水田灌溉，高效节水农业具有省水、高产、稳产的优势，未来流域中西部发展现代高效节水农业是灌溉发展的必然趋势。

一是调整种植结构。农业水资源管理要从供水管理为主转向需水管理为主，用水杠杆推动农业种植结构调整，压缩高耗水作物面积。对于降水偏少地区，应减少该地区的水稻面积，并积极利用地表水发展旱田灌溉。

二是发展高效节水。大力发展灌区渠道防渗工程，加强建筑物配套，减少输水环节的水量浪费。针对干旱地区要发展滴灌、微灌、喷灌等高效灌溉技术，提高灌溉水利用系数。

三是提高水价，实行计量供水。加快水价改革，逐步推行按成本收取水费，要全面推行计量供水。

（四）积极推广水稻控制灌溉技术

水稻控制灌溉又称水稻调亏灌溉，是指在秧苗本田移栽后的各个生育期，田面基本不再长时间建立灌溉水层，以不同生育期不同的根层土壤水分作为控制指标，确定灌水时间、灌水次数和灌水定额的一种灌溉新技术。该项技术具有节水、增产、减排等多项优点。第一，节水效果十分显著。控制灌溉条件下，全生育期节水量与常规灌溉相比平均节水 30% ~ 40%。第二，增产效果明显。据统计，水稻产量比常规灌溉提高 5% ~ 10%，并且水稻米质明显改善。第三，投入少且收益高。推广水稻控制灌溉技术的投入，主要是技术培训、宣传和田间增设的必要的量水设施设备等费用。第四，减少了面源污染和温室气体排放。实施水稻节水控制灌溉技术大大减少了稻田排水量和渗漏量，不仅提高了肥料的利用效率，而且减轻了肥料对地下水、承泄区和土壤的污染。水稻节水控制灌溉使水稻长期无水层成为现实，从而降低了稻田甲烷排放速率和甲烷排放量。总而言之，这项既节水、增产又减排的好技术，符合国家节能减排的形势要求，在黑龙江省已推广多年，取得了很好的效果，建议尽快在松辽流域优先在井灌区、水库灌区和提水灌区推广，到 2020 年力争使这项技术推广面积达到 70% 以上。

参考文献

［1］ 王光磊、党磊、胡嗣望：《松辽流域农村水利近 5 年现状分析》，《东北水利水电》2018 年第 7 期。

［2］ 王双旺、张金萍、倪伟：《〈松花江流域综合规划〉概要》，《东北水利水电》2013 年第 7 期。

［3］ 于洪民、王双旺：《对松花江流域水利发展有关问题的认识和体会》，《中国水利》2013 年第 13 期。

［4］ 王斌：《黑龙江省粮食生产与耗水问题探讨》，《节水灌溉》2015 年第 12 期。

四　经验案例篇

哈尔滨市污水处理厂建设与
政府支持政策研究

赵 蕾*

摘 要：污水处理是水环境治理的重要环节，作为大型城市的哈尔滨市工业和生活污水产生量巨大，污水处理事关全市经济社会发展，关系到市民的正常生活，关系到松花江流域生态安全。哈尔滨市政府顺应民意呼声，将污水处理厂建设作为政府民心工程和生态工程重点推进实施，通过采取构建部门联动工作机制、加快污水处理建设、探索市场化运作方式等措施，实现了污水处理厂建设的历史性突破。哈尔滨市在治污项目建设、水质改善等方面取得的成效，为全面建成小康社会奠定了坚实的基础，探索和积累了一些经验，经过多年努力，污水处理配套设施建设更加完善、水环境质量标准明显提高、保障机制基本形成。政府主导、分工协作实现合力推进；放开垄断、龙头企业带动一方经济；分区控制、单元治污加强水质监测；标本兼治、重拳出击确保水质提标。以上措施和经验对今后全省环境治理工作具有指导和借鉴意义。

关键词：松花江流域 哈尔滨市 污水处理厂

松花江是中国七大河流之一，是黑龙江在中国境内的最大支流，经吉林省流入黑龙江省，穿过哈尔滨市区。2005年，吉林石化公司双苯一车间爆炸事件导致松花江江水受到严重污染，影响着松花江流域的生态环境和当地居民的生产、生活安全。污染的水源很快流入哈尔滨段，造

---

* 赵蕾，黑龙江省社会科学院经济研究所副研究员，研究方向为旅游经济。

成哈尔滨境内松花江水域及支流的水质受到不同程度的污染，导致哈尔滨市数百万居民的生活用水无法解决。此事件引起了社会各界的高度关注，污水处理成为相关政府的当务之急。哈尔滨市委、市政府充分认识到：水环境与人民的生命安全、生产安全和生态安全息息相关；水污染的治理、水环境的资源保护与政治、经济、社会、文化和生态文明"五位一体"的建设紧密相连。"十一五"以来，哈尔滨市将污水治理作为全市经济社会发展的重大课题，将污水处理厂建设作为松花江流域污水治理的重要内容，污水处理厂建设不仅实现了历史性突破，而且成为造福百姓的一大亮点。

一 哈尔滨市污水处理能力建设情况

2006年以来，哈尔滨市认真落实国家和黑龙江省环境保护政策，本着绿色发展、循环发展、低碳发展理念，统筹规划重点推进城镇污水处理厂建设。截至2016年底，哈尔滨市共建成并运行的污水处理厂达到24家（见附表），日设计处理能力167.6万吨，日实际处理水量124.69万吨，城市污水集中处理率达到90%。

（一）建设污水处理厂，启动污水净化处理

哈尔滨市文昌污水处理厂是哈尔滨市第一座污水处理厂，是黑龙江省及哈尔滨市的重点工程。该工程项目于1992由国家计划委员会批准立项，总规划建设规模为65万立方米/日的二级处理，负责处理哈尔滨市城市总排污量的60%。该工程地点设在哈尔滨市太平区东大坝外，总规划占地面积58.5万平方米。1996年6月，一期工程32.5万立方米/日一级处理开工建设，采用自然沉淀工艺。一期工程由于处理级别低，污染负荷消减量小，很难改善松花江水体环境。为提高哈尔滨污水处理率，2001年5月，二期工程16万立方米/日二级污水处开工建设，采用A/O脱氮工艺。一、二期建设总投资为38437万元人民币。2008年10月，三期工程对一期工程的另外16.5万立方米/日的污水进行二级处理，采用BIOSTYR（曝气生物滤池）工艺。文昌三期工程完成后，文昌污水处理厂的二级生化处理规模达到32.5万立方米/日。处理后污水再经过深度处理后出水水质达到国家一级B排放标准。2010年9月，龙江集团投资

近 4 亿元收购了文昌污水处理厂，该水厂规模为日处理能力 32.5 万立方米，占地 37 公顷。

（二）市场化运作投入运营

哈尔滨市太平污水处理厂是哈尔滨市采用市场化运作的第一家污水公司。2002 年底，建设部下发《关于加快市政公用行业市场化进程的意见》，2004 年，哈尔滨市政府首次采用国内外公开招标的 BOT 方式，进行垄断行业的市场化探索。2004 年 6 月 6 日水厂动工建设，2005 年 8 月 30 日竣工，同年 10 月 9 日通水调试，12 月 1 日试运营。2006 年 2 月 15 日哈尔滨市太平污水处理厂通过黑龙江省环境保护局组织的环境评价验收并正式商业运营，出水水质达到国家一级 B 排放标准。哈尔滨市太平污水处理厂的特许经营期为 25 年（含建设期 2 年），是 2004 年内地启动速度最快、运作最规范的项目；是东北规模最大的、以 BOT 公开招标方式建成的污水处理厂；是东北地区同等规模建设最快、工程投资最低的污水处理厂；是国内同等规模污水处理服务费最低的污水处理厂；是国内自有知识产权使用最高的污水处理厂，等等，其工程的建设创下了全国水务行业的数项第一。

（三）污水处理工程改造升级

哈尔滨市升级改造工程是国家"十一五"松花江流域治理项目。该工程的建筑规模为 65 万吨/天，主要目的是将现有的文昌污水处理厂和太平污水处理厂的出水指标由原有的二级提升到一级 B 标准，工程总投资 2.7 亿元。工艺采取降低负荷方案，主要建设内容有二组新建 A^2/O 生化池、一座变电所、一座鼓风机、一座污泥脱水间、一座加药间、十六座反硝化生物滤池、一座滤布滤池、一座出水提升泵房等。哈尔滨市升级改造工程于 2010 年 8 月开工建设，2011 年 12 月竣工，2012 年 4 月 9 日进入商业试运行阶段，哈尔滨市升级改造工程的投产意味着太平污水处理厂和文昌污水处理厂的出水更加清澈，减少了生活污水污染物对松花江的排放量，保障了太平污水处理厂和文昌污水处理厂整体出水水质达到国家一级 B 标准。

（四）污泥处置工程启动建设运营

伴随着城镇污水处理量的加大，污泥处置成为环境治理必须面临的课题。2010 年，哈尔滨市开始解决污水处理厂的污泥处置难题。

2013 年 7 月，经国家发展和改革委员会办公厅批准，哈尔滨市启动了污泥处置工程，该工程规模为污泥日处理能力 1000 吨，工程总投资为 3.6 亿元，由中国市政工程东北设计研究总院设计，主体工艺采用高温好氧发酵技术，主要建设内容有污泥堆肥车间、湿污泥接收车间、秸秆暂存间、生物除臭滤池等。项目占地 9.16 公顷。接收的污泥包括哈尔滨市太平、文昌、平房、信义、群力等污水处理厂的污泥。采用的是高温好氧发酵槽式堆肥，建设内容主要包括沥浸池、板框压滤车间、污泥发酵车间、稻壳存放车间、污泥成品车间、生物除臭滤池、厂区平面等的土建、设备采购、设备安装等。工程于 2013 年底竣工，2014 年 10 月 17 日完成环保验收，并开始运行。目前处理效果稳定，运行状况良好。

二 推进污水处理厂建设的政策支持措施

2006 年以来，哈尔滨市深入贯彻落实科学发展观，坚持把环境保护作为惠民生、促和谐的重要任务，将松花江流域水污染防治作为全市环境保护的中心工作，以改善水环境质量为根本出发点，采取积极有效措施，全面落实让松花江休养生息政策措施，加快污水处理厂建设步伐。

（一）构建部门联动工作机制

1. 确立建设目标

哈尔滨市直面松花江水污染事件带来的水环境危机，充分认识到污水处理厂建设是水污染治理的重要内容，将污水处理厂建设作为必须完善的市政基础设施建设，在全市各区推进污水处理厂建设工作，确保每个区至少有一家污水处理厂，以满足当地居民生活用水的实际需求。

2. 明确部门分工

哈尔滨市为确保污水处理厂的建设和运营，多次组织发展和改革委员会、环保局、建设委员会、财政局等相关部门召开联席会议，以协调、解决污水处理厂这一公共基础设施在建设运营中遇到的现实问题，通过目标任务的层层落实，确保污水处理厂实现良好的建设运营。

3. 建立工作机制

哈尔滨市以环境质量改善为导向，进一步建立完善工作考核体系，把责任追究与信用体系建设有机结合起来，严格落实企业治理主体责任、责任主体的市场管理职责、环保部门的行业监管职责，根据各区的实际情况明确运营主体、责任主体和监管主体，以推动政府和企业积极作为。

（二）加快污水处理配套设施建设

1. 推进城镇污水处理及配套设施建设

哈尔滨市认真落实《黑龙江省城镇污水处理及再生利用设施建设"十二五"规划》和"三供两治"规划，采取"厂网并举、管网优先"的建设原则，不断完善污水管网建设、加快污水处理厂建设。为确保污水处理厂的出水达到一级 B 排放标准，配套设施，安装消毒杀菌设备；为确保污水处理厂排放的水体达到出水标准，增加投入，增设脱氮除磷设施。要求有条件的污水处理厂安装进出水在线监测装置，以提高自动化控制水平，实现污水处理厂进出水的实时、动态、全面监督与管理。

2. 提升污泥处理及污水再生利用水平

为推动技术进步，避免二次污染，保护和改善生态环境，促进节能减排和生态文明，哈尔滨市深入贯彻执行国家《城镇污水处理厂污泥处理处置及污染防治技术政策（试行）》的要求，推进城镇污水处理厂污泥处理处置示范工程；鼓励新技术研究和推广转化；要求 10 万吨/日规模以上的污水处理厂对产生的污泥进行无害化处理处置；采用分散与集中的方式，建设污水处理厂再生水处理站和加压泵站；扩大中水回用规模，加快矿井水利用。

3. 规范污水处理费征收使用管理

为了保障城镇污水处理设施的建设、维护和正常运行，改善和提高水环境质量，防治水污染，保护环境，哈尔滨市认真贯彻落实国家关于污水处理收费的相关规定，严格执行《水污染防治法》《城镇排水与污水处理条例》《污水处理费征收使用管理办法》《关于制定和调整〈污水处理收费标准等有关问题的通知〉》等法律法规的相关要求，并根据市情，经依法听证，多次适度调整哈尔滨市污水处理收费标准，对不足部分各级财政部门依法给予补贴，以进一步规范污水处理费的征收、使用和管理。

（三）探索市场化运作方式

1. 转变政府在污水处理管理中的职能

2002年底，建设部下发《关于加快市政公用行业市场化进程的意见》，哈尔滨市转变思想、积极响应、主动探索，从直接管理转变为宏观管理，从行业管理转变为市场监管，从对企业负责转变为对公众负责、对社会负责。哈尔滨市各相关职能机构也由直接操盘转变为监督、管理和服务部门。努力探索 BOT（建设—经营—转让）、TOT（移交—经营—移交）、PPP（政府和社会资本合作）在市政公用行业的应用，特别是污水处理厂建设中的规则、内容、方法和操作步骤。

2. 开放污水处理行业市场的准入

污水处理厂是市政公用项目，但是，伴随着社会的发展、生态文明建设的需要，开放市政公用行业市场已成为当今社会发展的趋势。为了满足社会公众利益的新需要，哈尔滨市政府与时俱进、主动作为，鼓励社会资金、外国资本采取独资、合资、合作等多种形式参与到污水处理厂的建设中，允许企业跨地区、跨行业参与到污水处理厂建设中，并采取公开招标的方式选择投资主体，对污水处理厂这一垄断行业进行市场化探索。

3. 尝试建立污水处理行业的特许经营制度

特许经营制度是社会主义市场经济体制的必然要求，是市政公用行业的一项重大改革。哈尔滨市充分认识到这一发展规律，于2004年在污水处理厂建设中引入特许经营制度，通过招标方式授予龙江环保集团对哈尔滨太平污水治理厂25年的特许经营权。之后，又与哈尔滨北方环保工程有限公司、哈尔滨康达环保投资有限公司、双城市通达供排水有限公司、哈尔滨嘉庆水务科技发展有限公司、哈尔滨市北控污水净化有限公司、哈尔滨银河环保有限公司等多家公司合作，签订合同协议，明确政府与获得特许权的企业之间的权利和义务。

三 污水处理的主要建设和管理成效

2006 年以来，哈尔滨市在省委、省政府的正确领导下，深入贯彻落实科学发展观，强化政府责任，采取积极有效的措施，加快推进污水处理厂建设工作。经过努力，在治污项目建设、水质改善等方面取得了一些成效，松花江水环境质量和水生态环境稳步改善。

（一） 污水处理厂建设实现历史性突破

2005 年，哈尔滨市仅有 1 家污水处理厂，是 1992 年兴建的哈尔滨市文昌污水处理厂，日设计处理能力和实际日处理水量均为 16.25 万吨。"十一五"以来，哈尔滨市加快推进城镇生活污水处理及配套管网设施建设，加大了污水处理厂建设、运营和管理力度，环境基础设施建设实现历史性突破。截至"十二五"末期，哈尔滨市共建成运行城镇生活污水处理厂 24 家，其中市区建成运行污水厂 14 家，日处理能力 143 万吨；城市污水集中处理率达到 90%。设计处理能力由 2006 年的 16.5 万吨/日提升至 2016 年的 167.6 万吨/日，实际处理水量由 2006 年的 16.5 万吨/日提升至 2016 年的 124.69 万吨。2017 年 8 月"哈尔滨市污水处理厂自动监控信息表"数据显示，全市 23 家污水处理监测单位的日设计处理能力为 167.6 万吨，实际日处理水量为 125.94 万吨，城镇污水处理厂负荷率为 71.14%。

（二） 配套设施建设趋于完善

污水处理厂的良好运行离不开配套基础设施的完善。"十一五"以来，哈尔滨市遵循"厂网并举、管网优先"的建设原则，不断完善污水管网建设、安装消毒杀菌设备、增设脱氮除磷设施、增加污泥处置工程、提高回水再利用水平，努力实现"雨污分流"。截至 2016 年底，哈尔滨市累计建设污水管道 176 公里；完成污泥处置项目 1 个，完成再生水项目 1 个；城镇污水处理厂污泥无害化处理处置率达到 55%，城镇污水处理厂再生水回用率达到10%。城镇污水管网覆盖率以及城镇污水收集率明显提高。

（三）水环境质量标准明显提高

"十一五"以来，哈尔滨市加大治污整治力度，三沟一河、景观河、文化河的有效治理有效地促进了哈尔滨市污水处理厂出水水质的提升。"十二五"期间，哈尔滨市实施了哈尔滨市升级改造工程和哈尔滨市污泥处置工程，对方正县、宾县宾州镇、呼兰利林3座市属污水处理厂存在的环境问题进行通报和督办。经过综合治理，哈尔滨市水环境质量持续好转，流域内水质达标率达到58.18%，比2005年提高了23.63个百分点，高锰酸盐指数较2005年降低了1.69mg/L。截至2016年底，哈尔滨市污水处理厂的出水标准由国家二级提高至一级B标准，全市地表水集中式饮用水源地水质达标率提高到100%。

（四）保障机制基本形成

"十一五"以来，哈尔滨市在污水处理厂建设和运营中努力探索，搭建第三方治污平台，引入特许经营制度，并在较短时间内建立起统一开放、竞争有序的市政公用行业市场体系和运行机制。哈尔滨市发展和改革委员会、环保局、水务局、财政局、监察局、建设城市委员会等部门联合执法，通过分工协作、联合督察，形成推进合力；召开环境违法挂牌督办案件约谈会，督促挂牌企业及所在地政府如期完成整改任务，确保挂牌督办案件整改措施的真正落实。经过多年的努力，哈尔滨市已形成了贯彻新环保法、实施严格监管的良性发展态势，在部门联动工作机制的推进中保障机制日趋完善。

四 主要经验与启示借鉴

2006年以来，在省委、省政府的正确领导下，哈尔滨市深入贯彻落实科学发展观，积极满足人民群众对美好生活的新需求，主动承担社会责任、守护碧水蓝天，在治污项目建设、水质改善等方面取得了一些成效，为全面建成小康社会奠定了坚实的基础，探索和积累的一些经验对今后工作具有指导和借鉴意义。

（一） 政府主导、分工协作实现合力推进

2006 年以来，哈尔滨市委、市政府全面贯彻落实中央、国务院以及国家各部委对环境保护工作的战略部署，高度重视松花江流域水污染防治工作，坚持高起点规划、高层次推进，建立和完善组织协调、资金和政策保障制度，形成齐抓共管的工作格局，做好、做实、做牢基础工作。为了改变全市污水处理厂发展不平衡、不充分的现状，哈尔滨市政府将《松花江流域水污染防治规划（2006～2010 年）》纳入政府重点任务，明确污水处理厂建设目标，并编制项目推进方案及进程，组织协调发展和改革委员会、环保局、水务局、财政局、监察局、建设城市委员会等部门组成联合督察组，通过分工协作、联合督察，形成推进合力。全市上下形成了政府主导、上下联动、横向协调的推进格局。2015 年，哈尔滨市在监督检查中发现，方正县污水处理厂、宾县宾州镇污水处理厂、呼兰利林污水处理厂 3 座市属污水处理厂存在环境问题，立即召开污水处理厂环境违法挂牌督办案件约谈会，并进行挂牌督办、限期整改。进而在全市范围内形成了贯彻新环保法、分工协作、合力推进、严格监管的良性发展局面。

（二） 打破垄断、龙头企业带动一方经济

哈尔滨市是我国重要的老工业基地，国有企业较多，发展中存在机制性、体制性、制度性等问题，多年来各级政府的财力缺口较大。特别是国际金融危机之后，哈尔滨市经济增长乏力，市本级及下辖各级财政均有不同程度的财力不足、资金紧张等问题。"十一五"以来，哈尔滨市明确将治理水环境等环境保护举措作为发展前提，积极应对经济下行压力，为了寻求可持续发展，不畏艰难，直面政府资金不足的发展瓶颈，积极把握国家政策走向，创新市政发展思路，引入特许经营制度。2004 年，哈尔滨市敏锐地抓住黑龙江省政府与清华同方哈尔滨水务集团（现被龙江环保集团股份有限公司收购）开展战略性合作的契机，主动对接，以 BOT 公开招标的方式，建成当时东北三省最大的污水处理厂——哈尔滨市太平污水处理厂，开创了市场化运营资金的新方式。"十二五"期间，哈尔滨市采取BOT/TOT 并购、委托运营等形式在全市范围内建设运营了多家污水处理厂。截至 2017 年 9 月，龙江环保集团在哈尔滨承担了 9 项重大工程，分别

为哈尔滨太平、文昌、信义、平房、阿城、呼兰、尚志污水处理厂和哈尔滨市升级改造工程、哈尔滨市污泥处置工程等重大工程，肩负着哈尔滨市主城区九成以上的污水处理重任和哈尔滨松花江段水环境节能减排的主要目标任务，是哈尔滨污水处理的龙头企业。

（三）分区控制、单元治污加强水质监测

哈尔滨市坚持"生态优先，绿色发展"的理念，严格按照"水十条"及水污染防治工作方案要求，稳步推进《重点流域水污染防治规划（2011～2015年）》《中华人民共和国水污染防治法》等相关文件的实施。冷静面对哈尔滨市污水处理厂建设不足的现实，科学谋划布局；根据污水处理厂分布情况，分区划片，进行单元治污。哈尔滨市环保局在实际工作中主动适应发展变化、积极应对发展中出现的旧难题和新问题，加强饮用水水源地保护监管，加快推进城镇生活污水处理及配套管网设施建设，完善污水厂水质水量核定程序、技术细则及日考月报制，并于每月发布"哈尔滨市污水处理厂自动监控信息表"，通过动态监测及时掌握各污水处理厂的实际运营能力和水质状况，提高了政府信息化监管能力。

（四）标本兼治、重拳出击确保水质提标

污水处理厂的发展离不开内河及污染源的综合治理，哈尔滨市污水处理厂的生存与全市治污建设进程紧密相连。特别是"十一五"以来，哈尔滨市全力推进实施"三沟一河"环境综合整治。"十一五"期间，哈尔滨市累计投入近60亿元，重点实施了污水截流、河道清淤、绿化美化等综合整治工程，累计铺设污水截流管线108公里，主城区污水基本实现了全收集、全处理，何家沟、马家沟郊区段初步实现了清水入河，彻底结束了"三沟"污水直排松花江的历史，何家沟综合整治工程获2013年中国人居环境范例奖。总之，哈尔滨市对三沟一河、景观河、文化河的有效治理极大地促进了污水处理厂的良性发展，全市生态环境治理明显加强、环境状况得到进一步改善、水环境质量持续好转。哈尔滨市将污水处理厂建设与政治、经济、社会、文化和生态文明"五位一体"的建设紧密相连，在标本兼治、重拳出击中取得了可喜的成效。

附表　哈尔滨市污水处理厂一览

序号	名　　称	责任主体	运营单位	单位性质
1	文昌污水厂	市建委	龙江环保集团	企业
2	太平污水厂	市建委	龙江环保集团	企业
3	信义污水厂	市建委	龙江环保集团	企业
4	平房污水厂	市建委	龙江环保集团	企业
5	群力污水厂	市建委	哈尔滨康达环保投资有限公司	企业
6	松浦污水厂	松北区政府	松北供排水有限公司	事业
7	呼兰利林污水厂	呼兰区政府	呼兰区城管局	事业
8	呼兰利民污水厂	呼兰区政府	呼兰区城管局	事业
9	呼兰老城区污水厂	呼兰区政府	龙江环保集团	企业
10	阿城污水厂	阿城区政府	龙江环保集团	企业
11	双城污水厂	双城区政府	双城市通达供排水有限公司	事业
12	尚志污水厂	尚志市政府	龙江环保集团	企业
13	五常污水厂	五常市政府	哈尔滨北方环保工程有限公司	企业
14	延寿污水厂	延寿县政府	延寿县给排水有限公司	事业
15	宾州污水厂	宾州县政府	宾县供排水公司	事业
16	依兰污水厂	依兰县政府	依兰县住房和城乡建设局	事业
17	方正污水厂	方正县政府	哈尔滨北方环保工程有限公司	企业
18	巴彦污水厂	巴彦县政府	联合水务（厦门）有限公司	企业
19	宾西污水厂	宾西县政府	宾西开发区市政局	事业
20	木兰污水厂	木兰县政府	木兰县住房和城乡建设局	事业
21	通河污水厂	通河县政府	哈尔滨北方环保工程有限公司	企业
22	成高子镇污水厂	市建委	哈尔滨市北控污水净化有限公司	企业
23	团结镇污水厂	市建委	哈尔滨嘉庆水务科技发展有限公司	企业
24	哈尔滨市朝阳水质净化厂	市建委	哈尔滨银河环保有限公司	企业

磨盘山水库饮用水水源地的生态保护

宋晓丹 *

摘　要：为保障哈尔滨市饮用水源的水质水量安全建设的磨盘山水库工程，承载着哈尔滨市经济社会可持续发展的历史重任。古人云：以顺民心为本，以厚民生为本。磨盘山水库建设工程是增进人民福祉，维护人民生存权利，促进社会和谐稳定的民生工程。也是深入落实"实行最严格的水资源管理制度的意见、水污染防治行动计划、生态文明改革总体方案，以人为本，全面、协调和可持续发展观"的基本要求。磨盘山水库建设工程是黑龙江省和哈尔滨市"十五"期间的重点项目，是哈尔滨市迄今为止最大的基础设施建设工程，被列入全国重要饮用水水源地名录。

关键词：磨盘山水库　生态保护　环境保护

磨盘山水库是哈尔滨市和五常市两个城市的主要供水水源地，担负着两座城市420万人口饮用水输送的重要任务，维系着大量市民的生存和两地国民经济的发展。城市可持续发展是国家可持续发展的基础，要实现可持续发展必须合理地利用资源，饮用水安全作为城市的基础安全保障，对城市可持续发展作用无法估量。保护好磨盘山水库水源地是一项功在当代、利在千秋的大事，对促进哈尔滨市和五常市经济社会可持续发展具有重要意义。

一　磨盘山库区水源地建设基本情况

饮用水安全是人们生存的基本要求，党中央、国务院高度重视饮水安

---

* 宋晓丹，黑龙江省社会科学院经济研究所助理研究员，主要从事区域经济、产业经济研究。

全工作，将保护好饮用水水源、让群众喝上放心水作为重要任务。习近平总书记讲话中多次强调"坚持科学治水，全力保障水安全"，李克强总理到水利部考察时指出"要让百姓今后一直喝上放心水，是最基本的民生保障，是政府的责任，决不打折扣"。在此背景下，哈尔滨市积极落实国家号召，立项建设磨盘山水库饮用水工程。

（一）磨盘山水库工程立项的背景

历史上哈尔滨市江南主城区的饮用水是松花江水，到了 20 世纪后期，松花江哈尔滨段水质变差，哈尔滨城市供水曾出现日缺 32 万立方米的情况。为改善供水能力，哈尔滨市委、市政府通过实地踏勘全面考察周边水源地，并经过 23 次反复论证，综合采纳了国内 340 多名专家的意见，最终选定在水量充足的拉林河（发源于长白山张广才岭地区，全长 244km，年径流量 35 亿 m³）上建设磨盘山水库供水工程。磨盘山水库供水工程于 2001 年 7 月经国家计委批准立项，于 2003 年 4 月开工建设，2006 年 9 月，开始为哈尔滨市部分区域供水，2010 年 1 月 1 日，开始全面为哈尔滨市主城区供水，日供水能力 90 万 m³，现每天供水 75 万 ~ 80 万 m³。该工程总投资 57 亿元，其中水库 8.25 亿元，水库枢纽工程由国家、地方政府和调水价解决资本金 4 亿元，移民 5.5 亿元，工程 2.7 亿元，其余所需资金是国内银行贷款。磨盘山供水工程是以哈尔滨城市供水为主，兼有下游防洪、农田灌溉等综合利用功能的大 II 型水利枢纽工程，地震设防烈度为 VI 度，是在上游没有任何化工厂存在的一级水库，建筑物洪水标准按 100 年一遇洪水设计，500 年一遇洪水校核。磨盘山工程包括：新建总库容 5.23 亿 m³ 的水库一座；长度为 176.22km 的输水管线两条；日净水能力为 90 万 m³ 的净水厂一个；修建城市配水管网 194.54km。

（二）磨盘山水源地的基本状况

磨盘山水库饮用水水源地距哈尔滨市区 180km，水库总容量 5.23 × 10⁸ m³。水库功能是城市供水和农业灌溉，2008 年正式为哈尔滨市供水，一期供水 45 万 m³/d，二期供水 75 万 m³/d，设计供水规模为 90 万 m³/d。设计灌溉水田 42.00 × 10⁴ 亩。按照《黑龙江省人民政府关于调整哈尔滨市磨盘山水库饮用水水源地保护区范围的批复》的规定，磨盘山水库饮用水水源地保护区划分为一级保护区、二级保护区和准保护区。一级保护区面积为 46.679km²，二级保护区面积为 209.927km²，准保护区面积为 368.122km²，保护区总面积为 624.728km²，占坝址以上流域面积的 54.3%。水库坝址以上流域内土地利用类型以林地为主，林地面积 1043.625km²，占总面积的 90.67%，耕地面积 62.425km²，占总面积的 5.42%。

（三）磨盘山水库建设的环保作用

在污染物排放的有效控制和水库的水生态环境良好营造条件下，水库的水体净化作用是任何天然河流都无法比拟的。科学的水库建设不仅能够解决发电、防洪、供水调节水资源时空分布不均的矛盾，还能在净化水质的同时增加水产品的产量。正因为如此，全世界水资源开发程度越高的国家和地区，其生态环境越好，社会文明程度越高。磨盘山水库使哈尔滨市区供水量的设计能力由原来的 87 万吨/天提高到 167 万吨/天，除满足拉林河干流现有水田灌溉外，还能扩大水田灌溉面积 24 万亩，对下游 30 多万亩农田灌溉有了供水保障，按照初设每年补偿灌溉供水 0.58 亿 m³，现在实际供水 1.3 亿 m³ 左右，确保了农田丰收，同时提高了下游大米的知名度，使价格获得提升，全国优质水稻主产区五常市因为水库的坐落而受益很多。现在，磨盘山水库形成多水源、分质互补的综合供水体系，不仅提高了城市供水的安全性，还对实现哈尔滨的可持续发展，提高人民生活质量，改善城市经济发展环境起到了不可估量的作用。

（四）磨盘山水库的营养化状态

通过采用 0～100 的一系列连续数字对磨盘山水库营养状态进行分级（贫营养、中营养、富营养），评价采用 5 项指标，分别为总磷、总氮、高锰酸盐指数、叶绿素 a、透明度。对磨盘山水库 2011～2015 年 5 年间的年均值和年内最不利数据分析与整理，总磷指标年均值波动上升，总氮指标年均值稳定上升，高锰酸盐指数年均值有逐渐下降趋势，氨氮年均值有逐渐上升趋势。磨盘山水库年均值营养状态评价结果均为中营养，接近于轻度富营养，且总体评价指标逐年递增，水库水质有向富营养状态变化的趋势；按年内最大值进行评价时，评价结果总体也呈递增趋势，且至 2015 年水库营养状态分级已经达轻度富营养状态。

二 磨盘山库区水源地的生态保护措施

水是生命之源，水资源保护是环境保护的一项重要内容。目前，可持续利用水资源和有效预防洪水是时刻困扰国家和政府的急需解决的两大问题，在水资源的利用及开发上，保持其持久性及连续性，不断满足社会及经济的不断发展需求，将二者有机结合起来，并将其作为一个统一的整体，是维持我国经济发展的唯一通道。[①]

（一）政策性保护措施

为进一步对水源地保护区进行优先控制，突出重点防治区域和重点监管治理污染源，省市各级政府先后颁布出台了《黑龙江省人民政府关于调整哈尔滨市磨盘山水库饮用水水源地保护区范围的批复》（2010）、《关于保护哈尔滨市磨盘山水源地生态环境的意见》（2010）、《哈尔滨市磨盘山水库饮用水水资源保护条例》（2012）、《松花江流域综合规划（2012～2030）》（2013）、《哈尔滨市城市供水工程专项规划（2010～2020年）》（2013）、《哈尔滨市政府关于印发哈尔滨市水污染防治工作方案的通知》（2016）、《哈尔滨市水污染防治工作方案》（2016）、《磨盘山水源保护区环境综合治理实施方案》（2016）、《哈尔滨市磨盘山水库水源地环境保护规划》（2017）等。

为保障城哈尔滨市居民饮用水安全，加强磨盘山水库饮用水水源的保护，哈尔滨市人大常委会批准自2012年11月1日起，施行《哈尔滨市磨盘山水库饮用水水源保护条例》。该保护条例共计六章十二条，包括对磨盘山水资源、水质的保护和对水源枢纽工程、输水管线设施的保护。

（二）水源地环保工程的实施

（1）水源保护区面积

磨盘山水库水源保护区总面积624.728km²，占坝址以上流域面积的54.3%，其中一级保护区面积为46.679km²，二级保护区面积为209.927km²，准保护区面积为368.122km²（详见表1）。

[①] 王茜茹：《临夏回族自治州水资源保护现状及对策研究》，西北民族大学硕士学位论文，2015。

表1　哈尔滨市磨盘山水库水源保护区面积统计

保护区	面积（km²）			边界长度（km）
	总面积	其中：水域	其中：陆域	
一级保护区	46.679	31.128	15.551	64
二级保护区	209.927	0.377	209.55	95
准保护区	368.122	0.876	367.246	105
合　计	624.728	32.381	592.347	264

（2）水源地环保工程建设

在磨盘山水库水源地建设过程中，哈尔滨市委、市政府高度重视水源地的保护工作，设立了一级保护区的封闭围栏60km，三人班村、大柜屯、工农森林经营所的水污染处理和垃圾处理；二级保护区和准保护区设立界标和警示牌；购置垃圾压缩自动装卸车和垃圾桶，西山屯搬迁等（详见表2）。

表2　磨盘山水源地已实施环境保护工程统计

保护措施	建设地点及主要建设内容		单位	数量	投资（万元）	时间	实施主体
保护区立标	一级保护区立标		个	30	3	2011年	哈尔滨市环保局
	二级保护区和准保护区设立界标和警示牌		个	250			
隔离防护	一级保护区水域318m水位线封闭围		km	60	1497.95	2012年	
污染治理	垃圾治理	购置垃圾压缩自动装卸车	辆	8			
		购置小型铲车	台	1			
		配套垃圾桶	个	250			
	管理用房	建9眼车库	栋	1			
		综合管理用房	栋	1			
搬迁	一级保护区内的西山屯搬迁		户	46	520	2012年	五常市政府
生态修复	水源涵养林：水库一级保护内种植		km	19.5	300	2008年	水库管理处
	种植沙棘：三人班村北200m和大巨村北100m共二处		hm²	1.0	10		
	山河屯林业局退耕还林		亩	3580	847	2012年	山河屯林业局
检测监控	水质自动在线监测		套	1	300	2012年	水库管理处
	视频监控		套	1	100		
合　计					3577.95		

(三) 水源地环境保护工程规划

哈尔滨市磨盘山水库水源地环境保护规划的总体思路是采取污染防治、隔离防护、生态修复、生态补偿及监测、监控、管理与应急能力建设等工程规划,使磨盘山水库上游污染得到有效治理和控制,森林植被得到有效保护,建立生态补偿机制,提升水源应急监测、供水及监管能力,建立比较完善的饮用水水源环境管理体制。在水源保护区内形成资源、环境和社会经济协调发展的格局,使水源水质达标。

根据《哈尔滨市磨盘山水库水源地环境保护规划》,规划内分别涵盖水源地环境保护工程规划、环境监测与监控工程规划、环境管理与应急能力建设工程规划,其中在水源地环境保护工程规划中还分设污染防治工程规划、隔离防护及立标工程规划、生态修复与建设工程规划、生态补偿工程规划和凤凰山森林公园、大峡谷自然保护区污染防治规划。

三 磨盘山水库生态保护中的问题

尽管磨盘山水库的环境保护工作在努力进行中,但磨盘山水库水质安全仍然受到威胁:林木采伐影响持续供水能力、当地居民的生产生活垃圾、农田使用化肥农药、库区上游水土流失、旅游开发、前期工程治理不彻底和公路运输安全隐患等是主要原因。

(一) 上游林木采伐影响水源的持续供水能力

磨盘山水库上游山河屯林业局7个林场(所)林木更新抚育采伐威胁着水源的持续供水能力,据测算,按现有每年采伐 2.3 万 m^3 木材计算,采伐7.7万株树木,消耗森林蓄积量3.7万 m^3,采伐迹底面积达 900hm^2 ~1200hm^2,每年直接或者间接影响蓄水功能。照此计算,10~15年后使水源地的水量减少0.45亿~0.6亿 m^3,随着森林对水源涵养功能的减弱,将直接导致水库水量减少。

(二) 农村污染占面源污染比重较大

磨盘山水源地上游共有耕地 6242.5hm^2,占汇水区总面积的 5.4%,每年使用农药 10.0t、化肥 821.38t;另外水库上游还有村屯和林场

（所），共有人口 18378 人，大牲畜 2218 头及家禽，经测算，每年农业非点源输入水库总氮的量为 105.37t、总磷的量为 27.32t。在拉林河、大沙河两条流入磨盘山水库的河岸边，农民在田中喷洒农药，对水源地水质影响较大。

（三）库区上游存在水土流失

经测算每年由于水土流失进入磨盘山库区的污染物总氮为 818.78t/a，总磷为 155t/a。氮、磷等营养物质随地表径流进入水库，对水库水质产生影响。

（四）旅游对水库水质有潜在影响

黑龙江凤凰山国家森林公园开展旅游项目已经有 10 多年，大小宾馆 100 多家，2015 年位于磨盘山水库上游汇水区的南凤凰山景区接待游人 20 万人次。目前虽然采取了一些污染治理措施，如部分宾馆饭店下水经过化粪池和渗井简单处理，但没有形成规模，生活污水对水源地影响依然很大。游客们随手丢弃垃圾、烟头，不仅使大石河两侧的草丛中垃圾丛生，也留下了极大的林火隐患。

（五）前期工程治理不够彻底

2008 年开始逐步在二级保护区内实施了一些治理工程，但由于后期管理没有跟上，只建不管，工程治理效果没有发挥作用，三人班村、大柜村和工农经营所污水井已经废弃；村里垃圾清运不及时；一级保护区隔离防护铁丝网破损严重；污水处理站停运等。

（六）寒小公路运输危险

寒小公路距磨盘山水源地最近不足 1m，公路运输风险对磨盘山水库水源地存在很大的潜在环境风险，一旦发生水质污染事故，后果将不堪设想。

四　磨盘山水库建设取得的成绩和经验启示

（一）磨盘山水库建设取得的成绩

磨盘山水库建成后，一是使哈市主城区居民饮用水水质得到提高，供水保证率达到 100%；二是下游水田由原来建库前的 10 多万亩，发展到现在的 30 多万亩，并且两年获得丰收；三是极大地降低了水库下游防汛压力，在 2013 年和 2017 年两次洪水中，水库充分发挥了错峰调度，防止拉林河水与牤牛河洪峰叠加，给五常市及其乡镇极大地减轻了洪水带来的损失。

作为迄今为止哈尔滨市最大的基础设施建设项目，磨盘山水库不仅创造出供水直接效益，而且创造出灌溉、防洪、环境用水等综合利用效益，磨盘山水库形成了多水源、分质互补的综合供水体系，提高了城市供水的安全性，对实现哈尔滨市的可持续发展，提高人民生活质量，改善城市经济发展环境起到了不可估量的作用①。

（二）磨盘山水库保护的经验启示

水源地的水质安全不仅关系该区域人民群众的身体健康，同时关系着该区域经济社会的可持续发展，因此，政府对水源地的保护政策不仅更加严格，也是以人为本切实落地的一项紧迫任务。

一是水库环境保护规划编制严格。2017 年出台的《哈尔滨市磨盘山水库水源地环境保护规划》，是由黑龙江省水利水电勘测设计研究院编制，是具有专业性和科学性的指导规划。该规划严格依据国家、省市级政府关于土地、水、水源地保护、水污染防治、农业、森林、饮用水安全等相关法律法规、部门规章、规范性文件和规划。该规划的近期目标是通过对各级保护区的污染防治、隔离防护、生态修复等，使磨盘山水库上游污染得到有效治理和控制，使磨盘山水库水质目标达到总氮、总磷超标趋势得到有效遏制并逐年转好。远期目标则是通过治理使磨盘山水库水质达到 II 类水体目标。该规划包括磨盘山污染防治工程规划、生态修复及面源污染控制工程规划、建立水源地生态补偿机制、监测能力与信息能力建设和突发环境事故应急能力建设。其中，环境监测与监控工程规划包括环境监测与水源地监控体系建设；水源地环境保护工程规划包括污染防治工程规划、隔离防护及立标工程规划、生态修复与建设工程规划、生态补偿工程规划和森林公园污染防治工程规划；环境管理与应急能力建设工程规划包括环境管理能力建设规划和应急能力建设规划。

---

① 《磨盘山水库》，网络微博，2003.03.29。

二是水库突发环境事件应急管理体系完善。磨盘山水库水源地环境风险应急的类型分为两种：一类是由气温等自然原因导致局部污染或集中污染的爆发而影响供水的常规型污染型，如蓝藻爆发；另一类是由突发事件导致化学品等可能污染水体的物质流入水体造成水源无法供水的突发卫生型，如交通事故造成的化学品泄漏。因此，按照《国家突发环境事件应急预案》，结合磨盘山饮水水源地特点，形成磨盘山水库供水应急预案，预案级别分别为Ⅳ级：蓝色（一般），Ⅲ级：黄色（较大），Ⅱ级：橙色（重大），Ⅰ级：红色（特别重大）。磨盘山水库水源地突发环境事件应急管理体系由领导机构、现场指挥部、现场处置机构和专家组成，其中领导小组由哈尔滨市政府负责，现场处置机构中的应急监测组由哈尔滨市环保局负责，应急处置组由哈尔滨市水务局负责，善后处理组由五常市人民政府负责，应急保障组由哈尔滨市商务局负责，饮用水保障组由哈尔滨市水务局负责，应急宣传组由哈尔滨市委宣传部负责。

齐齐哈尔市劳动湖改造项目
建设的环保施工经验

刘懿锋[*]

摘　要：劳动湖改造是齐齐哈尔市这座滨水城市建设的重要成果，通过新建桥梁工程、配套道路及景观小品工程、护岸工程、船闸工程、综合管线改造等五大工程，形成了一套环境保护经验。现在，劳动湖水域不仅发挥了补充中心城区地下水，调节城市气候的作用，还成为国家 4A 级水利风景区，为提升齐齐哈尔市城市品位，打造滨水城市增添了浓墨重彩。

关键词：滨水城市　劳动湖　综合治理　环境保护

齐齐哈尔市作为黑龙江省西部的中心城市，历史悠久，文化底蕴厚重，是国家历史文化名城；其工业基础雄厚，是为新中国建设做出过巨大贡献的老工业基地；同时，拥有着扎龙自然保护区等独特的自然景观，是嫩江流域的滨水中心城市。

劳动湖改造是齐齐哈尔市滨水城市建设的重要成果。劳动湖位于齐齐哈尔市城区，与嫩江相连，全长 7.5 公里，经过多年的整治与改造，不仅发挥了补充中心城区地下水，调节城市气候的作用，还成为国家 4A 级水利风景区，为提升城市品位，打造滨水城市增添了浓墨重彩。

一　劳动湖水域污染综合治理工程概况

2009 年以来，依据《齐齐哈尔市中心城区规划（2005～2020）》中关

---

* 刘懿锋，黑龙江省社会科学院经济研究所助理研究员，主要研究方向为区域经济。

于齐齐哈尔市中心城区"一江、三带、十园"的规划（一江是指"嫩江沿岸风景游览区"，三带是指"劳动湖景观带""环城林带""水师排干绿化带"，十园是指规划建设十座公园），齐齐哈尔市政府对劳动湖水域开展了污染综合治理工程，整个工程北起劳动湖进水闸口，南至橡胶坝上游，其中南扩区段由新立街和合意大街之间延伸至农机路后转向西南方向汇入嫩江。

劳动湖水域污染综合治理工程总治理面积为357.27公顷（水域面积177.36公顷），其中南扩工程治理面积为37.27公顷（水域面积11.61公顷）；用地范围内总动迁量为4669户，总动迁面积为19万平方米；其中私产住宅2750户，面积为118269平方米，非私产住宅为93户，面积为30526平方米，无证房屋为1826户，面积为41212平方米。其内容主要包括引水排水工程、公园扩建工程、配套综合管线工程、配套道路及休闲广场工程、跨湖桥梁改造工程、新建桥梁工程等六大工程。

劳动湖水域污染综合治理工程的实施不仅改善了劳动湖的水质，为沿湖居民提供更好的生活环境，还使齐齐哈尔市的基础设施建设更加完善，优化了城市经济社会发展环境。

二 劳动湖水域污染综合治理工程的内容

劳动湖水域污染综合治理工程主要包括新建桥梁工程、配套道路及景观小品工程、护岸工程、船闸工程、综合管线改造工程等五大工程。

（一）新建桥梁工程

1. 通江路桥

通江路桥位于嫩江公园南侧，为劳动湖工程起点，由齐齐哈尔市市政工程设计研究院设计，该桥全长292米，主桥长50米，宽16.5米，桥梁结构形式为等截面钢筋混凝土箱梁钢构桥，施工单位为安徽亚坤建筑公司。

2. 锦江桥

锦江人行桥由齐齐哈尔市市政工程设计研究院设计，主桥长56米，为三跨，桥面宽 5 米，桥梁结构形式为钢筋混凝土异型连续拱桥，施工单位为安徽亚坤建筑公司。

3. 安顺路桥

安顺路桥位于安顺路（新立街—合意大街），由哈尔滨工业大学建筑设计研究院设计，工程全长 420 米，主桥长 80 米，为三跨，主桥桥面宽 37 米，桥梁结构形式为钢构现浇箱梁桥，施工单位为哈尔滨龙广市政公司。

4. 新立街桥

新立街桥位于新立街（安顺路—阳光公园），由哈尔滨工业大学建筑设计研究院设计，工程全长 460 米，主桥长 62 米，为三跨，主桥桥面宽 34 米。桥梁结构形式为钢筋混凝土连续箱梁桥，施工单位为哈尔滨龙广市政公司。

5. 望江桥

望江人行桥位于阳光公园北侧，由哈尔滨工业大学建筑设计研究院设计，主桥长 55 米，为双跨，桥面宽 6.5 米，桥梁结构形式为独臂斜拉桥，施工单位为安徽三建。

（二）配套道路及景观小品工程

1. 堤顶人行道

沿劳动湖护岸挡土墙顶铺设 4 米宽的自行车道，道路结构为：12 厘米厚沥青砼面层 +60 厘米厚 6% 水泥稳定砂砾。2 米宽人行道，作为供游人步行的亲水游览路；道路结构为：5 厘米厚防腐木 +20 砼 +20 厘米厚 6% 水泥稳定砂砾。

2. 甬道及景观小品

在堤顶人行道与步行街之间设置多处景观小品，供游人游览和休憩，并成为绿地中的亮点，连接亮点的甬道采用卵石路、石板嵌草、彩砖等多种形式，形成完整的滨水景观绿廊，增加人与绿色、自然的亲近感。

（三）护岸工程

1. 采用两种护岸形式

第一种为生态护岸，结构形式为草皮 + 植草砖 + 800 毫米厚种植土。第二种为钢筋混凝土扶壁式挡土墙。墙面板厚 350 毫米，趾板长度 700 毫米，踵板长度 2000 毫米，趾板及踵板厚度均为 550 毫米，底板设凸榫深500 毫米，肋板厚度为 400 毫米；墙后回填砂 1000 毫米宽，墙底回填砂1000 毫米厚。

2. 护岸的附属设施设计

护岸挡土墙墙前设 5 米宽干砌石护脚，厚度为 0.3 米，墙顶设置栏杆，每隔一段距离设一处台阶、踏步深入水中，满足游人亲水的要求。护岸工程量上，南扩区段挡土墙总长度为 5398 米，干砌石护脚总面积为 26990 平方米，墙顶栏杆 1300 米，台阶踏步 20 处。

（四）船闸工程

进口船闸位于胡家泡子，总投资 3500 万元，设计为双航线，闸室总宽度 20 米，单室净宽 8 米，可同时容纳四条船，全长 95 米，闸室段长 63米，上闸首为升卧式，下闸首为横拉式，进口船闸土方量 13.2 万立方米，混弹凝土浇筑量 0.97 万立方米，石方 0.5 万立方米。

出口船闸位于阳光公园西侧，总投资 6432 万元，设计为双航线，闸室总宽度 20 米，单室净宽 8 米，可同时容纳四条船，全长 95 米，闸室段长63 米，上闸首为升卧式，下闸首为横拉式，出口船闸土方量 29.9 万立方米，混弹凝土浇筑量 1.6 万立方米，石方 0.8 万立方米。

（五）综合管线改造工程

劳动湖南扩区段由于是在原有老城区内，并穿越通江路、锦江街、安顺路、望江路及新立街五条城市道路，相关的原有综合管线需下卧至湖底穿越，相关的新增配套综合管线依据城市规划进行建设。配套综合管线包括给水、污水、雨水、供热、燃气、通信及电力等管线。

1. 给水管线

劳动湖南扩区段穿越通江路、锦江街、安顺路及新立街时，共有 5 处原有给水管线需下返至湖底，管径分别为 DN100、DN200、DN500、DN300，保证最小覆土为 1 米，管道为球墨铸铁给水管，并设排泥阀井，定期排泥；管线外设 DN1200、DN1500 钢套管，套管内外做玻璃钢防腐处理。在望江路上新建 DN200 给水管线 450 米。

2. 污水管线

劳动湖南扩区段穿越锦江街、安顺路及新立街时，共有 3 处原有污水管线需下返至湖底，以导虹的形式穿越，管径分别为 d1000、d900、d1500，保证最小覆土为 1 米，管道采用球墨铸铁管，管外壁做 5 厘米厚聚氨酯保温处理，并在两端设沉泥井，定期排泥。

3. 雨水管线

劳动湖南扩区段在翠池园内，上游管线管径 d2200 毫米，长度 120 米，出水管线为管径 1800 毫米双排管线，排入原劳动湖嫩江公园，长 70 米。

锦江街新建雨水管线 600 米，管径为 d400~500 毫米；华丽街新建雨水管线 750 米，管径为 d400~600 毫米；管道均为钢筋砼管。

4. 供热管线

劳动湖南扩区段供热管线由合意大街向西穿越新建劳动湖至华丽街铺，设双排 DN500 管线，为湖西供热预留主干线，长度为 410 米；穿湖段长度 30 米，设钢筋砼检修地沟，地沟宽 2 米、高 2.2 米。在望江路上铺设双排 DN350 管线，长度为 700 米。

5. 燃气管线

劳动湖南扩区段穿越锦江街及安顺路时，共有 2 处原有燃气管线需下返至湖底，保证最小覆土为 1 米，管径分别为 DN80、DN65，长度分别为 30 米、40 米；燃气管线外设 DN1000 钢套管，套管内外做玻璃钢防腐处理。

6. 通信管线

劳动湖南扩区段原网通管线在劳动湖穿越安顺路和新立街时，共有3处采取涵顶穿越，保证最小覆土为1米，长度均为40米。原共通管线在劳动湖穿越新立街时，共有2处需返至湖底，保证最小覆土为1米，长度均为40米。

三 劳动湖改造的环保施工经验

通过综合治理，劳动湖水域环境得到了全面的提升。特别是劳动湖景区，作为国家4A级水利风景区，改造后水域更佳，环境更好，还成为许多候鸟的栖息地，具备更高的商业价值、生态价值和景观价值。劳动湖改造极大改善了齐齐哈尔的城市景观和环境，全面提升了齐齐哈尔的城市品位和魅力。改造后的劳动湖水域促进了投资和房地产业发展，进一步拓展了城市发展空间，形成新的城市投资亮点，实现了良好的经济效益和社会效益。可以说，劳动湖改造为齐齐哈尔打造滨水宜居城市、生态园林城市、优秀旅游城市奠定了坚实基础。

由于劳动湖水域污染综合治理工程在城市规划区内，建设工程经过区域没有自然植被分布区域，均为现有住宅区、文教区及城市道路，在整个治理工程中，齐齐哈尔市采取了诸多措施对环境进行保护，形成了一套宝贵的经验。

（一）环保施工保护生态环境

整个治理工程的施工过程中坚持设立围板作维护，以减轻人们的不悦感受。同时，施工时注意尽量避免破坏道路两旁的树木、草坪等绿化带，防止对景观造成影响，对不可避免地对景观造成影响，占用绿化地的，及时进行了覆土、植树、种草，对必须经过现有树木地段的树木，采取移栽办法移栽他处，避免砍伐。

在施工作业前，编制了施工进度表，合理施工。对管道施工采取边挖边铺设管道，边回填恢复的办法，做到占地时间短，施工期短，恢复快。对临时堆砌的土方坚持采取临时拦挡措施，土方回填后的多余残土及时运出城市，以防止或减轻降雨形成的地表径流的冲刷。同时，尽量减少在雨季的施工。通过采取上述措施，整个治理过程中最大限度地降低项目施工过程对生态环境的影响。

（二）减少噪声污染力争不扰民

由于施工设备噪声对周围环境影响较大，当大型施工设备运行时，周围环境噪声均超过区域噪声 1 类标准，将对周围居民的正常生活和学校的正常教学产生一定影响。

因此在治理工程中，项目建设单位坚持加强对施工区的管理，严禁夜间施工，将施工过程产生的噪声对公众正常生活的影响降低到了最低程度。在学校附近区域作业时应尽量安排早晨上课前、中午午休、下午放学后等非学生上课时段进行。

（三）保护大气环境

避免治污生污，在涉及拆除现有建筑时，坚持对施工场地进行围挡，避免在大风条件下作业，并采取洒水等降尘措施，尽可能地减少扬尘的产生。

为减轻施工期对城区环境空气质量的影响，在建设过程中坚持对工地设立围板维护，对建筑垃圾和弃土及时清运处理，并对施工现场进行洒水降尘，以最大限度减少扬尘的产生。对由车辆运送的建筑垃圾和弃土采取覆盖措施，避免扬尘的产生。加强施工机械和车辆的保养和维护，确保尾气达标排放，减轻对环境空气质量的不良影响。通过采取有效的污染防治措施，施工期产生的扬尘、尾气污染得到了有效控制，治理工程未对环境空气产生明显影响。

（四）固体废物得到及时处置

治理工程中，坚持将施工过程产生的建筑垃圾及时运往市政部门指定地点填埋，尽量减少建筑垃圾在现场的堆放时间。土方工程弃土全部运往齐齐哈尔嫩江防洪堤，加宽堤坝。施工人员产生的生活垃圾严禁随意丢弃，集中收集，由环卫部门统一清运处理。经妥善处置后，固体废弃物对周围环境未产生明显影响。

（五）水环境保护防重于治

施工期废水主要包括水泥搅拌设备清洗等产生的泥浆水、护岸挡土墙养护废水和施工人员生活污水。

其中泥浆水主要污染物为悬浮物，设沉淀池进行沉淀处理后用于施工场地的降尘或排入下水管网。护岸挡土墙养护废水集中排入沉淀池中，进行中和、沉淀处理后排入下水管网。施工人员生活设施全部利用城市现有设施，生活污水进入现有城市污水收集和处理系统。

桥梁施工过程中采用围堰将钻孔位与水体隔离，钻孔用泥浆在围堰内设置泥浆池循环使用，钻渣由施工船运出后与工程弃土统一处理。桥梁施工排放的泥浆水经沉淀处理后排入下水管网。

通过采取上述污染防治措施，工程施工期产生的废水未对水环境产生明显影响。

齐齐哈尔市建立嫩江水系跨省区
协调机制运行效果解析

马睿泽[*]

摘　要： 本文以齐齐哈尔市建立嫩江水系跨省区协调工作机制的成功经验为例，梳理了松花江流域跨省区协调机制建立的过程，阐述了齐齐哈尔市在流域内建立的区域协调、污染事故应对、水质监测、风险联防、环境信息共享"五大跨省区协作机制"，解析了跨省区协调机制在齐齐哈尔市取得的成效，并提出了建立理事会及加强市场化引入的建议。

关键词： 嫩江水系　协调机制　资源管理

众所周知，水资源在流域方面有一个非常重要的属性，那便是其公共性。水资源不同于其他自然资源，它属于流动性的，所以水系往往以流域为单元，"往往跨多个行政区域，在水资源的开发利用和治理活动中，不同地区之间容易产生利益冲突"[①]。因此，对于一个流域的治理工作，顶层的设计非常重要，一系列系统的制度对于各省区、各部门的协作至关重要，也只有协调的合作，才能有非常突出的管理绩效。

松花江流域经东北三省一区，在流域治理中由于流经的省份和各级行政区划多，再加上流域干支流水系开放性及灌溉、净化环境、提供饮用水源等多种功能，让流域综合统一治理变成了一个达成共识难的问题。目前在国内大江大河水系水资源综合利用管理中，协调乏力、行政分割、权责不明等情况普遍存在。从现行的流域治理机制来讲，从合作治理的路径来

---

* 马睿泽，黑龙江省社会科学院社会学研究所助理研究员，研究方向为文化社会学。

① 王亚华：《水权解释》，上海人民出版社，2005，第25页。

进行研究是未来主要的方向，综观全球各国在水系流域的治理机制，很多国家建立了适应性强、可操作性高的运行机制，可以为我们提供学习和参考。

齐齐哈尔市作为松花江流域重要支流——嫩江流域的重要辖区市，成立的嫩江水系污染防治领导小组办公室，承担着嫩江水系污染防治领导工作，担负着对嫩江流域内跨地（市）、盟的水污染问题进行协调、监督和管理的职责。在多年运作中形成了一整套长效合作机制，积累了丰富的经验，其跨省区协作的流域治理模式，为突破以往"条块分割"的体制，形成制度整齐、系统流畅的跨省区协调治理体系发挥了重要作用，这一成功案例值得推介与研究。

一 跨省区协作机制形成的历史背景

嫩江是松花江流域中的重要支流之一，全长 1370 公里，占松花江全长的 59%，流域面积为 29.7 万平方公里，占松花江流域面积的 53%。自然情况下多年平均径流量 179.6 亿立方米，历史最大流量 15500 立方米/秒，最小流量仅 7.3 立方米/秒。嫩江流域是松花江流域的重要组成部分，是我国重要的工业、能源、林业、畜牧业、粮食生产基地之一。齐齐哈尔市正是这一重要支流的辖区市。

（一）松辽水系保护领导小组奠定了协作基础

松花江流域跨省区协作治理的历史要追溯到改革开放初期。1978 年经国务院批准，成立了由吉林省、黑龙江省革命委员会负责同志担任正副组长，水电部、化工部、冶金部、轻工业部、卫生部、国家科委计划部门的负责同志为成员的松花江水系保护领导小组，负责松花江流域的水污染防治工作。1986 年，经国务院审核同意，原松花江水系保护领导小组进行了扩展，扩大为辽松水系保护领导小组，并由吉林省副省长（分管环境保护工作）担任组长，辽宁省、黑龙江省、内蒙古自治区政府分管环境保护工作的副省长（副主席），松辽水利委员会主任任副组长，吉林省、黑龙江省、辽宁省、内蒙古自治区环保厅、水利厅副厅长为成员。主要任务是协调松花江、辽河流域跨省（区）的河流域水资源工作，协同有关部门解决跨省（区）河流域水污染防治工作中的问题。这种以地方协调体系为特点的松辽模式，对松辽水系的保护发挥着作用。

目前松辽流域的管理体系，有着自身独特的模式，这种模式主要特点就是设立跨省行政区的协调机构来调节水资源治理事务，这种模式具有自下而上的特点，拥有完整的地方政府协调体系。松辽水域保护领导小组的成立，形成了一种有效的、完整的协调机制，这样也就提升了各省份、各部门之间的协同工作，提升了行动力和反应度。

这种管理机制的顶端是全流域管理机构，是水利部下设的机构——松辽水利委员会，下管黑龙江省、吉林省、辽宁省和内蒙古自治区四省区各自的水利和环保主管部门。而在支流水资源管理方面，设置了饮马河、辉发河、牡丹江和嫩江四个支流污染控制防治领导小组。通过设置各支流的污染控制防治小组，支撑了全流域管理领导小组的全流域基础管理能力，各部门的协同能力也相应得到了改善。而四个支流的污染防治领导小组，其成员主要构成为：组长由流域辖区市长担任（长春市、吉林市、牡丹江市和齐齐哈尔市），办公室设置在各市的环保局内，该市县的副市长以及支流水资源保护办公室工作人员也是小组成员。在管理体系中，支流的防治领导小组接受松辽水系保护领导小组及其所在市县的环保部门的双重领导，作为中间实际工作部门，对接了上层与基层的工作，发挥着工作协调的重要作用。该机构的设置，扩大了松辽水系保护领导小组的管理面积，延伸了管理范围，各部门之间的紧密度得到了加强，细化了流域管理的工作。松辽模式的运行结构见图 1。①

（二） 嫩江水系污染防治领导小组落地齐齐哈尔市

1984 年，松花江水系保护领导小组下发了《关于成立松花江水系嫩江、牡丹江、辉发河、饮马河污染防治领导小组的通知》，嫩江水系污染防治领导小组办公室设在齐齐哈尔市。嫩江水系污染防治领导小组主要担负着对嫩江流域内跨地（市）间的水污染问题进行协调、监督和管理；参与嫩江流域对水环境有影响的大型工程的评价和审查；监督有关单位执行"三同时"防治水污染；对重大污染事故，依法进行水污染防治方面的调查，并参与处理意见；对水污染防治工作进行规划、协调和管理；组织协调指导成员单位环保部门开展流域水污染防治工作；对饮用水源地的保

---

① 白轶焱：《松花江流域管理体制研究》，北京化工大学硕士学位论文，2006。

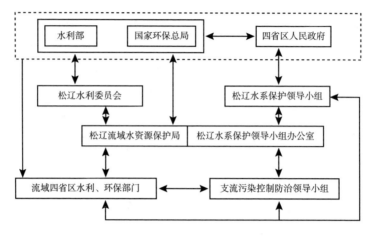

图1　松辽模式运行结构

护工作进行统一监督管理；控制嫩江水质污染，保护和改善嫩江流域水环
境质量。

（三）多省区协调治理机构逐渐完善

嫩江水系污染防治领导小组成立三十三年来，召开了十一次嫩江水系
污染防治领导小组（扩大）会议，领导小组成员经过十二次调整，由成立
之初的三市一区的15个县（市），现已发展为9个地（市）盟，包括黑龙
江省农垦总局跨行政区域的跨省区协调治理机构。目前，嫩江水系污染防
治领导小组组长由齐齐哈尔市分管环境保护区工作的副市长担任，白城
市、大庆市、大兴安岭地区、黑河市、呼伦贝尔市、松原市、通辽市、兴
安盟政府及黑龙江省农垦总局分管环境保护工作的负责人，齐齐哈尔市环
保局局长、水务局局长任副组长；白城市的洮北区、洮南市、大安市、镇
赉县、通榆县，大庆市的林甸县、杜尔伯特蒙古族自治县，大兴安岭地区
加格达奇区，黑河市的北安市、五大连池市、嫩江县，呼伦贝尔市的扎兰
屯市、牙克石市、阿荣旗、莫力达瓦旗、鄂伦春自治旗，松原市的前郭
县，兴安盟的科右前旗、扎赉特旗，通辽的霍林郭勒市，齐齐哈尔市的讷
河市、依安县、富裕县、克山县、克东县、龙江县、拜泉县、泰来县、甘
南县政府，黑龙江省农垦总局九三、北安、齐齐哈尔管理局分管环境保护
工作的负责人为小组成员。

二　跨省区协作机制的主体构成

嫩江水系污染防治领导小组办公室多年来积累了丰富的治理经验，根据各水期间的不同特点，组织各地开展水污染防治工作，对重点流域，重点区域的水环境保护工作进行检查与督促，及时处置跨区域的水环境问题。在跨省合作中，嫩江水系污染防治领导小组办公室发挥了核心协调作用，在流域内建立并落实了"五大跨省区协作机制"，从区域协调、污染事故应对、水质监测、风险联防、环境信息共享五方面实现全方位的流域治理战略合作。

（一）协调协作常态机制

嫩江流域实行跨省区协调治理与行政区域管理相结合的管理机制。流域领导小组定期组织成员单位、环境保护行政主管部门召开区域性环境保护工作协调会议，研究解决保护饮用水源，严格控制工业污染、城镇生活污染、农业面源污染等有效措施，预防、控制和减少嫩江水环境污染；积极应对水环境突发事件，及时解决流域（或监测断面）水质超标问题。依照相关的法律和法规，在流域内县级以上地方政府及有关部门负责本区域内有关的嫩江流域水污染防治工作。真正实现了流域各行政区打破行政管理界限，齐力协同，定人定期、长效常态地分工合作。

（二）污染事故联动机制

建立流域内污染事故联动机制，及时通报突发事件，将环境污染损害及对生态环境的破坏降到最小。污染防治坚持属地化管理的原则，各成员单位辖区内如果发生突发性涉水污染事件，或可能发生水污染事故时，发生地的环保部门应在第一时间向本级人民政府、上级环保部门汇报的同时，及时向嫩江水系办公室报告相关情况，由嫩江水系办及时通报事发地对岸及下游地区环境保护部门，为共同应对突发事件争取时间。

（三）水质联合监测机制

为切实加强对流域水环境质量的监控，增加不同行政区划水务部门的协同性和互信度，减少监测误差，确保数据的准确性和可比性，流域上下游或左右岸相邻两个行政区的环保部门，采取同一时间、同一地点、同时采样的原则，对出、入境断面水质进行监督，真正形成水质监测实时实地、准确有效监督监测机制。

（四）风险联防联控机制

流域内各级政府担负合理规划工业和城乡建设布局，调整产业结构，实施水污染物协同控制的责任。在嫩江水系办的协调下，相关区域环境保护部门，严格水环境准入管理，共同对敏感区域进行巡查巡防，分析原因，解决问题，保证嫩江的水质；加强嫩江沿岸企业环境风险评估，常态化抓好环境安全隐患排查，加强环境应急管理，提高应急监测、处置能力，积极妥善处置各类突发环境事件。

（五）环境信息共享机制

流域管理体系中，县级以上的环保和水行政部门加强了行业职能，同时加强了对于流域内水质以及水量的监测，建立了信息共享和监督协查机制。对于流域内水污染排放总量超过水体功能容量或者超过要求控制指标的现象，该部门会第一时间报告该属地政府，地方政府接收通知后，第一时间采取相应的措施及时应对和治理，并向大众公布治理的情况。这样逐级汇报，层层监督，在信息实时跨省区共享机制保障下，做到信息最有效的利用。

三 跨省区协调机制的运行成效

33 年来，在松辽水系保护领导小组的正确领导下、在小组办公室的业务指导下、在流域内各级政府和环保、水利等部门协力配合下，嫩江水系污染防治协调机制从探索到形成体系，从区域到全覆盖，流域跨省区协作治理工作取得了丰硕的成果，流域协调配合日趋完善。

（一）流域内区域间配合紧密有序

嫩江水系污染防治领导小组各成员单位凭着高度的责任感和使命感，肩负起了流域与区域水资源保护和水污染防治工作的重任，全流域形成水污染防治一盘棋的格局。本着"喝着上游水，想着下游人；用着下游水，不忘上游人"的协商、协调、协作的精神，在水污染防治工作中，做到"四个结合"相统一。一是流域与区域相结合，既有利于从流域整体考虑问题，又有利于兼顾区域利益；二是区域与区域相联合，既有利于协调关系增进友谊，又有利于联手共事改善区域水环境；三是行业之间相联合，既有利于职能互补，又有利于形成合力；四是部门之间相配合，既有利于多方配合综合治理，又有利于联合执法的统一行动。33 年来，领导小组在各成员单位的配合下，成功处置了多起污染事故或影响嫩江水质的跨区域涉水突发事件，起到了其他机构无法替代的重要作用。

（二）流域水环境质量逐年提升

跨省区协调治理的成果从嫩江水质的逐年提升中可见一斑。从近十年的出境水质监测情况分析，通过流域内各成员单位的共同努力，使嫩江出境断面水质达标率从 2006 年的 19.23% 提升到 2016 年的 63.45%，提高了 44.22 个百分点。环保部公布的白沙滩自动监测站监测结果表明，嫩江水质呈现渐好的趋势，受嫩江高锰酸盐指数背景值偏高的影响，2012 年有 1 周因为氨氮超标，2013 年以后，超标原因都是由于高锰酸盐指数超标。"十二五"重点流域水污染防治规划项目进展顺利，项目完成率、开工率分别为 79.3%、86.2%，完成了省政府下达的 70% 投入运行、80% 开工的任务目标。嫩江流域的水环境质量得到了大大的提升，并且四个监测考核断面的达标率完全符合国家 80% 以上的标准。嫩江齐齐哈尔江段断面水质达标率由"十二五"初期的 52.7% 提高到 57.4%，消除了劣 V 类水体，集中式饮用水源地水质持续稳定。

（三）打造"三位一体"的水质管理体系

为做好新形势下的松辽水系保护工作，全面落实党的十八大和十八届三中、四中、五中全会及市委十二届八次全会精神，按照"四个全面"战略布局，牢固树立"五大发展理念"，以建设生态文明为统揽，以改善水环境质量为核心，以保障人民群众身心健康为出发点，坚持改革创新、坚持依法推进、坚持考核问责、坚持全民参与，按照"节水优先、空间均衡、系统治理、两手发力"原则，齐齐哈尔市对江河湖库实施分流域、分区域、分阶段科学治理，系统推进水污染防治、水生态保护和水资源管理，形成"政府统领、企业施治、市场驱动、公众参与"的水污染防治新机制，不断改善全市水环境质量，实现经济社会发展和水生态环境和谐共赢。

为持续改善嫩江水质，齐齐哈尔市环保水务部门从未停歇，多个城区协同治理，齐头并进。各相关部门认真贯彻落实《齐齐哈尔市水污染防治工作方案》，建立流域水质改善、断面水质达标、单元污染控制"三位一体"的水质管理体系。一是积极推进综合治理项目建设，推进克东县玉岗水库综合治理、讷河饮用水源地治理、讷河乾鑫酒业污水处理、富裕县饮用水源地治理、甘南县兴十四污染处理、泰来县江桥镇污水处理、富裕县富路镇污水处理等7个工程按期、按时限完成项目建设。二是加大对已建成项目的督察，确保污水处理设施切实发挥减排作用。三是推进落实重点流域水污染防治规划。进一步深化"以支促干""一河一策"及"河（段）长制"等流域治污模式，重点推进乌裕尔河、讷谟尔河流域的综合治理。四是加大化学需氧量、氨氮、总磷及其他影响人体健康的污染物整治力度。五是根据流域治理需要，探索推行基于控制单元的差别化水环境管理政策，对汇入尼尔基水库的河流实行总磷排放控制；向乌裕尔河、讷谟尔河排放污水的新、扩建项目，氨氮指标应执行特别排放限值。计划到2018年，乌裕尔河、讷谟尔河等流域污染程度有所降低；计划到2020年，嫩江干流国控断面水质稳定维持Ⅲ类，乌裕尔河、讷谟尔河水质进一步改善。强化对嫩江干流、重点支流和湖库、沿岸重点排污企业，以及冰封枯水期、汛期的水污染防治。讷谟尔河已纳入全省生态补偿范围，讷河市加强水质管理，排查超标原因，制定治理方案，确保水质。六是逐步推进建成区黑臭水体排查。制定实施整治方案，向社会公布本地区黑臭水体名单、责任人、达标期限。重点推进建成区内的8个黑臭水体的整治，治理情况每半年向社会公布一次。2016年，铁锋区完成东湖明渠、市排水处完成大乘寺滞水池等黑臭水体的治理；2020年底前，铁锋区拟完成八里社区水塘等3个黑臭水体、龙沙区完成南部雨水干线等3个黑臭水体的全面治理；并在治理期内向社会公布达标期限以及责任人等，主动接受社会监督。

（四）完善制度措施，加强水系保护工作

在松辽水系保护领导小组的领导下，齐齐哈尔市继续推进制度改革，积极完善政策法规，大胆出新，为松辽水系的保护工作提供有力的保障。

一是通过完善流域协调机制以及水环境监测网络来逐步提高监管水平。二是加大执法力度，加强环保、公安、法院和检察院等部门沟通协作，强化环境保护行政执法与刑事司法衔接配合，充分保障水环境管理工作。三是大力进行多元融资，积极引导社会资本入资优秀企业，从而大力推进企业对于环保领域工作的支持。政府积极筹措资金，重点支持污水处理、污泥处理处置、河道整治、饮用水水源保护、畜禽养殖污染防治、水生态修复、应急清污等项目和工作。四是强化环境质量目标管理、深化污染物排放总量控制、严格环境风险控制、全面推行排污许可等举措，切实加强对水环境的管理。

四 跨省区协作机制的未来展望

水系保护工作是一项复杂的系统工程，既要兼顾上下游、左右岸、干支流等多种因素，又要考虑区域间的利益关系，做到流域与区域相结合，区域与区域相联合，行业之间、部门之间相配合。国务院深化改革领导小组第三十二次会议强调，在流域管理中，应按流域来设置执法机构以及环境监管部门，在管理的过程中应该以流域作为管理的单元。管理部门应该统筹安排左右岸以及上下游各部门的权责，优化执法环境和执法流程，实现在流域内统一监测、统一规划、统一执法、统一标准、统一环评，从而使流域内环境保护的整体成效大大提升。

2016 年底，为解决我国复杂水问题、维护河湖健康生命，完善保障国家水安全，国务院办公厅、中共中央办公厅印发了《关于全面推行河长制的意见》。为落实中央意见，松辽水系保护领导小组组长、吉林省副省长在 2017 年 10 月召开的松辽水系保护领导小组第八次工作会议上强调，要充分认清并贯彻落实新的发展理念对水系保护工作提出的新要求，坚持原则、绿色发展，进一步增强做好水系保护工作的自觉性，要充分认清水资源保护的流域性特征对做好水系保护工作提出的新要求，遵循治水客观规律，进一步强化水系领导小组的平台功能。

（一）吸收国内外流域管理成功经验

在现行跨省区协调治理制度基础上，继续改进和完善流域管理体系，充分提高流域管理的效率和机动性。我们目前的流域管理体系中，塔形结构还不是那么牢固，缺少一个稳定的、可以全方位管理的流域协调职能机构。在国外的案例中，我们经常可以看到流域理事会的存在，它是由流域内各省派遣代表组成，按照一定的民主程序进行决策，并且拥有相应的法律政策，决策一旦形成，就必须执行，并有法律保障。理事会的职能便是统管流域内的一切事务，可以充分地在流域内水利工程、水资源的分配以及水污染防治等工作中发挥作用，核心权威的树立有利于流域内跨省协调工作的进行。

（二）继续加强流域内水资源的市场化改革

对于水资源管理的必要前提之一便是水权制度的构建。根据2005年国家颁布的《水权制度建设框架》要求，我们可以清晰地看到水权制度建设的三个重点部分。一是水资源所有权确立，在这一方面主要是确定在水资源管理方面水资源为国家所有这一属性，基于此，相关政策和法规的建设是为了确保对关键水资源的规划和全方位的调控，并对跨省区协调治理的体制进行改革；二是水资源使用权的确认，包括初始水权的确认以及水权利的保护、水资源的分配；三是水权流转，这其中包括水市场的建立以及水权的转让。综观以上三个方面，就目前状况来看水资源使用权的改革虽然有一定的进展，但是由于涉及的面比较广，对于部分体制的改革开展较慢，也有一定的难度。因此作为跨省区协调治理的市场化改革的生态补偿机制的构建、流域水资源的企业化管理以及设立流域基金等方面应该加强。充满活力的市场机制的引入，将通过其自身的制度弹性和市场调节能力积极地为跨省区协调治理问题带来强劲的动力，也有助于协调治理关系的理顺以及成本的节约，最终实现对于流域内水资源的合理利用。

齐齐哈尔市畜牧业畜禽粪污资源化利用研究

孙国徽[*]

摘　要： 畜牧业发展对环境影响主要来自粪污排放，除了其明显的恶臭的气味带来的空气污染，也容易传播病菌和疾病，同时不当处置也会对水源和土壤带来污染。因此，畜禽粪污成为畜牧业发展的瓶颈，畜禽粪污资源化利用成为畜牧业发展的重要内容。本文以齐齐哈尔畜禽粪污资源化利用为例，总结其经验和启示，为全省畜禽粪污资源化利用提供借鉴和参考。

关键词： 齐齐哈尔　畜禽粪污　资源化

黑龙江省既是农业大省也是畜牧业大省，畜禽粪污排量预计在 1.2 亿吨以上，畜禽粪污对松花江流域的环境影响较大，并且畜禽粪污资源化利用在农业发展上有着强烈的需求。齐齐哈尔是黑龙江省畜牧发展的大市，畜牧业发展的比重较大，按照规模养殖场核查数据，2017 年畜禽粪污量超过 400 多万吨，其畜禽粪污处理和资源化利用水平对全省畜禽粪污资源化利用具有示范和引领作用。

一　畜禽粪污资源化的迫切性

（一）各级政府重视畜禽粪污排放所带来的环境问题

习近平总书记在中央财经领导小组第十四次会议上强调，加快推进畜

---

* 孙国徽，黑龙江省社会科学院农村发展研究所助理研究员，研究方向为农业生态经济、畜牧经济与区域发展。

禽养殖废弃物处理和资源化，关系 6 亿多农村居民生产生活环境，关系农村能源革命，关系能不能不断改善土壤地力、治理好农业面源污染，是一件利国利民利长远的大好事。2017 年 6 月国务院下发《关于加快推进畜禽养殖废弃物资源化利用的意见》，明确提出到 2020 年，全国畜禽粪污综合利用率达到 75% 以上，规模养殖场粪污处理设施装备配套率达到 95% 以上等要求。与此同时，农业部、环保部分别做了部署，提出了畜禽粪污资源化利用的具体要求。黑龙江省委、省政府对畜牧业发展带来的环境问题充分重视，并成立畜禽粪污资源化利用领导小组，可见，畜禽粪污资源化问题得到从国家到地方的足够重视。畜禽粪污的治理和利用，是贯彻落实绿色发展理念和推进农业供给侧结构性改革的重要举措。

（二）全国范围内执行禁养限养政策

据环保部公布的 2017 年上半年《水污染防治行动计划》重点任务进展情况，在农业农村污染治理方面，截至 6 月底，全国累计划定畜禽养殖禁养区 4.9 万个，面积 63.6 万平方公里，累计关闭或搬迁禁养区内畜禽养殖场（小区）21.3 万个。禁养限养区划定和清理，是有效治理畜禽粪污污染的有效手段。黑龙江省在政策执行上滞后于其他地区，关闭关停和清理不符合要求的养殖区，也是畜禽粪污资源化深度发展的机遇。

（三）奖惩并行的征收畜禽粪税政策将实施

2016 年，中央财政积极调整完善政策措施，支持以社会化服务形式推进农业农村废弃物综合利用，探索政府购买服务、第三方治理等市场化治理模式。2017 年，中央财政安排 20 亿资金支持畜禽养殖废弃物处理和资源化利用，以全国 600 个生猪、奶牛、肉牛养殖大县为重点，通过财政"以奖代补"方式支持规模养殖场和粪污集中处理服务设施建设，补贴畜禽养殖废弃物就地就近资源化、能源化利用，带动全面实现畜禽粪污资源化处理，推动形成农牧结合和种养循环的发展模式，构建规范化处理、市场化运营和社会化服务相结合的新格局。2018 年 1 月 1 日将正式实施的我国首部《环境保护税法》明确指出，将对存栏规模大于 50 头牛、500 头猪、5000 羽鸡鸭等的养殖户征收环保税。这预示着畜牧业发展所带来的污染排放问题的解决有法可依，将有效抑制畜牧粪污的产生。

二 齐齐哈尔市畜禽粪污资源化利用的状况

畜牧业的发展必然产生逐步增加的畜禽粪污排放，但受环保压力、经济效益和需求市场的有限性以及规模化、标准化水平的提升等因素影响，畜禽粪污排量增加幅度不会很大，预计到2020年，需要处理的畜禽粪污排放量在360万吨/年~430万吨/年。

规模养殖场粪污处理能力明显提升。据对规模养殖场环保检查情况看，截至2017年底，现有规模养殖场粪污处理设施配套率在75%左右，同比有较大的提升，高于全国平均水平，体现了规模养殖场标准化程度的提升。对照农业部到2020年规模养殖场粪污治理设施配套率要达到95%的要求，齐齐哈尔市可以提前完成。粪污治理方向以肥料化为主、能源化为辅；达到资源化利用、变废为宝的最终目标。

(一) 严格执行禁养限养政策

2016年，省环保厅、省畜牧兽医局印发《关于划定畜禽禁养区和依法关闭或搬迁禁养区内规模化养殖场（小区）养殖专业户工作的通知》，2017年4月齐齐哈尔市全面完成了畜禽禁养区划定工作，下发了《齐齐哈尔市人民政府办公室关于印发齐齐哈尔市畜禽禁养区划定方案的通知》（齐政办发〔2017〕15号），并已在环保在线网站向社会公示。同时，各县（市）、区均划定了禁养区并制定了养殖场（小区、专业户）关闭搬迁方案并向社会公示。经多次核定，确定全市禁养区内规模养殖场共35家，目前已有11家规模养殖场完成关闭和搬迁工作（包括克山县2家生猪养殖场搬迁，1家商品羊养殖场关停；龙沙区2家奶牛养殖场关闭；碾子山区1家生猪养殖场报停；铁锋区2家肉牛养殖场关闭，1家奶牛养殖场关闭；甘南县1家生猪养殖场关闭，1家肉牛养殖场搬迁），禁养区关闭或搬迁完成率为31.44%，其他县（市）、区正在研究制定合理的关闭和搬迁规划，年底前全面完成清理整顿。

(二) 配套畜禽粪污处理设施

2017年1月召开"两牛一猪"规模化养殖场粪污治理工作推进会，同时，环保部门下发了《齐齐哈尔市"两牛一猪"规模化畜禽养殖污染防治专项整治行动方案》，畜牧部门对畜禽粪污处理提出了要求，通过建立粪污处理设施、与合作社签订消纳协议、委托有机肥厂处理、推行微生物菌床技术等方式消纳现有粪污存量。通过全市七区九县畜牧部门统计，2017年，全市符合畜禽规模化养殖标准的养殖场312个，其中存栏奶牛100头及以上的奶牛场66个、出栏肉牛100头及以上的肉牛场51个、出栏生猪500头及以上的生猪场166个、存栏蛋鸡10000羽及以上的蛋鸡场26个、出栏肉鸡50000羽及以上的肉鸡场3个。从畜禽养殖场（小区）配套建设废弃物处理利用设施情况看，312个畜禽场中有239个配套完成建设了废弃物处理设施，73个未配套建设废弃物处理设施，全市规模化畜禽养殖场配套建设废弃物处理利用设施比例为76%。

（三）多渠道畜禽粪污资源化利用

1. 以微生态生物菌床建设实现粪污处理

2017年上半年，齐齐哈尔市奶牛存栏已达38万头，肉牛饲养量达131.5万头，养牛户达到9759户，养殖小区287个，其中奶牛养殖专业大户（场）有732户、养殖小区有117个，规模化经营比重达55%以上。目前，粪污处理问题已成为困扰奶牛和肉牛养殖行业的瓶颈问题。通过微生态生物菌床产业化建设，有利于推动和加快项目区和周边地区种植业和畜牧业生产结构的调整，充分发挥区域优势，有利于促进种植业与畜牧业的有机结合，实现农业与畜牧业相互依存、相互促进的良性循环，形成本地区农业和畜牧业的可持续发展。

（1）微生物生物菌床使用特点。生物菌床所用垫料均因地取材。使用谷壳、木屑锯末、米糠、秸秆粉、草粉等，在牛舍地面上铺设一层垫料，厚度约为50厘米，只要透气性好，适合菌群生长都可用。简单的操作减少管理人员和费用。在垫料上均匀铺洒专用菌剂，并调好适合的湿度。运用生物菌床技术三年维护费的价格为每平方米152元，与原来散栏式牛舍相比平均每个牛卧位节约垫料费462元。可减少生产一线人员32%，经测算与传统相比，平均每头牛三年内可节约成本955元。能提高奶牛生产水平，奶牛单产提高16%～23.2%、乳房炎发病率降低47个百分点、肢蹄发病率降低82个百分点，奶牛治疗费降低11%～49%，吨奶饲料消耗量持续下降，奶牛产奶高峰期提高19～33天。节能减排效果显著。该技术显著降低农业面源污染的污染源总量，可节约机械燃油 67%，节约电 16%，取暖节煤 80%，化学需氧量减排 30%，氨氮减排 17%。

（2）齐齐哈尔市依托微生态生物菌床的发展模式选择。一是建设微生物菌种生产基地。通过技术引进模式，对接微生物科技企业，将微生物菌床技术引入齐齐哈尔市。由鹤达天诚科技有限公司投资建设年产 5 万吨微生物生产企业。其中，生产微生物粪污处理菌剂 2 万吨，生产微生物饲料添加剂 3 万吨。微生物企业投产后，将大大降低微生物菌剂价格，有利于生物菌床的推广建设。二是实施微生物菌床建设。2017 年，重点对新建设的万头奶牛场和 300 头以上标准化奶牛场，全部纳入建设体系，全面使用微生物菌床技术。同时，与养殖合作社、养殖大户合作，对现有的规模化养殖场（小区）进行改造，推广微生物菌床建设。完成 100 个肉牛和奶牛规模化养殖场（小区）2000 栋改造任务。三是发展生物有机肥产业。将生物菌床的垫料，作为生物有机肥生产原料。建设年产 12 万吨生物有机肥项目 4 个，从而推动有机、绿色食品产业的发展。

（3）齐齐哈尔市微生态生物菌床发展目标。到 2020 年，齐齐哈尔市计划完成 50 个新建万头奶牛场和 300 头以上肉牛项目的生物菌床建设，改造现有传统牛舍建设生物菌床 2000 栋，实现年处理奶牛粪尿 1300 万吨，生产高浓缩生物有机肥 48 万吨。届时，将实现产值 35 亿元，实现节约3000 吨标准煤，化学需氧量减排 1520 吨、氨氮减排 15 吨的节能减排效果。

2. 固液分离法处理

通过将畜禽粪污集中处理，使固体粪便和液体得到有效分离的处理技术。固体部分通过发酵、翻抛和晾晒变成有机肥料直接还田，还可以作为畜舍垫料使用。液体部分通过一系列处理作为液体肥料灌溉。这种方式使得畜禽粪污得到有效的处理和利用。

位于齐齐哈尔市富裕县友谊乡勤联村的富裕光明生态牧场使用这种粪污处理和利用方式，场区占地 600 亩，共 2 个挤奶厅、1 座综合楼、14 栋牛舍、5 个青贮窖，总的奶牛饲养规模为 5000 头，粪污产量 200 吨/日。为实现污粪无害化处理及资源综合利用，场区内共建立 2 个集粪池（500立方米/个），2 个固液分离池，5 台固液分离机，2 个沉淀池，一个气浮、厌氧、好氧、消毒池，也叫生化处理池，总的容积 13 万立方米的氧化塘 3

个，1 个 2000 立方米的雨水暂存池；2 座鲜粪堆放库（3800 立方米/个），4 个牛粪发酵池（共 1060 立方米），3 个晾晒棚（共 2700 平方米）。通过将牛舍粪污集中固液分离池，将鲜粪和污水混合稀释调浆后固液分离。固体部分经过发酵、翻抛、晾晒，在 10 月到次年 5 月份抛粪还田，7 个月共还田有机肥 11000 吨；6~9 月份作为卧床垫料，5 个月共节省垫料 4800吨。而液体部分经过初沉淀、气浮、厌氧、好氧、沉淀、消毒后进行灌溉，一年三次灌溉时间，其他时间贮存在氧化塘中，全年共产生液体粪肥约 50000 立方米。从排污方式看，整个场区施行雨污分流，牛粪采用地下管道方式输送，污水通过地下管道还田。同时，采用活菌吞噬死牛尸体额方式处理死牛，每天可以处理 2 头牛，7~10 天全部分解完全。

富裕光明生态牧场更是通过自身不断的努力和创新，朝着高标准、集约化、生态型的目标不断前行，成为黑龙江高寒地区现代化农业的"亮点"。未来，富裕光明生态牧场将继续抓住"畜禽粪污资源化利用"的契机，适应高寒地区发展的需要，通过全面铺开环境友好型、资源节约型的养殖新模式，探索出一条适合东北地区畜禽粪污治理的新路子。

除以上两种处理方式外，还有多种不同的畜禽粪污资源化利用的方式，如收集粪便还田、能源化利用、固体粪便堆肥利用、粪便垫料回用、污水肥料化利用和达标排放等模式。齐齐哈尔汇轩生物科技有限公司正开展设备升级，提高发酵床产品技术质量，具备推广微生物菌床处理粪尿的技术实力；哈尔滨观鸿科技有限公司在甘南建立了有机肥生产厂，与甘南瑞信达原生态牧业合作争取年处理粪尿 10 万吨；嘉一香食品有限公司正在进行粪污处理配套设施和有机肥生产线建设；克东飞鹤二牧生物燃气利用模式稳步发展。畜禽粪污资源化利用的模式多种多样，齐齐哈尔作为畜牧大市有效地拓展思路，使得畜禽粪污得到有效治理和利用。

三　畜禽粪污资源化利用的经验与启示

黑龙江省作为农畜大省，在农业资源保护和环境可持续发展方面尤显重要，畜禽粪污资源化利用是农业循环经济的切入点和重要环节，把握好这个环节，是农业可持续发展和农业循环经济发展的重要保证。通过对齐齐哈尔市畜禽粪污资源化利用的情况分析，借鉴有益的经验，在发展中存在的问题及不足之处也对畜禽粪污资源化利用在全省实施有一定启示作用。

（一）畜禽粪污资源化利用的经验

作为畜牧业大市的齐齐哈尔，解决畜禽粪污排放问题是其畜牧业发展不可回避的重要内容，也是其畜牧业健康发展和环境保护的重要方面，在畜禽粪污资源化利用方面，环保部门和畜牧部门都倾注一定的精力将其作为工作的重要内容，从组织构架、环境监督、资源化利用项目和利用模式方面都得以体现。

1. 完善畜禽粪污资源化利用的组织保障

为了防治畜禽粪污污染和推进畜禽粪污资源化利用，齐齐哈尔市环保局和齐齐哈尔市畜牧局分别成立了相应的组织机构，从组织架构上保障了畜禽粪污资源化利用的有序进行。其中齐齐哈尔市环保局结合《齐齐哈尔市"两牛一猪"规模化畜禽养殖污染防治专项整治行动方案》，成立由环保局局长任组长的"两牛一猪"规模化畜禽养殖污染防治专项整治行动领导小组。该小组的主要工作内容是完善消纳粪污和治污设施建设，严格执行环保法规定，严格查处违法行为，完成畜禽禁养区划定，落实搬迁整顿工作，并完成整治验收等。齐齐哈尔市畜牧局成立了畜禽粪污资源化利用领导办公室，主要负责畜禽粪污污染防治和资源化利用的工作，使得畜禽粪污资源化利用在组织机构上得到有效保障，同时，又成立齐齐哈尔市畜牧服务产业领导小组，办公室设在齐齐哈尔市种畜禽指导站，积极向省、市上级部门争取相关政策和资金支持，协调畜禽粪污无害化处理和资源化利用的相关工作和配套资金；研究制定相关方案和计划，确定重点工作并督促落实；协调解决重大问题，指导县（市）区畜牧部门开展相关工作。可见，在组织机构建设上比较完善，确保畜牧粪污资源化利用有效进行。

2. 全面排查畜禽养殖情况并督促自改

畜禽粪污治理的前提是掌握畜禽养殖情况，这是有效推进畜禽粪污资源化利用的前提。齐齐哈尔市畜牧局比较重视这方面的工作，细致地掌握了畜禽粪污来源问题。通过全面摸清养殖场名称、地址、主要责任人、监管责任人、养殖类型和饲养规模、粪污收集存储处理情况及利用方向，解决底数不清、数字不准、情况掌握不到位的问题。根据整治对象实际情况，督促进行自查整改，分类别、分途径、分阶段实施粪污处理，配套建设符合环保标准的粪便污水贮存、处理、利用等设施。其中，散养密集区内要实行畜禽粪便污水分户收集，集中处理利用；新建规模化畜禽养殖场要实施雨污分流，粪便污水资源化利用。

3. 积极探索粪污有效利用途径

鼓励对粪污进行能源化处理和深度肥料化应用，实现畜禽粪污排放减量和有益菌肥还田。其中，粪便采取堆肥发酵后，用作饲料、燃料、卧床垫料及生产基质、有机肥等方式处理；尿液采取储存农用、厌氧好氧处理后达标排放或循环利用、生产液态有机肥等方式处理。

4. 合力推动畜禽粪污达标还田

理顺粪肥还田通道，实现畜禽粪污资源化综合利用，确保粪肥还田通道畅通。一是养殖场直接将达标粪肥出售或赠予有需求的农户，直接还田；二是支持鼓励专业有机肥生产企业就近建厂，深度处理养殖场达标粪肥，加工成商品有机肥，市场化销售还田；三是各县（市）区政府可以给予不低于30%的运费补贴，组织调运养殖场积压的达标粪肥，按照土地消纳量有计划地运到田间地头，改良耕地、草原和林地。同时，国家和省级畜禽粪污治理专项补贴，要向商品有机肥生产和使用环节倾斜，重点培育畜禽粪污商品化、市场化治理模式。

5. 严格规范和监管畜牧发展

科学安排关闭搬迁规划工作。组织实施禁养区内规模养殖场及城镇居民区散养户关闭和搬迁工作。对禁养区内的规模化养殖场依法拆除清理。其中，合法合规、手续完整的养殖场，要分构造和新旧程度进行合理补偿；违法违规、私搭滥建的依法实施关闭；对散养密集区群众反映强烈的养殖户依法处理。严厉打击偷排滥放违法行为。对未经达标处理的粪污不能以任何方式运（排）出养殖场；对未采取有效措施，致使贮存的畜禽废弃物渗漏、流失、遗撒或散发恶臭气味等对周围环境造成污染和危害的，责令停止违法行为，限期治理，并依法处罚；对向水体或其他环境倾倒、排放畜禽废弃物的，责令停止违法行为，并依法处罚；对违反法律法规和有关规定私设排污口或者排污暗管的，责令限期拆除，并依法处罚。

（二）齐齐哈尔市畜禽粪污资源化利用的启示

齐齐哈尔市畜禽粪污资源化利用取得良好的成绩，经验值得借鉴。但在粪污资源化利用过程中也存在一些制约问题，通过齐齐哈尔市畜禽粪污资源化利用的分析为其他地区和部门畜禽粪污资源化利用带来发展启示。

1. 部门协调不密切问题凸显

县（市）区政府和行业部门尚未形成严密的"一盘棋"工作机制，衔接不畅，工作存在疏漏。畜牧粪污资源化主要涉及环保部门和畜牧部门，也就是环保局和畜牧局，两个部门之间相互独立，只是在涉及环境问题方面产生工作的交叉，故此，在畜禽粪污资源化利用项目管理上存在职责划分不清问题。且养殖业所体现的环境问题所表现的特殊性，涉及养殖户成本和效益问题，在管理上难度大，并非一个部门能够完成。因此，部门间协作在畜禽粪污治理和资源化利用上尤为重要。齐齐哈尔市环保部门和畜牧部门应就部门如何协调寻找一个合理的解决方式，以便在畜禽粪污资源化利用管理上更有效率。

2. 县市区政府主体管理职责发挥不够

个别县（市）区政府主体责任落实不到位，对环保突出问题整改工作重视不够、部署不够、工作配合不力。同时对一些社会责任缺失、漠视环保法律法规，甚至存在偷排偷放现象的企业的监管不力等问题也比较普遍。

3. 畜禽粪污资源化利用水平较低

一方面表现在畜禽粪污资源化利用停留在初级肥料化还田的比重比较大，这也是畜禽粪污利用最简单的方式，投入成本小，要求技术不高，容易操作，但存在有机肥的销售去向、粗放还田效果不明显和液态产物如何处理方面的问题，因此其利用效果和污染治理效果都不是很好。另一方面，高技术含量畜禽粪污资源化利用少。目前，微生态生物菌床技术、粪肥固液全效还田都是比较先进的技术，在齐齐哈尔市乃至全省并不是很普及，还处于刚刚起步发展阶段。因此，应重视在推广先进的畜禽粪污资源化利用技术时，着重引进相关项目和企业。

4. 稀缺的土地资源限制发展

畜禽粪污资源化利用需要一定的土地资源进行建厂生产，尤其初级处理方式更需要足够的土地资源，普遍存在的建设用地不足问题也限制了资源化利用企业的建设。因此，畜禽粪污资源化利用的模式选择上尽量节省使用土地，尽量结合养殖畜舍空间利用。

5. 畜禽粪污资源化利用机制不成熟

从齐齐哈尔市畜禽粪污资源化利用情况看，高技术利用方式多为养殖企业，畜禽粪污简单还田处理方式多为合作社、养殖场等规模相对小一些的养殖主体，而规模更小、存在很大数量的散户如何进行畜禽粪污资源化利用，目前看，还是有待解决的问题。因此，形成企业、养殖场、养殖小区、合作社以及农户之间的畜禽粪污资源化利用机制至关重要，使得不同规模和不同养殖主体所产生的畜禽粪污都能得到有效利用，保障畜禽粪污资源化利用的目标顺利实现。

城市内河治理经验与启示

——牡丹江市"三溪一河"治理案例研究

聂志军　王　辉[*]

摘　要：牡丹江市"三溪一河"（金龙溪、银龙溪、青龙溪、北安河）贯穿牡丹江市城北区，全长 18.35 公里，是牡丹江市城北区排污、除涝、行洪的唯一通道。改造前，沿河两岸棚户区密布，生产生活垃圾直接倾倒于河道，生产废水和生活污水直接排放河中，上游植被破坏严重，水土流失日趋恶化，造成断面缩窄，河道淤积，污水横流、臭气熏天。经过多年综合治理，河道面貌已焕然一新，建成了以两溪汇合口的双龙广场为核心，以金龙溪、银龙溪、北安河为三个景观轴沿河两岸的简约、实用、便民带状公园，成为牡丹江市北部城区集休闲娱乐、健身、旅游于一体的滨水园林景观长廊。

关键词："三溪一河"　内河治理　牡丹江市

一　牡丹江市"三溪一河"历史原貌

（一）环境的历史变迁

牡丹江市"三溪一河"（金龙溪、银龙溪、青龙溪、北安河）是牡丹江市城北区的主要河流，由北安河及其支流金龙溪、银龙溪、青龙溪组成，河道全长 18.35 公里，流域面积 208 平方公里。基于牡丹江市区"背山面江"的地理条件，北安河为牡丹江左岸的一级支流，发源于牡丹

---

* 聂志军，牡丹江市社会科学界联合会主席；王辉，牡丹江市社会科学界联合会。

江市北安乡北部大碴子山，从牡丹江市城区穿过。牡丹江市"三溪一河"主要功能为汛期接纳牡丹江回水、排泄城北区市内汛期洪水、北部山区洪水及城北区生产废水、生活污水。曾经的"三溪一河"上游植被茂盛，两岸绿树成荫，河水清澈见底，鱼虾成群，人们依水而居，洗衣饮水做饭，孩童戏水，"三溪一河"成为与群众生产生活息息相关、不可或缺的重要部分。伴随着牡丹江市经济社会的快速发展、城市规模的扩大、人口的急剧增加，"三溪一河"上游植被保护不佳，水土流失严重，致使河道淤积，流域范围企业增多，沿河两岸没有排水截污管线，大量未经处理的工业废水和生活污水全部排入"三溪一河"，再加之两岸建筑密集，河道内私搭乱建十分严重。一些居民向河（溪）倾倒垃圾、残土现象屡禁不止，河道管理不善，造成雨季洪峰流量增大，桥涵堵塞，断面缩窄，河床抬高，杂草丛生，垃圾满河，臭气熏天，"三溪一河"成为废水污染河、汛期危险河和影响周边环境的垃圾臭水河，危害了广大群众的身体健康。

（二）环境治理存在的突出问题

1. 城市的快速发展和用地的矛盾

随着牡丹江市城镇化进程的不断深化，城区人口的增加和工业的发展使城市不断扩张，农村人口不断向城区转移，特别是由于产业升级，一些劳动密集型的企业向城市转移，城市的快速发展对城市用地需求增大，当规划不当无法满足时，在"三溪一河"流域内出现了侵占河道、填埋湿地、围垦河岸、非法搭建等现象。导致河道过水断面越来越小，河流调蓄洪水的功能减退，汛期已经危及牡丹江的行洪安全，水环境也受到严重破坏。

2. 内河治理理念存在误区

为了提高城市内河的防洪能力和景观效应，牡丹江市对"三溪一河"等内河进行过改造，通过对河流清淤疏浚、裁弯取直，对堤坝进行混凝土和浆砌石硬化处理，提高了"三溪一河"的整体美观性和河道的行洪能力。但工程在一定程度上破坏了河流自身生态系统的平衡，致使河流渠道化严重，河流生态功能和生态修复能力下降。

3. 市政基础设施不够完善

"三溪一河"沿岸市政基础设施不完善，没有统一的污水处理设施，未经处理的生活污水、工业废水和垃圾废物直接排入河道，水体富营养化使河水发黑变臭，造成河流生态环境的恶性循环。

二 牡丹江市"三溪一河"治理举措

受污染的"三溪一河"不仅严重影响群众的生产生活和牡丹江的形象，更成为汛期防洪的重大隐患。治理"三溪一河"逐步引起牡丹江市政府的重视，但由于资金投入、治理范围、管护措施等多种原因，治理未取得实际效果，社会各界的关注度也越来越高。

2008年，牡丹江市人大代表联名提案，要求采取强力措施进行综合治理，彻底解决"三溪一河"综合治理问题，该提案被列为当年牡丹江市人大一号议案。牡丹江市政府对市人大提案高度重视，立即组织市规划局、水务局、环保局等部门对"三溪一河"流域环境及水土流失、沿岸建筑、河道管理、道路桥梁、周边污水排放等方面进行了调研，为"三溪一河"综合治理收集、整理第一手宝贵的基础资料。

2009年，牡丹江市棚廉办着手"三溪一河"沿岸30米控制范围棚户区动迁工作，投资1.38亿元将800多户居民异地安置到曙光新城，为"三溪一河"综合治理腾出了空间。

2010年，牡丹江市政府制定了《牡丹江市城市绿地水域保护管理办法》，为"三溪一河"综合治理明确了方向，确定了政策依据；多次组织力量对部分河段进行了卫生整治、河道修复、河道清淤及周边环境综合整治。但是，由于城市内河生态工程建设中水土保持的复杂性，前期工程建设只解决脏、乱、差的问题，没对水土流失、污染、绿化等各方面进行全方位的综合性治理，效果并不明显，并没有从根本上解决问题。

2011年初，牡丹江市委十届十五次全会上，为贯彻黑龙江省委、省政府"以水丽城、以水兴业、以水惠民"要求，牡丹江市委提出了"优化城市空间布局和生态环境，加快滨水城市建设，持续推进水环境综合治理"方针，为全市人民描绘了"着力建设生态宜居城市、和谐幸福城市"的蓝图。会议进一步明确了加快建设生态宜居城市，打造环境优美、秀气现代的新家园的目标，决定通过五年的建设，拉开牡丹江市城市框架，完善城市功能，改善城市环境，深化文明创建，全面提升城市规划、建设、管理水平，全力打造滨水、园林、简约、现代的生态宜居之城，让人民群众的幸福感、归属感普遍得到增强。

三 "三溪一河"综合治理成效显著

2011年4月，"三溪一河"综合治理工程正式启动，工程治理总长度16.57公里，分河道治理工程、污染整治工程、带状公园建设工程、双龙广场建设、桥梁改造工程和水土流失治理、棚户区动拆迁七大部分，投资估算5.4亿元，力争用三年时间让"三溪一河"河畅、水清、岸绿、景美。

在牡丹江市委、市政府的领导下，"三溪一河"综合治理工程突出对水体区域生态、环境恶化，水面枯竭，生态效能降低，对景观打造产生限制等一系列问题的解决，通过河道治理等多个工程及生态措施，改善牡丹江市区水环境。工程建设历时三年，成效显著。

（一）采取有效措施治理河道环境

1. 河道清淤治理效果明显

金龙溪两溪汇合口至新华桥、天安桥至沉沙湖和北安河两溪汇合口至铁路十九线桥8.9公里河道护坡建设，金龙溪沉沙湖、银龙溪沉砂湖和天晴湖、通乡湖建设，金龙溪、银龙溪和北安河至碾子沟口河道清淤。

2. 进行了排水截污管线建设

金龙溪、银龙溪、北安河至富江桥下游15公里截污管线铺设，管线全线贯通并接入城市排水主管线。

3. 建设双龙广场

打造牡丹江市标志性景观广场，核心区域5.5万平方米双龙广场建设。

4. 进行景观带状公园建设

金龙溪两溪汇合口至通乡桥、银龙溪两溪汇合口至沉沙湖、北安河两溪汇合口至富江桥下游 500 米 45 万平方米景观带状公园建设。

5. 进行水土流失治理

金龙溪上游 652.21 公顷水土流失治理。

6. 改造新建桥梁

新建东祥伦桥、明月桥，翻建光明桥、中华桥、天安桥、天晴桥、通乡桥，维修改造银龙溪人行桥、北安人行桥、牡纺桥，桥体亮化东地明桥、金龙溪人行桥等 12 座桥梁。

7. 引水入溪建设

引水入溪管线铺设 6.7 公里，建设泵站一座。

8. 拆迁整治环境

建设区域企业和居民动迁、拆除违建地上建筑、清理小开荒以及对地上供热、燃气、电力、通信的管线迁移或下埋，清理面积 11 万平方米。累计完成投资 4.9 亿元。2015 年 1 月，市环保局组织对该项目进行了环保验收，达到了预期的效果。

（二）"三溪一河"治理效果明显

"三溪一河"经过多年综合治理，环境面貌发生了翻天覆地的变化。两岸破烂不堪、违章违建的棚户区已不见踪影，杂草丛生、污水横流、臭气熏天的河道焕然一新，昔日的"龙须沟"已经成为历史。

通过综合治理工程建设，在流域上游改造梯田和封禁治理等工程，根治水土流失危害；经过河道清淤、生态护坡、混凝土护坡、沉砂湖等工程，将防洪标准提高到 50 年一遇，根治洪水危害；通过铺设截污管网截流污水、引水入溪、绿化美化和污染企业治理等措施，彻底改善水质和两岸生态环境；实施沿线道路建设、桥梁改造建设，全面改善了交通环境。建成了以两溪汇合口的双龙广场为核心，以金龙溪、银龙溪、北安河为三个景观轴沿河两岸的简约、实用、便民带状公园，成为贯穿牡丹江市北部城区，集休闲娱乐、健身、旅游于一体，极富牡丹江特色的滨水园林景观长廊。

仅以双龙广场核心景观为例，按照规划设计，"三溪一河"综合治理工程涉及大小广场及生态湿地共计 14 个，依据所处区位特点，分别拥有不同的主题。其中，处于金龙溪、银龙溪汇合口处的双龙广场是整个工程中最重要的核心景观节点。它是集文化、休闲、娱乐于一体的城市生活广场，总面积约 5.5 万平方米，硬铺装面积 1.6 万平方米，容纳河道面积 0.3 万平方米，园林绿化面积 3.6 万平方米。

双龙广场整体造型为一朵抽象的牡丹花环抱中心活动广场，并按照功能进行分区，可以满足市民文化、休闲、健身、大型活动的空间需要。中心活动广场建有 600 平方米舞台和能容纳 700 名观众的看台。其中，舞台上方罩有大型张拉膜结构，散发现代艺术感；看台台阶铺装木座椅，兼具美观与实用性。以中心广场为核心，周围均衡布置景观节点，如景观亭、张拉膜休闲角、滨水步道、环形塑胶跑道等，外围主要以防护绿地为主，提高公园内部的环境品质，使公园真正为市民服务。张拉膜的营造丰富了广场的空间节点，为人们提供了一处现代简约的活动空间，雕塑小品的营造丰富了园林元素，阳光浴场为人们提供了与草地、大树、阳光亲密接触的生态环境，使人们在工作繁忙之余可以有一个放松的好去处。广场生态廊道下，有牡丹江历史文化的特色铺装，以地雕的形式表现出"三溪一河"的整体微缩地图，并加以文字介绍治理过程。双龙广场成为牡丹江市新增一处标志性景观广场。

"三溪一河"综合治理的成功实践实现了城市居民幸福指数、城市内河防洪能力、城市经营潜力的三重提高。通过综合治理工程的实施，周边棚户区居民搬进了新居，彻底改善了沿岸居住环境。通过景观带状公园建设，为全市人民提供了高品质的休闲、健身、娱乐、旅游的理想活动场所。通过环境的改善，为周边房地产开发项目创造了有利条件，增加了吸引力和经济效益。"三溪一河"综合治理真实展现了生态效益、社会效益、经济效益同步发展理念，提升了市委、市政府"为民、惠民、利民"的良好执政形象。

四 "三溪一河"综合治理的经验和启示

（一）政府重视，政策资金保障到位

"三溪一河"综合治理这一历史性工程得到了黑龙江省委、省政府的充分肯定和大力支持。2012 年 10 月，黑龙江省委书记吉炳轩视察建设工程，肯定了牡丹江市委、市政府为民谋福祉、为老百姓做实事的突破性举措和历史性决策。7 月、10 月，黑龙江省省长王宪魁先后两次到工程建设现场视察，对工程建设提出了"提档提速、大力支持"的重要指示，同时要求省水利厅、财政厅等省有关部门积极支持该工程项目建设。黑龙江省水利厅先后两次到"三溪一河"工程现场实地踏查和综合调研，提出了建设性意见和建议，并派专家组指导工程规划建设。省水利厅在中小河流、水土流失治理和北安河上游防洪治理项目中安排专项资金 1 亿多元，有力支持了工程建设快速进展。省委组织部、省委省政府督查室、省发改委、省环保厅等部门也到工程现场进行视察和调研，从各个层面积极助推工程建设，"三溪一河"综合治理工程项目成为黑龙江省"滨水城市"建设的重点项目。

牡丹江市委、市政府治理城市内河顽疾的决心，给"三溪一河"的综合治理工作带来了前所未有的鼓励和支持。牡丹江市委提出要举全市之力克服一切困难，用 3 年时间彻底改变"三溪一河"面貌，工程治理要主次分明，要以双龙广场建设和银龙溪为重点，要用最经济的方式方法解决综合治理的实际问题，要大手笔、大气魄、大力度完成建设，将"三溪一河"每一个项目都建成效益工程、效率工程和廉政工程，实现河道治理，环境改善、生态宜居和城市品位提升"四位一体"的同步效益，打造出牡丹江市最亮丽的一道风景线。"三溪一河"综合治理工程连续 3 年被列入牡丹江市委、市政府重点利民实事之一。

（二）创新思路，内河治理与城市发展有机融合

城市内河之于城市，犹如血液之于人体，河流是否顺畅、清净，直接关系到城市的健康与灵动。虽然以往牡丹江市政府对"三溪一河"部分河段进行了卫生整治、河道修复、防洪方面的治理，但仍面临着"治而未愈"的尴尬，分析其原因是没有把"三溪一河"与城市作为一个有机整体综合考虑。只有立足长远，综合施策，加强"三溪一河"水系规划，通过健全污水管网还绿于民，构建广场公园，实现水系的互联互通等，才能真正实现"三溪一河"水质的优化和河岸的美化。

（三）百年大计，高起点规划设计

按照"高起点、高水平"设计的理念，以"百年大计""标志性工

程""民心工程"为出发点、立脚点，"三溪一河"指挥部面向全国开展了工程设计招投标工作，由国内外闻名的大连六环设计院负责景观设计工作。在省水利厅指导下，对"三溪一河"水域景观规划设计方案进行了优化完善。

1. 优化调整景观设计方案

在原有26个节点广场的基础上，增加10处广场，达到36处，核心区域建设18处广场，平均每200米就有一处。按照"整体布局、统一设计、统筹兼顾"的原则，统一选择草坪灯、射灯、路灯、景观灯等多种灯饰，提高观赏作用和灯光效果，使带状公园灯饰效果更加明显、夜景更加绚烂。提高桥梁改造装饰和灯光效果，打造"一桥一景"独特风景。

2. 优化完善水域景观规划方案

按照体现自然、生态、亲水的原则，在金龙溪、银龙溪上游增加集沉沙、调蓄、深潭养鱼、亲水、景观五种功能于一体的2处沉沙湖，在金龙溪、银龙溪、北安河增设3处"景观湖"、6处拦河闸、9处溢流坝、17处亲水平台、4处亲水走廊和14处踏步等，共新增55处景观设施，与公园景观交相辉映、融为一体，形成"一段一景"的河道景观。

3. 优化完善引水补水方案

一是金龙溪引水。投资3000万元左右从牡丹江引水，在上游修建提水泵站，通过建设输水管道6.7公里，将水调入金龙溪上游沉沙湖，解决金龙溪供水问题。二是银龙溪补水。对银龙溪上游八达水库和丰收水库进行除险加固和增容，改善水库运行状况，有效控制地表径流，解决银龙溪供水问题。

（四）集中指挥，加强各部门联动建设

在"三溪一河"综合整治过程中，由于涉及城市供水系统、景观建设、环境保护、河道管理、道路、铁路等多项内容，为加强统一部署，2011年3月27日，牡丹江市政府组建了以常务副市长为指挥，市人大副主任为常务副指挥，主管城建和水务的2名副市长为副指挥的"三溪一河"综合治理工程指挥部，全面负责工程的组织实施、指挥协调工作，为"三溪一河"综合治理工作提供了强有力的组织保证。工程指挥部在市水

务局、市建设局、市财政局、市规划局、市审计局、市粮食局、市物价局、市园林处等单位抽调 15 名优秀干部和技术骨干成立了办公室，负责工程的组织实施、指挥协调工作。

市规划局快速完成了"三溪一河"带状公园概念规划和控详规划；市水务局、市环保局、市规划局快速完成了水土流失治理方案、引水入溪方案、上游污染治理方案、"三溪一河"沿岸 500 米范围具有商业开发价值地段调研报告等多项课题研究。在此基础上，指挥部组织各方面专家力量，制定了切实可行的工程建设方案及 3 年建设计划，工程从 2011 年 4 月开始，到 2014 年 6 月结束。

牡丹江市委、市政府主要领导亲自到现场解决工程建设涉及的规划布局、工程建设融资以及动拆迁等疑难问题。多次主持召开市长办公会议，研究确定工程建设规划、设计方案、融资方案等，解决工程建设过程中遇到的疑难问题。施工单位是工程建设的主力军，工程启动之初，各施工单位按照工程指挥部的统一部署，抽调精兵强将，全力投入工程建设中。在指挥部资金紧张的情况下，所有参建单位自行垫资开展工程建设，为工程启动和快速开展做出了贡献。施工过程中，强化施工现场管理，随时进行场地平整，清理坑包瓦块，特别注重文明施工、安全施工，得到了广大市民的一致好评。

（五）关注民生，动拆迁工作做实做细

动拆迁工作是工程建设顺利开展的前提。动拆迁工程不仅涉及沿河（溪）1120 户居民住宅和 20 多户企业动拆迁，也包括沿河（溪）电力、供热、通信等架空管线迁移或下埋，还有沿河（溪）30 米红线范围内企事业单位和居民小区围墙和建筑拆除，涉及面广、矛盾大、利益纠葛深，情况相当复杂，推进相当困难。为了工程能够顺利推进，指挥部办公室会同市棚廉办、市房屋征收办、市城管局、市规划局等部门，一家一户调研，一个一个沟通协调，反复开展政策宣传和思想工作，多方采取措施，妥善解决了牡丹江市光明机械厂、顺达电力设备厂、劳保用品厂等 11 户企业动拆迁，建设局宿舍楼、五化宿舍楼等 108 户居民异地安置以及十三中、二十一中、消防指挥中心等 10 家单位 2000 延长米围墙拆除，完成动拆迁投资 5000 余万元。市环保局组织市工信委、市水务局、市工商局等部门推进上游污染企业治理工作，完成了 13 户污染企业搬迁、2 户污染企业关停、

6户污染企业达标整顿等工作。市城管局爱民分局、园林处、环卫处积极开展大树修枝整形、河道保洁工作，清理金龙溪两岸小开荒5000多平方米，拆除金龙溪、北安河沿线私搭乱建、公厕等80多处。市电业局、铁通公司、新华供热公司、燃气公司完成了通信线路、电力线路、供热线路、燃气线路及设施迁移和下埋，为工程建设创造有利条件。

（六）加强管理，确保综合治理成效

1. 坚持生态优先原则

围绕推进牡丹江市生态文明建设，牢固树立尊重自然、顺应自然、保护自然理念，处理好城市内河管理保护与开发利用的关系，强化规划制约，维护内河生态功能，推进沿河生态公益林和水源涵养林建设，加大水源地保护修复工作。

2. 坚持执法监管工作

实施对"三溪一河"动态长效监管，健全以党政领导负责制为核心的责任体系，坚持共同领导，分级负责，建立健全部门联合执法机制，强化行政监管与执法，依法治水管水，拓展公众参与渠道，依法查处水系违法违规行为，形成城市内河保护管理工作长效机制。

3. 加强"三溪一河"水污染防治工作

明确水污染防治目标和任务，统筹水上、岸上污染治理，完善入河排污管控机制和监督体系。排查入河污染源，加强综合防治，优化入河排污口布局，实施入河排污口整治。

4. 加强水生态修复工作

推进"三溪一河"生态修复和保护，禁止侵占、破坏上游河流、湿地等水源涵养空间。加强水生生物资源养护，提高水生生物多样性，开展水生生物增殖放流，提高水生生物多样性和水体净化调节机能。

5. 加强舆情引导，营造良好氛围

加强城市内河治理宣传教育和舆论引导，拓展公众参与渠道，营造

全社会共同关心和保护"三溪一河"的良好氛围。依托纸媒、电视、微信、互联网、宣传栏、宣传标语、电子显示屏、主题志愿活动等开展系列宣教活动，进一步普及公众的生态环保意识，提高公众的水资源保护节约理念，推动形成保护"三溪一河"等城市内河人水和谐的社会风气。

镜泊湖流域综合治理研究

王大业[*]

摘　要： 习近平总书记在党的十九大报告中指出，建设生态文明是中华民族永续发展的千年大计。必须树立和践行绿水青山就是金山银山的理念，坚持节约资源和保护环境的基本国策，像对待生命一样对待生态环境，统筹山水林田湖草系统治理，实行最严格的生态环境保护制度。我们对待生态保护重要性的认识比以前任何历史时期都要深刻，而在实践层面，当前也有典型的经验做法，比如镜泊湖流域的综合治理就是例证。本文分析了镜泊湖流域采取的治理措施、水环境和水生态条件，亟待解决的相关问题及其发展趋势，以"保护第一、合理利用"为基本方针，在基于构建生态环境承载力的流域经济社会优化发展模式上，提出行之有效的对策，实现镜泊湖经济社会发展和生态环境保护的双赢，促进流域经济、社会、生态的可持续发展。

关键词： 镜泊湖　综合治理　应用对策

一　镜泊湖环境基本概况

（一）镜泊湖的自然概况

镜泊湖是中国最大、世界第二大高山堰塞湖，属于新生代第三纪中期所形成的断陷谷地，位于黑龙江省宁安市西南部的松花江支流牡丹江干流上，东经 128°30′~129°30′，北纬 43°46′~44°18′，东邻渤海镇，南

---

* 王大业，黑龙江省社会科学院应用经济研究所助理研究员，主要研究方向为工业经济。

接敦化市，西北与海林市接壤。镜泊湖海拔 351 米，湖水深度平均为 40 米，平均宽约 2 公里，全湖面积约 95 平方公里，常年一般水位最高 353.65 米，最低 345.61 米，年平均流量每秒 9.2 立方米至 10 立方米，蓄水量 16.25 亿立方米。镜泊湖风景名胜区总面积 1726 平方公里，其中自然保护区面积 1260 平方公里。镜泊湖于 1982 年被国务院首批审定为国家级重点风景名胜区，是集浏览、避暑、科研、文化交流于一身的综合性景区，具有历史文化价值、动植物研究价值、地质研究价值、生态保护价值。2006 年被世界教科文组织评为世界地质公园，2008 年被联合国国际生态安全合作组织评为中国十佳休闲旅游胜地，2010 年被国家旅游局评为国家 5A 级旅游区。

（二）镜泊湖环境保护的研究背景

党的十九大报告指出着力解决突出环境问题，加快水污染防治，实施流域环境和近岸海域综合治理。实施重要生态系统保护和修复重大工程，优化生态安全屏障体系，构建生态廊道和生物多样性保护网络，提升生态系统质量和稳定性。黑龙江省委、省政府大力推进绿色发展，巩固和发挥黑龙江生态优势，绿色循环碳发展的内生动力进一步增强，深入实施水污染防治行动计划，保护水资源、防治水污染、修复水生态，筑牢龙江生态安全屏障，建设大美龙江。①

（三）镜泊湖环境保护的研究意义

认真分析镜泊湖流域目前所面临的重大水环境问题及发展趋势，提出切合实际的应用对策，把镜泊湖流域的综合治理提到更高的战略地位，促进镜泊湖流域的可持续发展，构建全防全控的镜泊湖流域生态体系，实现经济社会发展和生态保护的双赢，对整个牡丹江市的经济社会发展会产生深远的影响。

二　镜泊湖环境保护的治理措施和成效

牡丹江市委、市政府把镜泊湖流域的生态治理工作作为转变经济发展

---

① 《黑龙江省人民政府关于印发黑龙江省生态环境保护"十三五"规划的通知》。

方式和民生建设的重要内容，坚持"保护第一、合理利用"的基本方针，成立镜泊湖管理委员会，主要负责对流域内的行政、经济事务进行管理，并出台了《镜泊湖风景名胜区旅游宾馆酒店服务规范及管理暂行办法》，实行"环保一票否决"制，以保障流域水质为出发点，对镜泊湖流域污染防治提出明确的目标和要求，着力解决流域生态保护突出问题，促进流域经济、生态环境可持续发展。针对湖区的主要污染源来自旅游、工业、农业、养殖四方面，牡丹江市政府组建了湖区生态建设领导机构，重点防范安全事故、自然灾害、突发事件等三类环境风险，有计划、有步骤地进行了镜泊湖生态环境的综合治理。

（一）"十二五"期间采取的治理措施及成效

2011年编制镜泊湖景区"十二五"发展规划，提出"严格保护、统一管理、合理开发、永续利用"的实施方针，对景区污水处理设施实施增容和改造，启动人畜粪便无害化处理项目、生活污水无害化处理项目；对镜泊湖主要景点和重要山体部位进行了护坡防护，防止流域的水土流失；实施迎湖面山体的绿化工程，建设主要山体排水系统，科学利用镜泊湖现有资源，合理进行宏观调控。①

2012年镜泊湖被列为全国第二批湖泊生态环境保护试点，中央支持金额为5000万元，牡丹江市政府负责保护工程的建设和具体实施工作，在此后的五年中，牡丹江市政府陆续取缔镜泊湖流域内的所有工业，镜泊湖生态环境保护项目共6个，地方配套资金5031万元，截至2012年底，完工项目2个，在建项目4个。中央总投资323万元，以黑龙江省环境保护科学研究院为项目实施单位，开始进行对镜泊湖流域生态安全基线的调查。2012年末成立了以市长为组长，由环保、财政、管委会等部门共同组成的镜泊湖生态环境保护项目工作领导小组，定期召开联席会议，合力解决镜泊湖流域出现的重大环境问题。镜泊湖世界地质公园吊水楼瀑布周边防治水土流失改造项目顺利完工。

2013年由财政部、环保部联合投资3.2亿元启动镜泊湖生态保护项目，通过生态保护、环境监管能力、污染源治理、生态安全基线调查等四方面基础建设，将镜泊湖的生态保护提升到一个全新的层次。牡丹江市启

---

① 《镜泊湖景区"十二五"发展规划》。

表 1　镜泊湖生态环境保护专项 2012 年度项目清单

单位：万元

序号	项目名称	建设地点	建设规模	投资规模	资金来源		建设期限
					中央资金	地方资金	
一、生态保护项目							
1	镜泊湖世界地质公园吊水楼瀑布周边防治水土流失改造项目	镜泊山庄	防治水土流失地段	1700		1700	2012.5 ~ 2013.11
二、污染源治理							
2	镜泊湖风景名胜区生活垃圾收贮转运站	镜泊山庄北门、湖沿村、南湖	40t/d	700	400	300	2012.9 ~ 2013.6
3	污染源拆迁工程	镜泊湖北门	3100m²	930		930	2012.5 ~ 2013.6
4	牡丹江市镜泊湖区污水处理及回用工程	镜泊湖景区、镜泊村、城子村	7000t/d	6049.06	3947.57	2101.49	2012.6 ~ 2013.11
三、生态安全调查							
5	镜泊湖生态基线调查方案	镜泊湖流域	开展镜泊湖流域污染源解析研究	323	323		2012.5 ~ 2012.10
四、能力建设项目							
6	镜泊湖检、管理能力建设项目	镜泊湖山庄	在线监控、实验室设备购置、信息管理系统等	329.43	329.43		2012.9 ~ 2013.11
合计				10031.49	5000	5031.49	

资料来源：黑龙江省环保厅。

动了宾馆污水改造工程，有针对性地治理湖区生活污水，共计投入 5000 多万元，建设污水处理站 49 个，日处理量 5595 吨，彻底解决了湖区宾馆污水直排问题。镜泊湖核心区域的迎湖面基本完成退耕还林工作。相关部门对湖上营运船只进行了统一管理，取消了网箱养鱼，整治中、小养鱼场，禁止投放对湖水污染较大的鱼饵。成立环境保护执法中队，配备经过专业培训的执法人员，专门负责流域内的环境执法工作。成立融资管理办公室，将融资工作纳入镜泊湖管委会的日常工作，促进流域内重大环保项目的建设。

2014 年牡丹江市委、市政府积极争取宏观政策，争取到全国水生态文明城市建设试点，推进镜泊湖流域环境综合治理。

表 2 　《2014 年度镜泊湖生态保护》项目情况

单位：万元

序号	项目名称	建设地点	建设规模	总投资（万元）	资金来源(万元)		项目进展情况	备注
					中央资金	地方资金		
1	湖西村面源污染综合整治工程	湖西村	垃圾收集量920kg/d,垃圾填埋量100m³/a	1627.6	813.8	813.8	已完成可研及批复及实施方案	
2	景区北门综合服务区污水处理工程	瀑布村	1500t/d(污水)	1139.1	569.55	569.55	已完成可施方案	
3	湖北经营所胜过垃圾转运站	湖北经营所	10t/d(垃圾)	559.6	279.8	279.8	已完成可研及批复及实施方案	
4	镜泊乡农业面源污染控制与水土保持工程	镜泊乡	湖岸带草皮护坡、植草沟与沉淀井、挡土墙护坡	5860	2930	2930	已完成可研及批复及实施方案	
5	船舶污染治理工程	镜泊山庄	对游船产生的垃圾、废水及粪便收集与处理	367.6	183.8	183.8	已完成可研及批复及实施方案	
6	蒙古红鲌（红尾鱼）人工孵化养殖示范工程	水产养殖场	建设2座红尾鱼孵化池,年投放500万尾鱼苗	1271.5	635.75	635.75	已完成可研及批复及实施方案	
7	镜泊湖湖区水质监控预警工程	镜泊山庄	建设水质自动监测站3座、数据传输系统、中心控制室	1862.6	1033.8	792.8	已完成可研及批复及实施方案	
合计				12688	6446.5	6205.5		

资料来源：牡丹江市环境保护局。

　　2015 年实施差别化环境准入政策，直接向镜泊湖排水的新改扩建项目，新增水体超标污染物应执行减量置换。实行"河（段）长"负责制，明确落实责任，达到预期环境质量改善目标。①

表 3　2015 年镜泊湖监测结果（按照 Ⅱ 类水体评价）

垂线名称		总磷	高锰酸钾指数	氨氮	总氮
老鸹碴子	样本数	8	8	8	8
	最大值	0.122	6.6	0.385	1.46
	最小值	0.018	3.8	0.203	0.81
	平均值	0.062	5.6	0.318	1.03
	超标率(%)	87.5	87.5	0	100
电视塔	样本数	8	8	8	8
	最大值	0.060	6.1	0.428	1.4
	最小值	0.009	3.7	0.099	0.73
	平均值	0.034	5.1	0.224	0.946
	超标率(%)	87.5	87.5	0	100
果树场	样本数	8	8	8	8
	最大值	0.057	5.7	0.658	1.34
	最小值	0.004	4	0.124	0.74
	平均值	0.026	5.1	0.251	0.911
	超标率(%)	50.0	100	12.5	100

资料来源：牡丹江市环境保护局。

　　"十二五"期间，镜泊湖水质呈现出明显好转趋势，由 2011 年的 Ⅳ 类变为 2015 年的 Ⅲ 类。

表 4　"十二五"期间镜伯湖各年度各水期水质类别统计

年度	老鸹碴子	电视塔	果树场	镜泊湖
2011	Ⅳ	Ⅳ	Ⅳ	Ⅳ
2012	Ⅳ	Ⅲ	Ⅲ	Ⅳ
2013	Ⅳ	Ⅳ	Ⅲ	Ⅳ
2014	Ⅳ	Ⅳ	Ⅳ	Ⅳ
2015	Ⅳ	Ⅲ	Ⅲ	Ⅲ
"十二五"期间	Ⅳ	Ⅳ	Ⅲ	Ⅳ

资料来源：牡丹江市环境保护局。

---

① 《牡丹江市人民政府水污染防治方案》。

"十二五"期间镜泊湖水质总氮指数呈现上升趋势，但变化不明显，总磷、高锰酸钾指数呈现下降趋势，但变化不明显。

表5　镜泊湖水质超标污染变化趋势 Rs 表

项目	垂线	各年度污染物年均值（mg/L）					Rs
		2011 年	2012 年	2013 年	2014 年	2015 年	
高锰酸盐指数	老鸹砬子	5.66	5.71	5.40	5.30	5.56	-0.6
	电视塔	4.98	5.45	5.16	5.05	5.09	0.1
	果树场	5.17	4.88	5.51	4.86	5.13	-0.3
	镜泊湖	5.27	5.35	5.36	5.07	5.26	-0.5
总氮	老鸹砬子	0.630	0.930	1.03	0.827	1.03	0.7
	电视塔	0.659	0.685	0.980	0.704	0.950	0.7
	果树场	0.743	0.739	0.770	0.630	0.911	0.3
	镜泊湖	0.677	0.785	0.927	0.720	0.965	0.7
总磷	老鸹砬子	0.088	0.062	0.067	0.060	0.062	-0.5
	电视塔	0.066	0.047	0.057	0.060	0.034	-0.8
	果树场	0.064	0.049	0.050	0.061	0.026	-0.6
	镜泊湖	0.073	0.053	0.058	0.061	0.041	-0.6

资料来源：牡丹江市环境保护局。

"十二五"期间完成生态保护工程、生态安全基线调查、污染源治理、环境监管能力建设四大工程共计24个项目（污染源治理工程14个、生态安全调查1个、环境监管建设工程3个），总投资32219.99万元，中央资金投入15232.5万元，地方投入16987.49万元。

表6　"十一五"与"十二五"期间主要污染指标平均浓度对比

	高锰酸盐指数	总磷	总氮	水质类别
"十一五"	5.74	0.039	0.700	Ⅲ
"十二五"	5.26	0.057	0.815	Ⅳ

资料来源：牡丹江市环境保护局。

（二）"十三五"期间采取的治理措施和成效及预期

2016年针对镜泊湖水未达标这一实际情况，有关部门制定《镜泊湖水体达标方案》，并于年底前向社会公布，报省政府备案。牡丹江市环境科学研究所以镜泊湖管理委员会编制的《镜泊湖生态环境保护总体实施方案》为"蓝本"编制"方案"。

2017年镜泊湖被黑龙江省旅游发展委员会评为"黑龙江省十大最具人气湿地"，2017年6月召开专家评审会，听取相关部门及专家的意见，年底前完成对镜泊湖生态环境保护方案的编制并通过管委会政务网予以公示。加强水体保护工作，开展针对镜泊湖的生态安全评估。

到2020年镜泊湖流域生态环境得到本质上的改善，水质质量由Ⅳ类提升至Ⅲ类水体。到2020年，实现化学需氧量排放总量减少6%（约束性指标，2016～2020年5年累计减少）、氨氮排放总量减少7%（约束性指标，2016～2020年5年累计减少）、地表水质量达到或好于Ⅲ类水体比例59.7%（约束性指标）、地表水质量劣Ⅴ类水体比例为0（约束性指标）、城市污水处理率95%（预期性指标）。到2025年实现镜泊湖流域各个断面水质月均值达到Ⅲ类的目标，其中部分水域达到Ⅱ类，水体富营养化程度有所改善，达到贫营养水平。

三　镜泊湖治理亟待解决的主要问题

（一）旅游业对湖区生态的影响加剧

由于镜泊湖流域在旅游开发上主要采取粗放式模式，未对流域的生态保护引起足够的重视，湖体的水质已经受到了一定程度的污染。近些年到镜泊湖观光的国内外游客逐年增多，再加上有些单位和部门建设的疗养场所和服务设施缺少统一的规划，产生的生活垃圾、废水、废气都在增加，流入湖中的化肥和农药、周围村屯人畜产生的粪便、水产养殖向水中投入的豆饼等都会对环境造成污染，使得湖泊周围的噪声污染、大气污染、水污染超出了环境的自净能力，造成镜泊湖流域的生态环境存在诸多潜在的风险。另外，一些游客文化层次较低、环保意识淡薄，缺少保护生态环境的自觉性，在旅游过程中乱扔垃圾、在树木古迹上乱刻乱画现象比比皆是，很多游客没有认识到旅游资源的稀缺性和不可替代性。

（二） 流域水污染没有得到有效遏制

镜泊湖流域污染源主要分为湖区生活污水、上游入湖水源污染、面源污染三类，其中上游入湖水源污染主要来自牡丹江干流上游、尔站河、松乙河河水，随着上游区域经济社会发展，其排放水中污染物的数量和复杂程度都给镜泊湖流域的生态环境治理带来很大的挑战。近些年随着点源污染得到控制，镜泊湖流域的生态问题从类型、结构、规模、性质上都发生了根本的变化，面源和点源相结合的复合型污染逐渐上升为新的问题。生活污水和工业废水排放叠加，二次污染与新旧污染相互复合，以及各种有毒有机物、重金属、内分泌干扰物、持久性有机污染物、常规污染物相互作用的复合污染，水体的结构性污染呈现出不同空间尺度的变化转移。传统水体有机污染物（COD、BOD_5、氨氮、总磷、总氮、大肠杆菌）虽未根治但也得到了很大程度上的控制，水体的复合污染导致新型污染物（POP_s、ED_s）不断涌现，目前镜泊湖流域缺乏对新型污染物的严格控制，对新型有毒有害有机污染物的"家底"还不清楚，检测的技术和设备不完善，缺乏宏观的应对策略。相关部门应该开展针对水质的基础性研究，摸清"家底"，遏制由新型污染物引起的环境质量恶化。镜泊湖流域水质受季节影响较大，总磷、高锰酸盐指数变化趋势为丰水期＞平水期＞枯水期，当外界条件合适时，如果污染物排放量过大，就会造成富营养化程度升高，产生"水华"现象。通过不同水期取样分析，采取营养状态指数法、优势种评价法等多种评价方法，镜泊湖流域水质主要呈富营养化状态，总磷、总氮、高锰酸钾超出水质标准。

（三） 流域统一环境信息系统和危机应对机制缺失

镜泊湖的上游属于吉林省管辖，根据水功能区划划定，镜泊湖流域上游水源定位为Ⅲ类水体，而镜泊湖流域划为Ⅱ类水体。流域上游总磷标准与湖库总磷标准不一致，当上游总磷为Ⅲ类水体，水体流入湖库可能已经达到Ⅳ类标准水体，给流域内水体达标增加了很大的难度。流域内尚未建立统一的水体污染监管及预警系统，综合环境信息处理能力薄弱，不能有效应对突发的水体事件。而且行政跨界问题导致各部门职责不明，政出多门，综合执法能力较弱。镜泊湖流域内基础设施、人员、财政等问题多年来一直没有得到合理的解决，区域协调问题有待加强。

四 镜泊湖综合治理的对策建议

(一) 强化组织领导，提高思想认识

各级相关部门应该统一思想、提高认识，增强责任感、使命感，充分认识到镜泊湖流域生态环境整治的重要性，把对镜泊湖流域的生态建设纳入政府日常的重要工作中，摆在最重要的位置，组织各部门全力推进对镜泊湖流域的生态治理。建立健全镜泊湖保护与管理长效考核体系，进一步完善公众参与机制。贯彻落实《水污染防治行动计划》《黑龙江省水污染防治工作方案》，明确镜泊湖流域水污染防治的目标和任务，统筹规划水上、岸上的综合生态治理。继续实施"以支促干""一河一策""河长（段）制度"，推进镜泊湖流域综合治理。

(二) 优化镜泊湖流域经济发展模式

取缔流域内所有工业，优化农业产业结构，大力发展绿色农业，划定畜禽禁养区域。实施镜泊湖流域生态保育工程，禁止向水中投入农业废弃物、化肥，取缔商业性水产养殖，拆除鱼池、网箱、栏网，通过控制食鱼性鱼类来改善水质，防止水质富营养化，保证流域内水环境达标。在尔站河、松乙河等入河支流汇入镜泊湖之前，利用沼泽和湿地，选择本土植物，利用生态系统中物理、化学、生物三重协同作用来实现对水质的净化。

(三) 明确责任，强化监督

将松花江流域生态防治工作的目标和任务细化，以监督的手段来推动落实湖区生态综合治理的成效，用法律手段解决环境治理问题，以水质监测、行政执法监管为主要考核指标，提高监管水平。设立流域巡查和监管制度，配备专业人员，加强对湖泊的日常巡查，认真排查水环境污染隐患，并将巡查结果定期上报。完善生态环境预警体系，制定应急预案，建立信息管理平台，及时发布监测情况及预警信息。结合镜泊湖流域水质检测，完善水环境监测网络，进行流域内有毒有机污染物特征的监测分析，定期开展生物综合毒性监测和污染物基准试点研究，制定针对镜泊湖不同水期特征有毒有机污染物地方水环境质量标准。有关部门应该进一步开展

污染源溯源研究，包括 POP_s、ED_s、内分泌干扰物、抗生素等，研究其分布、来源，加强镜泊湖流域污染物生态风险评价与控制。建立污染源与水质响应模型，针对企业污染物的排放，制定符合镜泊湖流域特征的污染物排放限值，严格控制重点污染物的排放。加大镜泊湖流域退耕还林、还草力度，对水源地周边 15～25°坡非基本农田坡耕地实施退耕还林还草。

（四）强化依法治湖，有法可依、有法必依

依据《中华人民共和国水法》《中华人民共和国防洪法》《中华人民共和国水污染防治法》《黑龙江省河道管理条例》，依法查处涉湖违法案件。有关部门应该定期开展专项治理活动，严厉打击非法排污、养殖、采砂、围垦、侵占水域岸线等违法违规行为。建立健全生态环境损害评估制度，建立生态损害责任者严格落实赔偿制度。环保、法院、公安等部门要进一步加强沟通合作，贯彻落实环境保护部《关于加强环境保护与公安部门执法衔接配合工作的意见》，打击镜泊湖流域环境违法行为，并定期向社会通报环境违法案件的相关处理情况。

（五）加大环境治理的金融支持力度

镜泊湖流域有着特殊的地理位置，污染防治工作艰巨，需要国家和省相关部门从政策、资金、技术方面提供帮助和指导，加大对镜泊湖流域的资金扶持力度和政策倾斜。牡丹江市委、市政府应该发挥引导作用，拓宽融资渠道，采取投资奖励、贷款贴息等多种方式，引导和调动社会各方面资本参与镜泊湖流域环境治理和生态保护项目建设的积极性，加大对流域环保基础设施的投入，实施"政府引导、市场运作、社会参与"的资金投入机制，缓解政府的财政压力，实现投资主体多元化、融资方式多元化，形成多元化投资模式。积极争取国家政策性银行贷款、商业银行贷款。

（六）加强宣传引导，强化民众生态环境认识

各级相关部门要做好镜泊湖综合治理的宣传和舆论引导，充分利用网络、电视、报刊、广播、微信、微博等宣传手段，依托"4·22"地球日、"6·5"世界环境日开展宣传活动，着重采取人民群众易于接受、通俗易懂的方式，增强公众对镜泊湖保护的参与意识和责任意识，让全社会的力量都参与到镜泊湖流域的综合治理中。建立镜泊湖流域生态保护信息发布

平台,通过主要媒体及时向社会公布镜泊湖流域水资源保护、水污染防治、水生态修复、执法监督管理等相关动态信息,充分发挥"12369"环保举报热线的作用,接受社会大众的监督。

(七)污水处理与生态环境修复有机结合

综合分析镜泊湖流域污水排放特点、地理位置、经济状况,结合北方冬季气温较低的特点,景区内污水处理采取国内比较成熟的处理工艺,强化预处理系统,减少排污口数量,确保度假村、宾馆、饭店等排污源排放达标。根据不同的实际情况,形成一套适合镜泊湖流域特点的污水处理系统。对流域内垃圾进行分类处理,建设一个实现垃圾无害化、资源化的综合垃圾处理系统,对垃圾进行集中填埋。增加施用有机肥,提高土壤肥力,严把肥料质量关,控制肥料对生态环境的直接污染。相关部门执行《农药安全使用标准》,严禁乱用农药,多使用高效、低毒性、低残留农药,加大力度推广使用生物防治技术。

参考文献

[1] 汤鸿霄:《汤鸿霄环境水质文集》(上卷),科学出版社,2010。
[2] 龚剑等:《珠江三角洲两条主要河流沉积物中的典型内分泌干扰物污染状况》,《生态环境学报》2011 年第 Z1 期。
[3] 杨林:《海河流域底泥中残留药物与个人护理品的检测及风险分析》,中南林业科技大学硕士学位论文,2011。
[4] 李云生:《松辽流域"十一五"水污染防治规划研究报告》,中国环境科学出版社,2007。
[5] 陈海洋:《河流水体污染源解析技术及方法研究》,北京师范大学博士学位论文,2012。
[6] 许振成:《环境痕量污染物及其防控对策》,《环境科学与管理》2009 年第 11 期。
[7] 钱易:《东北地区水污染防治对策研究》,科学出版社,2007。
[8] 陈茂福:《城市污水的三维荧光指纹特征》,《光学学报》2008 年第 3 期。
[9] Chang H, 2008. "Spatial analysis of water quality trends in the Han River basin, South Korea", Water Research, 33 (2): 359 – 369.
[10] Wang A M, Hu C, Qu J H, et al, 2008. "Phototransformation of nitrobenzene in the Songhua River: kinetics and photoproduct analysis", Journal of Environment Science, 20 (7): 778 – 786.

海浪河水栉霉事件与环境保护研究

初智勇[*]

初智勇*

摘　要： 2006 年初在牡丹江市西水源地取水口上游河段发生的水栉霉事件，给当地居民造成严重的心理恐慌，并被众多国内媒体广为报道，国家环保总局将其列为当年挂牌督办的污染案件。黑龙江省环保等相关部门及时启动相关应急预案，并采取多项配套措施，及时、有效地应对该突发事件，适时消除了事件对居民饮水卫生造成的隐患，缓解了社会恐慌情绪，并为今后应对该类环境突发事件提供了有益的启示。

关键词： 水栉霉事件　环境突发事件　水源地污染　污染防控

水源污染对社会安定的影响之大、波及之广、持续时间之长，常常超出人们的预料。环保部门对水源污染事件的应对与防控，不仅关系到居民的生活卫生安全问题，也关系到居民对政府公共服务的信任问题，对社会安定和政府公信力均具有不可忽视的重要影响。

黑龙江省环保等相关部门对海浪河水栉霉事件的及时、妥善应对与进一步防控措施的实施，适时缓解了该事件对社会造成的恐慌心理和其他不良影响，恢复了社会稳定和政府公信力，为应对和防控黑龙江省松花江流域相应环境突发事件树立了可供学习的典范，提供了可资借鉴的启示。

一　海浪河"水栉霉"事件概况

2006 年 2 月 19 日，在海浪河斗银河段至牡丹江市西水源取水口（海

---

* 初智勇，黑龙江省社会科学院政治学研究所副研究员，研究方向为国际政治。

浪河汇入牡丹江入口处）长约 20 公里的范围内，发现大量集聚丛生的黄黏絮状物。牡丹江市环保局会同水文监测部门立即启动应急预案，开始全力排查水源地上游河段的水质情况，污染源被确定为牡丹江的最大支流海浪河的某处河段。

此次事件不但引起部分市民的恐慌情绪，也被国内媒体广为报道，还被国家环保总局列入挂牌督办的重大环保案件。据不完全统计，新华社、中央电视台、光明日报 - 光明网、《黑龙江日报》、《中国环境报》、新浪网新闻中心、腾讯网新闻频道、东北网黑龙江新闻、牡丹江新闻传媒集团、《每日新报》、《生活报》、《兰州晚报》、《北京青年报》、《大河报》、《城乡导报》、《钱江晚报》等多家国内主流媒体对该事件的发生及后续情况进行了报道或转载。2 月 27 日，国家环保总局和监察部在联合召开的新闻发布会上，将海林市雪原酒业公司违法排污事件列入 2006 年第一批联合督办的挂牌案件。2006 年 4 月 20 日，黑龙江省政府召开新闻发布会，对外公布 2006 年首批挂牌督办的 15 起环境违法案件，海林市雪原酒业公司非法排放工业污水造成牡丹江水源地污染事件排在第一位。

（一）及时组织检测、排查

2006 年 4 月 22 日，牡丹江市有关部门邀请黑龙江省环境保护科学研究院、哈尔滨工业大学以及黑龙江省镜泊湖监测站相关领域的教授和高级工程师组成专家组，包括哈尔滨工业大学市政环境工程学院教授、博士生导师马放，黑龙江省环境科学院教授、高级工程师关克志一行 6 人。此外，国家环保总局和中国环境监测总站的专家也旋即赶赴牡丹江，对此次海浪河污染事件进行联合调查、检测。

23 日上午，该水源地污染事件环保专家组专家向新闻媒体透露，专家组成员现场观察了海浪河斗银河至牡丹江市西水源取水口河段上黄黏絮状物的滋生状态、群落形态，通过采集该污染物样本进行室内显微检测，最终确定这些在部分河段大量繁生的黄黏絮状物是一种水生真菌，生物学名为水栉霉菌丝缠绕体。

黑龙江省委、省政府高度重视此次事件，在第一时间派出环保检查等有关部门联合组成的调查组，赶赴一线开展调查。同时，省环保局也向全省发出通知，要求在全省范围内针对江河流域、饮用水源上游及邻近区域的污染物排放企业进行全面、集中专项排查。采取省局牵头组织、地市互查互检的方式，彻底清查江河水源地污染源头，为此组建的 5 个工作组迅速分赴全省各地，组织开展相关工作。

与此同时，牡丹江市环保局、海林市环保局集中力量组织对海浪河沿岸所有企业排污情况进行全面排查。在被调查的该河沿岸全部 23 家工业企业中，有 13 家已停产多年。在 10 家正常生产的企业中，海林雪原酒业、海林啤酒厂、海林食品公司屠宰车间等排污存在问题的单位被环保部门勒令停产整顿，并拟对其进行进一步的处罚和整改。国家环保总局在对雪原酒业公司非法排污案件的督办意见中指出，雪原酒业公司在未依法办理环评审批手续的情况下，擅自扩建酒精生产项目，没有配套治污设施，将高浓度污水直排牡丹江支流海浪河，是 2006 年 2 月 19 日牡丹江水栉霉污染事件的主要原因之一。并提出相关的联查联办要求：雪原酒业公司等三家企业依法实施停产，经省市环境部门验收合格后，方可恢复生产。有关环保部门认为海林市雪原酒业有限公司违反产业政策，擅自进行酒精生产项目扩建，超标排污，成为造成水栉霉污染事件的原因之一，对其处罚 20 万元。海林市雪源啤酒有限公司和天良食品有限公司也因超标排污被分别罚款 10 万元和 2 万元。此外，牡丹江市环保部门对上述三家企业进行现场监察整改①，并立即对基层政府出台的投资优惠政策进行清理，发现限制执法的错误做法立即纠正，并追究责任。

（二）积极进行控制、防范

2006 年 2 月 25 日，牡丹江市海浪河"水栉霉"事件刚刚发生时，牡丹江市有关部门一方面加紧组织进行"水栉霉"对人体毒性的实验、检测，另一方面采取紧急措施，对牡丹江市水源进行清污和消毒处理。根据 2 月 23 日下午 3 点牡丹江市政府举行的新闻发布会明确通报的信息，从 2 月 21 日开始，海林市政府组织人力对海浪河絮状污染物进行大规模的打捞和拦截，并在海浪河下游海南乡段筑坝截污。22 日晚 8 时，位于海南乡拉古大桥的第一道截坝已经建成投入使用。要求位于拉古大桥下游 2 公里处和海南乡与牡丹江市交界 1 公里处的第二、三道截坝于 26 日全部完工。在自来水厂方面，首先保证事件发生期间供水量与日常供水量，基本维持在略超过 19 万吨的水平。为保证供水质量，除组织人力打捞絮状污染物外，

---

① 《北京青年报》2006 年 5 月 9 日。

还在江面、取水口、反应池等水源汲取、处理的关键部位设置拦截网，严防污染物进入水厂。以高于日常投放量近一倍的剂量加大净水药剂的投放量，并拟增投高锰酸钾、活化硅酸、粉末活性炭等强效氧化剂、过滤剂。

2月26日下午5时，在牡丹江市政府举行的第三次新闻发布会上，通报了省专家组《关于牡丹江市饮用水源地污染、保障供水安全专家咨询意见》，在提出一系列进一步排污、控污保障措施建议的同时，对牡丹江市自来水厂前期针对饮用水源污染控制所采取的一系列措施给出肯定评价，称其是正确、及时和行之有效的。同时，会议还通报了城区自来水水质监测的最新情况。截至26日下午，进入水厂的水栉霉已大为减少，省城镇供水水质检测中心测定，自来水35项常规检测指标已全部达标，水的浊度已高于国家规定标准。

为了早日缓解市民的恐慌情绪，市政府采取有效措施和办法，对大家普遍关注的絮状污染物进行检测，务求对其生物化学性质、毒性进行全面清查。除组织本市专家进行分析研究，还将污染物样品送往省级相关部门检测，市卫生局牡丹江医学院专家进行了毒理试验，省疾病控制中心也进行了类似试验。试验结果显示对动物无明显生理毒害作用。此外，还对本市所属各医院发病情况进行了实时监测。市卫生局、疾控中心对肠道疾病和其他疾病发生情况进行跟踪监测。对市第一医院、第二医院、红旗医院、中医院等大医院进行集中走访，调查统计结果显示门诊病人为5397人次，肠道疾病患者25人，与往年同期持平，亦未见其他疾病异常突增情况。

为应对水栉霉污染事件可能引起的突发情况和社会恐慌，牡丹江市组织商务、物价、工商等多个部门采取联合行动，积极组织和稳定货源，加大市场监控力度，以保证瓶装饮用水市场供应的稳定。调查结果显示，21日瓶装水生产企业及其供应渠道共向市场销售15521箱瓶装水，7倍于日常销量。而22日瓶装水销量急遽下降到5562箱，已恢复正常销售水平。通过各有关部门的协同努力，始终保持了货源充足、品种齐全、价格稳定、市场平稳的瓶装水供应状态。

在尚未确定水栉霉是否对人体存在毒害作用时，牡丹江市有关部门即开始探讨、论证从源头解决海林市、宁安市沿河地区向海浪河、牡丹江排放工业废水、生活污水的问题，从未来长远角度保护净化牡丹江市水源地。在这一过程中，曾提出三套备选方案：从海林市长汀镇河段引水，将使引水距离增加130公里，引水工程预计耗资26亿元，由此形成的财政负担可想而知；在海林市、宁安市分建污水处理厂，其投资之巨、落实之难也堪比第一套方案；而牡丹江市污水处理厂处理能力仍然有余，把海林市、宁安市的城市污水引入牡丹江市的污水处理厂统一处理，是一个成本可控、具备实际可操作性的方案。

在3月13日牡丹江市市长主持召开的市长办公会上，再次研究部署了水栉霉处置和解决牡丹江上游水污染问题。牡丹江市政府从经济社会和谐、可持续发展的高度，着手研究市区新水源建设问题，并将其列为市政府重点推进工作。会议强调采取综合治理的方法根除市区饮用水安全隐患，并针对已有方案进一步征集意见、科学论证。强调要求有关部门应将对牡丹江、海浪河流域污染治理提高到立法规范的高度，依法推进。

二　水栉霉发生的原因

水栉霉是水体受到一定单、双糖或蛋白质污染的指示生物，是一种能在北方低温气候下生长繁殖的水生丝状真菌，菌体较大并能够结成絮状，其善于利用含糖有机污染物实现自身的物质代谢，生长和繁殖快速，无毒无害。[①] 水栉霉在海浪河牡丹江市水源地上游河段的突然大面积爆发式出现，以突发事件的方式揭示了当地环保治理方面存在的隐患和问题。

（一）企业违法排污

水栉霉污染事件发生后，牡丹江市环保局、海林市环保局组织的对海浪河沿岸企业排污情况的排查结果显示，海林市雪原酒业公司在牡丹江市饮用水源地二级保护区内擅自扩建3万吨酒精生产项目，没有配套治污设施，酒精生产过程中高浓度污水直排海浪河，成为2006年2月19日牡丹江水栉霉污染事件的主要原因之一。[②] 2005年2月，海林市雪原酒业公司在未依法履行环评审批手续的前提下，擅自将年产1.5万吨酒精生产项目技改扩建至3万吨，并于11月投产。2005年10月18日该厂进行设备调

---

① 巩玉辉、于洪贤、马玉堃、王海燕：《水栉霉营养成分检测及分析》，《中国饲料》2012年第2期，第39页。

② 《黑龙江公布环境违法案件，牡丹江水源污染案排首位》，2006年4月20日，http://heilongjiang.dbw.cn。

试,试运行生产时未进行环评,污水处理设备正在订购中,未能同时运行。在调试中有大量生产废水直排海浪河,11 月 15 日,由于废水污染海浪河引起社会关注,被当地环保部门勒令关停。试运行生产一共进行了 28 天,此前该厂酒精生产线已有 18 年未进行生产。[①]

与此同时,牡丹江市环境监测中心站进行了一系列模拟实验,把水栉霉分别放置在清水、生活及工业废水、酒糟废水中进行培养,结果表明在酒糟废水中水栉霉生长旺盛,而在生活及工业废水、清水中生长缓慢。同时对沿江主要排污口废水进行接种培养,结果酒厂排口酒糟废水生长最好,城市生活污水和纸厂废水次之,其他排污污水培养生长不明显。最新研究成果表明,低碳链糖类、蛋白质对其生长也有促进作用,这进一步说明了海林雪原酒业公司向海浪河大量排放酒糟是发生该事件的主要因素。[②]

(二) 污水暗排汇流

"水栉霉"污染事件后,每年 1～2 月在海浪河海南桥下等地水栉霉仍有发现,存在再次大面积爆发的安全隐患。[③] 黑龙江省环境保护科学院"牡丹江水质保障关键技术及工程示范"课题组于 2008 年 12 月在海浪河流域和牡丹江流域进行全流域踏勘,踏勘结果显示,水栉霉主要发生在海浪河流域河夹村大坝 300 米范围内。为确定水栉霉的污染源头,在水栉霉发生地河夹村大坝断面周围设置 5 个采样点:海林市白酒厂排污口、污水井、暗口、总汇污沟、河夹村大坝上游水沟(附近垃圾厂排污沟)。现场踏勘发现,白酒厂有散排污水排出,同时其排口下总汇污沟也有散排的污水及污水井和暗口的暗排现象。冬季在河夹村大坝左岸有污水沟汇入,系由附近的垃圾厂排污所致。[④] 斗银河是海浪河的支流,部分未经有效处理的工业废水和生活污水排入斗银河后汇入海浪河。[⑤]

---

① 《中国环境报》2006 年 3 月 1 日。

② 刘宝晨、王玫:《牡丹江市水源地水栉霉污染事件成因分析及对策研究》,《环境科学与管理》2007 年第 1 期,第 57 页。

③ 黑龙江省环境保护科学院:《"牡丹江水质保障关键技术及工程示范"课题科技报告》,2013 年 11 月 4 日,第 30 页。

④ 黑龙江省环境保护科学院:《"牡丹江水质保障关键技术及工程示范"课题科技报告》,2013 年 11 月 4 日,第 31～32 页。

⑤ 黑龙江省环境保护科学院:《"牡丹江水质保障关键技术及工程示范"课题科技报告》,2013 年 11 月 4 日,第 32 页。

此外，河夹村大坝上游 100 米是历史遗留的采沙坑所在地，存在有机沉积物的堆积，是水栉霉滋生的污染来源之一。河夹村大坝位于海浪河和斗银河交汇处下游 2 公里处，由于大坝的拦截作用，2006 年污染事件发生时该地水栉霉生物量较多，形成局部水栉霉的大量堆积，也是污染事件后水栉霉主要发生地。

汇入的斗银河水携带的污染物、河夹村附近垃圾填埋厂散排污水、附近居民生活垃圾的堆积、大坝底泥中的有机污染物，是河夹村大坝水栉霉发生的主要污染源。因此，海林市生产、生活废水的大量排放是该事件发生的另一因素。海林市的污水来自城镇生活、工业生产、农村生活等，其中最主要的是城镇生活污水。海林市当时没有污水处理厂，生活污水未经任何处理，全部排放至海浪河。根据测算，海浪河的理想水环境容量为1000 吨/年（COD）、30 吨/年（氨氮），但现状年排入海浪河的 COD 高达2000 吨，氨氮为 300 吨，远远超过水环境容量，造成水质的恶化。[1]

此外，根据水处理学理论中的生物学的分类，通过实际观察与分析比较，初步认定水栉霉为植物界、真菌门、藻状菌纲、水栉霉目、水栉霉科、水栉霉属。这类藻状真菌的适宜生长温度为 0℃～15℃，属于嗜冷菌。[2] 牡丹江地区秋季气温迅速降低，霜冻、寒潮来临较早，冬季严寒干燥，成为有利于水栉霉发生的气候因素。

三　水栉霉的防治措施

综合来看，水栉霉的发生可以归结为事故和自然两类因素：事故因素主要是人为向海浪河相关水系违法排放污染物；自然因素则与海浪河的河道地形与走向及该地区气候条件密切相关。而对水栉霉的防治也需要针对各类成因，有的放矢地采取应对措施，进行标本兼治。

（一）事故因素应对

首先，强化环境保护宣传与规范，树立人与自然和谐发展的环保理

---

① 刘宝晨、王玫：《牡丹江市水源地水栉霉污染事件成酚析及对策研究》，《环境科学与管理》2007 年第 1 期，第 57 页。

② 孙惠聪、刘英、孙乃武：《谈水栉霉的防治措施》，《黑龙江水利》2008 年第 2 期，第 45页。

念。通过环境保护知识的传播与教育，增强社会行为体与普通民众的环保意识，使其正确认识经济发展与自然生态保护的辩证关系。通过规范与强化城市排污管理，坚决杜绝生产、生活污染物向江河不达标排放。如通过制定《水源地水质管理条例》，把对水源地水质管理上升到法律规范层次。同时明确落实有关职能部门和地方政府的水源监护职责，以严格的绩效管理与奖惩办法确保其履行效果。定期对相关职责履行情况进行考核，通过信息公开等办法引入社会监督机制。

其次，完善水源地环境治理体系的构建，提高污水处理能力。对居民区污染物储存、处理设施应及时清理，避免其意外溢出，进入城市水源系统。牡丹江市水源地上游城镇与农村的工业与生活污水处理率低，其低处理、不达标排放是海浪河水栉霉发生的重要促发因素。应高度重视污水处理环节，加快提高污水处理水平。通过污水处理厂的建设和运转，对城市生产、生活污水进行有效的加工处理，使其达到标准化与无害化排放。[1]在不具备建设污水处理厂的条件落后地区，应采取建设氧化池等方式，提高污水处理程度。通过上述措施，初步建立硬件结构、配套设施比较完整的水源地环境治理体系。

最后，提高水源地环境监测力度，力争建立水质自动监测与预警机制。由于牡丹江地区属高纬度高寒地区，年冰封期长，在此期间对水源地进行水质监测存在困难。每月监测一次随机性较大，且不能保证污染预警的及时有效。为此，应采取有效措施克服气候因素对水源地水质监测的不利影响，同时，增加水源地监测断面的数量和监测频率。充分利用现代化监测设备与技术，提高水源地水质自动监测水平。以此为基础，建立水源地污染预警机制，为有关部门对污染情况及时反应并采取有效措施提供信息保障。

（二）自然因素应对

此外，从水体微生物控制技术角度来看，有物理方法、化学方法和生

---

① 根据"牡丹江水质保障关键技术及工程示范"课题组的实地踏勘，在海林市污水处理厂正常投入运转之后，河夹村大坝附近水栉霉发生面积呈逐渐减少趋势。2008～2009年度水栉霉主要发生在河夹村大坝200米以内范围内，2009～2010年度水栉霉发生范围缩小到河夹村大坝附近100米以内，2010～2011年度仅发生在河夹村大坝附近10米范围内。表明污染源的有效控制是抑制水栉霉发生的有效措施。——黑龙江省环境保护科学院：《"牡丹江水质保障关键技术及工程示范"课题科技报告》，第33页。

物方法等。物理方法包括人工打捞、布网拦截等，随着技术进步，还出现了电解、超声等灭杀微生物的方法。化学方法主要通过化学物质来抑制或氧化途径破坏微生物的正常生理活动，使其灭活或解体。生物方法是利用微生物的天然敌对或竞争物种及其产生的生长抑制剂来防控微生物。物理方法效果显著，不会产生二次污染，但成本高，操作难度大，人力物力消耗大，仅适用于局部或小面积水体污染。化学方法在控制水体微生物特别是藻类的应用方面技术成熟、应用广泛，但在使用过程中会对水质产生一定的影响。生物方法尚处于研究阶段，还存在一些技术问题有待解决，但其具有成本低、功能显著、效果持久、无污染等优点，是未来控制水体微生物污染的较具潜力的方法。

从防治水栉霉的时间分布周期分析，每年冬季的 1 月、2 月是关键时段。水栉霉是嗜冷真菌，虽然在 0℃～20℃ 的温度范围内都可以生长，但在较高温度下水栉霉在生物群落中将受到其他微生物的抑制而失去生长优势，大规模爆发的隐患明显降低。当温度较低时，其他微生物的生长受到抑制，水栉霉在生物群落中将成为优势种群，大规模爆发的概率明显上升。因此，针对水栉霉的防治，每年冬季的 1 月、2 月是重点。

河夹村大坝历史遗留取沙坑，存在有机物沉积现象，分解产生的碳氮有机物不断溶入水体，导致水体有机质含量升高，为水栉霉的生长提供了营养物质。这些沙坑成为河流内源有机物污染源。因此，对河夹村大坝挖沙坑进行沉积物清理、河床疏浚，对清除水栉霉的生长源具有积极作用。

目前，海浪河河夹村大坝是牡丹江水源地尚有水栉霉发生的唯一河段。由于大坝对海浪河水流的拦截作用，该处河段水流迟缓，增加了水栉霉在河床底部附着生长的机会，对水栉霉的共生物种球衣菌的生长也较为有利。提高水流速度，则对水栉霉在河床的附着及球衣菌的生长都会产生有效的抑制作用。在必要时，对河夹村大坝进行拆除，对防治水栉霉在河夹村大坝附近堆积将产生显著效果。[①]

四　水栉霉事件应对的相关启示

水栉霉事件是中华人民共和国成立以来松花江流域治理领域的一次重

---

① 黑龙江省环境保护科学院：《"牡丹江水质保障关键技术及工程示范"课题科技报告》，2013 年 11 月 4 日，第 37 页。

大水污染突发事件，黑龙江省环保等相关部门通过自身的积极努力和部门间的通力协作，对这一突发环境事件作出了及时、有效的应对，从对该事件的应对过程与结果中，能够总结出应对该类突发环境事件的有益启示。

1. 推进行业废水达标排放

含糖有机物在水桫霉的生物代谢过程中发挥重要作用，在其他条件适宜（如 0℃ ~15℃ 的低温）的含糖有机物富集的水环境中，水桫霉能够快速生长、繁殖，以至于形成爆发式的蔓延，甚至覆盖大部分河道。海浪河水桫霉事件突发的直接原因即是海浪河沿岸企业高浓度含糖有机污染物直排受污染河段。

针对水污染源的不同情况采取不同整治措施，分阶段、有计划、有重点地推进流域水污染防治工作。重点整治造纸、酒精等含糖有机废物富集排放的行业。重视污水处理工程建设与改造升级，加强污水处理能力，提高废水回收利用率，促进行业、企业达标排放。

2. 健全水污染监测体系

海浪河水桫霉事件的突发显然与相关水质监测不够及时、全面存在某种联系。在水桫霉呈爆发性蔓延的前夕，即海林雪原酒业等事件相关企业违法向相关受污染河段大量直排富含酒精的有机污染物的初期，显而易见，当时该受污染河段的多项水质指标已经发生了较大幅度的波动，而有关监测部门可能出于各种原因（如监测投入经费不足），对这些水质指标变化情况未能及时掌握。

应严格执行国家《地表水环境质量标准》（GB3838 – 2002）Ⅲ类评价标准，定期对相关水源地水质进行例行监测，包括国家《地表水环境质量标准》规定的各项基本项目、补充项目、优选特定项目等指标。每年应进行水质全分析检测。及时针对水质指标的动态信息变化，进行跟踪管控、治理，促进水源地水质指标满足国家水源地基本要求。

3. 整治饮用水源地环境

虽然工业企业含糖有机物违法大规模直接排污是水桫霉爆发式蔓延的直接原因，但是，在水桫霉事件发生前及之后很长时期内，水桫霉都曾零星生长于海浪河及其他水流域的适宜河段，这与工业废水、生活废水的潜排、暗排密切相关，如要从源头上杜绝类似水桁霉事件的爆发，需要从水源地环境综合整治入手，对工业废水、生活废水的潜排、暗排进行严密防控。

水源地环境整治是一项涉及多领域、多层面的社会综合工程。污水排放的源头既有生产点源，也有生活点源；不同行业、规模性质的企业排污特点也不尽相同。因此，其排污的成分结构、渠道路径也情况各异、复杂多变，与治理对象的这种情况相适应，治理工作涉及的管理层级相对较多，工作协调难度相对较大。与此相应，工作规划、责任落实、组织监督等工作环节应引起高度关注。

4. 完善相应制度保障

完善的制度是以最小的成本取得最大效益的管理手段。通过对海浪河水桁霉事件的整个发展进程的观察可见，完善的水源地污染防治制度规范的实施是以最小的投入获得最大污染防治效益的有效方式。而海浪河水桁霉事件的发生恰恰是相应污染防治制度的规范不够完善、实施不到位导致的负面后果，它的发生带有一定的制度缺位上的必然性。

应制定并完善饮用水源地突发环境事件相关应急预案，建立并完善危化品运输、生活饮用水地表水源保护的相应规范，为水源地环境的安全、稳定提供制度保障。如通过建立饮用水源风险源名录，对饮用水源风险源加强监管，对涉水重点企业加大加密检查频次，对水源地上游涉水企业强化监管。

松花江流域沿江湿地大型灌区
退水污染治理

——以佳木斯沿江湿地为例

程 遥　邰茂颖[*]

摘　要：农业面源污染已成为我国环境污染的最大问题。如何治理才能既高效省资、保护环境，又推动经济高质量可持续发展，是我国社会各界最为关注的问题。松花江流域的佳木斯市通过实施控制沿江湿地大型灌区退水污染治理工程，达到有效控制农业面源污染的模式取得了成功，有很多经验值得总结和推广。本文对此案例进行了深入分析总结，供今后松花江流域农业面源污染治理参考，也为全国其他江河湖泊流域治理农业面源污染提供借鉴。

关键词：松花江流域　大型灌区　污染治理

改革开放以来，随着我国经济建设快速发展，我国农村经济、农民收入、粮食产量都取得了喜人成绩。与此同时，由于人们对自然资源保护认识不足，为了粮食增产，过度使用化肥、农药、除草剂，致使我国农业生态环境遭到破坏。特别是农业面源污染日益严重，已成为关系农业可持续发展、国民身体健康、生命安全的重大问题。解决农业面源污染已成为社会各界高度关注的问题。农业面源污染对松花江流域水系的破坏引起了省委、省政府和环保部门高度重视，当前，控制农业面源污染，加强松花江流域生态环境建设已经成为全省环保工作第一要务，对此环保部门采取了

---

* 程遥，黑龙江省社会科学院经济研究所副所长、研究员，主要研究方向为农业经济、房地产业；邰茂颖，佳木斯市社会科学界联合会主席。

一系列治理措施，取得了很大成果。"佳木斯沿江湿地大型灌区农田退水污染控制示范工程项目"建设，就是"农业面源污染控制"最有效做法的典型案例之一。

一 佳木斯沿江湿地大型灌区农田退水污染控制基本状况

（一）沿江湿地大型灌区农田退水污染控制工程项目实施背景

近年来，人们对农业面源污染危害的认识越来越深刻，农业面源污染量大面广，治理难度大，农业面源污染在整体污染中所占的比例越来越高，已经成为污染松花江流域水质的重要变量。为了对沿江灌区农田退水形成的面源污染进行治理，减少水环境污染，同时保护利用当地的湿地资源，改善周边区域水环境和生态环境质量，保障周边和下游地区用水安全，佳木斯市环保局提出了建立湿地净化系统的工程方案，对松花江沿岸农田退水进行生态拦截和净化。

（二）佳木斯沿江湿地大型灌区现状

1. 沿江湿地基本状况

佳木斯松花江北岸莲望灌区、群英灌区、松滨灌区均建有完善的引水灌溉系统和农田退水系统。其中农田退水排水系统包括旱河排干排水系统、半截河排干排水系统和松滨排水系统。

（1）旱河、半截河的水系功能

旱河、半截河原为季节性河流，三江平原防洪除涝工程实施时，旱河、半截河经人工取直后变成排干，现为旱河排干及半截河排干，只承担农田排水功能。

（2）渠系长度

旱河排干主干沟长度28km，起源于景阳，自西向东通过江口农场，在群英灌区中部改向东北，之后接进刘国富泡子最后排入阿陵达河，旱河排干起端河底高程76.95m，末端河底高程68.7m。旱河排干流域的排水干沟总长度62km。

半截河排干主干沟长度35km，起源于莲江口农场西北部，自西北向东南方向，到景阳后，自西向东通过江口农场，穿过佳鹤铁路，沿北新民穿行，在群英灌区北部与旱河排干交汇，半截河排干起端河底高程75.19m，末端河底高程66.81m。半截河排干流域的排水干沟总长度74km。

松滨排水主干沟位于群英灌区和松滨小区灌区间，西南至东北走向，通过松滨闸排入松花江，主干线长度6.78km，松滨排水主干沟起端河底高程68.1m，末端河底高程66.69m。松滨排水干线长度16.23km。

旱河排干与半截河排干排水干沟、主干沟收集莲望灌区、群英灌区农田排水后，在阿陵达河西部自然湿地区域汇合后进入阿陵达河。

（3）沟底淤积及边坡现状

经现场勘测，旱河、半截河顶宽16m左右，底宽12m左右，深约2.5m，干沟顶宽度8m左右，底宽度5m，深约1.5m。由于作用为排水沟，农田退水携带的腐殖质大多淤积在干沟底部，虽然当地农业部门曾组织过清理工作，但沟底仍有很厚一部分淤泥。另外，由于使用年限较长，又均为土质结构，部分沟渠被冲刷出缺口，沟渠边缘呈锯齿状。本工程中需对沟渠进行治理。

2. 沿江湿地灌区水系农业面源污染成因

松花江流域中下游是国家重要的商品粮基地，佳木斯沿江灌区拥有广阔的农田耕种面积，主要以种植水稻为主，还有玉米和大豆，水稻种植面积达到27万亩。灌区农业面源污染主要来自以下几个方面。

（1）化肥的大量施用

农田退水中的化肥仍是面源污染的主要来源。据统计，佳木斯沿江地区平均化肥施用强度为150kg/hm^2（折纯量）。但由于流域内森林资源的破坏和草场退化等原因，土地沙化、水源涵养能力下降和水土流失，每年都有大量流失的化肥、农药通过地表径流进入松花江，加剧了松花江中下游流域水体污染。

（2）农药的大量施用

根据统计资料推断，佳木斯灌区水田农药平均施用强度约3.981kg/hm^2（折纯量），施用的农药种类有：60%马歇特乳油、10%农得时、10%千金、30%阿罗津、10%吡密磺隆、90%禾大壮乳油、40%稻瘟灵可湿性粉剂、1.8%爱诺虫清及2.5%敌杀死乳油。农药的施用在一定程度上减少了农作物产量的损失，但同时也对生态环境带来了严重的负效应。据调查，喷施的农药是粉剂时，仅有 10% 左右的药剂附着在植物体上，若是液体时，也仅有 20% 左右的附着在植物体上，1%～4% 的接触到目标害虫，其余 40%～60% 的降落在地面，5%～30% 的药剂漂游于空中。空气中的农药又通过降水返回陆地，降落到陆地土壤上的农药随着降水和灌溉水流入地表水域，或随下渗水进入含水层，污染地下水。

（三）沿江湿地大型灌区退水污染治理规划实施的政策基础

近年来国家非常重视流域的水污染防治工作，国家"十二五"规划明确指出，"继续推进重点流域和区域水污染防治，加强重点湖库及河流环境保护和生态治理，加大重点跨界河流环境管理和污染防治力度"。为做好我国重点流域的水污染防治工作，国务院以国函〔2012〕32 号文对《重点流域水污染防治规划（2011～2015 年）》出具了批复，并由环保部等四部委发布。规划深入分析影响水环境质量的主要因素，兼顾水环境改善需求与可达性，制定了水污染防治目标。其中，松花江流域总体水质要求由轻度污染改善到良好，并规划 279 个项目，佳木斯沿江湿地大型灌区退水污染控制示范工程是其中之一，并且本工程被纳入《佳木斯市国民经济和社会发展第十二个五年规划纲要》中佳木斯市规划的 400 个重大项目之一。

二 沿江湿地大型灌区退水污染治理工程实施过程

（一）项目工程概况

项目建设区域位于黑龙江省佳木斯市东北部的松花江下游北岸，归佳木斯市郊区管辖。项目内容为沿江湿地附近的莲江灌区、群英灌区及松滨灌区的农田退水处理。阿凌达河西部湿地净化区设计总规模为 16.87 万 m^3/d。修整农田退水沟渠 222km，湿地净化区占地 160hm^2（其中建造人工湿地 17.21hm^2，整理自然湿地 108.49hm^2，其他占地 34.3hm^2），总投资为 12980.70 万元。

（二）项目实施过程

2011 年 6 月，佳木斯沿江湿地保护局委托哈尔滨瀚科环保科技有限公司完成了《黑龙江佳木斯沿江湿地大型灌区农田退水污染控制工程可研报告》编制，郊区发改委完成了可研批复；佳木斯市环境科学研究院完成了《环境影响评价报告》编制，佳木斯市环境保护局完成了环评批复，该项目先后通过环保部、财政部专家论证和省环保厅、财政厅专家论证。2012年初，按照省发改委要求，国家投资项目需省级批复。佳木斯沿江湿地局委托省农垦勘查设计院重新开展《环境影响评价报告书》编制。2013年1月，项目环评报告书编制完成，同年5月通过省环保厅专家论证和省级环评批复（黑环审〔2013〕156号）。批复原则同意对该项目的初审意见，工程主体包括修整农田退水沟渠222公里，建设人工湿地17.21公顷，整理自然湿地108.49公顷，建设排干提升泵站和退水提升泵站各1座，设管理区1处，项目总投资26098.42万元。2013年5月，湿地局通过郊区发改委上报了《关于黑龙江省佳木斯市沿江湿地大型灌区农田退水污染控制示范工程可行性研究报告的请示》（黑佳沿湿字〔2013〕7号）。2013年8月，省发改委最终下发批复（黑发改地区函〔2013〕531号），批复同意该项目建设规模为，阿凌达河西部湿地净化区总退水量16.87立方米/日。建设人工湿地17.21公顷，修复自然湿地108.49公顷。修整农田退水沟渠222公里。工程总投资12980.7万元。2013年8月省发改委正式批复可研后，初步设计终于定稿，随后迅速启动初步设计省发改委审批工作，在10月完成了省级初步设计专家论证后，省政府下达了权力下放通知，该项目初步设计再次落回到郊区发改委批复。至此，该项目完成各项前期手续。

2014年1月，沿江湿地保护局委托黑龙江驿煊广通招标有限公司对项目施工及监理招投标工作组织实施并顺利完成。2014年4月7日项目正式开工，截至目前，外电、围堤、人工湿地一、人工湿地二、排水沟、配水井及布水管线、道路和植物栽植、道路和植物栽植二、植物栽植、东部提升泵站、厂前区铺装、管理用房和门卫室标段，主体工程已全部完工。

三 佳木斯沿江湿地大型灌区退水污染治理效益

该项目运行后，农田退水经过净化后每年可减少向阿陵达河排放COD432.24t/a、氨氮6.88t/a、TN 23.22t/a、TP2.3t/a，对于保护松花江水的质量安全起到重要作用。同时取得恢复河流生态环境等巨大的生态效益，而且提升了湿地景观价值、促进区域经济发展等明显的社会和经济效益，具体如下。

（一）环境效益明显

1. 去除有害化学物质

本工程项目的实施，可以减少罐区农田退水中化肥和农药对环境水体的污染。通过排水沟渠和人工湿地的多级净化作用 COD 可以去除 70%，BOD5 可以去除 70%，NH3－N 可以去除 30%，总氮可以去除 30%，总磷可以去除 60%。

如前所述，农田退水中 COD、BOD5、NH3－N、总氮和总磷的浓度分别为 45.74mg/L、8.09mg/L、1.71mg/L、5.75mg/L 和 0.29mg/L，农田退水总量（莲望、群英和松滨小区总和）为 1349.9 万 m³。根据上述去除率，可以确定 COD、BOD5、NH3－N、总氮和总磷的年削减总量分别为 432.21t、76.44t、6.92t、23.28t 和 2.35t。

2. 净化空气

大面积湿地的形成能够净化周边的空气环境，多样性的植被能够吸收 CO_2、SO_2 和灰尘，释放 O_2。据测算，每公顷湿地可以释放氧气量为 2.025 吨/年，吸收二氧化碳 2.805 吨/年，吸收二氧化硫 152 公斤/年，吸收尘埃 9.75 吨/年。

（二）生态效益显现

佳木斯沿江湿地大型灌区退水污染控制示范工程建设，有利于佳木斯沿江湿地生态系统的稳定和完善，并通过湿地生态系统的环境功能产生多层次的生态效应。

（三）社会效益彰显

1. 提高了社会综合发展水平

佳木斯沿江湿地绚丽多彩的景观资源和优越的湿地生态系统，为开展生态旅游和多种经营提供了有利条件。在生态旅游区发展旅游业和多种经营为保护区内和周边地区的群众提供了大量的就业机会，优化了产业结构，促进了社会安定和群众生活水平的提高，促进了沿江湿地生态环境的良性循环。同时，佳木斯沿江湿地大型灌区退水污染治理也为投资经营者创造了良好的投资环境，对促进佳木斯沿江湿地及周边地区的经济腾飞具有重要的意义。更为重要的是使周边群众认识到，沿江湿地区域环境建设的好坏与自身利益息息相关，提高群众环保意识，促使群众变被动保护为主动保护。

2. 提高了地域知名度

随着沿江湿地生态旅游业的发展，专家、学者、新闻工作者和游客纷至沓来，通过科考、探险、游憩、绘画、摄影、录像和宣传等活动，提高了当地的知名度，而且由高知名度带来的各种正效益将会越来越大。

3. 改善了人居环境

本项目的建成增加了该地区的水面面积，增加了空气湿度，改善了小区气候；可加大地表水开发利用的力度，保护了地下水资源，使城市居民生活质量大大提高，并且极大地改善了该地区人民的居住生活环境，提高了当地人民健康水平。

(四) 经济效益初显

沿江湿地农田退水污染控制工程的经济效益来自生态旅游业和多种经营业。随着生态旅游规划和多种经营规划的实施，在增加地方财政收入的同时使保护区及其周边居民生活水平有所提高，更为重要的是能为沿江湿地的可持续发展开拓动力源。

四　经验与启示

(一) 项目申请一定要抢抓国家政策机遇

佳木斯沿江湿地农田退水污染控制工程项目耗资巨大，工程复杂，施工期长，施工难度大，之所以能够得到国家和地方政府批复建设，就是因为它紧紧抓住了国家环境保护政策的窗口期，采取了完全符合国家治理水环境污染政策的具体举措。"十一五"期间国家对松花江投入的水污染治理项目基本上都属于点源项目，但随着松花江流域城镇污水和工业废水处理率的大幅度提高，松花江面源污染治理已经成为未来的重点。《松花江流域水污染防治"十二五"发展规划编制大纲》中明确提出，"松花江流域化肥、农药施用总量大，有效利用率低，大量残留的化肥农药将污染地表水及地下水。大型灌区农田退水污染问题突出，农业面源污染有加重趋势"，应加强治理。同时，国家"十二五"规划明确指出："继续推进重点流域和区域水污染防治，加强重点湖库及河流环境保护和生态治理，加大重点跨界河流环境管理和污染防治力度。"松花江流域作为国家水污染治理的重点流域，同时也是国家重点跨界河流，"十二五"期间是国家水污染防治的重点流域之一。其次，《松花江流域水污染防治"十二五"发展规划编制大纲》更是明确将解决农田面源污染问题作为重点任务之一，提出，"在松花江沿岸粮食主产区开展生态拦截示范工程建设。从过程阻截、末端治理的角度出发，对农田损失的氮磷养分进行有效拦截，达到控制养分流失和再利用的目的"。可见，佳木斯沿江湿地农田退水污染控制工程项目采取利用现有条件建立湿地净化系统，对松花江沿岸农田退水进行生态拦截和净化的项目方案符合国家环境政策和规划，是落实国家和地方"十二五"规划的具体措施。本项目的实施对"十二五"期间松花江水污染防治起到了示范作用，同时，对于落实国家和地方"十二五"规划，改善松花江水环境质量都是十分必要的，因此得到国家和地方政府的批复建设。

（二）规划编制是推动治理生态环境污染的基础

佳木斯沿江湿地农田退水污染控制工程项目得以实施，并取得了良好的生态效益、经济效益、社会效益，决定性因素是本工程项目得到国家重视，并被列入国家级规划当中。国家"十二五"规划明确指出，"继续推进重点流域和区域水污染防治，加强重点湖库及河流环境保护和生态治理，加大重点跨界河流环境管理和污染防治力度"。

为做好我国重点流域的水污染防治工作，国务院以国函〔2012〕32号文对《重点流域水污染防治规划（2011～2015年）》出具了批复，并由环保部等四部委发布。规划深入分析影响水环境质量的主要因素，兼顾水环境改善需求与可达性，制定了水污染防治目标。其中，松花江流域总体水质要求由轻度污染改善到良好，并规划 279 个项目，佳木斯沿江湿地大型灌区退水污染控制示范工程是其中之一。同时，本工程被纳入《佳木斯市国民经济和社会发展第十二个五年规划纲要》中佳木斯市规划的 400 个重大项目中。可见，生态环境治理保护，规划应先行。应提高水环境污染治理规划的编制水平，增强规划编制的科学性、前瞻性、可行性、针对性和指导性。

（三）治理水环境是提升流域城市生态效益的重大举措

湿地被喻为"地球之肾""生命的摇篮"，具有调节气候改善环境的独特作用。松花江是佳木斯的母亲河，佳木斯具有丰富的湿地岸线资源，而且佳木斯沿江湿地地势平坦、江面宽阔、浅滩密布、沼泽连片，是鱼类和水禽的乐园。但是，近年来受国家惠农政策的影响，农民开荒种粮积极性很高，湿地区域内的很多地方已经被开垦为农田，致使湿地面积逐年减少，而且江滩湿地严重破碎化，水禽繁殖数量急剧减少。同时由于江水污染和过度捕鱼，松花江中鱼类已近枯竭。更为严重的是，松花江是佳木斯等沿江城市生态环境的重要载体，河流受到化肥、农药污染后，水体水质下降，化肥残留物的增加导致出现富营养化状况，水体颜色异常，透明度下降；农药残留物会导致水中有毒物质浓度增加，水生生物死亡，自净功能丧失，生态系统结构被破坏，河流丧失资源功能和使用价值。并且松花江水质的下降，会使地下水受到影响，导致疾病发生率增高。长此下去，沿岸城镇供水、城市景观、养殖、灌溉等方面的功能将受到严重影响。本项目采取利用现有条件建立"湿地净化系统"的因势利导科学治理方法，对松花江沿岸农田退水进行生态拦截和净化的项目方案，在农田灌区和沿江湿地之间构建污染控制区，既治理了农业面源污染又保护了湿地及动植物资源，实现水污染治理与建设生态型城市相结合，将佳木斯打造成环境优美、植被丰富、生态协调的北方滨水生态型城市，既符合国家未来发展战略，又起到了事半功倍的效果，也给今后松花江水系防污治污提供了有益借鉴经验。

（四）项目建设选址是水环境治理工程成功的关键

河流污染导致水质下降，影响人们的正常生活。2005 年松花江重大水污染事件，受到国际和国内社会的高度关注。随着人民生活水平的不断提高，大众对水环境质量的要求也越来越高。改善流域水环境质量，保障城乡居民生活用水安全，避免国际争端的压力将长期存在。《松花江流域水污染防治"十二五"发展规划编制大纲》明确将解决农田面源污染问题作为重点任务之一，提出"在松花江沿岸粮食主产区开展生态拦截示范工程建设。从过程阻截、末端治理的角度出发，对农田损失的氮磷养分进行有效拦截，达到控制养分流失和再利用的目的"。

另外，本项目的实施地点佳木斯市位于松花江下游三江平原国家商品粮主产区，距离中国和俄罗斯的界河黑龙江较近，项目选址在此，充分利用地缘优势，既可以节省财力又可以扩大效益和影响，一举两得。通过本项目的实施进一步改善了松花江下游水环境质量，减少区域面源污染对松花江和下游黑龙江的影响，保障周边和下游人民用水安全，有利于改进民生、构建和谐社会、减少国际争端。同时，为黑龙江省发展绿色农业、有机农业、生态农业，促进黑龙江农业健康持续发展奠定了基础，为今后松花江水系污染治理提供了有益启示。

参考文献

［1］ 李大鹏、杨艳蓉等编著《黑河流域水资源综合管理研究》，甘肃文化出版社，2016。

［2］ 张维真主编《生态文明：中国特色社会主义的必然选择》，天津人民出版社，2015。

［3］ 何爱平、石莹、赵仁杰等著《以生态文明看待发展》，科学出版社，2016。

［4］ 王业耀、孟凡生等编著《松花江水环境污染特征》，化学工业出版社，2014。

［5］ 郑国臣等著《松辽流域水资源保护监管体系建设与探索》，科学出版社，2016。

［6］ 王浩、黄勇等著《水生态文明建设规划理论与实践》，中国环境出版社，2014。

松花江流域化工废水中
二氯酚的有效控制

——以佳木斯黑龙农药化工股份有限公司为例

摘　要： 工业废水中的有毒化学物质是造成水域污染的最大隐患之一，其危害程度远甚于一般生产、生活垃圾污染，必须严格加以防控。随着我国农业生产发展，对农药需求不断增加，农药化工厂亦随之大量涌现。农药化工厂排放的有机、有毒、有害污染物已成为我国江河湖海水系的最大污染源，不但破坏生态环境，还严重危及人民生活与生命安全。本文以佳木斯黑龙农药化工厂生产过程中排放出的二氯酚治理为例，探究了政府、企业为保护松花江流域水系生态环境所采取的一系列政策和措施，并总结了经验和启示，为今后松花江流域生态环境保护和建设提供有益的参考。

关键词： 二氯酚　松花江流域　佳木斯

长期以来，我国农药化工厂排放有机、有毒、有害污染物质对我国江河湖海水系造成的危害非常严重，极大地破坏了生态环境，危及人民的健康、生活，甚至危及人民的生存与安全。这种现象引起了国家和各级地方政府部门的高度重视，分别采取法律、行政、技术等各种措施进行管控和防治，取得了巨大成效。例如，黑龙江省环保厅对佳木斯黑龙农药化工股份有限公司排放废水中二氯酚的有效控制，对防治有机、有毒、有害物质污染松花江水体取得了巨大成效，是进行松花江流域生态环境建设的典型

---

[*] 程遥，黑龙江省社会科学院经济研究所副所长、研究员，主要研究方向为农业经济、房地产业。

案例，其做法、经验、效果很有示范启示意义，现简单介绍以供未来进行松花江流域生态环境建设工作参考。佳木斯位于松花江下游，与俄罗斯接壤的松花江出境断面位于佳木斯市境内，为避免造成负面的国际影响，黑龙江省委、省政府、省环保厅把佳木斯市水环境风险防范作为重中之重。长期以来，特别是2005年吉林化工厂造成松花江污染事件发生后，佳木斯市委、市政府高度重视环境风险防范工作，加大了环境应急管理工作力度，设置了多套环境应急安全处理措施，近些年来均未发生污染环境突发事件。

一 佳木斯黑龙农药化工股份有限公司基本状况

佳木斯黑龙农药化工股份有限公司是一家历史悠久，具有一定规模，曾为当地经济社会发展做出过巨大贡献的老企业，它的发展变化令人深思。

（一）佳木斯黑龙农药化工股份有限公司规模

佳木斯黑龙农药化工股份有限公司的前身是始建于1958年的佳木斯化工厂，1997年吸收佳木斯农药厂经改制后成立佳木斯"黑龙农药化工股份有限公司"。佳木斯黑龙农药化工股份有限公司是一家以农药原药生产和加工、农药中间体、氯碱及相关产品为主的国家大型二档企业，具有多年生产农药、化工产品的历史和生产经验，是原化工部定点生产农药的企业，公司下设进出口公司，拥有产品进出口权，产品远销澳大利亚、南美洲、东南亚等国家和地区。佳木斯黑龙农药化工股份有限公司最兴盛时总资产20523万元，固定资产原值13428万元，流动资产12871万元，资产负债率56.84%，银行信用A级，公司占地面积26.25公顷，建筑面积12万平方米，职工1100余人，各类专业技术人员440人。2001年实现销售收入14000万元，利税800万元，出口创汇480万美元。2002年实现销售收入13000万元，利润120万元，税金600万元，其中高纯度2,4—二氯苯氧乙酸出口创汇480万美元。

（二）佳木斯黑龙化工股份有限公司产品性质

佳木斯黑龙化工股份有限公司农药生产过程中排放的工艺废气中含有

氯气、氯化氢、二氯酚等有害气体，影响企业附近的大气环境质量；排放的工业废水中含有二氯酚等苯环类有机污染物，一旦发生非正常排放甚至事故排放，将严重污染松花江水环境，危害水生生物和下游的沿岸居民生活；生产工艺过程中使用的原料、中间产物、产品中有氯气、盐酸、烧碱、苯酚、氯乙酸、2，4—二氯苯氧乙酸等有毒有害物质，一旦发生泄漏事故将对附近居民和松花江水体造成严重污染；黑龙公司氯碱分厂有四个容积为 50 吨的液氯贮罐，总容积 200 吨，一旦发生爆炸泄漏等灾害性事故，将严重威胁附近居民的健康和生命安全，泄漏产生的污染物以及消防产生的废水流入松花江将造成严重污染事故，后果不堪设想。而且企业无论原辅材料还是产品，均具有一定毒性或腐蚀性，有害气体逸出直接影响大气环境，进而对人及其他动植物健康造成损害，严重时可造成人员伤亡；有害液体流出，对水体造成影响，进而对生产、生活造成危害；有害固体废物堆储运过程中可能对地表水、土壤和地下水产生影响，进而造成其他危害。黑龙公司是大型农药生产企业，每年吸纳就业、创收外汇、上缴利税等数量巨大，为当地经济发展做出很大贡献。公司厂址靠近松花江江边，松花江是中国和俄罗斯两国的界河，具有极为敏感的政治意义，俄方非常关注中方企业的环境污染问题。如果松花江流域中方企业的环境污染问题不能得到很好的解决，也会对两国友好关系的发展产生负面影响。

二 佳木斯黑龙农药化工股份有限公司治理 "二氯酚"污染措施

鉴于以上多方面原因，佳木斯市政府为保护松花江水体免受污染，提出佳木斯黑龙农药化工股份有限公司搬迁及原厂址污染治理工程方案。方案提出，黑龙农药化工股份有限公司整厂搬迁，并对其原址采用防渗墙施工技术进行治理，主要施工方式是成槽灌注固化灰浆形成防渗墙。技术方法是：在动力系统的驱动下，成槽装置进行竖向往复运动，对原始地层进行挤压破碎，地层颗粒通过浆液循环发生位置的移动或置换出地面，形成槽孔。在成槽过程中注入固化浆材，成槽后自行凝固，形成防渗体。该工程工序为连续施工，不存在施工接缝问题，可在一定程度上入岩。后来因为该项目所需资金数额巨大，难以筹集，公司无力实施，致使该工程中途废止。由于佳木斯黑龙农药化工股份有限公司不能防控对环境的污染，污染隐患严重，佳木斯市于2009年以关停文件的形式对该企业实施了关停，佳木斯黑龙农药化工股份有限公司这一具有近60年历史的大型企业停产关闭了。遗憾之余亦见黑龙江省委、省政府、省环保厅及各有关部门在防控有机、有毒、有害污染物质对松花江水污染方面处理措施的严肃性。由此也可看到近年来黑龙江段松花江水系生态环境大幅改善，水质大幅提升，得益于黑龙江省政府各有关部门思想上高度重视，行动上果断，对松花江流域生态建设采取措施积极得当。

三 佳木斯黑龙农药化工股份有限公司治理污染案例产生的客观效应

佳木斯市政府对佳木斯黑龙农药化工股份有限公司这样曾经为当地经济社会发展做出过突出贡献的老企业采取了关停的严厉处置，使得佳木斯市一些存在污染环境隐患的生产企业普遍提高了保护生态环境意识，纷纷加强了严格防控污染环境措施，大力进行防控污染基础设施建设，并制定了防控污染应急预案等。

（一）企业政府都加强了应急预案编制制定

"十一五"以来，佳木斯市已完成全市水环境突发事件应急预案制定，并建立定期修订、完善制度，定期开展应急演练，切实提高相关人员对突发事件应对能力。同时，佳木斯市环保厅积极推进企业应急预案编制并开展应急演练，目前，已完成企业应急预案编制51家，其中包括重点涉水企业14家，共开展现场演练4次，圆桌演练3次。

（二）政府强化了对企业的污染风险管理

鉴于佳木斯黑龙农药股份有限公司被关停教训，佳木斯市环保部门更加重视对企业的污染风险管理，强化了对企业污染风险管理的处置。一是加强重污染企业整治。自2007年以来，淘汰关闭小造纸、化工等重污染企业75家。二是为有效控制环境风险，从源头降低环境突发事件发生的可能性，积极开展风险源排查工作。将各行业按环境风险从高到低的顺序逐个企业分析风险点，对环境风险高的生产环节和风险点提出警示并要求企业落实风险防范措施，最大限度降低环境事件发生概率，有效预防突发环境污染事件发生，目前已完成 83 家企业的环境风险排查工作。

（三）企业加强了防控污染基础设施建设

佳木斯黑龙农药化工股份有限公司被关停，引发了佳木斯市生产企业对防控污染基础设施建设的热潮。同时，佳木斯市政府加强了对污染源特别是固定污染源的管控。固定污染源主要包括工业源和生活源。多年来通过不断加强基础设施建设，使工业、生活污水全部得到了有效治理，从而减少了松花江水体遭受污染的源头。

1. 加强涉水企业污水处理设施建设

为防控污水流入松花江造成污染，所有涉水企业都建设了污水处理设施，生产废水经处理达标后排放，并同步建设在线监测设备与环保部门联网，目前企业先后建成污水处理设施 109 套。佳木斯市政府对重点涉水企业，每年按一定频次进行手工监督性监测，对超标企业按相关法律法规进行立案处罚。

2. 加强生活污水处理厂建设

2006 年，佳木斯东区污水处理厂 6 万吨/天污水处理工程建成投运，拉开佳木斯城市污水处理工程建设的序幕。十年来，全市共建成县级以上污水处理厂 8 家，乡镇污水处理厂 5 家，全市污水处理能力达到 31 万吨/天。

3. 加强配套管网建设

在原有城市管网的基础上，佳木斯市先后实施了英格吐河截流工程、土二五河截流工程、音达木河截流工程，共新建污水管线 8.4 公里，累计提高污水收集能力约 7 万吨/天。陆家岗河截流工程正在进行规划设计，计划 2018～2020 年实施，截流管线 1.5 公里。

4. 谋划中兴、红旗、和平、杏林等沿江溢流口整治工程

目前，该项目正在做可行性研究报告，进行雨、污分流制改造，以解决雨季来临时城市内涝，污水溢流问题。

四 佳木斯黑龙农药化工股份有限公司防控
环境污染的启示

佳木斯黑龙农药化工股份有限公司防控环境污染治理事件，对我们今后治理松花江水体污染，进行松花江流域生态环境建设给予了很多有益的启示。

（一）生产农药化工产品等企业建厂选址应远离市区河流水域

生产农药化工产品企业，无论是其生产投入品，还是生产过程中产生的气体、液体、固体废弃物乃至最终产品，都带有一定的毒性。这些物质对人、环境都有不同程度的危害作用，特别是一旦流入河流水域，将造成更大的环境危害，后果不堪设想。因此，在建厂规划初期，即应选择远离人群、远离河流水域的地方。同时，地方政府应加强对生产企业建厂选址空间布局规划编制，提高地域产业空间布局规划的质量，使规划更具科学性、前瞻性、针对性和可行性。特别是对生产过程中、生产的产品可能产生对环境、生物、动物及人类具有安全影响的企业选址空间布局规划，应更加严格研讨严审，以防实施后不妥当再修改，那样会给企业及社会带来不可估量的损失。

（二）当地政府应加大对保护治理环境污染企业的支持力度

防控环境污染是一项长远的系统工程，不但需要先进的科学技术，而且耗资巨大，单凭企业自己的力量很难做到。像佳木斯黑龙农药股份有限公司这样具有悠久历史，曾为当地社会经济发展做出过巨大贡献的相当规模的老企业已经找到了防控环境污染的技术和方法，并已付诸实践进行阶段性治理，只因缺少资金不能完成防控工程，达不到环保要求的标准而关闭，实在令人遗憾。而且，企业关闭的直接结果是产生大量失业者，减少了国家税收，增加了政府就业负担。因而，防控治理松花江水体污染应是当地企业、政府、社会共同的责任，政府应加大对企业防控治理环境污染的支持力度。

（三）国家应加大对经济欠发达地区防控治理河流水域污染的资金支持

松花江流域生态建设是一个长远的系统工程。佳木斯市属于经济欠发达的老工业城市，政府虽然力图保护好松花江水域生态环境，彻底治理松花江水系污染，但是财力有限，城市基础设施建设财政投入能力不足，仅靠自身财政投入，很多环保工程、防控治理污染工程都不能实施，无法满足广大人民群众对良好生活环境的需求，所以，国家财政金融政策应在这方面进一步加大支持力度。

（四）政府对存有严重污染环境隐患的企业严格监管外应加强安防指导

在对佳木斯黑龙农药化工股份有限公司的处理上，佳木斯市政府所采取的处理措施，一是整厂搬迁；二是对原厂址污染进行治理；三是以文件形式指令关停闭厂。从处理过程中看不到政府如何指导企业采取防控措施，也看不到政府如何帮助企业筹集治污资金，如何帮助企业引进治污技术，如何想方设法帮助企业渡过难关。企业是经济社会发展的基石，政府有监管企业保护生态环境不被破坏的责任，同时也具有帮助、指导企业发展的义务和责任。如果政府能尽到这两个责任，类似佳木斯黑龙农药化工股份有限公司的企业，很可能在不发生污染破坏环境的基础上发展下去。

（五）农药化工生产企业应不断进行技术革新，生产高效低毒少残留产品

近年来，随着农业需求增加，农药工业在不断发展，国内农药厂房的建设也日益增多。农药生产由于工艺流程的复杂性，反应步骤众多，原材料的消耗量比较大，所以在生产过程中有大量的"三废"产生。其中农药生产过程中产生的废气、废水常伴随有恶臭，对周边的大气和水域造成了严重的污染。很多居民对于工厂排放的废气和废水表示不满，由此引发各种纠纷，因此，国内农药厂的废气和废水污染问题成为现代农药生产不可忽视的一部分。特别是在践行绿色发展理念，强化供给侧改革，建设美丽富强中国的今天，农药生产企业若想持续发展，不像佳木斯黑龙农药化工股份公司一样被迫关停，只有不断进行技术革新，减少农药生产过程中废气、废水、废物的排泄。并且，在进行农药厂选址时首先就要考虑到环境因素，以及是否对居民区生活产生影响。其次，由于生产农药的过程中会出现很多污染问题，所以农药厂从一开始就应该开发新型、高效、低毒、安全的农药品种。同时，农药厂应该积极开发农药使用新技术、新工艺，

使人和农药脱离，既不污染环境，也不对员工造成伤害，生产低污染高质量的新型农药，企业才能走得更远。

参考文献

［1］李大鹏、杨艳蓉等编著《黑河流域水资源综合管理研究》，甘肃文化出版社，2016。

［2］张维真主编《生态文明：中国特色社会主义的必然选择》，天津人民出版社，2015。

［3］何爱平、石莹、赵仁杰等著《以生态文明看待发展》，科学出版社，2016。

［4］王业耀、孟凡生等编著《松花江水环境污染特征》，化学工业出版社，2014。

［5］郑国臣等著《松辽流域水资源保护监管体系建设与探索》，科学出版社，2016。

大庆市水环境保护中的废水治理

李敬晶　高淑春　李伟玮[*]

摘　要： 大庆市通过推动经济结构转型升级、控制污染物排放、节水与水资源保护调度、开展水生态环境综合治理与保护、严格环境执法监督等方面改善水环境质量。以北引、中引为主要水源，以云水资源、雨洪资源、污水资源作为补充水源，以主要湖泡治理为点，以排干治理为线，以流域治理为面，以安肇新河为承泄总干，采取引水、活水等综合措施加大地面水环境治理力度，实现水环境治理从点源治理向流域、区域综合整治的转变，从末端治理向源头和全过程控制的转变，从集中处理向集中和分散相结合处理的转变，实现"水清、岸绿、流动、通畅"的水环境治理目标。

关键词： 水环境质量　废水排放　治理

水环境保护是事关人民群众切身利益、事关全面建成小康社会的重要问题，是大力推进生态文明建设的重要任务。随着环境管理要求的逐步提升和人民群众对良好环境的迫切需求，切实改善水环境质量已成为开展水污染防治和水环境管理工作的根本要求。

一　大庆市水质量现状

（一）大庆市概况

大庆市位于黑龙江省西部、松嫩平原中部，属松花江流域。市区内

---

* 李敬晶，大庆市社会科学界联合会副编审，从事社会科学、编辑出版研究；高淑春，大庆市人大常委会高级工程师，从事工业工程、城市规划研究；李伟玮，大庆市环境保护局工程师，从事环境工程研究。

没有天然河流，嫩江干流、松花江从西南边缘流过。乌裕尔河和双阳河分别由依安县和明水县进入大庆境内，为季节性河流，消失于扎龙湿地。全市共有大小泡沼208个，其中市区156个，主城区71个，总蓄水量达38.5亿立方米，泡沼众多，湿地资源丰富。年可利用水资源总量31.65亿立方米，其中地表水资源量为21.59亿立方米，地下水资源量为10.06亿立方米。地面水均引自嫩江（北引、南引和中引三引）和松花江，现状有5处大型供水水厂，日供水能力124万立方米，年供水能力3.65亿立方米。市区还有地下水源43座，日供水能力81.4万立方米。全市人均水资源占有量仅为1208立方米，是全国平均水平的54%，单位土地面积水资源量为全国平均水平的50%，人均供水量相当于全国平均水平的70%，在不同程度上存在着资源性缺水、水质性缺水和工程性缺水，属中度缺水地区。

（二）大庆市排水系统概况

排水系统包括南线排水和东线排水两大部分，冬储夏排，主要用于排除本地区的降水和各类污水。南线排水系统以安肇新河为总排水干渠，以西排干、中央排干、东排干和东二排干为干渠，加上与各排水干渠相连的泡沼，形成了由北向南的排水路线，最终在肇源县的古恰处汇入松花江；东线排水是大庆石化总厂和大庆石化公司的化工污水通过管道排入安达境内的青肯泡氧化塘进行生化处理，经肇兰新河入呼兰河，最终在哈尔滨下游汇入松花江。

1. 工业废水排放去向

大庆市进入安肇新河的工业废水是市区21家企业工业废水，2016年排放废水327.19万吨，COD排放量约1832.38吨，氨氮排放量约40.3吨，排水去向为3条干渠和15个湖泡，其中排入青肯泡、贴不贴泡、大明泡的2698.18万吨工业废水封存，不进入安肇新河。

2. 生活污水排放去向

2016年，全市排放生活污水处理量9541.1万吨，处理达标后集中排入5个湖泡和3条排水干渠，少部分生活污水未经处理，分散就近排入湖泡或排水干渠。

3. 安肇新河排水情况

安肇新河的排水去向有两个，一个是为农业灌溉提供水源，另一个是向松花江泄水。每年春夏季节，中内泡和库里泡滞洪区及其附近的河道，是旱田作物的主要供水水源。当地农民利用引水渠将水引入农田，直接向农田灌水，也有通过水泵或车辆取水；第二个渠道是排入松花江，安肇新河上的各个滞洪区根据防洪管理的需要，通过闸门向下游泄水，集中在每年 4～11 月，泄水量多少视气象条件和滞洪区库容量确定。库里泡是安肇新河最末端的滞洪区，它与古恰闸门之间是一条 31.8 公里长的河道，两处的泄水量基本相当，2006～2016 年最多的年份向松花江泄水量超近 7.6 亿立方米，最少的年份只有不到 1 亿立方米。

（三）大庆市废水排放量

大庆市工业、生活废水年排放量约 14112.76 万吨，其中工业废水排放量为 3025.37 万吨，生活污水排放量 11087.39 万吨；共排放化学需氧量 20850.97 吨，其中工业排放 7740.97 吨，生活排放 13110 吨；共排放氨氮 3055.93 吨，其中工业排放 760.93 吨，生活排放 2295 吨。大庆市生活污水排放量大于工业废水排放量，生活污水中化学需氧量和氨氮的排放量大大高于工业废水中这两项污染物的排放量，在污染物总排放量中占有较大比重。

二 综合治理的成效、经验和存在的问题

（一）工作推进落实情况

国务院《水污染防治行动计划》和省政府《水污染防治工作方案》发布以来，大庆市环保局在大庆市委、市政府领导下，以实现区域水环境质量整体改善为最终目标，统筹组织各项重点工作任务推进落实，通过加强组织领导、明确责任分工、强化监督检查，"水十条"各项工作稳步推进。

1. 加强组织推进

一是制定大庆市水污染防治工作方案。国务院《水污染防治行动计

划》颁布实施后，大庆市快速行动，2015 年底，出台《大庆市加强水污染防治工作实施方案》，同时按照要求，大庆市各县区和高新区也完成本辖区的水污染防治方案制定，2016 年、2017 年大庆市分别制定水污染防治年度工作实施方案，进一步明确了年度重点工作任务。

二是建立并召开水污染防治联席会议。2016 年 4 月，为有效推动水污染防治各项工作开展，建立了全市"水污染防治联席会议"制度，由分管副市长担任总召集人，包含县区政府、市直部门、中直企业等 44 家成员单位，为及时解决工作中遇到的综合性、全局性问题提供组织保障。

三是明确工作责任。为确保大庆市各项水污染防治工作任务按期完成，大庆市政府与各县区政府、市政府相关直属部门、中省直企业签订了水污染防治目标责任书，进一步明确职责分工，有效督促落实各项工作。

四是加强跟踪督办。为加快推进"水十条"各项工作进展，2016 年 10 月，大庆市召开"全市水污染防治联席会议暨环境保护重点工作推进会"，通报全市水污染防治工作进展和存在问题，并安排部署下一步工作。2017 年初，市环保局领导班子带队深入相关县区和中直企业，督办"水十条"各项工作进展；7 月，召开全市环保重点工作推进会议，推动"水十条"工作落实；8 月，市环保局全面梳理"水十条"进度滞后工作，成立 4 个工作组，再次深入县区和中直企业，推进"水十条"落实，并提请政府监督检查部门对进展缓慢的重点工作进行督办。

2. "水十条" 重点工作任务完成情况

一是实行最严格水资源管理。2016 年，大庆市用水总量为 24.30 亿立方米；万元工业增加值用水量 21.99 立方米/万元，比 2015 年下降 9.6%；万元 GDP 用水量 24.47 立方米/万元，比 2015 年上升 0.1%；农田灌溉水有效利用系数为 0.6019；重要江河湖泊水功能区水质达标率为 50%，除万元 GDP 用水量指标外，其余指标均达到考核要求。

二是实施工业污水提标改造。2016 年 10 月，大庆石化公司腈纶污水处理厂完成提标改造，2017 年 6 月大庆石化公司炼油污水处理厂、2 座化工污水处理厂和大庆炼化公司污水处理厂完成提标改造，黑龙江龙革投资集团有限公司污水处理厂改造项目完成建设。

三是推动工业集聚区污水集中治理。全市 8 个省级及以上工业园区，拟通过建设园区污水处理厂、向生活污水处理厂并网、依托大企业等途径实现园区污水集中处理，其中 3 个园区计划建设污水处理厂，包括高新区兴化园区污水处理厂建成投用、肇州杏山工业园区污水处理厂建成正在调试、经开区污水处理厂开工建设；3 个园区计划将污水并网到生活污水处理厂，包括高新区主体区和肇源大广工业园区污水已分别并网到东城区污水处理厂和肇源县污水处理厂处理，杜蒙县德力戈尔工业园区正在制定并网计划；2 个园区计划依托内部企业实现污水集中处理，包括大同新河工业园区已经依托博润生物科技有限公司实现集中污水处理，高新区宏伟园区计划将园区污水依托油田化工集团污水处理厂集中处理，依托方案已通过专家论证，正在组织实施。

四是提高生活污水处理水平。全市现有 11 座污水处理厂，总处理能力 49.5 万吨/日，2016 年城市和县城污水处理率分别达到 95.2% 和 87%；大庆市东城区第二污水处理厂已开工建设，投资 4.6 亿元，采用 A^2O + 深度处理工艺，设计日处理能力 9.5 万吨，执行一级 A 排放标准；推进全市现有 9 座执行一级 B 或不能稳定达到一级 A 的污水处理厂实施提标升级改造，目前正在制定改造方案。

五是防治畜禽养殖污染。全市畜禽禁养区划定方案已经制定完成并向社会公布，同时按照要求，各县区畜禽禁养区划定方案已经制定完成并向社会公布，禁养区内暂不需要关闭、搬迁规模化养殖场（小区）。

六是加快农村环境综合整治。大庆市 2016 年农村环境综合整治重点项目 10 个，涉及建制村 10 个，通过修建路边沟、垃圾定点收集、粪便发酵还田、集中供水和饮用自来水等措施，生活污水处理率、生活垃圾无害化处理率、畜禽粪便综合利用率、饮用水卫生合格率分别达到 60% 以上、70% 以上、70% 以上、90% 以上，四项指标均达到要求。2017 年农村环境综合整治任务已下发到县区。

七是启动肇源皮革城含铬废水闭路循环清洁化改造。肇源皮革城与河南商丘宝斯卡公司签订技术服务协议，对园区内 12 家产生含铬废水企业安装含铬废水回收设施，计划 12 月底前全部完成改造。

八是加强农业面源污染治理。通过推进农业"三减"示范基地建设、推广测土配方施肥、发展绿色产业等措施，1~8 月全市化肥、农药使用量分别为 32 万吨和 0.18 万吨，分别较上年同比降低 7% 和 14%，全市落实农业"三减"示范基地面积达到 118.5 万亩，比上年增加 50.2 万亩；测土配方施肥技术面积 655 万亩，比上年增加 5 万亩，测土配方施肥技术覆盖率达到 66%，肥料利用率达到 38%；绿色食品基地面积 700 万亩，占耕地面积的 62%。

九是加强饮用水水源保护。推进完成大庆市饮用水水源保护区内村屯、畜禽养殖、餐饮旅游、耕地 4 大类共 16 处环境违法违规问题清理整顿，具体包括红旗水库一级保护区内稻田、蔬菜大棚和二级保护区内村屯、企业厂房各 1 处；杏二水源一级保护区内鱼池 5 处；大龙虎泡水源一级保护区内看鱼点 3 处、养鱼池 1 处和二级保护区内砖厂 1 处；大庆水库一级保护区内湖心岛建筑 1 处和二级保护区内餐饮 1 处。同时，各水源均明确了属地负责、市级部门监管的工作机制，避免各水源保护区内环境违法违规问题新增或反弹；推进解决大庆市大龙虎泡和前进等 4 个地下水源超标问题，2016 年 12 月，市政府主要领导批示由市发改、水务部门和市水务集团联合研究论证超标水源替代事宜。2017 年初，市水务局和水务集团提出了《大庆市城市供水水源地整治工作实施意见》，7 月下旬，经过市政府常务会议和地企协调会议研究，并报经市委同意，形成了超标水源替代方案，拟通过对大庆水库、东城水库、红旗水库增容扩建和联网调水，替代大龙虎泡等超标水源。目前，此项工作由大庆市水务局负责牵头制定具体实施方案，工程计划 2017 年启动实施，2020 年建成投用。

（二）资源约束与水环境保护存在的问题

1. 水资源区域和时间分配不均衡

大庆市的水资源具有以下两个明显特点：一是水资源的地域分布不均衡性，西部地区水资源量丰富，东部地区水资源量较少；二是水资源的时间分配不均匀性，由于大气降水集中在每年 7、8 月份（占全年降水量 55% 以上），所以水资源接受大量集中补给，而其他季节的水资源量补给不足。

2. 人工排水渠天然径流量不足、污径比偏大

安肇新河不是天然河流，缺少新鲜水补给，排干及湖泡湿地水体污染物得不到清水稀释。且大庆地区坡降较小，水流速度较慢，甚至常常滞留，致使水体基本不具备正常河流的好氧—复氧功能，水体自净能力不强，污水长期在湖泡、干渠中蓄存，使水质进一步恶化。

3. 地处干旱区与闭流区，水体自净能力较弱

大庆市属于干旱、半干旱地区，降水量远比蒸发量小，单位降水量与蒸发量相差大，水体每年按照降水—蒸发—浓缩模式循环，在得不到充分降解和稀释的情况下，导致水中污染物被浓缩升高，降水量远比蒸发量小，加剧了水体污染。

4. 污染日益加重，水体受到威胁

"城市面源"污染没有任何控制措施，部分改造完成的水体截污不彻底，水体富营养化严重。农业生产中各种化肥、农药用量逐步增加，农田残留的农药、化肥等随地表径流进入地面水体，部分渗入地下，对水环境质量构成威胁。油田生产和建设将市区156个泡沼中的60多个泡沼用管线或明渠连通，形成了覆盖整个油田区的排水网络。油田的联合站、注水井和地面污水处理站等由于突发性事故和作业等原因向泡沼排放含油污水，对油田区水环境质量影响较大。大庆市四个地下水源地及大龙虎泡在2016年11月和2017年6月开始陆续出现水质超标情况。

5. 城市生活污水成为主要污染源，总量控制难度加大

近年来，大庆市废水排放量逐年增加。由于大量化工废水长期封存在泡沼中，水质极度恶化，可能对周边环境及地下水产生不良影响。油田生产过程中产生的污染物、农田残留的农药、化肥等随地表径流进入地表水体，形成了较大的面源污染。城市生活污水排放量大，点多面广，生活污水化学耗氧量排放量已占全市排放量的50%以上。

三 遵循生态理念，加大治理力度

（一）总体布局和治理目标

以北引、中引为主要水源，以云水资源、雨洪资源、污水资源作为补充水源，以主要湖泡治理为点，以排干治理为线，以流域治理为面，以安肇新河为承泄总干，采取引水、活水等综合措施加大地面水环境治理力度，实现水环境治理从点源治理向流域、区域综合整治的转变，从末端治

理向源头和生产全过程控制的转变，从集中处理向集中和分散相结合处理的转变。使地表水环境质量达到国家《地表水环境质量标准》Ⅲ类标准，满足地表水功能区划分要求，实现"水清、岸绿、流动、通畅"的水环境治理目标。

（二）水环境治理的重要举措

1. 安肇新河流域水环境综合整治

为做好大庆市水环境综合整治工作，大庆市出台了《大庆市安肇新河流域水环境综合整治规划》，市政府列支专项资金，改善安肇新河流域及城区河湖水环境质量。

自2016年7月下旬开始，市水务局、市规划院和哈工大环境集团积极开展现场踏查、资料收集、实地测量、水质化验、影像录制和规划方案论证分析等工作，并多次召开协调会，组织市城管委、市环保局、市林业局等相关成员单位对规划进行审查把关。

此次综合整治总投资超过31.6亿元，其中，政府类项目投资约17.4亿元，石油管理局项目投资约9.6亿元，企业自筹项目投资约4.6亿元。分为近期2017～2020年和远期2021～2025年，并对今后几年各年度规划内容进行细化和实施安排。内容包括"工业污染调查与治理""城镇生活污染调查与治理""农村生活污染调查与治理""畜牧养殖污染调查与治理""种植业污染调查与治理""生活垃圾污染调查与治理""城市河湖水体污染调查与治理""智慧环境及加强管理"等8个领域的规划和实施方案。

安肇新河是为打破大庆地区闭流状态而开挖的人工河道，北起王花泡滞洪区，南到松花江，流经大庆、安达、肇州、肇源等市县，从肇源县古恰闸流入松花江，全长108公里，是大庆地区排泄洪水、污水的唯一通道。此次规划范围为安肇新河流域大庆市境内的集水区域，规划面积超过5000平方公里。

2. 编制大庆市松花江肇源断面水体达标方案

为落实"水十条"水环境质量改善要求，借鉴《大庆市安肇新河流域环境综合整治规划》成果，推进大庆市生态文明建设，切实改善区域水环境质量，确保到2018年大庆市松花江肇源断面稳定达到Ⅳ类水体，经市政府主要领导同意，由市水务局牵头，哈工大环境集团承担，在详细论证、多次讨论修改、广泛征求相关单位部门意见基础上，编制形成了《大庆市松花江肇源断面达标方案》，并已报省政府备案。

结合"水十条"和《大庆市安肇新河流域环境综合整治规划》工作安排，2017年主要落实"城市建成区黑臭水体整治"和"工业污水治理"2类7个项目，计划安排项目投资6.3亿元。

3. 建立安达来水机制

为配合推进《大庆市安肇新河流域环境综合整治规划》实施，切实改善安肇新河流域水环境质量，完成省"水十条"考核任务，省环保厅组织大庆和绥化两市共同商讨安肇新河流域治理对策，重点解决安达、明水、青冈等绥化地区市县向安肇新河流域上游排污控制问题，并对王花泡泄水口、安达雨排干渠、王花泡泄水渠北二十里泡入口等安肇新河上游重要闸口、干渠进行实地踏查。目前，市水务局已按照省环保厅要求，完成安肇新河上游市辖区内排水情况调查，确定了两市跨界断面，并着手起草建立大庆、绥化两市安肇新河流域污染治理会商机制。

（三）预期治理效果

1. 城区河湖水环境质量达到Ⅲ类水质标准

遵循"截污治污、引水活水、生态修复、加强管理"的治理时序，以区域排污总量控制为中心，以湿地及相关水系排污口治理为点，以排干治理为线，以流域治理为面。采取综合措施，使城市建成区黑臭水体总体得到消除，安肇新河流域及城区河湖水环境质量达到Ⅲ类水质标准，实现"水清、岸绿、河畅、湖美"的水环境治理目标。

2. 持续改善城内水环境质量，整体达到Ⅲ类

到2018年，通过削减入河排污量，保证松花江肇源断面稳定达到Ⅲ类水体，完成国家考核任务；在此基础上，通过进一步削减排污、引水活水、生态修复、加强监管等综合措施，巩固提高治理成效，持续改善松花江肇源断面和大庆市汇水区内4个控制区水环境质量，逐步将安肇新河干流和各控制单元纳污量控制在环境容量以内。

浅析安邦河小流域治理成效

汤　辉[*]

摘　要：安邦河作为松花江的重要支流及双鸭山的母亲河，在20世纪70年代以前水质和生态环境一直保持得很好。由于缺乏环保意识和科学的规划利用，伴随改革开放和经济快速发展，水环境受到了严重污染。在污染最严重的时期，其水质一直在劣V类左右徘徊，河中鱼虾基本绝迹。进入21世纪，随着政府和社会公众环保意识的提高，安邦河的污染问题得到了省市政府部门的重视。在2009年，双鸭山市开始了对安邦河的综合治理。通过一系列治理工程的实施，安邦河的水质得到了极大的改善，生态环境得到有效恢复。安邦河作为松花江的一条一级支流，其污染治理的成功对其他相关支流的治污工作有重要借鉴意义。文章分析了安邦河治理的过程和采取的措施，以及治理过程中存在的相关问题，期望对松花江其他支流的污染治理工作有所启发。

关键词：安邦河　流域治理　生态环境

一　安邦河小流域治理的背景

（一）安邦河简介

安邦河是松花江下游右岸的一级支流，发源于完达山余脉，七星砬子东分水岭北麓。自南向北流经双鸭山市、集贤县福利镇至桦川县境内，由

---

* 汤辉，黑龙江省社会科学院政治学研究所馆员，研究方向为互联网治理和地方治理。

桦川县新河宫汇入松花江。安邦河干流全长 167 公里,主要支流有马蹄河、柳树河、小安邦河、哈达密河。安邦河干流在福利镇以上为山丘区河流,在福利镇以下河流进入平原区。安邦河流域位于中国黑龙江三江平原腹地,流域内分布着双鸭山市、集贤县、桦川县、友谊县及 291 农场的部分区域,流域总面积原为 2755 平方公里。安邦河中上游系山谷性河流,坡陡流急,夏季水势暴涨暴落,冬季冻结断流,下游地势平缓,自然水网衰老,经整治已开新河入江。安邦河自上而下分布着红旗水库、寒葱沟水库、定国山水库三个水库。安邦河主要在双鸭山境内,其两岸遍布居民区、工业区和农田,在未被污染之前一直承担着周边地区生活和工业用水的保障功能,可以说安邦河是双鸭山的母亲河。

(二) 安邦河污染的原因

昔日的安邦河碧波荡漾,水清鱼肥。根据相关资料记载,20 世纪 70 年代以后,由于工业化进程的加速、城市人口的增长、相关湿地的开垦,安邦河逐渐成为污水河,水中生物种类渐渐减少直至生命力极强的泥鳅和俗称的老头龟绝迹。特别是在安邦河综合治理工程开展之前,由于河水污染严重,已不适合作为饮用水的直接来源。安邦河成为松花江流域污染最为严重的五条河流之一。

2006 年可以说是安邦河污染的一个高峰期。环保部门对安邦河出入双鸭山市区段定国山断面、黑鱼泡断面的检测结果显示:定国山水库断面超标污染物为高锰酸盐指数和溶解氧,其中高锰酸盐指数测值范围为 3.20 ~ 6.30mg/L,年均值为 4.68mg/L,超标率为 12.50%,最大值超标 0.05 倍,出现在平水期;黑渔泡断面超标污染物为高锰酸盐指数、五日生活需氧量、氨氮、挥发酚、溶解氧和石油类,其中高锰酸盐指数测值范围为 14.10 ~ 24.70mg/L,年均值为 20.70mg/L,超标率 87.50%,最大超标率 0.65 倍,最大值出现在丰水期;五日生活需氧量测值范围为 17.60 ~ 33.50mg/L,年均值 23.84.68mg/L,超标率 100%,最大值超标 2.35 倍,出现在平水期;氨氮测值范围为 6.6 ~ 50.2mg/L,年均值 20.4mg/L,超标率 100%,最大值超标 24.1 倍,出现在枯水期;挥发酚、溶解氧和石油类分别在某一水期有超标现象,超标率分别为 12.50%、37.25% 和 25.0%。根据检测结果可以确定安邦河只有在流出双鸭山市区时水质才受到严重污染,而且表现为受生活污水和工业污水双重污染的性质。

二 安邦河小流域治理采取的措施

（一）启动生活污水处理设施和管网建设

针对生活污水处理设施配备不足的问题，在 2007 年双鸭山市通过多方努力，安邦河流域内双鸭山市污水处理厂被亚洲开发银行在贷款和技术援助"松花江流域水污染防治与管理"项目中正式列入项目计划。一期工程在 2009 年就已经正式投入使用，二期工程在 2016 年末也开始正常运行，两个污水处理厂的污水处理峰值能力为 10 万吨/天。虽然在夏季用水高峰期还不能完全满足双鸭山城市生活污水处理的需要，但是与之前没有污水处理设施相比，生活污水对安邦河的污染程度已有大幅度的改善。根据双鸭山市环保部门提供的资料，集贤县污水处理厂（三期工程）已完成可行性研究，等待进入批复建设阶段。

在进行污水处理设施建设的同时，双鸭山市也在进行排污管网建设工程。截至 2017 年，除一些偏僻、孤立的居民点和单位的生活污水没有并入管网还在继续直接向安邦河排污外，双鸭山市区的主要居民区、商业区和林区等有生活污水产生的区域绝大多数的生活污水已并入污水处理管网。环保部门提供的数据显示，目前安邦河 90% 的城区污水已接入生活污水处理管网。根据双鸭山市委、市政府出台的《安邦河流域水环境综合整治专项行动工作方案》，对生活污水并入城市污水管网提出相关要求，市交警支队和市检察院生活污水管网改造工程、邮政储蓄银行双鸭山市分行生活污水管网改造工程、向阳排水溢流出口污水管网改造工程、同三公路污水过河管网改造工程、马蹄河综合治理工程、安邦河以西污水管网新建工程在 2017 年底实施完毕，到 2019 年底之前将集贤县集贤镇的生活污水并入城市污水管网。

（二）有效治理工业污水的排放

安邦河流域内具有丰富的矿产资源，包括煤炭、硅线石、石灰石、石墨、铁矿、钨矿等。流域内有双鸭山矿业集团和建龙集团等大型矿产资源开采和加工型企业，大量的矿产资源的开采无疑要进行大量地下水的开采，同时要排放大量的工业废水。自 2009 年安邦河全面治理工程开展以后，环保力度逐年加大，人们的环保意识在不断增强。截至 2017 年，绝大多数企业已建成工业污水处理设施，经处理之后基本上实现企业内部的循环利用，向安邦河排放的工业废水绝大多数能达到排放标准。监测数据显示，双鸭山市尖山区和岭东区采煤区虽然目前每年还要向安邦河排入含有煤泥、煤焦油的工业废水，但是这些工业废水检测符合国家标准。

2017 年 4 月 18 日出台的《安邦河流域水环境综合整治专项行动工作方案》要求，下一步要加强安邦河流域涉水企业环保监管，对超标和超总量的企业予以"黄牌"警示，一律限制生产或停产整治；对整治后仍不能达到要求且情节严重的企业予以"红牌"处罚，一律停业、关闭。在污水管网覆盖区域内的工业企业，生产废水处理达标后要进入城市污水处理厂再处理。从源头上杜绝企业污水的滴、跑、漏、冒等污染行为的发生，力争做到向安邦河排放的工业废水经生活污水处理厂处理之后全达标。

（三）建设安邦河河道景观工程

在 2009 年安邦河综合治理工程启动之前，安邦河流经市区的河道，由于受历史上先生产后生活建设发展观念的影响，原有的草甸湿地、柳丛苇荡之处都变成了垦耕地、建企业、挖砂石、盖民居的地方，安邦河两岸自然环境遭到严重破坏，安邦河市区段水质受到较大污染。此外，居住在两岸的市民随意向安邦河排放生活废水和倾倒生活垃圾，造成安邦河的固体垃圾泛滥。2009 年，双鸭山市筹集资金 10 亿元，对安邦河开始了全面综合治理。按照"统一规划、分步实施"的原则，计划分三期完成治理工程。一期工程从市社会福利中心至黑鱼泡桥，总投资 2.5 亿元，具体实施滨水景观、河道整治及道路、桥梁工程，该项工程已于 2011 年完成；二期工程从黑渔泡桥至西福大桥，总投资 4.5 亿元，于 2012 年完成；三期工程从马鞍山桥至市社会福利中心，拟投资 3 亿元推进景观工程及河道整治。此外，双鸭山还启动了投资 12.6 亿元的滨河景观工程，重点实施博物馆、客运站等项目，并对针织厂等 4 家国有企业实施整体搬迁。安邦河在双鸭山市区的河道在 2013 年已建成景观河道。环保等部门提供的资料显示，安邦河底有大量淤泥沉积，根据工作安排，双鸭山市水务局和环保局等部门全力推进安邦河的清淤工程，2018 年中安邦河的清淤工程基本结束。

（四）做好农业面源污染防治

据 2002 年统计，安邦河流域耕地面积为 327.15 万亩，播种面积为 306.81 万亩，其中水稻田面积为 139.20 万亩，占当年播种面积的 45.4%，而 2002 年三江平原上挠力河、倭肯河和穆棱河三个流域的水稻种植面积也分别只占播种面积的 27.0%、18.2% 和 33.6%，可见水稻这种高耗水作物在该流域农作物中已占了相当大的比重。这些稻田在雨水过后同样会向安邦河中泄洪排水。在稻田使用大量的农药化肥的情况下，这些稻田排水也会影响安邦河的水质。此外，安邦河流域仍然存在农业面源的污染。对双鸭山市的相关调查资料显示，在安邦河两岸还存在一定数量的养殖场，这些农业养殖活动产生的污染物目前直接排入安邦河，会增加安邦河的污染程度。针对这些污染源，2017 年 4 月出台的《安邦河流域水环境综合整治专项行动工作方案》提出，要加强农业面源污染源头治理，督促责任单位指导农民合理施用农药、化肥。同时，加强沿河畜禽养殖业管理，关停禁养区、饮用水水源保护区内畜禽养殖场、养殖小区，监管流域内规模化养殖场建设粪便污染防治设施。

（五）强化安邦河环境监测，提高执法力度

自 2009 年安邦河治理工程开始以来，双鸭山环保部门就开始加大了对安邦河的环境检测力度。对国家规定的检测点，采取每月一次的检测。及时掌握安邦河的水质变化，及时发现污染源，把检测结果上报给市委、市政府用于对安邦河的治理决策。2017 年以来，对省控点也采取了每月一次的检测力度，到 2017 年 7 月完成了对安邦河支流每月检测一次的全覆盖。对于发现的污染源及时进行查处，对其进行限期整改。

三 安邦河治理的成效

2009 年，在创建"三优"文明城市中，双鸭山人重新审视并真正认识到了安邦河生态资源的宝贵，以及对拉升城市整体形象的巨大作用。特别是党的十八大以后，环境保护工作日益受到各级政府的重视，开始于 2012 年的安邦河治理工程进入快车道。经过多年的综合治理，安邦河的生态环境得到了极大的改善。目前整个安邦河流域上游水土保持工作取得积极成

效，森林覆盖率逐年提升；中游流经双鸭山市区段建成了景观河道，水质标准基本达到地表水Ⅳ类标准；下游安邦河湿地生态得到极大改善，生物多样性得到恢复。

（一）安邦河的水质得到极大改善

定国山水库断面由于位于岭东区水源地，滚兔岭断面既是削减断面，又作为市区的出境断面，可以反映安邦河进入集贤县城的水质状况，对比两处的测量结果可以找到安邦河的污染源。2017 年 5 月两个断面水质的检查结果如下（图 1）：

图 1　2017 年 5 月双鸭山市河流断面水质监测数据

单位：mg/L

名称缩写单位	测站名称	测站代码	河流名称	河流代码	断面名称	断面代码	采样时间	水期代码	水温	流量	pH	电导率	溶解氧
1	双鸭山市	230500	安邦河	107223	岭东水库	494	2017/5/2	p	16.1	0	7.3	15	6.51
5	双鸭山市	230500	安邦河	105223	滚兔岭	953	2017/5/2	p	16.3	6.72	7.5	19	4.34

高锰酸盐指数	生化需氧量	氨氮	石油类	挥发酚	汞	铅	化学需氧量	总氮	总磷	铜	锌	氟化物	硒
5.4	3.5	0.18	0.01L	0.0003L	0.00004L	0.002L	16	0.48	0.01	0.001	0.05L	0.352	0.0004L
12.2	7.8	1.38	0.01L	0.0003L	0.00004L	0.002L	38	−1	0.20	0.001	0.05L	0.542	0.0004L

砷	镉	六价铬	氰化物	阴离子表面活性剂	硫化物	粪大肠菌群	硫酸盐	氯化物	硝酸盐	铁	锰	水位	
0.0003L	0.0001L	0.004L	0.001L	0.05L	0.007	220	−1	−1	−1	−1	−1	−1	
0.0003L	0.0001L	0.004L	0.001L	0.05L	0.032	920	−1	−1	−1	−1	−1	−1	

通过分析可以得知，安邦河水质在岭东水库是符合相关标准（Ⅲ级以上）的，直到经过双鸭山市区后有部分指标超标达到Ⅳ和Ⅴ水质的标准，特别是高锰酸盐指数、氨氮、生化需氧量、粪大肠菌群这几个指标变化巨大。这个结果显示出安邦河在经过双鸭山市委、市政府主导的治理工程之后水质有了很大的改善，当前安邦河主要表现出受生活污水的轻度污染型特征，以往作为安邦河主要污染源的工业污水已不再是主要污染源。

（二）由臭水河变为双鸭山市的景观河

《2016 年国家重点监控企业名单》显示，双鸭山市有三家企业在废水国家重点监控名单上，它们分别是龙煤矿业集团股份有限公司双鸭山分公司东荣二矿、龙煤矿业集团股份有限公司双鸭山分公司东荣三矿、龙煤矿业集团股份有限公司双鸭山分公司东保卫矿。此外，作为安邦河主要支流的马蹄河，由于企业污水的排放污染严重。这些问题的存在都说明工业污水仍是安邦河治理中需要重点关注的对象之一。

（三）安邦河生态得到部分恢复

通过综合治理，安邦河流域的生态环境得到部分改善。现在安邦河源头森林覆盖率大幅提高，寒葱沟水库自然风光保护良好，原生态景色十分迷人；流经市区段水质得到改善，生物多样性得到部分恢复；汇入松花江的河口——下游安邦河湿地的生态得到有效保护，湿地珍稀物种繁多，有维管束植物403种，脊椎动物218种，如丹顶鹤、白琵鹭、东方白鹳、雁鸭等。

四 安邦河治理的经验与启示

（一）安邦河治理的经验

1. 完善领导机制，流域内全面推广"河长制"

"河长制"是我国2016年底开始推行的一项加强河湖管理和保护的制度。这项制度要求建立省、市、县、乡四级河长体系，由各级党委或政府主要负责同志担任河长。到2018年底前，在全国全面建立河长制。党和国家非常重视生态环境的建设工作，2017年4月，习近平总书记在广西壮族自治区南宁市考察时表示，要以对人民群众、对子孙后代高度负责的态度和责任，真正下决心把环境污染治理好、把生态环境建设好。双鸭山市委、市政府积极落实国家的大政方针政策，非常重视安邦河的治理工作，在2017年4月18日出台了《安邦河流域水环境综合整治专项行动工作方案》。

为推进保障措施的落实，双鸭山市建立长效机制，成立安邦河流域水环境综合整治专项行动工作领导小组。安邦河流域各县区、安邦河治理的各有关部门分别制定安邦河治理工作方案，责任落实到人。市委、市政府相关部门定期进行督察，提出整改意见，督导解决问题。该方案同时决定在双鸭山市全面推行"河长制"。由双鸭山市水务局牵头，将安邦河流域水环境综合整治责任落实到各级党委、政府主要负责人。岭东区委书记、区长（双鸭山林业局书记、局长），尖山区委书记、区长，集贤县委书记、县长和大地公司董事长分别为所在流域的河长，建立覆盖安邦河流域双鸭山段的河长制管理网络。河长的具体职责就是负责河道水环境综合治理的组织实施工作，具体担负对属地治理工作和责任主体的指导、协调和监督职能，推动河道保洁、排污口封堵、河道疏浚、生态修复、水质改善等综合治理工作。

同时，强化整治责任考核。将安邦河流域水环境综合整治的主要目标任务纳入各级政府环境保护目标责任制，实行年度考核。建立完善督查、暗访和信息公开制度，加强安邦河流域水环境综合整治的跟踪、监督和指导。严格执行环保责任追究制度，对执行不得力、措施不落实、效果不明显的责任人实行提拔任用"一票否决"制；对未按期完成整治任务和目标的地区，在主要污染物排放指标、环保专项补助资金、建设用地指标安排等方面予以从严控制。实施更加严格的"河长制"考核办法，将安邦河流域水环境综合整治的主要目标任务完成情况纳入"河长"政绩考核并向社会公布考核结果。

2. 科学制定建设规划，市区推行雨污分流

雨污分流不仅可以减轻生活污水处理厂的污水处理压力，更可以实现水资源的综合利用。在雨污分流工程实施之后，生活污水经处理达标之后可以直接排放到安邦河中充实河水，或者作为城市的清洁用水。雨水经过净化处理在城市用水紧张的时候可以作为生活用水的来源之一，也可以作为城市的园林绿化用水。雨污分流工程是一项功在当代利在千秋的工程，雨污分流工程可以说对于安邦河的治理和双鸭山市水资源的供应具有双重意义。安邦河的污染已经使得双鸭山市地下水不能再直接作为生活用水水源，目前依靠寒葱沟水库来保障整个双鸭山市的生活用水。随着城市的发展壮大和城市人口的增加，寒葱沟水库能补给安邦河的水量一定会受到影响，这不利于安邦河污染的治理和生态环境的恢复。在安邦河治理的背景下，雨污分流工程可以作为一项重要的辅助工程。一方面，在双鸭山市城市建设规划中要提前对雨污分流工程做出规划，在新城区的建设中督促建设部门严格按照规划落实雨污分流工程的实施；另一方面，多渠道筹集资金加大对老城区雨污分流工程的投入。

3. 加强环境监测，管控污染物排放

在综合治理之前，安邦河受到生活废水和工业废水的双重污染。从2009年安邦河综合治理工程开始以来，双鸭山市加大对安邦河的环境监测力度。对国控点的检测按照每月一次的标准进行，及时发现安邦河的环境污染源，加强对违法排污企业的执法力度。发现问题之后，及时督促相关企业提高对企业污水处理设施的配套投入。2017年以来达到了对安邦河全流域的环境监测覆盖，对其相关支流也采取一月一次的水质检测。环保部门的监测数据显示，目前双鸭山市对安邦河流域的重点污染企业都已经进行污染监控全覆盖。大部分企业的污水处理已达标，部分企业污水可以进行生产循环再利用。

4. 加大舆论宣传力度，提高全市民众的环保意识

安邦河治理是一项系统工程，不仅需要政府部门采取行动，而且需要安邦河两岸的民众甚至全体双鸭山市民众的齐心协力。双鸭山市委、市政府在安邦河治理方面统一思想，集中宣传安邦河治理方面的正能量，通过这些宣传提高了全市民众爱护母亲河的环保意识。可以说，目前在双鸭山全市已基本形成一种保护爱护安邦河的大环境。安邦河两岸的居民已纠正往安邦河排污的旧生活习惯，而且能自觉阻止污染和破坏安邦河的各种行为。

（二）安邦河治理的启示

1. 加大城市生活污水设施投入，推广节水技术

根据对安邦河的河水检测，城市生活污水是安邦河的主要污染源。双鸭山市90%的城区已接入生活污水管网，目前尚有一小部分单位和区域的生活污水没有并入城市污水管网。虽然双鸭山市的污水处理厂二期已经在2016年底投入使用，但是每天10万吨的处理量仍不能满足每天12万吨的生活污水的处理需要。在未来几年，双鸭山应加强污水管网的建设。在条件允许的情况下，双鸭山市应该规划建设一个新的污水处理厂。

此外，合理规划用水量，保障上游水库对安邦河的下泄流量。在用水量大的企事业单位大力发展和应用节水技术，严格控制用水量。

2. 科学规划，加强推进雨污分流工程

安邦河大部分河段的水质基本能达到Ⅳ类和Ⅴ类，但是在夏季用水量的高峰期水质仍然不达标。目前在新城区已部分实施雨污分流工程，但是安邦河两岸仍有不少平房区，仍有部分单位和居民区直接向安邦河排污，存在雨污合流问题；安邦河南福大桥至马鞍山大桥区段岭东区生活污水排水管线观察井河水倒灌、南市区方渠雨污合流及北秀社区平房居民污水散排问题以及马鞍山桥排水溢流口狭小、污水回流的隐患，集贤县陷马沟生活污水溢流问题。在下一步安邦河治理工作中，应注意重点解决这些问题，科学规划，争取早日实现雨污分流工程对双鸭山市区的全覆盖。

3. 多渠道并举，减少农业面源污染

安邦河流域分布大面积的水稻种植区，农业面源污染不可避免。为减少农业面源污染，在未来应注意借鉴国内其他地方的经验，投入人力物力对稻田的排水沟渠进行改造，建设依靠芦苇、蒲草等生物进行水质净化的农田生态排水沟。此外，要重视安邦河两岸的农业养殖对安邦河的污染问题。一味地强制关停养殖场不能从根本上解决这个问题，下一步要综合考虑养殖户的利益和安邦河环保的要求，加大对养殖户的环保补贴，鼓励养殖户对养殖场进行现代化改造，杜绝养殖场的排污污染安邦河。

4. 加快推进清淤除泥工程，推进生态河道的建设

淤泥成为安邦河一个自身的污染源，当前正在进行的清淤工程对于安邦河的污染治理具有重要作用，应加快清淤工程进度。安邦河流经双鸭山市区部分的景观河道2013年刚建设完成。景观河道对河底进行了硬化处理，破坏掉了河流的自我生态修复功能。河流需要有自己的生态修复功能，景观河道需要向生态河道转变。下一步在安邦河治理的过程中，应注意借鉴国内外一些新的河流生态修复理念来对安邦河进行生态河道建设。应加强恢复水陆交错带植被及水生生物资源，恢复水生生态系统功能。可以通过种植水生植物以及为水生动物营造栖息环境，修复安邦河的生物链，达到丰富水体和净化水质的目的。

参考文献

［1］刘元海:《安邦河流域水环境问题分析及修复方案研究》，哈尔滨工业大学硕士学位论文，2009。

［2］肖清智、徐旭英:《安邦河污染程度及防治对策》，《中国煤田地质》2001年第2期，第58~59页。

［3］沈满洪:《滇池流域环境变迁及环境修复的社会机制》，《中国人口·资源与环境》2003年第6期，第76~80页。

［4］陈继华:《集贤县安邦河城区段整治工程设计方案比选理念》，《黑龙江水利科技》2011年第4期，第72~73页。

南瓮河国家级自然保护区
生态环境保护研究

赵　砚[*]

摘　要： 南瓮河国家级自然保护区是嫩江和松花江的源头之一，作为松花江流域的重要组成部分，南瓮河为流域1000多万人口提供生产生活用水，是大庆工业炼油用水、扎龙自然保护区每年3.5亿立方米的补水水源地。当前，进一步加强南瓮河国家级自然保护区生态环境保护，对推进松花江流域绿色低碳经济发展和社会全面进步具有十分重要的意义。

关键词： 生态保护　松花江流域　绿色低碳

黑龙江南瓮河国家级自然保护区（以下简称保护区）共有南瓮河、南阳河、二根河、砍都河、库尔库河等大小河流20余条，是嫩江的主要发源地和水源涵养地，是嫩江、松花江下游地区的给水生命线，是我国纬度最高、面积最大、生态意义极其重要的内陆湿地和水域生态系统类型自然保护区。其独特的区位、丰富的资源、悠久的历史，以及特殊的人文环境，是保护区内湿地生物多样性及其生态系统保护的基础。保护区对整个嫩江、松花江流域的经济社会发展都具有举足轻重的直接影响，对构建绿色、低碳型经济社会具有重大的现实意义。

一　保护区概况

保护区地处大兴安岭林区东南部，位于松岭区境内的大兴安岭支脉伊

---

* 赵砚，黑龙江省社会科学院经济研究所副研究员，主要研究方向为区域经济、旅游经济。

勒呼里山南麓，东经 125°07′55″ ~ 125°50′05″，北纬 51°05′07″ ~ 51°39′24″。保护区东西宽 57.3km，南北长 72.7km，北起新林林业局，南至加格达奇林业局，西接松岭林业局，东至呼玛县林业局。

大兴安岭地区开发初期，保护区所在地为南瓮河林业局辖区，1991 年根据原林业部有关文件精神，将待开发的南瓮河林业局北部的砍都河、南阳河、石头山、那源和南瓮河等五个林场划给松岭林业局经营。1999 年 12 月，由黑龙江省人民政府批准建立为省级自然保护区，2003 年 6 月，根据国务院办公厅国办发〔2003〕54 号文件《国务院办公厅关于发布河北衡水湖等 29 处新建国家级自然保护区的通知》，黑龙江南瓮河自然保护区被批准升级为国家级自然保护区，属于生态公益型事业单位。保护区总面积为 229523hm²，其中核心区 74785hm²，缓冲区 63829hm²，实验区 90909hm²。2011 年 9 月，保护区被列入国际重要湿地名录。2015 年 10 月，获得首批"中国森林氧吧"称号。

依照《自然保护区工程项目建设标准（试行）》（2002 年）中关于保护区类型与规模的划分，保护区为"自然生态系统类"中的"内陆湿地和水域生态系统类型"的超大型国家级自然保护区，以保护区内的森林、沼泽、草甸和水域生态系统及珍稀野生动植物为保护对象，保护区内生态系统丰富多样，包括森林生态系统、草甸生态系统、沼泽生态系统及水生生态系统，几乎囊括了大兴安岭寒温带针叶林区所有的森林植物、野生动物、森林昆虫、大型真菌等生物群落形态。保护区是嫩江主要发源地，它特殊的地理位置、复杂多样的生态系统类型、独特的寒温带森林湿地冷湿景观、种类繁多的野生动植物资源，使黑龙江南瓮河国家级自然保护区成为中国北部边陲最重要的自然保护区之一。

二 保护区生态保护现状

保护区自成立以来，制定了《黑龙江南瓮河国家级自然保护区总体规划（2006~2015 年）》；2002 年、2006 年和 2010 年，保护区分别进行了基础设施一期、二期和三期的建设。经过这三期的建设，保护区在松岭区小扬气镇建成了黑龙江南瓮河国家级自然保护区管理局，面积 1800m²，含管理局办公楼 600m²，综合用房 600m²，公安派出所用房 600m²；新建保护及科研用房共 1414.1m²；购置了办公设备设施；新建巡护道路 221.45km，巡护支线 142.45km，巡护步道 54km；修建防火瞭望塔 7 处；制作了保护区沙盘模型及区碑、界碑、界桩；建成野生动物救护站 1 处；设置病虫害监测点 3 个、森林病虫害监测站 1 处、生态监测站 1 处、水文气象监测站 1 处、鸟类监测站 1 处，关键物种梯度观测塔 3 处，固定样地 20 个，固定样带 8km；建成标本陈列馆 1 处；铺设通信线路 7.82km。上期规划的实施，使保护区在保护、科研、防火、宣教等方面具备了一定的条件，职工的工作和生活条件有了基本的保障，保护区的保护能力和水平得到了提高。

永冻土具有一定的稳定性和持久性，但也比较脆弱。随着筑路等人为活动的加剧，尤其是频繁的森林火灾，如果大火烧毁了原始植被覆盖层——苔藓地衣层，冻土失去绝缘功能，使原有的相互依赖的关系解体，水气热条件随之改变。必将导致冻土退化，冻土森林面积缩小，生态系统自我调节能力下降。

（一）水资源保护现状

保护区为嫩江上游发源地，其河谷宽阔，本地区普遍分布永冻层和季节性冻层，受其影响河流下切作用受阻，加剧了侧向侵蚀，致使河流两岸不断被冲蚀，加之古"冰川""削平"作用，原来的窄河谷加宽，地势变得平坦，降水很难排出，水分大多滞留于地表，形成了广泛分布的浅水沼泽。河谷中普遍分布有牛轭湖及水泡，其水系属嫩江水系，为嫩江主要发源地，境内河流均为嫩江支流，主要河流有二根河、南阳河、南瓮河、砍都河，其流向大体由北（西北）向南（西南）贯穿全境后注入嫩江，这些河谷在本区内下降平缓，流速不大，故多沼泽化，而使其流域几乎全部形成沼泽。

保护区成立以来，根据遥感影像判读，永久性河流变化较小，呈现缓慢的减少趋势。湿地水质仍保持一类，取得了较好的保护效果。

泥炭资源是南瓮河湿地宝贵的、不可再生的财富，保护区管理局对于破坏泥炭资源的行为一直采取严厉的打击措施，但由于全球气候变化和火烧的原因，保护区成立以来，泥炭资源呈减少的趋势。

（二）森林生态系统保护现状

保护区成立之前，所辖区域森林生态系统由于 20 世纪 50～90 年代对木材的掠夺式开发和金矿开采遭受严重破坏，大面积原始林消失殆尽，现仅核心区余 2500hm² 左右。自保护区成立以来，采用封山育林的方式对森林生态系统进行恢复，取得了良好的恢复效果，已形成天然次生林 1658hm²。植被类型处于由阔叶林、针阔混交林向森林蓄积量更高、生态系统服务功能更强的针叶林演替的过程之中。

1. 原始林保护现状

保护区原始林面积小，且位于核心区内，自保护区成立以来，随着保护区管理局、公安分局、4 个保护管理站及巡护管理队伍的相继建设完善，对辖区（尤其是核心区）的保护管理水平日益提升，对盗采盗挖现象进行了有力打击，17 年间共查处相关案件 300 余起，包括收缴猎夹、套、渔网、粘网等，基本做到了核心区原始林区域保持纯原始状态，全年无人为干扰。

2. 岛状林保护现状

岛状林是保护区重要的保护对象，属森林沼泽的一种。保护区内沼泽湿地代表性的植被类型有杜香—水藓—落叶松林、绿苔—水藓—落叶松林、绿苔—云杉林、白桦—苔草岛状沼泽林、落叶松—苔草岛状沼泽林等。据调查统计，保护区森林沼泽面积为 646hm²，占湿地总面积的 0.91%。其中，面积最大的是落叶松—苔草岛状沼泽林，占森林沼泽面积的 55.88%；其次是绿苔—云杉林，占森林沼泽面积的 18.12%；杜香—水藓—落叶松林面积最少，占森林沼泽面积的 0.77%。已建设 1 座岛状林观测塔，长期对实验区内岛状林进行各方面指标观测。保护措施主要是巡护管理，已形成了固定的巡护路线和巡护制度，取得了良好的保护效果。

3. 森林火烧迹地保护现状

保护区分别在 2003 年、2006 年、2009 年遭受火灾，过火面积达 29591hm²，森林火烧迹地的恢复工作一直是保护区保护恢复工作的重点，目前采用的主要方式为封育和自然恢复更新，巡护员定期在外围巡查。经过十余年的恢复，现已形成郁闭度较高的以白桦、山杨为更新先锋树种的天然次生林，并为火烧迹地自然恢复演替过程的研究提供了平台。

（三）野生动植物生物多样性保护现状

保护区在野生动物生物多样性保护方面取得了丰硕成果，湿地鸟类种类增多，种群规模也有了数量级的变化；狍子由成立之初的偶尔能遇见，到现在每天清晨能观察到大批量聚居的狍子；生物多样性有了显著提高，分布范围有了大规模扩展，由原来的分散小种群分布变成连片集中分布，种群生存力显著提升，关键物种栖息地适宜性提高。

野生植物的生物多样性也呈缓慢增长的趋势，主要原因为在全球气候变暖的形势下，保护区小气候也产生了一定变化，原有植物种类有一定程度的消亡，但更多的植物种类得以在保护区内生存，虽然火烧对植物生物多样性也产生一定影响，但总体仍呈增加的趋势。

三　保护区生态保护的主要做法

（一）　加强基础设施建设

2003 年 6 月，国务院正式批准建立黑龙江南瓮河国家级自然保护区，2006 年，编制完成了《黑龙江南瓮河国家级自然保护区总体规划（2006～2015 年）》。在此期间，保护区进行了三期基础设施建设工程，现已全部竣工验收。总投资 2432.53 万元，其中一期已有建设项目总投资 798.29 万元，二期基础设施建设投资额为 684.20 万元，三期基础设施建设投资额为 950.04 万元，全部为中央财政投资。保护区内基础设施经过上期规划建设，具备了一定的保护管理能力。

（二）　注重有效利用土地

自保护区成立以来，保护区内所有无关人员、社区和工矿企业均已迁出。形成了保护区土地全部国有，无干扰和纠纷的良好态势。保护区内无社区存在，不涉及与社区之间的关系。周边社区居民受保护区宣传教育的影响，具有一定的自然资源保护意识。

（三）　逐步完善法规体系

保护区管理坚持遵循国家、黑龙江省颁布的法律法规及部门规章，并参照其他同类型保护区已颁布法规开展保护管理工作，实现了一区一法，颁布了《黑龙江南瓮河国家级自然保护区条例》。

（四）加强管理队伍建设

目前保护区在职人员 159 人，其中正式在编 33 人，其他聘用人员 126 人（含扑火队员 75 人）。管理队伍较为稳定，工作积极性高，工作氛围良好。

（五）不断提高管理水平

保护区有效管护范围达到 80% 以上，部分区域（瞭望塔监测范围）管护时长达到 24 小时/天。

（六）提升科研宣教能力

建有宣教馆和标本陈列馆两处宣教基础设施，中心保护管理站和"大七"公路有科普和防火宣传牌。

四　面临的困难

（一）基础设施建设相对滞后

保护区内基础设施建设相对滞后，电力、通信、交通、采暖、防火等设施设备无法满足保护区管理要求。

1. 电力还没有接入国家电网

区内的供电主要靠太阳能发电和柴油发电，但大兴安岭地区的气候特征是阴天、雨天、雪天较多，太阳能发电无法满足保护区内正常的工作生活需求，而柴油发电成本较高。

2. 通信联络不便

移动通信仅在主干道沿线有部分信号，覆盖率低于 10%。现有通信方式主要靠对讲机和卫星电话，通信不便。

3. 道路交通较差

目前保护区主要日常巡护道路为 30 年前保护区成立之前遗留的采伐、开矿道路，多年来对砂石路面维护较少，桥涵年久失修水毁严重，形成许多断头路，路况较差，现有道路的80%均已无法供巡护或消防车辆通行，急需维修改造。保护区面积大、边界线长，但路网密度很低，且分布不均，区内有大量积水洼地和纵横交错的河流，割断了巡护道路的连贯性，水道大多狭窄且水深不足，无法供舟楫通行，增加了保护巡护的难度，部分路段管护人员只能依靠步行、蹚水进行巡护，尤其是雨天开展巡护工作的难度更大，一旦发生盗猎等案件，管理、执法人员很难及时开展查处打击，给违法人员提供了可乘之机。

4. 森林防火设施较差

保护区地处大兴安岭，冬季漫长且寒冷，主要管护站房屋保暖性差，采暖设施落后，已成为影响一线管护人员健康的主要威胁。

保护区火灾多发，分别在2003年、2006年、2009年各遭受过一次雷击火灾，是雷击火多发区。雷击火是保护区防火工作难点，加之保护区面积大，道路交通不便，给防火工作带来了极大的挑战。随着旅游业的发展，区内人为活动增加，也加大了防火管理难度，成为保护区生态保护的隐患。保护区现有的防火基础设施严重不足，扑火队营房、较为先进的防火扑火设施设备没有纳入前期总体规划，虽然扑火队充分发挥了主观能动性，自己解决了部分困难，但投入的不足还是影响了队伍能力建设。

（二）管理能力有待提高

1. 管理机构及站点的设置不优

保护区管理机构及站点的设置缺乏科学性，尤其是保护管理站的设置远未达到超大型自然保护区10~15个的要求，管护范围未全覆盖，巡护时长有限，未能满足全面有效地对保护区各功能区尤其是核心区的监控管护。另外，保护区保护管理技术手段还停留在粗放发展阶段，各个保护管理站点负责区域不够明确，且缺乏现代化预测预报、监测系统和指挥系统等高科技先进管理手段及设备。亟待形成现代高科技监控巡防系统，提升管理效率及电子监控管理能力。

2. 编制和内设机构设置不科学

保护区面积为229523hm²，属于超大型自然保护区，保护管理任务十分艰巨，按照《自然保护区工程项目建设标准》，超大型保护区人员配置在150~300人，但目前保护区在编仅33人，远远满足不了保护管理需求，需要在人员定编上按照保护区相关规定核定人员，提高保护区事业编制数量，增加科研、宣教、防火人员编制数量，保证人员队伍的稳定性。保护区管理局现有7个科室，而主要负责一线管理的保护管理站、检查哨卡仅有6个，基层站点严重缺失，且保护管理局地处乡镇，距离保护区较远，处理突发事件的响应时间长，人员工作成本、后勤保障能力较为薄弱，其机构设置和管理局位置的科学性、实效性和合理性有待商榷。

（三）科研监测和宣教能力薄弱

1. 科研工作能力比较差

目前，保护区虽然已经建立了科研站，但缺少设备和科研人才，难以满足长期观测需要，无力承担科研项目。保护区未建立对候鸟及其栖息地的监测体系，无法掌握候鸟及其栖息地的基本情况和动态变化，难以提出合理的栖息地管理措施。保护区湿地生态系统的结构、功能及其在自然和人为干扰下的动态过程，湿地污染与控制方面的研究工作尚处于空白状态。尤其是人才的缺乏，导致自然资源综合性专业调查无法开展，本底数据更新严重滞后，无法掌握保护区生物多样性变化趋势，不能准确衡量保护区多年来的保护成效。

2. 宣教能力仍然滞后

目前，保护区有宣教馆1处，标本陈列馆1处。宣教馆仅在管理局设有两间办公室作为标本室和图片室，宣教设施也极为缺乏，仅有少量的标本、图片和文字介绍，且均为2004年以前制作，内容陈旧，画面变色脱落，标本也有较多破损，科普宣教活动缺乏基本的设施设备，难以承担起宣教中心的任务。保护区没有广播设备、讲解设备、标本防腐处理设备及宣教车辆等，急需更新、制作并添置。作为国家级自然保护区和国际重要湿地，保护区知名度高而公众参与度低的矛盾日益显著，需要在以后的建设中注意多形式、多视角、多元化，利用好互联网这个平台，全方位地对保护区开展保护、科普、宣教活动。

3. 科研基础数据收集能力低

保护区是 1999 年经黑龙江省人民政府批准的省级自然保护区，2003 年 6 月被国务院批准为国家级自然保护区，保护区成立之初，曾组织了一次科学考察，对保护区当时的动植物资源情况进行了摸底调查。经过近 20 年的建设，中间经历了三次较大火灾、迹地自然更新、气候变化、动物栖息地变化等因素的影响，当前保护区生物多样性情况已经发生了较为明显的变化，急需重新对保护区的情况进行摸底，从而对保护区的保护管理模式、湿地恢复手段、重点保护区域和保护成效给予科学论据及数据支撑，进而对以后的保护管理进行指导。

五 对保护区未来发展的建议

保护区总结了成立以来保护及建设的成果和不足，结合时代形势和高速发展的科学技术，编制了《黑龙江南瓮河国家级自然保护区总体规划（2016～2025 年）》力求实现保护区保护管理的现代化、数字化、智慧化，全面提高保护、管理、科研、宣教等能力建设。

（一）加强对南瓮河国家级自然保护区规划

使黑龙江南瓮河国家级自然保护区的野生动植物种群稳步增长；湿地、草甸、森林、沼泽等生态系统更加完整、健康；冻土资源退化速度得以减缓；保护管理体系更加完善，建立保护区智慧化管理平台，保护管理手段数字化、信息化；科研成果更加翔实、可靠；保护区与社区关系更加协调，达到"共保护，同进步"；保护区自我发展能力得到显著提高；有全面、科学、完整的保护区综合科学考察报告并出版。为将保护区建设成为集保护、科研、宣教为一体的基础设施完备、管理措施到位、科研监测先进、可持续发展的国家级示范自然保护区打下基础。

（二）采取有力措施加快保护区建设

1. 加强基础设施建设

电力是保护区发展最为基础的能源，积极与当地电力部门协商，接入国家电网，并建立保护区内部电力网络。另外，在保护区内的供电线路无法到达区域，全部配备新型转换率高的柴油、太阳能、风能发电机（视具体气象条件配备）。增加移动通信信号塔台架设，在本规划期末，实现通信信号和网络信号全覆盖。对现有巡护管理道路进行全面维修，增加养护资金，保持现有道路路况，对涉及的大小桥涵、过水路面进行重新修缮和垫高，保持道路通畅。根据保护区道路体系和巡护线路，补充建设巡护道路和防火道路，为管护工作提供有力保障。所有新建房屋预设保温层，配备锅炉，原有房屋补建保温层，根据房屋大小购置不同型号锅炉。建设标准化防火营房物资储备库、防火扑火队训练场和森林防火视频监控体系，配备先进的扑火设备及服装，定期举办大比武活动、与兄弟单位的交流活动等。

2. 提升保护管理能力

保护区站点增设至 18 个，合理划分责任区域，通过电子监控瞭望塔的建设，将管护范围扩大到整个保护区，巡护时长扩大到每天 24 小时。通过林政管理系统、地理信息系统的建设，使保护区的各项决策管理具备更多科学依据。理顺内部管理机构。充分利用保护区事业编制名额，在现有基础上增加科研、宣教、旅游、防火人员编制数量，架构合理科室框架，确保管理机构的丰满和健全，保证人员队伍的稳定性。增加一线保护管理站点数量，结合基础设施和资源分布情况全盘布局，增设保护管理点和哨卡，消灭管护盲点。

3. 增强科研监测研究

扩建保护区科研监测中心，增加基础设备投入，建立科研人才引入、奖励机制，吸引更多高素质的自然保护人才加入保护区队伍当中。建立对重点保护哺乳动物、候鸟及其栖息地的监测体系，监控重点保护植物种群生长情况。掌握重点物种的基本情况和动态变化。与高校、科研机构、国际组织开展合作，研究保护区湿地生态系统的结构、功能及其在自然和人为干扰下的动态过程，湿地污染与控制。拓展科普宣教范围。设立专门的宣教中心，增加科普宣教设施设备，定期组织具有趣味性、人文性的宣教活动，在保护区主要交通沿线、松岭区及加格达奇区进行宣教标识标牌建设。制作内容新颖的图片、视频和文字介绍材料进行发放和展播。与周边中小学及高校合作开展宣教活动，并利用互联网平台，全方位地对保护区进行科普宣教。

4. 更新完善本底信息

组织相关科研机构、高等院校的专家学者开展新一轮的保护区综合科学考察，查清保护区内生物多样性、自然地理环境、社会经济状况和威胁因素。对包括被子植物、裸子植物、蕨类、苔藓等高等植物，地衣、大型真菌、藻类等低等植物，珍稀濒危及国家重点保护植物进行全面的摸底调查，量化记录包括植被类型、植物地理区系、种类组成、分布位置、种群数量、群落优势种、盖度、频度、生活力、物候期等调查指标。对包括兽类、鸟类、爬行类、两栖类、鱼类等脊椎动物，昆虫、软体动物、环节动物、甲壳动物等低等无脊椎动物，珍稀濒危及国家重点保护野生动物进行调查。调查内容包括动物地理区系、种类组成、分布位置、种群数量、种群结构、生境状况、生态位、重要物种的生态习性等因子，将调查数据编纂成册。保护区将以此为基础，在今后的保护管理工作中坚持不懈、长期监测记录动植物及遗传资源的本底信息和数据，将保护区本底自然资源的完善补充工作常态化。

哈尔滨市"三沟一河"治理的回顾与展望

由薇波[*]

摘　要： 松花江是东北地区的重要水源，滋养着黑、吉两省的大部分人口，其冲积而成的肥沃土地上孕育了农耕文明和工业文明，承载着两省经济的骨干基础，一曲《松花江上》和《太阳岛上》让无数的国人知道了东北的黑龙江省和哈尔滨市，让人感受的是一江两岸旖旎的风光和原生态的田园牧歌。但是，随着经济的发展，松花江流域受到了严重的污染，原有的生态遭到了破坏，其中大量支流的污染是造成松花江污染的主要因素。哈尔滨市所辖的"三沟一河"就是松花江污染较重的支流，本文客观地介绍了黑龙江省环保厅和哈尔滨市政府对"三沟一河"的治理情况。

关键词： 松花江　"三沟一河"　污染治理

水乃生命之源，孕育着无数华夏子孙，但如今随着经济的迅猛发展，水污染已和雾霾一样成为人们关注的热点话题。目前我国部分河流水体受到严重污染，有些甚至变为黑臭水体，河道中污染物普遍存在，城市污水直排河道，破坏了水中生态系统的平衡，水体出现季节性或常年性黑臭现象，对人们的生活造成严重影响。所以整治黑臭水体成为我国亟待解决的水环境问题。2015 年 4 月 16 日，国务院正式颁发《水污染防治行动计划》（简称"水十条"），指出：到 2020 年，我国地级以上城市建成区黑臭水体均控制在 10% 以内；到 2030 年城市建成区黑臭水体总体得到消除。这意

* 由薇波，黑龙江省社会科学院文献中心馆员。

味着治理城镇黑臭水体的脚步，刻不容缓。

在"水十条"中，松花江流域是重点整治对象之一。哈尔滨市原来的"三沟一河"（何家沟、马家沟、信义沟、阿什河），曾由于人们的环保意识薄弱、政府管理不到位、建设设施不完善等原因而受到严重污染，成为令人作呕的黑臭水体，不仅严重影响城市的形象和人民的日常生活，而且直接影响城市的生态环境。50 年前，哈尔滨市政府就开始了对"三沟一河"的治理工作，现已取得了初步成效。由于"三沟"横穿市区，隶属于哈尔滨市，便于统筹治理和管理，而阿什河流经地域较广，涉及行政区划多，原因复杂，故本文为叙述方便，将分成"三沟"治理和"一河"治理两部分进行论述。

一 "三沟"治理情况回顾

哈尔滨市城市内河主要包括何家沟、马家沟、信义沟，总长约 78 公里，总流域面积约 433 平方公里，均为自然地理条件形成的暴雨行洪通道，由南向北纵贯城市中心区域，分别汇入松花江和阿什河。

（一）"三沟"自然概貌和污染起因

1. 何家沟

位于哈尔滨市城区西部，由东河沟、西河沟和干流三段组成，流经平房、香坊、南岗、道里等四个行政区，于群力大堤东侧汇入松花江。河道全长 32.59 公里，流域面积 125 平方公里，其中东河沟起点为南岗区哈达屯，河道长 6.78 公里，流域面积 16.18 平方公里；西河沟起点为平房区建安二道街，河道长 22.71 公里，流域面积 105.29 平方公里；东西河沟在埃德蒙顿路处汇合成干流，河道长 3.1 公里，流域面积 3.53 平方公里。

2. 马家沟

横贯哈尔滨市城区，起点为平房区工农村，于松花江滨北铁路桥上游汇入松花江，全长 34.7 公里，流经平房、香坊、南岗、道外等四个行政区，流域面积 258 平方公里，由城区段和郊区段组成，其中城区段河道长 17.6 公里，郊区段河道长 17.1 公里。

3. 信义沟

位于哈尔滨市城区东部，起点为香坊区福泰名苑小区，于道外区东光村穿越化工大坝汇入阿什河，全长 11 公里，流域面积约 50 平方公里。

20 世纪五六十年代，由雨水冲刷而成的马家沟曾是一条清渠，当时的沟里可以钓到鱼，还能抓到很多泥鳅。然而，随着两岸住户和排污企业的逐年增多，每天有 40 多万吨污水向河内排放。到了 80 年代，马家沟彻底变成了一条名副其实的臭水沟、"垃圾河"。与马家沟一样，同是城市内河的何家沟、信义沟及阿什河，历届政府都曾经实施一系列治理措施，但终因工程量大、资金投入多、地方财力不足等原因，未能达到理想目标。

（二）"三沟"综合治理历程

哈尔滨市城市内河治理工作起步较早，20 世纪 50 年代末、60 年代初，在省环厅的指导和支持下，曾编制《马家沟河畅想曲》的改造规划，并曾分段实施了跃进桥拦河坝、原太平区下游污水截流渠、儿童公园南岸污水截流渠、新发小区试验段等整治工程，但由于工程量大、资金投入多、地方财政不足等原因未能形成连续整体整治效果。1996～2004 年，哈尔滨市实施了马家沟城区段综合整治；2006～2009 年，又实施了何家沟埃德蒙顿路至工农大街段综合整治，有效提高了河道行洪能力，并取得了区域整治成果，但河道生态功能未能得到有效恢复。2010 年，哈尔滨市把握国家松花江流域水污染治理契机，在省环保厅大力支持下，成立由市政府主要领导任总指挥、分管领导为副总指挥，市直 20 个委办局及沿线 5 个区政府主要领导组成的市三沟综合治理指挥部，按照"统一规划、统一组织、远近结合、分步实施、先行治污、再造形象、完善环境、推进产业"的工作原则，历时三年完成三沟综合治理工程建设，得到社会各界认可。

一是千方百计筹措建设资金。采取市场运作和银行贷款相结合方式积极落实资金，先后通过亚洲开发银行、日本协力机构及国开行取得政策性贷款支持，并争取到中央财政补助资金贷款和特许经营权预授资金，累计融资 58.96 亿元，为工程建设提供了有力的资金支撑。

二是加快推进征地征收工作。采取"市区结合、以区为主"的方式，积极推进征地征收工作。相关区政府深入征地征收工作一线，市执法部门加大私建违建拆除力度，市纪检部门及时跟进督导问效，解决历史遗留和相关难点问题，累计征收土地290万平方米，拆除建筑物25万平方米，为工程启动创造了有利条件。

三是积极推进污水处理工作。围绕国家松花江流域水污染治理要求，新建平房、信义、群力等3座污水处理厂，新增处理污水能力40万吨，出水水质全部达到一级B排放标准，并同步启动沿线污水截流管线建设，累计敷设管线108公里，结束了"三沟"污水直排松花江的历史。

四是全面实施河道清淤拓宽。为满足行洪要求，增强河道抗洪冲刷能力，建成以自然驳岸为主的生态河道78公里，完成67道景观溢流坎、一座橡胶坝和4座翻板闸建设，在满足景观蓄水要求的同时，大幅度提高了河道的行洪能力，形成了充盈丰沛、协调自然的河道形态。

五是加大沿河路网体系建设。围绕完善沿河路网体系，改善周边市民出行条件，采用沥青砼、彩色沥青砼、砼路面砖等形式，建设沿河道路80余公里，新建改造桥梁46座，形成了沿河贯通的路网桥梁体系。

六是规模辟建群众休闲广场。在三沟沿线居住密集、群众文化休闲需求较大区域辟建49处开放式休闲广场，新增广场面积近10万平方米，并赋予每处广场休闲娱乐、运动健身、文化传播等不同功能，进一步提升了文化气息和城市品位。

七是大面积实施森林式绿化。立足解决原三沟流域空气质量差、裸土飞扬、绿化覆盖率不足等问题，按照景观式、森林式的绿化标准，结合区域景观形象和沿河道路走向，累计种植杨树、柳树等乔木40余万株，新增绿化面积300万平方米，有效改善了城市空气环境质量，绿化覆盖率大幅提高。

八是适时启动提档升级改造。针对"三沟"综合治理工程建成投用后，主城区居民迫切希望对20余年前完成的马家沟城区段实施提档升级改造的意愿，于2015年6月启动马家沟主城区景观河道改造工程建设，新建慢行道路14公里、栈桥1.5公里、跨河桥梁3座，形成相对独立的沿河绿道体系，实现城市主干道车辆与行人的立体化分流；充分利用沿岸棚改拆迁用地及其他闲置土地，新建广场及景观节点40处，新增广场面积约6.5平方米，并通过挖掘河道上部空间，新建大型跨河广场2处、亲水平台48处，进一步拓展了沿岸亲水近绿及娱乐空间；种植乔木8000株、灌木2.24万丛、地被植物15.5万平方米，大幅提高了两岸绿地覆盖率；敷设中控系统线缆约 13 公里，新建中心监控室 1 座，安装监控探头 46 个，初步形成自动化水位调蓄和应急性人工调控相结合的能力；修复河道挡墙 17.2 公里，铺装河底板 15.7 万平方米，进一步提高了主城区段河道行洪排涝能力。

（三）综合治理彰显社会效果

近年来，伴随着松花江的综合治理，内河也随之进行了大规模的整治。哈尔滨市投入大量资金，持续推进"三沟"综合整治建设，先后实施征地拆迁、污水治理、河道疏浚、绿化种植、路桥及广场建设，得到社会各界的积极支持和充分认可，2013 年何家沟综合整治工程还被国家授予人居环境范例奖。

一是防洪能力显著提高。通过清理淤泥、拓宽河道、加固堤岸及自然驳岸建设，河道防洪标准提高至 50 年一遇，缓解城市内涝的功能显著提升，在 2012 年降雨强度达到 60 年一遇的"布拉万"台风侵袭过程中，沿线居民无一户受灾。

二是生态环境明显改善。通过实施污水处理厂及截污管线建设，三沟污水全面实现管线密闭收集，污水处理厂集中处理并达标排放，促进了松花江水体的改善；全流域、大面积的森林式、景观式绿化，改善了沿岸空气质量；每天近 15 万吨的清水注入河道，进一步提升了流域生态环境质量，"三沟"的城市"绿肺""风廊"作用得到有效恢复。

三是功能设施日趋完善。通过实施跨河桥梁、沿河慢道及广场建设，形成了沿河贯通的城市绿道体系，沿岸居民出行条件明显改善，休闲娱乐空间得到进一步拓展，居民幸福指数明显提升，现在的"三沟"已成为"污水地下走，清水河中流，慢道林中过，两岸绿成荫"的生态景观廊道。

在省市政府及环保部门的努力下，"三沟"的治理迈上了一个新的台阶，但与党的十九大提出的美丽生态环境尚有很大差距，虽然哈尔滨市持续加大城市内河综合治理力度，较好地改善了沿岸的生态环境，取得很大的成效（马家沟沿岸和何家沟沿岸大部分已被开发利用成为哈尔滨市的休闲娱乐景观带），但是与城市发展日益增大的生态需求相比，仍存在着很大差距，"三沟"的治理还需持续加强，这是一项长期的任务，不能有丝毫的松懈。

二 阿什河治理情况

阿什河是哈尔滨市"三沟一河"治理中投入资金较多、治理时间较长、治理效果较差的,这涉及诸多原因。

(一) 阿什河概况

阿什河是松花江一级支流,满语"黄金水道"的意思,象征着沿河流域的居民富裕吉祥。这里曾是清朝贡品珍珠——"东珠"的主产地,金源文化的诞生地。这里曾给世代沿河而居的人们带来希望和梦想。但是,由于污染阿什河逐渐变成了被污染的黑水臭水,昔日的风光不再。

阿什河有两个源头,一个源头是阿城河,发源于阿城区山河乡;另一个源头发源于尚志市大青山。两源汇合后沿着尚志市和阿城区边界流向西北方,最终在哈尔滨城区东面汇入松花江。阿什河河流长度213公里,自东向西流经尚志、五常、阿城、香坊、道外五个区县(市),流域面积3581平方公里。阿什河的支流较多,沿途有周林河、黄泥河、阿城河、柳树河、大石河、小石河、玉泉河、海沟河、樊家沟、怀家沟、城南沟、庙台沟、双兰沟、小黄河、张家沟、幸福沟、房山沟、杨洪业大壕、金家大壕、曹家沟、东风沟、信义沟等众多支流。阿什河上游山区矿产资源丰富,工业发展较快,下游则主要以农业种植和畜禽养殖等为主。阿什河流域沿岸一公里内总人口约16.4万,共有入河口62个,流域内涉水企业125个,流域内共养殖猪38975头、牛6030头、家禽382700只,耕地338670亩,其中水田91350.07亩、旱田247319.93亩。

(二) 污染源成因诸要素

1. 集中式排污口污染

阿什河流域内共有集中式排污口8个。阿什河沿岸有污水处理厂4家,分别为阿城区污水处理厂、香坊区成高子镇污水处理厂、道外区信义沟污水处理厂、团结镇污水处理厂。除此之外,道外区另有4个集中式排放口,分别为团结镇联胜村的市政排放口、丰果村无组织排放点、省青年农场排放口和华南城排放口。调查数据显示,8个排污口中,道外区集中式排污口对阿什河的污染最大，COD 为 69.78%，氨氮为 68.86%；其次为阿城区及五常市，COD 为 24.53%，氨氮为 25.27%。

2. 工业点源污染

阿什河流域内共有涉水企业 125 家，其中尚志市流域内 1 家，阿城区流域内 36 家，香坊区流域内 57 家，道外区流域内 31 家（小作坊），上述大部分企业废水均排往污水处理厂统一处理后入阿什河或排入支流后汇入阿什河。少部分企业工业废水直排阿什河或其支流，直排污水的企业有一定规模的有 8 家，均在阿城和香坊区域内，其他 50 家均为小作坊式企业，均在道外区域内，且道外区工业点源污物排放 COD 为 93.78%，氨氮 94.9%，占比极大。

3. 农村生活污水污染

农村生活污水污染是造成水源污染的一个重要因素。阿什河流域流经道外区 6 个村、香坊区 9 村 29 屯、阿城区 38 村 82 屯、五常市 5 村和尚志市 6 村 3 屯。由于农村市政设施落后，卫生环境状况差，绝大多数农村无下水道系统和污水处理设施，农村居民生活污水未经任何处理直接排放，有的直接排入水体，有的排入土地系统。农村固废包括生活垃圾、种植业固体废物和建筑废物等，主要的处置方式就是堆放，缺乏收集和处理处置系统。这些废物在雨水冲刷下会被带到河流沟渠中进入阿什河。数据显示，阿城区及五常市农村生活污染物产生量最大，COD 和氨氮均为 63.05%。

4. 畜禽养殖污染

阿什河流域内沿河畜禽养殖主要分布在城郊接合部和广大农村地区，规模化大型养殖和小户养殖比较多，且大部分规模养殖户、养殖场没有进行环境影响评价，内部环境管理粗放，缺乏干湿分离等必要的污染防治措施，对规模化养殖畜禽粪便污染的环境管理还处在起步阶段。沿河几个乡镇畜禽粪便多以干清粪方式收集，绝大多数畜禽粪尿没有经过处理随意排放，有些直接排入河道，有些露天堆置。最后的结果都是污染阿什河。阿城区和五常市为畜禽养殖污染的第一贡献源，COD 和氨氮贡献率均为 49.8%。

5. 农田径流污染

阿什河流域内共有耕地 33.9 万亩，其中水田 9.14 万亩，旱田 24.73 万亩。农田径流污染主要看土地的化肥和农药施用量和流失量。调查数据显示，阿城区和五常市流域农药化肥退水污染最重，COD 和氨氮贡献率均为 83.43%。

6. 支流污染

阿什河支流（沟）共 20 条，尚志市段 2 条，分别为周林河和黄泥河；阿城区段 10 条，分别为阿城河、大石河、小石河、玉泉河、海沟河、城南沟、马家沟（樊家沟）、怀家沟、庙台沟阿城段（新明川河）和双兰沟；香坊区段支流 9 条，分别为小黄河、庙台沟香坊段、张家沟、幸福沟（莫力沟）、房山沟、杨洪业大壕、金家大壕（东风沟香坊段）、曹家沟和信义沟香坊段；道外区支流 2 条，分别为信义沟和东风沟。支流污染主要贡献源为道外区信义沟，COD 贡献率为 81.82%，氨氮贡献率为 76.5%，其中信义沟支流曹家沟 COD 贡献率为 17.61%，氨氮贡献率为 23.73%。其次为道外区东风沟，COD 贡献率为 10.1%，氨氮贡献率为 11.9%。因此，东风沟、信义沟及其支流曹家沟是阿什河治污中需首先治理的重点支流。

7. 垃圾填埋场污染

阿什河流域沿岸共有两处垃圾填埋场，分别为东部地区垃圾处理场（地处先锋路 1 号，该填埋场包含建筑垃圾填埋及一处生活垃圾填埋场）及韩家洼子垃圾堆肥处理场（地处天恒大街 2 号）。两座填埋场均为早期简易填埋场，未对垃圾渗滤液作防渗系统设计，致使渗滤液泄漏，对阿什河水质造成污染。东部地区垃圾处理场，1997 年建厂投用，占地约 27 万立方米，日收垃圾 1600 吨，2005 年封场，封场时仅覆土 2~3 米。韩家洼了垃圾堆肥处理场 1991 年建厂，1992 年投入使用，占地 13 万立方米，日处理垃圾 30 吨，1995 年封场，封场时仅覆土。通过对水质检测数据的分析得出，阿什河流经两处垃圾填埋场后氨氮增长了 31.4%。

（三）阿什河污染治理历程

阿什河的治理，历经 30 多年，应当说从治理"三沟"开始，就一直在治理阿什河，因为"三沟"中的信义沟就是阿什河的一条重要支流，且是阿什河的一个重大污染源。省环保厅和哈尔滨的历届政府都投入了大量的精力和资金治理"三沟一河"，目前看收到了很大的成效，"三沟"中市区中心的马家沟、何家沟已旧貌换新颜，尤其是马家沟部分河段已成为休闲景观。但是信义沟的治理还没有达到效果。阿什河的治理由于上文所说污染因素较多，涉及的区划较多，治理起来难度很大。哈尔滨历届政府都曾经实施过一系列治理措施，但终因工程量大、资金投入多、地方财力不足等原因未能彻底治理成功。哈尔滨市曾重点在阿什河上游开展加强畜禽养殖控制、减少农药化肥施用量和退耕还林还草、整治无序采沙、防止水土流失等工作，在下游进行了完善污水收集管网、整治棚户区直排生活污水、清理两岸垃圾、清理河底淤泥等。针对周边企业污染排放的专项治理也不断地进行，但是，这些并未能根本性地扭转阿什河污染的局面。每届政府的努力虽未能完全达到目的，但也收到了一定的效果，一是阻止了阿什河污染的进一步恶化，降低了污染程度，水质有了一定的改善。二是前期投入的数十亿资金启动的各项措施尤其是硬件设施的建设，如阿城区污水处理厂、香坊区成高子镇污水处理厂、道外区信义沟污水处理厂、道外区团结镇污水处理厂，以及化工、新一两个污水排污口截流工程和太平文昌污水处理厂升级改造工程等，还有阿什河口的湿地公园建设等，这些硬件设施建设为下一步阿什河的治理奠定了很好的基础。

（四）阿什河治理阶段性目标即将完成

2016年下半年，哈尔滨市委、市政府提出整改目标：

1. 到2017年底前实现"河面无大面积漂浮物，河岸无垃圾，无违法排污口，建成区基本消除黑臭水体"；

2. 到2017年底，取缔或迁移流域禁养区内现有畜禽养殖场、专业户。逐步建立城乡一体化生活垃圾收运体系；

3. 2018年底前，阿什河消除劣Ⅴ类水体。

依据整改目标，在前期治理成果基础上，哈尔滨市委、市政府又提出了具体整改时限和整改措施：（1）组织专家和专业人员进行全面深入细致的调研，于2016年底前拿出涵盖详尽的科学数据、污染形成的原因、具体的治理措施和操作方法及所需资金的《阿什河水体达标方案》（现已完成并以市政府文件下发）。（2）2017年10月1日前完成东风沟和曹家沟两条黑臭水体整治工程建设，敷设截污管线 20 公里，对流域范围内的污水实施截污纳管。（3）2017 年 10 月 1 日前完成清淤疏浚河道 15 公里，对沟道重点段进行生态护坡及局部护砌。（4）依法取缔无照养殖业户的养殖行为。建立"河道长制度"定期组织巡查，及时发现处理问题。（5）针对两岸居民生活垃圾制定整改方案，明确整改目标。（6）整治阿什河沿岸废旧塑料加工小企业。建立阿什河流域环保综合执法体制，实行区领导包保制，落实河段长治污领导责任，层层落实分解责任。（7）建设团结镇污水处理厂配套管网工程。2017 年 8 月 1 日前完成道外区政府建设东风沟截流管线工程；市建委建设华南城排水管线工程，并与黄家崴子排水（污水）干线连通；完成黄家崴子排水（污水）干线建设；完成黄家崴子污水、雨水泵站建设。

哈尔滨市政府已下拨黑臭水体治理补贴资金 1.769 亿元。东风沟、曹家沟两条黑臭水体治理的初步设计均获市发改委批复。东风沟截污纳管及河道护砌工程于 2016 年 12 月正式开工，曹家沟截污纳管及河道护砌工程于 2017 年 2 月 16 日正式开工。目前已完成截污管线敷设 1250 延长米、护坡铅丝石笼砌筑 3000 延长米、清淤疏浚土方 8 万立方米、拆除围墙 600 延长米、伐树 1300 棵，完成工程投资 4500 万元。在河道两侧综合整治中。启动了垃圾清理及河道疏浚工程，截至目前，共计关停、取缔违法排污企业、畜牧养殖户等 300 家，清除沿河垃圾、淤泥约 13 万吨。

截至 2017 年 6 月，经过半年多的治理，阿什河污染综合整治初见成效。2017 年前两个月，阿什河口断面氨氮平均浓度为 2.19 毫克/升，同比下降 71%，达到"2017 年底前阿什河口内断面氨氮浓度小于 2.8 毫升/升"的目标要求。现在部分河段水体颜色好转、异味减少，初步整治效果获得沿岸居民认可。目前，阿什河哈尔滨市城区段入江口已建成的"阿什河湿地公园"，被批准为省级湿地公园，现正向国家级努力。

阿什河水体的治理是一个长期的过程，前期的治理成果需要坚持巩固，后期还须加大力度，相信不久的将来，我们就会见到一个水碧山青的阿什河生态圈。

大顶子山枢纽工程对水环境
治理的效果解析与经验启示

唐晓英[*]

摘　要： 松花江大顶子山枢纽工程是我国平原封冻河流上建设的第一座低水头航电枢纽工程，是松花江干流第一座控制性工程，为黑龙江省重点工程。该工程以航运、发电和改善水环境为主，同时具有交通、水产养殖、灌溉和旅游等综合利用功能。大顶子山枢纽工程主要从调蓄洪水、水质净化、湿地资源、物种多样性和水产品资源等方面改善了哈尔滨市区江段的水生态环境，该工程的建设促进了松花江两岸经济的发展，对改善水生态环境将产生深远影响。同时，通过水生态环境的改善，为相应水资源建设工程提供了经验和参考。

关键词： 大顶子山枢纽工程　水环境　生态环境

大顶子山枢纽工程是黑龙江省"十五"期间重点工程，是交通部"十五"计划补充项目之一。这项工程工等级别被列为一等，达到国家二级建筑物标准，抗洪能力持久。大顶子山枢纽工程从根本上解决了松花江航道碍航问题，是实现水运可持续发展的关键工程；是解决哈尔滨城市供水和沿江灌区取水困难、改善自然和生态环境的民心工程；是哈尔滨市治理干旱缺水、建设水网化生态城市、恢复其自然特色的形象工程；是促进松花江两岸经济繁荣共同发展的效益工程。该工程的建设将带动黑龙江省经济建设加速发展，推动振兴东北老工业基地战略目标的实现。

---

* 唐晓英，黑龙江省社会科学院政治学研究所研究员，研究方向为行政学和地方治理。

一 大顶子山枢纽工程概况

大顶子山枢纽工程位于松花江干流哈尔滨段下游 46 公里处，流域总面积 55.68 平方公里，北岸为呼兰区，南岸为宾县。总库容 19.97 亿立方米，坝址以上流域总面积 43.2 万平方公里。工程主要任务是以航运和改善哈尔滨市水环境为主，兼顾发电，同时具有交通、水产养殖、灌溉和旅游等功能。工程规模为大（1）型工程，总投资 28.78 亿元。该工程于 2004 年 9 月 28 日开工，2008 年开始蓄水，2010 年 12 月 23 日通过专家验收。

大顶子山水库最大的效益是生态效益，这项兼顾发电、沟通两岸交通的大型水利枢纽工程，同时还大幅度地改善了哈尔滨市的水环境，提高了哈尔滨的城市价值与品位，给哈尔滨人民带来现实利益。在通航期，大顶子山水库可以保证下游航道条件；在枯水期，大顶子山水库可以泄流，为下游航道补水，确保坝下最小通航流量不低于 $550\text{m}^3/\text{s}$，真正做到松花江哈尔滨及其以下航道不断航。不仅不断航，还能提高运输效率，节约航运时间，降低航道、港口整修费用。大顶子山水利枢纽采用航电结合的方式，并且以电促航，这种方式带来了诸多效益，发电获得的收益可以为航道建设发展提高充足的资金保障，解决了哈尔滨水运基础设施资金短缺的问题，促进了哈尔滨水运可持续发展。

（一） 大顶子山水库库区植被

大顶子山水库库区沿江带地带性植被属湿地草原型及森林草原型，沿岸以大面积的草地为主，部分地段为农田，局部岗地生长着落叶阔叶林、常绿针叶林以及针阔混交林。

大顶子山水库工程蓄水后，松花江北岸的湿地资源获得了巨大的变化。呼兰区政府已经将这片湿地申请为"黑龙江呼兰河湿地自然保护区"，该保护区是我国目前最大的城区湿地保护区，占地面积近两万公顷，其中包括林地 1680 公顷，各种湿地生态系统、草地、草甸的占地面积近万公顷。湿地带植被以芦苇，睡莲等水生植物为主。松花江森林公园位于哈尔滨市呼兰区东部，距市区 87 公里。公园包括森林、湿地、大顶子山水库库区，占地面积分别为 3100 公顷、800 公顷、6100 公顷，总面积达 10000 公顷。松花江公园主体是黄土山林场，黄土山林场面积 3100 公顷，植被资源众多，地衣、野菜、药类材料及菌类产品极其丰富，其水域呈狭长状，面积达60平方公里，山体地形多变，谷岭相间，江水川流，形成了一片天然绿色生态宝地。

（二）大顶子山水库库区水文

随着大顶子山水库工程的不断蓄水，大坝上游水位逐渐抬高，上游哈尔滨段的水位也能够常年不低于115米，在水库建成前松花江枯水期最低水位为2003年的110米，大坝建成后哈尔滨段的水位比以前抬高了4～5米，上游松花江水位将抬高至116米，水面面积将增加到约340平方公里，松花江哈尔滨段原有的裸露沙滩将消失，坝址上游将形成一个人工湖泊，哈尔滨的沿江景观将得到很大程度的改善。同时，市区沟渠可以充分利用回水作为城市景观用水，提高城市景观中绿色嵌块的比例。

（三）旅游业发展状况

枢纽工程建成后，随着大顶子山水库的不断蓄水，平均水位提高，形成宽阔的江面。现有太阳岛湿地、金河湾湿地、滨江湿地、呼兰河口湿地、白鱼泡湿地、伏尔加庄园等多处自然湿地景观，总湿地面积可达12.5万公顷。哈尔滨市湿地能有得天独厚的生态资源，得益于大顶子山水库的蓄水。大顶子山地理位置优越，自然景色宜人。哈尔滨市大顶子山温泉度假村坐落于哈尔滨市呼兰区大顶子山下松花江畔大顶子山航电枢纽景区坝上，位于宾县、呼兰区、巴彦县三县交界地，是哈尔滨市民的后花园，距哈尔滨仅58.4公里。

（四）交通运输状况

大顶子山枢纽工程的建设，结合闸坝设公路桥，与哈尔滨市的主要交通干道哈肇路、同三路相连接，形成哈尔滨市环城公路运输网，沟通哈尔滨市外围的两岸交通，为哈尔滨市增加一座过江通道，同时还可以节省一定的建桥费用。

陆路交通。2008年9月，一条横跨江南江北、全长40.48公里、宽12米的二级公路——大顶子山水库坝顶公路及公路桥全线贯通，从此，大顶子、哈同、哈肇三线相连，共建成一个新环哈尔滨大外环交通圈，打破了从哈尔滨到佳木斯之间百年无跨松花江大桥的历史，沟通了江北经济带与江南经济带，为哈尔滨市民带来更便利的交通，加快了哈尔滨江北巴彦、木兰和通河三县的经济发展速度。从此巴彦县到金家的车辆可以不进哈尔滨市区，比原路线缩短了 30 多公里，直接南下长春、沈阳。

水路运输。20 世纪 90 年代初，松花江上船来船往，一片繁忙景象，具有千万吨以上的年均运输量，是一条黄金水道。但是，到了 20 世纪末，由于上游工农业大量用水，还有自然、人为多重因素影响，松花江开始变得水枯道窄，每年通航期不到 100 天。随着大顶子山水利枢纽的竣工，松花江上又恢复了往日的生机，上游 139 公里的河道不再断流，水位常年不低于 115 米，哈尔滨至沙河子段的航道再现黄金水道的风采，达到了三级标准，每年航运期不通航率只有 5%，万舰渡江之景再一次呈现在松花江上。在此基础上，建立了"水上运输线"，鹤岗、依兰、沙河子等地的煤炭可直接上行至哈尔滨，形成了吉林大安等沿江运输专线，煤炭、粮食、木材等可以被大规模运输，为推动建立"江海联运"运输工程，形成大规模运输系统起到了重要作用。

二 大顶子山枢纽工程对水环境的改善

大顶子山水库建成后，改变了原哈尔滨松花江干流的天然河道形态，在哈尔滨段形成了国内最广阔、原生态功能齐全的都市性湿地。大顶子山水库上游区域经过九年时间的发展变化，逐步发展成了以大顶子山水库蓄水形成的湖泊为主、蓄水湿地为次的天然景观与生态环境。此外，大顶子山水库的运行发电，使水库库区上下游区域内终年不冻，因此在水库周边形成了雾凝现象。大顶子山水库是以调节水位、保证航路为主要目标，同时具有水力发电、调蓄洪水、改善环境、净化水质等多个功能，兼有鱼类饲养、科学研究、娱乐价值等多种功能应用价值的水库设施，大顶子山枢纽工程对哈尔滨生态环境的改善起到了关键性作用。

松花江哈尔滨段通过近几年的环境整治、湿地建设、周边水域生态保护措施的逐步实施，已初见成效，生态环境有了实质性的改变。大顶子山枢纽工程对哈尔滨市区段水生态环境的改善主要包括调蓄洪水、水质净化、湿地资源、物种多样性和水产品资源等。

（一）有效预防哈尔滨段上下游洪涝灾害

水库工程运行包括蓄水发电和防洪泄流两种调控方式。水库运行蓄水正常蓄水水位为 116.00 米、河道相应流量约 3210m³/s，因此，水库在上游河道来流量小于正常蓄水位相应流量时运行蓄水发电，大于正常蓄水位相应流量时运行防洪泄流。大顶子山枢纽工程设计洪水标准 100 年一遇，相应洪水位 117.38 米，设计洪水位最大泄量 18335m³/s；校核洪水标准 300 年一遇，相应洪水位 118.00 米，校核洪水位最大泄量 22704m³/s。工程主要由闸船、泄洪闸、水电站、公路桥、拦河坝组成。水电站为河床式，按无调节径流发电。泄洪系统由布置在厂房两侧的泄洪闸组成。厂房右侧设 10 孔、左侧设 28 孔，共 38 孔泄洪闸。大顶子山枢纽工程建成运行以来，启用了 2010 年、2013 年两次洪水的防洪泄流运行调度方案，均已安全度汛。

调蓄洪水是大顶子山水库通过储存过量的水分，调整闸门的数量以及发电机组用水量，能够直接增减泄水量，进而控制大顶子山库区库容、降低洪水流速，减少洪水灾害。

按照哈尔滨市总体发展规划纲要的要求，松花江北岸及呼兰河两岸将建成生态园林新城区、以湿地公园为主的生态系统廊道，至 2020 年，松北区防洪标准提高到 200 年一遇，呼兰河防洪标准提高到 100 年一遇，完成百里生态长廊、万顷湿地建设的宏伟目标。

（二）促进了哈尔滨江段的水质净化

水利工程的建设对水质会产生一定的影响。一方面，水体经过长距离的输送或一定时间的贮藏，会使复氧过程充分，从而丰富了水体潜在的环境容量资源；另一方面，在库区内水位抬高，水流缓慢，不利于污染物的扩散。松花江哈尔滨段通过近几年的环境整治、湿地建设、周边水域生态保护措施的逐步实施，松花江干流及支流的水质已大大改善，据环保局监测数据，松花江水质已达到Ⅲ级，土壤未见沙化，湿地、滩地得到保护，原生动植物活跃而丰富。沿江风景秀美，景观与湿地的建设使人们的生活更加丰富多彩。

相关监测结果显示，大顶子山枢纽工程投入使用后，哈尔滨江段的水质状况逐年好转。大坝截流后，随着悬浮物逐渐沉降，水质逐渐趋好。据

2008~2009 年松花江水环境的变化趋势可以得出以下结论：（1）大坝截流后，松花江哈尔滨段水质状况有变化。随着悬浮物逐渐沉降，水质逐渐趋好，越靠近大坝，水质变好的趋势越明显。（2）水体溶解氧受温度、降雨及大坝运行调度等影响，表现为 1 月、5 月、10 月较高，7 月较低。（3）大坝截流后，哈尔滨江段的着生藻类种类增加 4 个属、密度增加 10.8 倍，水体呈现出蓝绿藻比例升高、污染指数下降等特征，且夏季水温较高时，存在产生水华的风险。

在自然环境中有极强自净能力的是湿地，它以微生物降解和过滤，沉淀和吸附以及植物吸收，通过对生态系统中物理和生物以及化学的三重协调作用的利用，达到高效净化和分解污染物质的目的。大顶子山水库工程蓄水后，形成了大片湿地，能很好地除去颗粒悬浮固体和多数浮游藻类，总磷和总氮以及化学耗氧量物质，使水中动植物与水资源产生了这种净化功能。同时大顶山水库的建成有效地增加了藻类的密度和种类。据资料显示，大顶子山水库工程蓄水前，2004 年定性检出 3 门 17 个属，硅藻门占58.8%，蓝藻门和绿藻门占 41.2%；2006 年定性检出 5 个门 23 个属，蓝藻门和绿藻门占 39.1%，硅藻门占 52.2%；2008 年定性检出 3 个门 26 个属，蓝藻门和绿藻门占 63.4%，硅藻门占 34.6%。工程蓄水后，2008 年有 8 个属是首次检出的着生藻类。2008 年松花江干流哈尔滨江段着生藻类的平均生物密度为 4682 个/cm^2，较工程蓄水前增加 10.8 倍。

松花江段水位能一直保持在 116 米，得益于大顶子山水库的蓄水，它使得阿什河和马家沟及何家沟等一河三沟的污水排放口被淹，排放的污物被松花江上游来的水分解和稀释溶解，哈尔滨段的水质标准得到较大提高。

哈尔滨环境监测中心站提供的数据显示，2010~2016 年松花江哈尔滨江段大顶子山断面水质符合Ⅲ类标准，达到水体功能区规划目标（规划目标为Ⅳ类），主要污染指标变化趋势逐年降低（见图 1）。

（三）扩展了松花江北岸的湿地资源

大顶子山水库蓄水后，松花江江道水面不断扩大，回水量大，淹没了松花江两岸之间的行洪滩地，使从枢纽大坝往上游到肇源县涝洲形成了一条长 128 公里的人工湖，扩展了松花江北岸已有的湿地资源。目前，哈尔滨市有白鱼泡湿地和太阳岛湿地，金河湾湿地和呼兰河口湿地，以及滨江湿地和伏尔加庄园等多处自然湿地景观，共计 12.5 万公顷的湿地，形成了

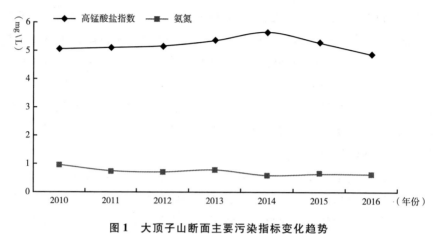

图1 大顶子山断面主要污染指标变化趋势

得天独厚的湿地资源。"黑龙江呼兰河湿地自然保护区"现在已经申请并立项，有 19262 公顷的保护区得到批准，是国内目前最大的城区湿地。

大顶子山水库在建成蓄水后，提高了哈尔滨市区段的水位，使江水产生了倒灌，为哈尔滨湿地提供了足够的水量，同时使太阳岛全年被水环绕，恢复了太阳岛往昔的风采。湿地的形成大大带动了哈尔滨的湿地旅游事业。

（四） 实现了物种多样性

松花江干流大顶子山枢纽工程项目区地理条件较好，弃渣场等区域在施工前均剥离了表土，后期作为绿化覆土利用，为植物的多样性提供了有利条件。在工程建设中，充分利用这一优势，实现了物种多样性，主要表现在物种种类多，搭配合理，乡土树、草种占主要地位。根据文献资料调查，人工植被采用的树草种共有 47 种，其中乔木树种 16 种，灌木树种 20 种，花卉及草本植物 11 种。树草种有黑皮油松、红皮云杉、桧柏、樟子松、蒙古栎、紫椴、白桦、糖槭、白牛槭、拧筋槭、五角槭、稠李、京桃、山梨、苹果、山桃、旱柳、水曲柳、沙果、山楂、李子、中华金叶榆、百华花楸、暴马丁香、文冠果、四季锦带、毛樱桃、紫丁香、珍珠梅、茶条槭、重瓣榆叶梅、小叶丁香、黄刺梅、金银忍冬、水蜡球、连翘、柳叶绣线菊、金山金焰绣线菊、玉簪、芍药、美人蕉、水蜡剪形篱、小叶丁香、云杉、早熟禾、野牛草等。由于采用了多种乡土植物和具有较好的观赏性的树木、花草，为营造多种多样的植被结构提供了有利条件。

（五）丰富了水产品资源

大顶子山水库枢纽工程的建成，使大顶子山水库库区的水产品资源更加丰富，主要包括鱼类、甲壳类、贝类等。其中鱼类主要以鲤鱼、鲫鱼、白鲢、鲶鱼、黄颡为主；甲壳类主要有江虾、螃蟹等；贝类主要以河蚌为主。

以 2015 年为例，《2015 年哈尔滨市国民经济和社会发展统计公报》数据显示，2015 年哈尔滨水产品产量 12.1 万吨，增长 9.0%。其中，养殖水产品产量 11.6 万吨，增长 8.4%；捕捞水产品产量 0.46 万吨（主要为大顶子山水库库区）。

环境与水利的关系密不可分，水利工程要与环境、生态结合起来，水利工程的投资真正使人民生活与社会发展息息相关，就会发挥意想不到的效果。

三 大顶子山枢纽工程对水环境改善的启示

大顶子山枢纽工程建设对水环境改善不仅有生态效益，同时为水环境规划治理提供了有益的经验借鉴，促进了经济效益与社会效益的良性互动，并为水资源工程的配套建设创造了有利的条件。

（一）水环境治理应统筹规划、综合施策

水环境改善涉及的因素较多，包括自然因素和社会因素，各因素之间还存在着复杂的相互作用。因此，水环境改善是一项系统工程。应在对相应经济社会发展环境与目标的动态评估基础上，前瞻各相关因素的发展变化与相互作用，统筹规划、综合治理。以期形成诸因素良性互动的发展机制，发挥出统筹布局的合力效应；避免单因素治理产生的治标不治本或重复投入、重复建设等弊端出现。大顶子山航电枢纽工程是松花江流域水资源综合开发的重要组成部分，是一项生态环境、航运、发电、水利、公路、水产养殖、旅游等多领域、多行业互相结合、综合利用的航电枢纽工程，充分体现了水生态环境改善领域的多因素互动特征，及针对这种复杂情况采取的统筹兼顾、综合规划的系统性应对方法。

（二）水环境改善实现经济社会效益的双赢

水环境改善不仅能带来良好的社会效益，还能够创造可观的经济效益。大顶子山航电枢纽工程的建成，抬高了枯水期水位，增加了水量和水面，不但可解决市区沿江公园由干旱少水带来的风沙弥漫、环境恶化等问题，而且还可以利用水位高、水量充足等有利条件，结合市区排污工程改造，建设人工河渠、湖泊，改造现有河沟，引水入市区，建设水网化园林生态城市，以生态建设促城市建设，实现生态效益与经济效益的协调发展，使哈尔滨市早日建成生态城市。

《哈尔滨市 2017 年国民经济和社会发展统计公报》数据显示，2017 年全年建成湿地公园 16 处，面积 2.05 万公顷，其中国家级湿地公园 13 处，省级 3 处。湿地公园的建成可通过旅游、休闲等项目的开发，创造经济效益。随着哈尔滨水环境改善，"水要素""水题材"已成为哈尔滨段沿江地段的"新卖点"，择水而居开始成为部分市民购房时考虑的新要素。此外，大顶子山航电枢纽工程为相关的航运、水产养殖项目发展创造了良好的基础条件，促进了相关发展领域的经济效益。

在水环境改善的前提下，大顶子山航电枢纽工程产生的社会效益与经济效益正在形成彼此支持、彼此促进的良性互动，切实验证了习总书记"绿水青山就是金山银山"的科学论断。

（三）水环境改善为流域可持续发展奠定了基础

水环境改善，有利于按照"一水多用"的原则，合理开发利用水资源，实现水资源的优化配置，统筹考虑、安排流域内外各地区、各行业用水。大顶子山航电枢纽工程对松花江相应河段进行渠化和整治，有利于保障松花江干流自流通航，改善生态环境，确保社会经济的持续发展和河道内生态环境用水。在通过渠化方案减少航运用水量、保障松花江干流生态安全、满足原流域内地区生产、生活用水的基础上，向流域外缺水地区调配水资源。同时，通过水环境的改善，大顶子山航电枢纽工程为多项重大水资源配套建设工程打下良好的基础：保障了尼尔基水库北水南调工程实施后松干航道的畅通；成为彻底解决松花江航道障碍、水运可持续发展的关键；改善流域内自然和生态环境；解决哈尔滨城市供水和沿江灌区取水问题；为哈尔滨市缓解干旱缺水、促进水网化生态建设提供助力；为相应松花江流域的繁荣与发展奠定航运、水源与生态基础。

参考文献

［1］姚宁：《大顶子山水库库区生态系统服务功能价值评估》，黑龙江大学硕士学位论文，2016。

［2］李秋月：《受大顶子山航电枢纽工程影响松花江哈尔滨江段"20130712"洪水分析》，《水利科技与经济》2015年第1期。

［3］何强：《环境学导论》，清华大学出版社，2004。

［4］付宁：《松花江航电枢纽工程截流水质监测及分析》，《环境科学与管理》2012年第9期。

［5］陈家厚、孙子孟、白羽军、程英：《大顶子山航电枢纽工程蓄水后对松花江哈尔滨江段着生藻类的影响》，《环境科学与管理》2010年第5期。

［6］桑仁喜、史彦林、贾洪纪：《松花江干流大顶子山航电枢纽工程水土流失防治效果评估》，《黑龙江水利科技》2012年第3期。

后 记

  《松花江流域生态环境建设报告（1949～2019）》经过近两年的研创，终于和读者见面了。松花江流域作为全国重要的生态功能区，其生态安全性与生态价值相统一，促进生态文明建设与经济社会发展相协调，是一个有待解决的重大理论问题与实践探索的新命题。课题组在构建《松花江流域生态环境建设报告（1949～2019）》的理论架构时，将实证分析与历史观察作为主要研究方法，按照可观察、可报告、可核查的基本要求，立足真实地记录松花江流域生态文明建设的实践探索过程，以此折射出松花江流域各地区是如何按照可持续发展要求，结合实际情况系统地推进生态文明建设的历史过程。

  与此同时，我们希望这部《松花江流域生态环境建设报告（1949～2019）》具有更广泛的传播、引导和借鉴价值。因此我们坚持开放的理念，拓宽视野，将最新的研究成果纳入本书，而不是仅仅局限于黑龙江省本身。首先，组织课题组成员广泛地查阅与搜集了大量的国内外文献，进行了系统梳理，达到了充实理论的目的。其次，从理论创新角度，进行了新的理论构建，建立了生态共有理念的概念模型，以及生态文明建设制度博弈、生态环境与经济社会耦合等模型，为深化生态建设研究，提供了可行的分析工具与理论视角。第三，组织相关研究人员，克服了重重困难，进行了大范围的实地调研，搜集到了第一手资料、珍贵的数据以及典型案例素材，特别是在缺乏统计口径与基准的情形下，获取重要的生态建设与发展的专门数据，以支持经验证据。尽管如此，《松花江流域生态环境建设报告（1949～2019）》还有许多未尽如人意的地方，在此恳切地接受读者的批评与指教。

  值此《松花江流域生态环境建设报告（1949～2019）》面世之际，我们真诚地感谢黑龙江省人民政府原副省长、省政协原副主席于莎燕同志为本书作序。感谢黑龙江省生态环境厅领导和同志们为本发展报告的研究和撰写予以认真指导、热情支持、积极配合，为本书的出版提供了重要保障。感谢社会科学文献出版社的领导和同志们对本书的出版给予了高度重视和热情支持，为本书如期出版付出了大量时间和精力。在此一并致以诚挚的感谢！

松花江流域生态环境建设研究课题组

2019 年 3 月

图书在版编目（CIP）数据

松花江流域生态环境建设报告：1949~2019 / 朱宇
主编 . -- 北京：社会科学文献出版社，2019.4
　ISBN 978 - 7 - 5201 - 4286 - 1

　Ⅰ.①松… 　Ⅱ.①朱… 　Ⅲ.①松花江 - 流域 - 生态环
境建设 - 研究报告 - 1949 - 2019 　Ⅳ.①X321.23

　中国版本图书馆 CIP 数据核字（2019）第 028276 号

松花江流域生态环境建设报告（1949~2019）

主　　编 / 朱　宇

副 主 编 / 王爱新　许淑萍　王继伟

出 版 人 / 谢寿光
责任编辑 / 连凌云

出　　版 / 社会科学文献出版社·城市和绿色发展分社（010）59367143
　　　　　　地址：北京市北三环中路甲 29 号院华龙大厦　邮编：100029
　　　　　　网址：www.ssap.com.cn
发　　行 / 市场营销中心（010）59367081　59367083
印　　装 / 三河市东方印刷有限公司

规　　格 / 开　本：787mm×1092mm　1/16
　　　　　　印　张：28.5　字　数：472 千字
版　　次 / 2019 年 4 月第 1 版　2019 年 4 月第 1 次印刷
书　　号 / ISBN 978 - 7 - 5201 - 4286 - 1
定　　价 / 98.00 元